21世纪高等学校数学系列教材

新编数学分析（下册）

■ 林元重 著

武汉大学出版社

图书在版编目(CIP)数据

新编数学分析.下册/林元重著.—武汉:武汉大学出版社,2015.3
21世纪高等学校数学系列教材.理工类本科生
ISBN 978-7-307-15291-5

Ⅰ.新… Ⅱ.林… Ⅲ.数学分析—高等学校—教材 Ⅳ.O17

中国版本图书馆 CIP 数据核字(2015)第 036667 号

责任编辑:李汉保　　　责任校对:汪欣怡　　　版式设计:马　佳

出版发行:**武汉大学出版社**　(430072　武昌　珞珈山)
　　　　　(电子邮件:cbs22@whu.edu.cn 网址:www.wdp.com.cn)
印刷:湖北省荆州市今印印务有限公司
开本:787×1092　1/16　印张:16　字数:386 千字　插页:1
版次:2015 年 3 月第 1 版　　2015 年 3 月第 1 次印刷
ISBN 978-7-307-15291-5　　定价:30.00 元

版权所有,不得翻印;凡购买我社的图书,如有质量问题,请与当地图书销售部门联系调换。

21世纪高等学校数学系列教材
编 委 会

主　　任	羿旭明	武汉大学数学与统计学院，副院长，教授
副 主 任	何　穗	华中师范大学数学与统计学院，副院长，教授
	骞　明	华中科技大学数学学院，副院长，教授
	曾祥金	武汉理工大学理学院，数学系主任，教授、博导
	李玉华	云南师范大学数学学院，副院长，教授
	杨文茂	仰恩大学(福建泉州)，教授
编　　委	(按姓氏笔画为序)	
	王绍恒	重庆三峡学院数学与计算机学院，教研室主任，副教授
	叶牡才	中国地质大学(武汉)数理学院，教授
	叶子祥	武汉科技学院东湖校区，副教授
	刘　俊	曲靖师范学院数学系，系主任，教授
	全惠云	湖南师范大学数学与计算机学院，系主任，教授
	何　斌	红河师范学院数学系，副院长，教授
	李学峰	仰恩大学(福建泉州)，副教授
	李逢高	湖北工业大学理学院，副教授
	杨柱元	云南民族大学数学与计算机学院，院长，教授
	杨汉春	云南大学数学与统计学院，数学系主任，教授
	杨泽恒	大理学院数学系，系主任，教授
	张金玲	襄樊学院，讲师
	张惠丽	昆明学院数学系，系副主任，副教授
	陈圣滔	长江大学数学系，教授
	邹庭荣	华中农业大学理学院，教授
	吴又胜	咸宁学院数学系，系副主任，副教授
	肖建海	孝感学院数学系，系主任
	沈远彤	中国地质大学(武汉)数理学院，教授
	林元重	萍乡学院数学系，教授
	欧贵兵	武汉科技学院理学院，副教授

	赵喜林	武汉科技大学理学院，副教授
	徐荣聪	福州大学数学与计算机学院，副院长
	高遵海	武汉工业学院数理系，副教授
	梁　林	楚雄师范学院数学系，系主任，副教授
	梅汇海	湖北第二师范学院数学系，副主任
	熊新斌	华中科技大学数学学院，副教授
	蔡光程	昆明理工大学理学院数学系，系主任，教授
	蔡炯辉	玉溪师范学院数学系，系副主任，副教授
执行编委	李汉保	武汉大学出版社，副编审
	黄金文	武汉大学出版社，副编审

内 容 提 要

本书是为适应新时期教学与改革的需要而编写的,本书是作者长期教学实践的总结和系统研究的成果。本书的重要特色是:注意结合数学思维的特点,浅入深出,从朴素概念出发,通过揭示概念的本质属性建立了抽象概念及其理论体系。解决了抽象概念、抽象理论引入难、讲解难、理解难、掌握难的问题。全书以清新的笔调,朴实的语言,缜密的构思诠释了数学分析的丰富内涵。

全书分上、下两册。上册包括极限论、一元函数微分学、一元函数积分学。下册包括级数论、多元函数微分学、多元函数积分学。

本书可以供高等学校数学类专业使用,也可以作为理工科专业的参考用书。

——微积分是科学史上最伟大的发现，她是数学王国里的一部史诗。我们应该给她谱上美妙的"音符"。

——数学分析就像一座风光无限的泰山，而那些抽象概念和理论就是挡在通往山顶道路上的峭壁。在峭壁上修筑"栈道"是我们的责任。

——数学分析课程就好比是给数学学子定制的"校服"，校服是否"合身"，取决于它的设计——教材内容的编排是否合适。为莘莘学子量身设计完美的"款式"是我们的义务。

序

数学是研究现实世界中数量关系和空间形式的科学。长期以来，人们在认识世界和改造世界的过程中，数学作为一种精确的语言和一个有力的工具，在人类文明的进步和发展中，甚至在文化的层面上，一直发挥着重要的作用。作为各门科学的重要基础，作为人类文明的重要支柱，数学科学在很多重要的领域中已起到关键性、甚至决定性的作用。数学在当代科技、文化、社会、经济和国防等诸多领域中的特殊地位是不可忽视的。发展数学科学，是推进我国科学研究和技术发展，保障我国在各个重要领域中可持续发展的战略需要。高等学校作为人才培养的摇篮和基地，对大学生的数学教育，是所有的专业教育和文化教育中非常基础、非常重要的一个方面，而教材建设是课程建设的重要内容，是教学思想与教学内容的重要载体，因此显得尤为重要。

为了提高高等学校数学课程教材建设水平，由武汉大学数学与统计学院与武汉大学出版社联合倡议、策划，组建21世纪高等学校数学课程系列教材编委会，在一定范围内，联合多所高校合作编写数学课程系列教材，为高等学校从事数学教学和科研的教师，特别是长期从事教学且具有丰富教学经验的广大教师搭建一个交流和编写数学教材的平台。通过该平台，联合编写教材，交流教学经验，确保教材的编写质量，同时提高教材的编写与出版速度，有利于教材的不断更新，极力打造精品教材。

本着上述指导思想，我们组织编撰出版了这套21世纪高等学校数学课程系列教材，旨在提高高等学校数学课程的教育质量和教材建设水平。

参加21世纪高等学校数学课程系列教材编委会的高校有：武汉大学、华中科技大学、云南大学、云南民族大学、云南师范大学、昆明理工大学、武汉理工大学、湖南师范大学、重庆三峡学院、襄樊学院、华中农业大学、福州大学、长江大学、咸宁学院、中国地质大学、孝感学院、湖北第二师范学院、武汉工业学院、武汉科技学院、武汉科技大学、仰恩大学(福建泉州)、华中师范大学、湖北工业大学等20余所院校。

高等学校数学课程系列教材涵盖面很广，为了便于区分，我们约定在封首上以汉语拼音首写字母缩写注明教材类别，如：数学类本科生教材，注明：SB；理工类本科生教材，注明：LGB；文科与经济类教材，注明：WJ；理工类硕士生教材，注明：LGS，如此等等，以便于读者区分。

武汉大学出版社是中共中央宣传部与国家新闻出版署联合授予的全国优秀出版社之一。在国内有较高的知名度和社会影响力，武汉大学出版社愿尽其所能为国内高校的教学与科研服务。我们愿与各位朋友真诚合作，力争使该系列教材打造成为国内同类教材中的精品教材，为高等教育的发展贡献力量！

21世纪高等学校数学系列教材编委会
2014年7月

前　言

　　数学分析作为数学与应用数学专业（或相近专业）的一门基础课，由于内容多、用途广、教学周期特别长，其重要地位不言而喻。

　　但是，基于社会发展需求的变化，生源知识基础的变化，教学方法和手段的变化，却未能促使数学分析教材的风格变化。教材的编写忽视了对数学概念、理论引入的直观性和实效性。以"抽象解释抽象"的情况时有发生，严重背离了"分析"二字，使数学分析几乎成了"抽象——抽象"的代名词。学生难学、教师难教的现象十分严重。教材成了制约教学质量和教学效果的"瓶颈"。《新编数学分析》就是在不断解开这些"瓶颈"的过程中应运而生的。

　　《新编数学分析》是作者长期教学实践的总结和系统研究的成果，具有以下特点：

　　1. 注意结合数学思维的特点，浅入深出，从朴素概念出发，通过揭示概念的本质属性建立了抽象概念及其理论体系。解决了抽象概念、抽象理论引入难、讲解难、理解难、掌握难的问题。

　　2. 语言表达精练、逻辑性强、层次结构清晰、图文并茂，重点突出。

　　3. 将生动有效的教学指导方法融入教材结构，使学生易学，教师易教。

　　4. 对教材结构的编排体系进行改革与创新，使之更具有条理性和完整性。

　　全书分上、下两册共6章。为了适应不同层次（如专科、本科）的教学需要，作者将少量难度大的内容用小号字排印，供读者选学之用。在每一章末尾还有用小字号排印的"解题补缀"，以起到解题补充、点缀之作用，同时也可以作为学生今后考研的参考。

　　2014年2月，国家提出了"加快构建以就业为导向的现代职业教育体系，引导地方本科高校向应用技术型高校转型，向职业教育转型"的发展思路。根据这一思路，师资和教材对于院校的转型发展是重要因素。《新编数学分析》正是顺应了这一历史性变革发展的需要，是对数学教材编排体系和思维方法的改革与创新。

　　《新编数学分析》承蒙我的同事刘鹏林教授和武汉大学出版社编辑李汉保先生的认真审改，纠正了一些错误和不妥之处，并提出许多宝贵的意见和建议，他们的辛勤劳动使书稿的质量有了明显的提高。武汉大学出版社王金龙先生为本书的策划出版给予了大力支持。在此向他们表示衷心的感谢！

　　由于作者水平有限，不妥之处在所难免，恳请专家、同行批评指正。

林元重

2014年8月

目 录

第 4 章 级数论 ... 1
- 4.1 数项级数的基本概念及性质 ... 1
- 4.2 正项级数 ... 5
- 4.3 变号级数 ... 11
- 4.4 函数项级数及其一致收敛性 ... 20
- 4.5 一致收敛的函数项级数的性质 ... 29
- 4.6 幂级数及其性质 ... 34
- 4.7 函数的幂级数展开 ... 40
- 4.8 傅里叶级数 ... 45
- 4.9 *解题补缀 ... 58

第 5 章 多元函数微分学 ... 64
- 5.1 多元函数与极限 ... 64
- 5.2 多元连续函数 ... 72
- 5.3 偏导数与全微分 ... 79
- 5.4 复合函数微分法与方向导数 ... 89
- 5.5 多元函数的泰勒公式 ... 97
- 5.6 隐函数定理及其微分法 ... 99
- 5.7 多元函数偏导数的几何应用 ... 109
- 5.8 多元函数的极值与条件极值 ... 115
- 5.9 *解题补缀 ... 123

第 6 章 多元函数积分学 ... 128
- 6.1 二重积分 ... 128
- 6.2 三重积分 ... 146
- 6.3 *n 重积分与广义重积分 ... 159
- 6.4 重积分的应用 ... 164
- 6.5 第一型曲线积分 ... 170
- 6.6 第二型曲线积分 ... 174
- 6.7 格林公式 ... 182
- 6.8 第一型曲面积分 ... 189
- 6.9 第二型曲面积分 ... 193
- 6.10 高斯公式与斯托克斯公式 ... 204

6.11 含参变量的积分 …………………………………………………………………… 211

6.12 *解题补缀 ………………………………………………………………………… 224

附录 1 正交变换在曲线积分、曲面积分计算中的应用 …………………………… 230

附录 2 习题答案 ……………………………………………………………………… 235

参考文献 ………………………………………………………………………………… 246

第4章 级 数 论

级数是数学分析的三大组成部分之一,是逼近理论的基础,是研究函数、进行近似计算的有力工具.级数理论的主要内容是研究级数的收敛性以及级数的应用,级数分为数项级数和函数项级数两部分内容,其中函数项级数又包括了具有重要意义的幂级数和傅里叶级数.

4.1 数项级数的基本概念及性质

4.1.1 基本概念

我们在中学课程中遇到过无穷等比数列各项之和的问题,即
$$a + aq + aq^2 + \cdots + aq^{n-1} + \cdots$$
这无穷多个数相加的情形,其实在无限小数的表示中也使用着,比如
$$\pi = 3.14159\cdots = 3 + \frac{1}{10} + \frac{4}{10^2} + \frac{1}{10^3} + \frac{5}{10^4} + \frac{9}{10^5} + \cdots$$
这种无穷多个数相加的式子就是级数.

定义 4.1 给定一个数列 $\{u_n\}$,用加号把数列的项依次连接起来的式子
$$u_1 + u_2 + \cdots + u_n + \cdots \tag{4-1}$$
称为数项级数(也称无穷级数,简称级数),其中 u_n 称为级数(4-1)的通项或一般项.

数项级数(4-1)也常写成 $\sum_{n=1}^{\infty} u_n$ 或 $\sum u_n$.

数项级数 $\sum_{n=1}^{\infty} u_n$ 的前 n 项之和

$$S_n = \sum_{k=1}^{n} u_k = u_1 + u_2 + \cdots + u_n \tag{4-2}$$

称为该数项级数的前 n 项部分和.

级数表示无限个数相加,其和是否存在?又怎么来求和?比如级数
$$1 + (-1) + 1 + (-1) + \cdots$$
如果把它写成
$$(1-1) + (1-1) + (1-1) + \cdots$$
其结果无疑是 0,但如果写成
$$1 + [(-1) + 1] + [(-1) + 1] + \cdots$$
其结果则是 1,两个结果完全不同.可见,我们对有限个数之和的认识是不能直接移植到"级数"上来,需要建立级数自身的理论.

类似于中学课程中关于无穷等比数列的求和过程，我们有下面的定义：

定义 4.2 如果级数 $\sum_{n=1}^{\infty} u_n$ 的部分和数列 $\{S_n\}$ 收敛于 S，则称该级数收敛，并称 S 为其和，记为 $u_1 + u_2 + \cdots + u_n + \cdots = S$ 或 $\sum_{n=1}^{\infty} u_n = S$. 如果 $\{S_n\}$ 发散，则称该级数发散.

例如，等比级数(也称几何级数)
$$a + aq + aq^2 + \cdots + aq^{n-1} + \cdots$$
当 $|q| < 1$ 时收敛，且 $\sum_{n=1}^{\infty} aq^{n-1} = \frac{a}{1-q}$；当 $|q| \geq 1$ 时发散.

例 4.1 讨论下列级数的敛散性.

(1) $\sum_{n=1}^{\infty} (-1)^{n-1}$；　　(2) $\sum_{n=1}^{\infty} \frac{1}{n(n+1)}$；　　(3) $\sum_{n=1}^{\infty} \ln\left(1 + \frac{1}{n}\right)$.

解 (1) 级数的前 n 项部分和数列为
$$S_1 = 1,\ S_2 = 0,\ \cdots,\ S_{2n-1} = 1,\ S_{2n} = 0,\ \cdots$$
显然 $\lim_{n \to \infty} S_n$ 不存在，因此该级数发散.

(2) 级数的前 n 项部分和数列的一般项为
$$S_n = \sum_{k=1}^{n} \frac{1}{k(k+1)} = \sum_{k=1}^{n} \left(\frac{1}{k} - \frac{1}{k+1}\right) = 1 - \frac{1}{n+1} \to 1 \ (n \to \infty)$$
因此该级数收敛，且 $\sum_{n=1}^{\infty} \frac{1}{n(n+1)} = 1$.

(3) 级数的前 n 项部分和数列的一般项为
$$S_n = \sum_{k=1}^{n} \ln\left(1 + \frac{1}{k}\right) = \sum_{k=1}^{n} [\ln(k+1) - \ln k] = \ln(n+1) \to +\infty\ (n \to \infty)$$
因此该级数发散，并有 $\sum_{n=1}^{\infty} \ln\left(1 + \frac{1}{n}\right) = +\infty$.

4.1.2 基本性质

由于级数 $\sum_{n=1}^{\infty} u_n$ 的敛散性是通过其部分和数列 $\{S_n\}$ 的敛散性来定义的，因此根据数列的柯西收敛准则即可得到级数收敛的柯西准则.

定理 4.1(柯西准则) 级数 $\sum_{n=1}^{\infty} u_n$ 收敛的充要条件是：$\forall \varepsilon > 0$，$\exists N > 0$，使得当 $n > N$ 时，对一切正整数 p，都有
$$|u_{n+1} + u_{n+2} + \cdots + u_{n+p}| < \varepsilon \tag{4-3}$$

推论 4.1(必要条件) 如果级数 $\sum_{n=1}^{\infty} u_n$ 收敛，则 $\lim_{n \to \infty} u_n = 0$.

例如等比级数 $\sum_{n=1}^{\infty} aq^{n-1}$ 当 $|q| \geq 1$ 时，$\lim_{n \to \infty} u_n = \lim_{n \to \infty} (aq^{n-1}) \neq 0$，故此时级数发散.

◎ **思考题** 按柯西准则叙述级数 $\sum_{n=1}^{\infty} u_n$ 发散的充要条件. 试问 $\lim_{n \to \infty} u_n = 0$ 时，$\sum_{n=1}^{\infty} u_n$ 收敛吗？

例 4.2 考查调和级数 $\sum_{n=1}^{\infty} \frac{1}{n} = 1 + \frac{1}{2} + \frac{1}{3} + \cdots + \frac{1}{n} + \cdots$ 的敛散性.

解 虽然 $u_n = \frac{1}{n} \to 0 (n \to \infty)$，但由此并不能推出该级数是收敛还是发散，考虑用柯西准则. 由于

$$|u_{n+1} + u_{n+2} + \cdots + u_{n+n}| = \frac{1}{n+1} + \frac{1}{n+2} + \cdots + \frac{1}{n+p}$$

$$> \underbrace{\frac{1}{2n} + \frac{1}{2n} + \cdots + \frac{1}{2n}}_{p \text{个项}} = \frac{p}{2n} \left(\text{取 } p = n, \text{ 有 } \frac{p}{2n} = \frac{1}{2}\right)$$

取 $\varepsilon_0 = \frac{1}{2}$，则对任何正整数 N，只要取 $n > N$ 及 $p = n$，就有

$$|u_{n+1} + u_{n+2} + \cdots + u_{n+p}| > \frac{p}{2n} = \varepsilon_0$$

因此调和级数发散.

例 4.3 考查级数 $\sum_{n=1}^{\infty} \frac{1}{n^2} = 1 + \frac{1}{2^2} + \frac{1}{3^2} + \cdots + \frac{1}{n^2} + \cdots$ 的敛散性.

解 仍然考虑用柯西准则. 由于

$$|u_{n+1} + u_{n+2} + \cdots + u_{n+p}| = \frac{1}{(n+1)^2} + \frac{1}{(n+2)^2} + \cdots + \frac{1}{(n+p)^2}$$

$$< \frac{1}{n(n+1)} + \frac{1}{(n+1)(n+2)} + \cdots + \frac{1}{(n+p-1)(n+p)}$$

$$= \frac{1}{n} - \frac{1}{n+p} < \frac{1}{n}$$

所以，$\forall \varepsilon > 0, N = \left[\frac{1}{\varepsilon}\right]$，则当 $n > N$ 时，对一切正整数 p，都有

$$|u_{n+1} + u_{n+2} + \cdots + u_{n+p}| < \frac{1}{n} < \varepsilon$$

因此级数 $\sum_{n=1}^{\infty} \frac{1}{n^2}$ 收敛.

根据级数的定义以及收敛数列的性质容易推得级数的以下线性运算性质.

性质 4.1（线性性质） 如果级数 $\sum u_n$ 与 $\sum v_n$ 都收敛，c, d 为两个任意常数，则级数 $\sum (cu_n \pm dv_n)$ 也收敛，且

$$\sum (cu_n \pm dv_n) = c \sum u_n \pm d \sum v_n \tag{4-4}$$

由柯西准则容易推知下面性质.

性质 4.2 去掉、增加或改变级数的有限个项，不改变级数的敛散性.

由性质 4.2 知道，如果级数 $\sum_{n=1}^{\infty} u_n$ 收敛，其和为 S，则级数

$$R_n = \sum_{k=n+1}^{\infty} u_k = u_{n+1} + u_{n+2} + \cdots \tag{4-5}$$

也收敛, 其和 $R_n = S - S_n$, 级数 $R_n = \sum_{k=n+1}^{\infty} u_k$ 称为级数 $\sum_{n=1}^{\infty} u_n$ 的余项.

性质 4.3(结合律) 在收敛级数的和式中任意添加括号, 不改变其敛散性及其和的值.

证 设收敛级数为 $\sum_{n=1}^{\infty} u_n = u_1 + u_2 + \cdots + u_n + \cdots = S$, 加括号后成为
$$(u_1 + u_2 + \cdots + u_{n_1}) + (u_{n_1+1} + u_{n_1+2} + \cdots + u_{n_2}) + \cdots +$$
$$(u_{n_{k-1}+1} + u_{n_{k-1}+2} + \cdots + u_{n_k}) + \cdots$$

将上式记为 $\sum_{k=1}^{\infty} v_k$, 其中 $v_k = u_{n_{k-1}+1} + u_{n_{k-1}+2} + \cdots + u_{n_k}$.

设 $\sum_{n=1}^{\infty} u_n$ 的部分和数列为 $\{S_n\}$, 则新级数 $\sum_{k=1}^{\infty} v_k$ 的部分和数列为原级数的部分和数列 $\{S_n\}$ 的子列: $S_{n_1}, S_{n_2}, \cdots, S_{n_k}, \cdots$, 于是 $\{S_{n_k}\}$ 也存在极限且为 S, 因此级数 $\sum_{k=1}^{\infty} v_k$ 收敛, 其和等于 S.

◎ **思考题** 发散级数加括号后, 所得级数一定发散吗$\left(\text{考查} \sum_{n=1}^{\infty} (-1)^{n-1} \text{加括号后的变化}\right)$? 级数的部分和 $\sum_{k=1}^{n} u_k$ 与函数的积分和 $\sum_{k=1}^{n} f\left(\frac{k}{n}\right) \frac{1}{n}$ 之间有何区别?

习 题 4.1

1. 研究下列级数的收敛性并求收敛级数的和:

   (1) $\sum_{n=1}^{\infty} \frac{1}{(3n-2)(3n+1)}$;

   (2) $\sum_{n=1}^{\infty} \left(\frac{1}{2^n} + \frac{1}{3^n}\right)$;

   (3) $\sum_{n=1}^{\infty} \frac{2n-1}{2^n}$;

   (4) $\sum_{n=1}^{\infty} (\sqrt{n+2} - 2\sqrt{n+1} + \sqrt{n})$;

   (5) $\sum_{n=2}^{\infty} \frac{1}{\sqrt[n]{\ln n}}$;

   (6) $\sum_{n=1}^{\infty} \frac{n^{n+\frac{1}{n}}}{\left(n+\frac{1}{n}\right)^n}$.

2. 若级数 $\sum_{n=1}^{\infty} a_n$ 收敛, 级数 $\sum_{n=1}^{\infty} b_n$ 发散, 试问级数 $\sum_{n=1}^{\infty} (a_n \pm b_n)$ 是发散还是收敛?

3. 设级数 $\sum_{n=1}^{\infty} a_n$ 和 $\sum_{n=1}^{\infty} b_n$ 皆收敛, 且 $a_n \leq c_n \leq b_n$, 证明级数 $\sum_{n=1}^{\infty} c_n$ 也收敛. 若级数 $\sum_{n=1}^{\infty} a_n$ 和 $\sum_{n=1}^{\infty} b_n$ 皆发散, 且 $a_n \leq c_n \leq b_n$, 试问 $\sum_{n=1}^{\infty} c_n$ 是否也发散.

4. 设 $\lim_{n \to \infty} a_n = \infty$, 证明:

   (1) 级数 $\sum_{n=1}^{\infty} (a_{n+1} - a_n)$ 发散;

   (2) 若 $a_n \neq 0$, 则级数 $\sum_{n=1}^{\infty} \left(\frac{1}{a_n} - \frac{1}{a_{n+1}}\right)$ 收敛;

5. 设级数 $\sum_{n=1}^{\infty} |a_{n+1} - a_n|$ 收敛, 证明数列 $\{a_n\}$ 收敛.

6. 应用柯西准则判别下列级数的敛散性：

(1) $\sum_{n=1}^{\infty} (-1)^{n-1} \frac{1}{n}$;

(2) $\sum_{n=1}^{\infty} \frac{\sin n}{2^n}$;

(3) $\sum_{n=1}^{\infty} \frac{1}{n} \cos \frac{1}{n}$;

(4) $\sum_{n=1}^{\infty} \sin \frac{n\pi}{2}$.

7. 若级数 $\sum_{n=1}^{\infty} a_n$ 收敛，且对一切 n 有 $a_n \geq a_{n+1} \geq 0$，证明 $\lim_{n \to \infty} na_n = 0$.

4.2 正项级数

在级数理论中，正项级数是非常重要的一种，对一般级数的研究有时可以通过对正项级数的研究来获得结果．就像非负函数广义积分和一般广义积分的关系一样．

所谓正项级数是这样一类级数：级数的每一项都是非负的．由于正项级数的部分和数列 $\{S_n\}$ 为递增数列，根据单调有界定理便得以下定理．

定理 4.2 正项级数 $\sum u_n$ 收敛的充要条件是：其部分和数列 $\{S_n\}$ 为有界数列．

4.2.1 比较判别法

研究级数，首要的是研究其敛散性，其次才考虑求级数的和或和的近似值．

根据定理 4.2 即可推得下面的比较判别定理．

定理 4.3（比较判别法） 设 $\sum u_n$ 与 $\sum v_n$ 都为正项级数，若存在正整数 N，使得
$$u_n \leq v_n (n = N, N+1, \cdots) \tag{4-6}$$
则当 $\sum v_n$ 收敛时，$\sum u_n$ 也收敛；当 $\sum u_n$ 发散时，$\sum v_n$ 也发散.

证 设两级数 $\sum u_n$ 和 $\sum v_n$ 的部分和数列分别为 $\{S_n\}$ 和 $\{\sigma_n\}$，由于改变级数的有限个项不改变级数的敛散性，因此不妨设不等式(4-6)对一切正整数都成立，则对一切正整数 n，也都有
$$S_n \leq \sigma_n$$
若 $\sum v_n$ 收敛 $\Rightarrow \{\sigma_n\}$ 有界，从而 $\{S_n\}$ 有界 $\Rightarrow \sum u_n$ 收敛（定理 4.2）．

结论的后半部分是前半部分的逆否命题，自然成立．

例 4.4 将级数 $\sum \frac{1}{\sqrt{n}}$ 与调和级数 $\sum \frac{1}{n}$ 相比较，便知 $\sum \frac{1}{\sqrt{n}}$ 是发散的．

例 4.5 讨论正项级数 $\sum \frac{1}{1+a^n} (a > 0)$ 的敛散性．

解 当 $0 < a \leq 1$ 时，对一切 n 都有 $\frac{1}{1+a^n} \geq \frac{1}{2}$，因此级数发散．当 $a > 1$ 时，对一切 n 都有 $\frac{1}{1+a^n} < \frac{1}{a^n} = \left(\frac{1}{a}\right)^n$，而 $\sum \left(\frac{1}{a}\right)^n$ 为收敛的等比数列，因此级数 $\sum \frac{1}{1+a^n}$ 收敛．

推论 4.2（比较判别法的极限形式） 设 $\sum u_n$ 和 $\sum v_n$ 都为正项级数，如果存在极限

$$\lim_{n\to\infty}\frac{u_n}{v_n}=l \tag{4-7}$$

则有:

(1) 当 $0 < l < +\infty$ 时,$\sum u_n$ 和 $\sum v_n$ 具有相同的敛散性;

(2) 当 $l = 0$ 时,由 $\sum v_n$ 收敛 $\Rightarrow \sum u_n$ 收敛,或由 $\sum u_n$ 发散 $\Rightarrow \sum v_n$ 发散;

(3) 当 $l = +\infty$ 时,由 $\sum v_n$ 发散 $\Rightarrow \sum u_n$ 发散,或由 $\sum u_n$ 收敛 $\Rightarrow \sum v_n$ 收敛.

证 (1) 由 $\lim_{n\to\infty}\frac{u_n}{v_n}=l(0<l<+\infty)$ 知,对于 $\varepsilon=\frac{l}{2}$,存在 N,使得当 $n>N$ 时有

$$\left|\frac{u_n}{v_n}-l\right|<\frac{l}{2},\quad 即有\quad \frac{l}{2}v_n<u_n<\frac{3l}{2}v_n$$

于是根据定理 4.3 知,级数 $\sum u_n$ 和 $\sum v_n$ 具有相同的敛散性.

(2) 若 $\lim_{n\to\infty}\frac{u_n}{v_n}=0$,则对于 $\varepsilon=1$,存在 N,使得当 $n>N$ 时有

$$\frac{u_n}{v_n}<1,\quad 即有\quad u_n<v_n$$

根据定理 4.3 知,由 $\sum v_n$ 收敛 $\Rightarrow \sum u_n$ 收敛,或由 $\sum u_n$ 发散 $\Rightarrow \sum v_n$ 发散.

(3) 当 $l=+\infty$ 时,即 $\lim_{n\to\infty}\frac{v_n}{u_n}=0$,于是根据(2)便证得(3)的结论.

例 4.6 讨论下列正项级数的敛散性:

(1) $\sum \frac{2n-1}{n^3+3n}$; (2) $\sum \sin\frac{\pi}{n}$; (3) $\sum \ln\left(1+\frac{1}{n^2}\right)$.

解 (1) 因 $\lim_{n\to\infty}\left(\frac{2n-1}{n^3+3n}\bigg/\frac{1}{n^2}\right)=2$,又 $\sum \frac{1}{n^2}$ 收敛(例 4.3),故 $\sum \frac{2n-1}{n^3+3n}$ 收敛.

(2) 因 $\lim_{n\to\infty}\left(\sin\frac{\pi}{n}\bigg/\frac{1}{n}\right)=\pi$,又 $\sum \frac{1}{n}$ 发散(例 4.3),故 $\sum \sin\frac{\pi}{n}$ 发散.

(3) 由于 $\ln\left(1+\frac{1}{n^2}\right)\sim\frac{1}{n^2}(n\to\infty)$,故知 $\sum \ln\left(1+\frac{1}{n^2}\right)$ 收敛.

4.2.2 积分判别法

对于某些通项为递减数列的正项级数,通过积分判别法,可以把这类级数与非负函数的无穷积分等同起来,并由此来判断其敛散性.

定理 4.4(积分判别法) 设函数 $f(x)$ 在区间 $[a,+\infty)$ 内非负递减,取正整数 $n_0 > a+1$,则级数 $\sum_{n=n_0}^{\infty}f(n)$ 与无穷积分 $\int_a^{+\infty}f(x)\mathrm{d}x$ 具有相同的敛散性.

证 因为函数 $f(x)$ 非负递减,所以对一切 $k\geq n_0$,$\int_{k-1}^k f(x)\mathrm{d}x$ 都存在,且有

$$\int_k^{k+1}f(x)\mathrm{d}x\leq f(k)\leq \int_{k-1}^k f(x)\mathrm{d}x$$

求和后有
$$\sum_{k=n_0}^{n}\int_k^{k+1}f(x)\mathrm{d}x \leq \sum_{k=n_0}^{n}f(k) \leq \sum_{k=n_0}^{n}\int_{k-1}^{k}f(x)\mathrm{d}x$$

即
$$\int_{n_0}^{n+1}f(x)\mathrm{d}x \leq \sum_{k=n_0}^{n}f(k) \leq \int_{n_0-1}^{n}f(x)\mathrm{d}x$$

若 $\int_a^{+\infty}f(x)\mathrm{d}x$ 收敛，则积分 $\int_{n_0-1}^{n}f(x)\mathrm{d}x$ 有上界，由上述不等式推知部分和数列 $\sum_{k=n_0}^{n}f(k)$ 也有上界，从而正项级数 $\sum_{n=n_0}^{\infty}f(n)$ 收敛；

若 $\int_a^{+\infty}f(x)\mathrm{d}x$ 发散，则积分 $\int_{n_0}^{n+1}f(x)\mathrm{d}x$ 无上界，同样由不等式推知部分和数列 $\sum_{k=n_0}^{n}f(k)$ 也无上界，从而正项级数 $\sum_{n=n_0}^{\infty}f(n)$ 发散.

例 4.7 讨论 p 级数 $\sum\dfrac{1}{n^p}$ 的敛散性.

解 显然在积分判别法中，对应于 p 级数 $\sum\dfrac{1}{n^p}$ 的无穷积分是 $\int_1^{+\infty}\dfrac{1}{x^p}\mathrm{d}x$，其中 $\dfrac{1}{x^p}=f(x)$，$\dfrac{1}{n^p}=f(n)$，且 $f(x)$ 非负递减. 故当 $p>1$ 时，p 级数收敛；当 $p\leq 1$ 时，p 级数发散.

4.2.3 达朗贝尔判别法与柯西判别法

对于某些特殊类型的正项级数，其敛散性判别采用以下方法更方便.

定理 4.5（达朗贝尔（D'Alembert）判别法） 设 $\sum u_n$ 为正项级数，则有：

（1）如果存在正整数 N_0 及正数 $q<1$，使当 $n\geq N_0$ 时有 $\dfrac{u_{n+1}}{u_n}\leq q$，则 $\sum u_n$ 收敛；

（2）如果存在正整数 N_0，使当 $n\geq N_0$ 时有 $\dfrac{u_{n+1}}{u_n}\geq 1$，则 $\sum u_n$ 发散.

证 （1）由条件不难得到 $u_{N_1+n}<u_{N_1}\cdot q^n(n=1,2,\cdots)$，因 $\sum u_{N_1}\cdot q^n$ 收敛，故 $\sum u_n$ 也收敛.

（2）由条件知，当 $n\geq N_0$ 时，有 $u_{n+1}\geq u_n$，由此推知 $\lim\limits_{n\to\infty}u_n\neq 0$，故 $\sum u_n$ 发散.

推论 4.3 设 $\sum u_n$ 为正项级数，如果 $\lim\limits_{n\to\infty}\dfrac{u_{n+1}}{u_n}=q$，则有：

（1）当 $q<1$ 时，级数 $\sum u_n$ 收敛；

（2）当 $q>1$ 或 $q=+\infty$ 时，级数 $\sum u_n$ 发散.

证 （1）根据数列极限之保号性知，存在正整数 N_0，使当 $n\geq$ 于是根据定理 4.5 知，级数 $\sum u_n$ 收敛.

（2）同理，存在正整数 N_0，使当 $n\geq N_0$ 时，有 $\dfrac{u_{n+1}}{u_n}\geq$

$\sum u_n$ 发散.

推论 4.4　设数列 $\{a_n\}$ 满足: $a_n > 0$, 且 $\dfrac{a_{n+1}}{a_n} \leqslant q < 1$ 或 $\lim\limits_{n\to\infty}\dfrac{a_{n+1}}{a_n} = q < 1$, 则 $\lim\limits_{n\to\infty} a_n = 0$.

定理 4.6(柯西判别法)　设 $\sum u_n$ 为正项级数, 则有:

(1) 如果存在正整数 N_0 及正数 $l < 1$, 使当 $n \geqslant N_0$ 时, 有 $\sqrt[n]{u_n} \leqslant l$, 则 $\sum u_n$ 收敛;

(2) 如果存在正整数 N_0, 使当 $n \geqslant N_0$ 时, 有 $\sqrt[n]{u_n} \geqslant 1$, 则 $\sum u_n$ 发散.

证　(1) 由条件知 $u_n < l^n (n \geqslant N_0)$, 而 $\sum l^n$ 收敛, 故正项级数 $\sum u_n$ 也收敛.

(2) 由条件知, 当 $n \geqslant N_1$ 时, $u_n \geqslant 1$, 故 $\sum u_n$ 发散.

推论 4.5　设 $\sum u_n$ 为正项级数, 且 $\lim\limits_{n\to\infty}\sqrt[n]{u_n} = l$, 则

(1) 当 $l < 1$ 时, 级数 $\sum u_n$ 收敛;

(2) 当 $l > 1$ 或 $l = +\infty$ 时, 级数 $\sum u_n$ 发散.

达朗贝尔判别法和柯西判别法又分别称为比式判别法和根式判别法.

例 4.8　讨论下列正项级数的敛散性:

(1) $\sum \dfrac{q^n}{n!}(q > 0)$;　　　　　　(2) $\sum \dfrac{q^n}{n^2}(q > 0)$;

(3) $\sum \dfrac{3 + (-1)^n}{3^n}$;　　　　　　(4) $\sum \left[n^2 \Big/ \left(n + \dfrac{1}{n}\right)^n \right]$.

解　(1) 由于 $\lim\limits_{n\to\infty}\dfrac{u_{n+1}}{u_n} = \lim\limits_{n\to\infty}\dfrac{q^{n+1}/(n+1)!}{q^n/n!} = \lim\limits_{n\to\infty}\dfrac{q}{n+1} = 0 < 1$, 级数收敛(比式判别法).

(2) 由于 $\lim\limits_{n\to\infty}\dfrac{u_{n+1}}{u_n} = \lim\limits_{n\to\infty}\dfrac{q^{n+1}/(n+1)^2}{q^n/n^2} = q$, 故当 $q < 1$ 时, 级数收敛; 当 $q > 1$ 时, 级数发散; 当 $q = 1$ 时, 级数成为 $\sum \dfrac{1}{n^2}$, 因此也收敛.

(3) $\lim\limits_{n\to\infty}\sqrt[n]{u_n} = \lim\limits_{n\to\infty}\sqrt[n]{\dfrac{3 + (-1)^n}{3^n}} = \dfrac{1}{3} < 1$, 级数收敛(根式判别法).

(4) $\lim\limits_{n\to\infty}\sqrt[n]{u_n} = \lim\limits_{n\to\infty}\sqrt[n]{n^2 \Big/ \left(n + \dfrac{1}{n}\right)^n} = \lim\limits_{n\to\infty} \sqrt[n]{n^2} \Big/ \left(n + \dfrac{1}{n}\right) = 0 < 1$, 级数收敛(根式判别法).

◎ **思考题**　当 $\lim\limits_{n\to\infty}\dfrac{u_{n+1}}{u_n} = 1$(或 $\lim\limits_{n\to\infty}\sqrt[n]{u_n} = 1$)时, 级数是收敛还是发散? 又对于级数 $\sum \dfrac{1}{n^2}$ 和 $\sum \dfrac{1}{n}$, 能用比式判别法(或根式判别法)对它们的敛散性作出判断吗?

顺便指出, 设 $u_n > 0$, 如果 $\lim\limits_{n\to\infty}\dfrac{u_{n+1}}{u_n} = q$, 则必有 $\lim\limits_{n\to\infty}\sqrt[n]{u_n} = q$(见例 1.67). 这说明能

由比式判别法鉴别敛散性的级数,也能由根式判别法来判断,反之不然. 例如对于例 4.8 中的 $\sum \dfrac{3+(-1)^n}{3^n}$,可知 $\lim\limits_{n\to\infty}\dfrac{u_{n+1}}{u_n}$ 不存在,故不能用比式判别法对其敛散性作出判断.

由达朗贝尔判别法和柯西判别法的证明可见,这两种判别法都相当于以几何级数作为比较标准来判断级数的敛散性. 如果一个级数通过达朗贝尔判别法或柯西判别法推得它收敛(或发散),则该级数肯定比某一收敛的几何级数收敛得更快(或比某一发散的几何级数发散得更快). 因此当一个级数的通项趋于 0 的速度比任何收敛的几何级数的通项趋于 0 都慢时 $\left(\text{例如 } p \text{ 级数},\text{有}\lim\limits_{n\to\infty}\dfrac{u_{n+1}}{u_n}=1 \text{ 及 } \lim\limits_{n\to\infty}\sqrt[n]{u_n}=1\right)$,这两种方法皆失效. 下面介绍一个更精细的判别法.

*拉贝(Raabe)判别法 设 $\sum u_n$ 为正项级数,如果 $\lim\limits_{n\to\infty}n\left(1-\dfrac{u_{n+1}}{u_n}\right)=\alpha$,则当 $\alpha>1$ 时,级数收敛,当 $\alpha<1$ 时,级数 $\sum u_n$ 发散.

证 易知 $\lim\limits_{n\to\infty}n\left(1-\dfrac{u_{n+1}}{u_n}\right)=\alpha$ 等价于 $\dfrac{u_{n+1}}{u_n}=1-\dfrac{\alpha}{n}+o\left(\dfrac{1}{n}\right)$ $(n\to\infty)$. 令 $v_n=\dfrac{1}{n^p}$,则

$$\dfrac{v_{n+1}}{v_n}=\left(\dfrac{n}{n+1}\right)^p=\left(\dfrac{n+1}{n}\right)^{-p}=\left(1+\dfrac{1}{n}\right)^{-p}=1-\dfrac{p}{n}+o\left(\dfrac{1}{n}\right)\ (n\to\infty)$$

于是
$$\dfrac{u_{n+1}}{u_n}-\dfrac{v_{n+1}}{v_n}=\dfrac{p-\alpha}{n}+o\left(\dfrac{1}{n}\right)\ (n\to\infty)$$

当 $\alpha>1$ 时,取 p 使 $\alpha>p>1$,则 $p-\alpha<0$,从而由上式知必存在正整数 N,使得当 $n\geq N$ 时,有

$$\dfrac{u_{n+1}}{u_n}-\dfrac{v_{n+1}}{v_n}<0\quad\text{即}\quad\dfrac{u_{n+1}}{u_n}<\dfrac{v_{n+1}}{v_n}$$

于是当 $n>N$ 时,有 $u_{n+1}=\dfrac{u_{n+1}}{u_n}\cdot\dfrac{u_n}{u_{n-1}}\cdot\cdots\cdot\dfrac{u_{N+1}}{u_N}\cdot u_N$

$$<\dfrac{v_n}{v_{n-1}}\cdot\dfrac{v_{n-1}}{v_{n-2}}\cdot\cdots\cdot\dfrac{v_{N+1}}{v_N}\cdot u_N=\dfrac{u_N}{v_N}\cdot v_{n+1}=\dfrac{u_N}{v_N}\cdot\dfrac{1}{(n+1)^p}$$

由于 $p>1$,所以级数 $\sum\dfrac{1}{(n+1)^p}$ 收敛,故由比较判别法知级数 $\sum u_n$ 也收敛.

当 $\alpha<1$ 时,取 $p=1$,则 $p-\alpha>0$,同样存在正整数 N,使得当 $n\geq N$ 时有

$$\dfrac{u_{n+1}}{u_n}-\dfrac{v_{n+1}}{v_n}>0\quad\text{即}\quad\dfrac{u_{n+1}}{u_n}>\dfrac{v_{n+1}}{v_n}$$

于是当 $n>N$ 时,有 $u_{n+1}=\dfrac{u_{n+1}}{u_n}\cdot\dfrac{u_n}{u_{n-1}}\cdot\cdots\cdot\dfrac{u_{N+1}}{u_N}\cdot u_N$

$$>\dfrac{v_n}{v_{n-1}}\cdot\dfrac{v_{n-1}}{v_{n-2}}\cdot\cdots\cdot\dfrac{v_{N+1}}{v_N}\cdot u_N=\dfrac{u_N}{v_N}\cdot v_{n+1}=\dfrac{u_N}{v_N}\cdot\dfrac{1}{n+1}$$

由于调和级数 $\sum\dfrac{1}{n+1}$ 发散,故由比较判别法(推论 4.2)知级数 $\sum u_n$ 发散.

例 4.9 讨论正项级数 $\sum\limits_{n=1}^{\infty} \dfrac{(2n-1)!!}{(2n)!!} \cdot \dfrac{1}{2n+1}$ 的敛散性.

解 因为 $\lim\limits_{n\to\infty}\dfrac{u_{n+1}}{u_n} = \lim\limits_{n\to\infty}\dfrac{(2n+1)^2}{(2n+2)(2n+3)} = 1$，所以达朗贝尔判别法失效. 下面利用拉贝判别法来讨论.

由于 $\lim\limits_{n\to\infty} n\left(1-\dfrac{u_{n+1}}{u_n}\right) = \lim\limits_{n\to\infty} n\left(1-\dfrac{(2n+1)^2}{(2n+2)(2n+3)}\right) = \lim\limits_{n\to\infty}\dfrac{n(6n+5)}{(2n+2)(2n+3)} = \dfrac{3}{2} > 1$

故知这个级数是收敛的. 此外，我们在 4.7 节例 4.28 中将会看到，该级数收敛于 $\dfrac{\pi}{2}$.

由拉贝判别法证明可见，拉贝判别法相当于以 p 级数 $\sum\dfrac{1}{n^p}$ 作为比较标准. 当 $\lim\limits_{n\to\infty} n\left(1-\dfrac{u_{n+1}}{u_n}\right) = 1$ 时，拉贝判别法也失效，这时还有更敏锐的判别法，如高斯判别法（参阅菲赫金哥尔茨著《微积分学教材》第二卷）. 但这条越来越加敏锐（也愈来愈复杂）的判别法链条是没有尽头的.

习 题 4.2

1. 用比较判别法判别下列级数的敛散性：

(1) $\sum\limits_{n=2}^{\infty}\dfrac{1}{n^2-n}$； (2) $\sum\limits_{n=1}^{\infty}\dfrac{1}{\sqrt{n^2+n}}$； (3) $\sum\limits_{n=1}^{\infty} 2^n \sin\dfrac{\pi}{3^n}$；

(4) $\sum\limits_{n=1}^{\infty}\left(1-\cos\dfrac{1}{n}\right)$； (5) $\sum\limits_{n=1}^{\infty}\dfrac{1}{n^{1+(1/n)}}$； (6) $\sum\limits_{n=2}^{\infty}\dfrac{1}{(\ln n)^{\ln n}}$；

(7) $\sum\limits_{n=3}^{\infty}\dfrac{1}{(\ln\ln n)^{\ln n}}$； (8) $\sum\limits_{n=1}^{\infty}\dfrac{1}{(\ln n)^{\ln\ln n}}$； (9) $\sum\limits_{n=1}^{\infty}\left(a^{\frac{1}{n}} + a^{-\frac{1}{n}} - 2\right)$；

(10) $\sum\limits_{n=1}^{\infty}\dfrac{1}{n^{2n\sin\frac{1}{n}}}$.

2. 用达朗贝尔判别法或柯西判别法研究下列级数的敛散性：

(1) $\sum\limits_{n=1}^{\infty}\dfrac{4\cdot 7\cdot\cdots\cdot(3n+1)}{2\cdot 6\cdot\cdots\cdot(4n-2)}$； (2) $\sum\limits_{n=1}^{\infty}(\sqrt{2}-\sqrt[3]{2})(\sqrt{2}-\sqrt[4]{2})\cdot\cdots\cdot(\sqrt{2}-\sqrt[n+2]{2})$；

(3) $\sum\limits_{n=1}^{\infty}\dfrac{1000^n}{n!}$； (4) $\sum\limits_{n=1}^{\infty}\dfrac{n^{100}}{2^n}$； (5) $\sum\limits_{n=1}^{\infty}\dfrac{(n!)^2}{(2n)!}$；

(6) $\sum\limits_{n=1}^{\infty}\dfrac{2^n n!}{n^n}$； (7) $\sum\limits_{n=1}^{\infty}\dfrac{3^n n!}{n^n}$； (8) $\sum\limits_{n=1}^{\infty}\left(\dfrac{n}{2n+1}\right)^n$.

3. 用积分判别法研究下列级数的敛散性：

(1) $\sum\limits_{n=2}^{\infty}\dfrac{1}{n\ln^p n}$； (2) $\sum\limits_{n=3}^{\infty}\dfrac{1}{n(\ln n)^p(\ln\ln n)^q}$.

4. 研究下列级数的敛散性：

(1) $\sum_{n=1}^{\infty} \dfrac{\ln n}{n^{1+\alpha}}$; (2) $\sum_{n=1}^{\infty} \dfrac{\ln(n!)}{n^{\alpha}}$; (3) $\sum_{n=1}^{\infty} \dfrac{1}{\ln(n!)}$;

(4) $\sum_{n=1}^{\infty} \dfrac{\mathrm{e}^n n!}{n^n}$; (5) $\sum_{n=2}^{\infty} \dfrac{1}{\ln^2 n}$; (6) $\sum_{n=1}^{\infty} \dfrac{n!}{n^{\sqrt{n}}}$;

(7) $\sum_{n=2}^{\infty} \dfrac{n^{\ln n}}{\ln^n n}$; (8) $\sum_{n=1}^{\infty} \left[\dfrac{(2n-1)!!}{(2n)!!}\right]^3$.

5. 设 $\sum_{n=1}^{\infty} a_n$ 和 $\sum_{n=1}^{\infty} b_n$ 皆为正项级数，且当 $n \geq n_0$ 时有 $\dfrac{a_{n+1}}{a_n} \leq \dfrac{b_{n+1}}{b_n}$，证明：若 $\sum_{n=1}^{\infty} b_n$ 收敛，则 $\sum_{n=1}^{\infty} a_n$ 也收敛；若 $\sum_{n=1}^{\infty} a_n$ 发散，则 $\sum_{n=1}^{\infty} b_n$ 也发散.

6. 设正项级数 $\sum_{n=1}^{\infty} a_n$ 收敛，则级数 $\sum_{n=1}^{\infty} a_n^2$ 也收敛. 试问其逆是否成立？

7. 设 $\sum_{n=1}^{\infty} a_n$ 为正项级数，且 $\{na_n\}$ 为有界数列，证明 $\sum_{n=1}^{\infty} a_n^2$ 收敛.

8. 设正项级数 $\sum_{n=1}^{\infty} a_n$ 和 $\sum_{n=1}^{\infty} b_n$ 皆收敛，证明级数 $\sum_{n=1}^{\infty} a_n b_n$，$\sum_{n=1}^{\infty} (a_n + b_n)^2$，$\sum_{n=1}^{\infty} \sqrt{a_n a_{n+1}}$ 及 $\sum_{n=1}^{\infty} \dfrac{a_n}{n}$ 也都收敛.

9. 设 $\sum_{n=1}^{\infty} a_n$ 为正项级数，且对一切 n 有 $a_n \geq a_{n+1} \geq 0$，证明级数 $\sum_{n=1}^{\infty} a_n$ 与级数 $\sum_{n=1}^{\infty} 2^k a_{2^k}$ 具有相同的敛散性.

4.3 变号级数

4.3.1 交错级数

先来考查一类特殊的变号级数——交错级数.

如果级数的各项符号正负相间，即级数为 $\sum (-1)^{n-1} u_n$（其中所有 u_n 的符号相同），则称该级数为交错级数.

关于交错级数，有以下简便判别法.

定理 4.7（莱布尼兹判别法） 如果 $\{u_n\}$ 为单调数列，且 $\lim\limits_{n\to\infty} u_n = 0$，则交错级数 $\sum (-1)^{n-1} u_n$ 收敛，并且其和满足 $|S| \leq u_1$，其余项满足 $|R_n| \leq u_{n+1}$.

证 因为 $\{u_n\}$ 为单调递减数列，并有 $\lim\limits_{n\to\infty} u_n = 0$，则当 p 为偶数时有

$$\left|\sum_{k=n+1}^{n+p} (-1)^{k-1} u_k\right| = (u_{n+1} - u_{n+2}) + (u_{n+3} - u_{n+4}) + \cdots (u_{n+p-1} - u_{n+p})$$
$$= u_{n+1} - (u_{n+2} - u_{n+3}) - \cdots - (u_{n+p-2} - u_{n+p-1}) - u_{n+p} \leq u_{n+1}$$

而当 p 为奇数数时，亦有

$$\left|\sum_{k=n+1}^{n+p} (-1)^{k-1} u_k\right| = (u_{n+1} - u_{n+2}) + \cdots + (u_{n+p-2} - u_{n+p-1}) + u_{n+p}$$

$$= u_{n+1} - (u_{n+2} - u_{n+3}) - \cdots - (u_{n+p-1} - u_{n+p}) \leq u_{n+1}$$

$\forall \varepsilon > 0$，由 $\lim\limits_{n\to\infty} u_n = 0$ 知，$\exists N > 0$，使得当 $n > N$ 时，有 $0 < u_n < \varepsilon$. 故当 $n > N$ 时，对一切正整数 p，恒有

$$\left| \sum_{k=n+1}^{n+p} (-1)^{k-1} u_k \right| \leq u_{n+1} < \varepsilon$$

因此由柯西准则知交错级数 $\sum (-1)^{n-1} u_n$ 收敛.

在上述最后一个不等式中，令 $p \to \infty$，取极限便得

$$|R_n| = \left| \sum_{k=n+1}^{\infty} (-1)^{k-1} u_k \right| \leq u_{n+1}, \quad 特别地 \; |S| = \left| \sum_{k=1}^{\infty} (-1)^{k-1} u_k \right| \leq u_1.$$

利用莱布尼兹判别法立刻推得交错级数

$$\sum_{n=1}^{\infty} (-1)^{n-1} \frac{1}{n} \quad 与 \quad \sum_{n=1}^{\infty} (-1)^{n-1} \frac{1}{2n-1}$$

皆收敛. 顺便指出这两个级数的和分别为 $\ln 2$ 与 $\dfrac{\pi}{4}$（见例 4.25 和例 4.28）.

4.3.2 绝对收敛与条件收敛

为进一步研究变号级数，先引入级数的绝对收敛和条件收敛的概念.

如果由级数 $\sum u_n$ 各项绝对值组成的级数 $\sum |u_n|$ 收敛，则称级数 $\sum u_n$ 绝对收敛；如果级数 $\sum u_n$ 收敛，但级数 $\sum |u_n|$ 发散，则称级数 $\sum u_n$ 条件收敛.

显然，$\sum (-1)^{n-1} \dfrac{1}{n^2}$ 为绝对收敛级数，而 $\sum (-1)^{n-1} \dfrac{1}{n}$ 为条件收敛级数.

由柯西准则容易推得以下定理.

定理 4.8 绝对收敛的级数一定收敛.

证 设级数 $\sum |u_n|$ 收敛，根据柯西准则知，$\forall \varepsilon > 0$，$\exists N > 0$，使得当 $n > N$ 时，对一切正整数 p 有

$$\sum_{k=n+1}^{n+p} |u_n| < \varepsilon \Rightarrow \left| \sum_{k=n+1}^{n+p} u_n \right| \leq \sum_{k=n+1}^{n+p} |u_n| < \varepsilon$$

故由柯西准则知级数 $\sum u_n$ 收敛.

对于一般的变号级数，我们可以应用正项级数收敛性判别法来判别它是否绝对收敛.

例 4.10 讨论下列级数的敛散性

(1) $\sum \dfrac{\sin nx}{n^2}$;   (2) $\sum \dfrac{x^n}{n!}$;   (3) $\sum\limits_{n=0}^{\infty} n! \, x^n$.

解 (1) 由于 $\left| \dfrac{\sin nx}{n^2} \right| < \dfrac{1}{n^2}$ 对一切正整数 n 和任何实数 x 都成立，故由比较判别法知，对任何实数 x，级数 $\sum \dfrac{\sin nx}{n^2}$ 都是绝对收敛的（当然自身也收敛）.

(2) 由于对任何实数 x 都有

$$\lim_{n\to\infty}\frac{|u_{n+1}|}{|u_n|}=\lim_{n\to\infty}\frac{|x^{n+1}/(n+1)!|}{|x^n/n!|}=\lim_{n\to\infty}\frac{|x|}{n+1}=0$$

所以根据比式判别法知，对任何实数 x，级数 $\sum\dfrac{x^n}{n!}$ 都是绝对收敛的.

(3) 若 $x=0$，级数的通项为 0，故级数收敛.

若 $x\neq 0$，则当 $n+1>\dfrac{1}{|x|}$ 时，$\dfrac{|u_{n+1}|}{|u_n|}=(n+1)|x|>1$，从而 $\lim\limits_{n\to\infty}u_n\neq 0$，故级数发散.

例 4.11 证明级数 $\sum\limits_{n=1}^{\infty}(-1)^{n-1}\dfrac{(2n-1)!!}{(2n)!!}$ 是条件收敛的.

证 记 $a_n=\dfrac{(2n-1)!!}{(2n)!!}$. 首先，$0<a_{n+1}=\dfrac{(2n+1)!!}{(2n+2)!!}=\dfrac{2n+1}{2n+2}a_n<a_n$，故数列 $\{a_n\}$ 递减. 其次，由第 1 章例 1.68 知道，$0<a_n=\dfrac{(2n-1)!!}{(2n)!!}<\dfrac{1}{\sqrt{2n+1}}$，于是 $a_n\to 0$. 故由莱布尼兹判别法知交错级数 $\sum\limits_{n=1}^{\infty}(-1)^{n-1}\dfrac{(2n-1)!!}{(2n)!!}$ 收敛.

又由于 $a_n=1\cdot\dfrac{3}{2}\cdot\dfrac{5}{4}\cdot\dfrac{7}{6}\cdot\cdots\cdot\dfrac{2n-1}{2n-2}\cdot\dfrac{1}{2n}>\dfrac{1}{2n}$，而级数 $\sum\dfrac{1}{2n}$ 发散，由比较判别法知，级数 $\sum\limits_{n=1}^{\infty}\dfrac{(2n-1)!!}{(2n)!!}=\sum\limits_{n=1}^{\infty}a_n$ 发散.

综上所述，级数 $\sum\limits_{n=1}^{\infty}(-1)^{n-1}\dfrac{(2n-1)!!}{(2n)!!}$ 条件收敛.

这个级数的和等于 $\dfrac{1}{\sqrt{2}}$ （参见 4.7 节例 4.27）.

4.3.3 狄利克雷判别法与阿贝尔判别法

对于非绝对收敛的变号级数（它可能条件收敛，也可能发散），当具备一定条件时，可以采用本节介绍的狄利克雷判别法或阿贝尔判别法判别其收敛性. 为此，先介绍两个有用的引理.

引理 4.1（阿贝尔变换公式） 设 $a_k,b_k(k=1,2,\cdots,n)$ 为两组实数，令
$$S_1=b_1,\quad S_2=b_1+b_2,\cdots,S_m=b_1+b_2+\cdots+b_m$$
则有
$$\sum_{k=1}^{n}a_kb_k=\sum_{k=1}^{n-1}(a_k-a_{k+1})S_k+a_nS_n \tag{4-8}$$

证 将 $b_1=S_1$，$b_2=S_2-S_1$，$\cdots$，$b_m=S_m-S_{m-1}$ 代入式(4-8)左边可得
$$\sum_{k=1}^{n}a_kb_k=a_1b_1+\sum_{k=2}^{n}a_kb_k=a_1S_1+\sum_{k=2}^{n}a_k(S_k-S_{k-1})$$
$$=a_1S_1+\sum_{k=2}^{n}a_kS_k-\sum_{k=2}^{n}a_kS_{k-1}=\sum_{k=1}^{n}a_kS_k+a_nS_n-\sum_{k=1}^{n-1}a_{k+1}S_k$$
$$=\sum_{k=1}^{n-1}(a_k-a_{k+1})S_k+a_nS_n$$

阿贝尔变换公式的几何意义如图 4-1 所示：$\sum_{k=1}^{n} a_k b_k$ 表示 n 个矩形面积 $a_k b_k$（高为 a_k，宽为 b_k）之和，而 $\sum_{k=1}^{n-1}(a_k - a_{k+1})S_k + a_n S_n$ 表示 $n-1$ 个矩形面积 $(a_k - a_{k+1})S_k$（高为 $a_k - a_{k+1}$，宽为 S_k）再添上另一个矩形面积 $a_n S_n$（高为 a_n，宽为 S_n）的和. 二者都等于阶梯形的面积（阴影）.

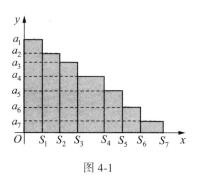

图 4-1

引理 4.2（阿贝尔引理） 设 $a_k(k=1, 2, \cdots, n)$ 为单调数组. 又设常数 $M > 0$，使得对每一个 $S_k = \sum_{i=1}^{k} b_i (k=1, 2, \cdots, n)$，恒有 $|S_k| < M$，则有

$$\left|\sum_{k=1}^{n} a_k b_k\right| \leqslant M(|a_1| + 2|a_n|) \tag{4-9}$$

证 由阿贝尔变换公式及引理条件得

$$\left|\sum_{k=1}^{n} a_k b_k\right| = \left|\sum_{k=1}^{n-1}(a_k - a_{k+1})S_k + a_n S_n\right|$$
$$\leqslant \sum_{k=1}^{n-1}|a_k - a_{k+1}||S_k| + |a_n||S_n| \leqslant M\sum_{k=1}^{n-1}|a_k - a_{k+1}| + M|a_n|$$

由于每个 $a_k - a_{k+1}$ 的符号相同，故有

$$\sum_{k=1}^{n-1}|a_k - a_{k+1}| = \left|\sum_{k=1}^{n-1}(a_k - a_{k+1})\right| = |a_1 - a_n| \leqslant |a_1| + |a_n|$$

结合前一不等式便得

$$\left|\sum_{k=1}^{n} a_k b_k\right| \leqslant M(|a_1| + |a_n|) + M|a_n| = M(|a_1| + 2|a_n|).$$

定理 4.9（狄利克雷判别法） 如果级数 $\sum a_n b_n$ 满足下列条件，则 $\sum a_n b_n$ 收敛.

(1) 数列 $\{a_n\}$ 为单调数列，且 $\lim_{n\to\infty} a_n = 0$；

(2) 级数 $\sum b_n$ 的部分和数列 $\{B_n\}$ 有界.

证 设 $|B_n| \leqslant M$，则 $\left|\sum_{k=1}^{m} b_{n+k}\right| \leqslant |B_{n+m} - B_{n+1}| \leqslant 2M$，结合 $\{a_n\}$ 的单调性，应用阿贝尔引理得

$$\left|\sum_{k=n+1}^{n+p} a_k b_k\right| = \left|\sum_{k=1}^{p} a_{n+k} b_{n+k}\right| \leqslant 2M(|a_{n+1}| + 2|a_{n+p}|).$$

4.3 变号级数

$\forall \varepsilon > 0$,由 $\lim\limits_{n\to\infty} a_n = 0$ 知,$\exists N > 0$,使得当 $n > N$ 时,有 $|a_n| < \dfrac{\varepsilon}{6M}$. 于是结合上式,当 $n > N$ 时,对一切正整数 p,都有

$$\left|\sum_{k=n+1}^{n+p} a_k b_k\right| < 2M\left(\dfrac{\varepsilon}{6M} + 2\dfrac{\varepsilon}{6M}\right) = \varepsilon.$$

因此由柯西准则知 $\sum a_n b_n$ 收敛.

定理 4.10(阿贝尔判别法) 若级数 $\sum a_n b_n$ 满足下列条件,则 $\sum a_n b_n$ 收敛.

(1) 数列 $\{a_n\}$ 为单调数列,且有界;

(2) 级数 $\sum b_n$ 收敛.

证 由条件(1),$\lim\limits_{n\to\infty} a_n = a$ 存在,从而数列 $\{a_n - a\}$ 满足定理 4.9 的条件(1).

又因级数 $\sum b_n$ 收敛,故级数 $\sum b_n$ 的部分和数列有界,即满足定理 4.9 的条件(2).

故由狄利克雷判别法知,级数 $\sum (a_n - a) b_n$ 收敛,再根据收敛级数的线性性质便知,级数

$$\sum a_n b_n = \sum [(a_n - a)b_n + ab_n] = \sum (a_n - a)b_n + a\sum b_n$$

也收敛.

例 4.12 设数列 $\{a_n\}$ 单调趋于 0,讨论级数 $\sum a_n \sin nx$ 的敛散性.

解 由三角公式,得

$$\sin\dfrac{x}{2}\sum_{k=1}^{n}\sin kx = \dfrac{1}{2}\sum_{k=1}^{n}\left[\cos\left(k-\dfrac{1}{2}\right)x - \cos\left(k+\dfrac{1}{2}\right)x\right] = \dfrac{1}{2}\left[\cos\dfrac{x}{2} - \cos\left(n+\dfrac{1}{2}\right)x\right].$$

当 $x \neq 2m\pi (m = 0, \pm 1, \pm 2, \cdots)$ 时,有

$$\left|\sum_{k=1}^{n}\sin kx\right| = \dfrac{\left|\cos\dfrac{x}{2} - \cos\left(n+\dfrac{1}{2}\right)x\right|}{2\left|\sin\dfrac{x}{2}\right|} \leqslant \dfrac{1}{\left|\sin\dfrac{x}{2}\right|} \tag{4-10}$$

这说明 $\sum \sin nx$ 的部分和数列 $\sum\limits_{k=1}^{n}\sin kx$ 有界,又因为数列 $\{a_n\}$ 单调趋于 0,故由狄利克雷判别法知 $\sum a_n \sin nx$ 收敛.

当 $x = 2m\pi (m = 0, \pm 1, \pm 2, \cdots)$ 时,$\sin nx = 0$,故有 $\sum a_n \sin nx = 0$.

从例 4.12 的解答过程中,我们获得一个公式

$$\sum_{k=1}^{n}\sin kx = \left[\cos\dfrac{x}{2} - \cos\left(n+\dfrac{1}{2}\right)x\right] \bigg/ 2\sin\dfrac{x}{2} \tag{4-11}$$

类似地,可得

$$\dfrac{1}{2} + \sum_{k=1}^{n}\cos kx = \left[\sin\left(n+\dfrac{1}{2}\right)x\right] \bigg/ 2\sin\dfrac{x}{2} \tag{4-12}$$

当 $x = 2m\pi (m = 0, \pm 1, \pm 2, \cdots)$ 时,公式右端也可以理解为当 $x \to 2m\pi$ 时的极限值. 这两个公式在后面还要用到.

◎ **思考题** 若级数 $\sum u_n$ 收敛，试问级数 $\sum \dfrac{u_n}{n^p} (p > 0)$ 收敛吗？

4.3.4 绝对收敛级数的性质

绝对收敛级数除了具有收敛级数的一般性质外，还具有下述两个重要性质。

1. 级数的重排

有限个数相加是满足交换律的，对于无穷级数来说，是否也是如此呢？先看一个例子。

我们已经知道，级数 $\sum (-1)^{n-1} \dfrac{1}{n}$ 是条件收敛的。用 S, S_n 分别表示它的和与部分和，则

$$S_{2m} = \left(1 - \dfrac{1}{2}\right) + \left(\dfrac{1}{3} - \dfrac{1}{4}\right) + \cdots + \left(\dfrac{1}{2m-1} - \dfrac{1}{2m}\right) > \dfrac{1}{2}$$

从而 $S = \lim\limits_{m \to \infty} S_{2m} \geq \dfrac{1}{2}$，现在改变原级数各项的顺序为（称为级数的重排）

$$1 - \dfrac{1}{2} - \dfrac{1}{4} + \dfrac{1}{3} - \dfrac{1}{6} - \dfrac{1}{8} + \cdots + \dfrac{1}{2k-1} - \dfrac{1}{4k-2} - \dfrac{1}{4k} + \cdots$$

用 σ, σ_n 分别表示这个新级数的和与部分和，则

$$\sigma_{3m} = \sum_{k=1}^{m} \left(\dfrac{1}{2k-1} - \dfrac{1}{4k-2} - \dfrac{1}{4k}\right) = \sum_{k=1}^{m} \left(\dfrac{1}{4k-2} - \dfrac{1}{4k}\right)$$

$$= \dfrac{1}{2} \sum_{k=1}^{m} \left(\dfrac{1}{2k-1} - \dfrac{1}{2k}\right) = \dfrac{1}{2} S_{2m}$$

于是得到 $\sigma = \lim\limits_{m \to \infty} \sigma_{3m} = \dfrac{1}{2} \lim\limits_{m \to \infty} S_{2m} = \dfrac{1}{2} S$，因为 $S \geq \dfrac{1}{2}$，所以 $\sigma \neq S$。

这个例子说明，条件收敛级数重新排列后，它的和可能随之改变。黎曼证明了这样一个结论：

如果级数 $\sum u_n$ 条件收敛，则对于一个任意给定的实数 σ，总可以适当地重排 $\sum u_n$，使得到的新级数 $\sum v_n$ 收敛于 σ（参见参考文献[1]第 330 页）。

对于绝对收敛的级数，重排后的结果就与条件收敛级数的情况完全不同了。

定理 4.11 如果级数 $\sum u_n$ 绝对收敛，则任意重排该级数的各项后，所得新级数 $\sum v_n$ 也绝对收敛，且级数的和不变。

证 先证明对于收敛的正项级数 $\sum u_n$，重排后所得正项级数 $\sum v_n$ 仍收敛，且其和不变。为此，设 $\lim\limits_{n \to \infty} S_n = \lim\limits_{n \to \infty} \sum_{k=1}^{n} u_k = S$，因为 $\{S_n\}$ 为递增数列，所以 $S = \sup\{S_n\}$。

令 $\sigma_n = \sum_{k=1}^{n} v_k$，因每个 v_k 都是 $\sum u_n$ 的项，所以对一切正整数 n，都有

$$\sigma_n = \sum_{k=1}^{n} v_k < \sup_{n \in \mathbf{N}_+} S_n = S$$

由此即可知道正项级数 $\sum u_n$ 重排后所得正项级数 $\sum v_n$ 仍收敛, 且有
$$\sigma = \sum v_n = \lim_{n\to\infty}\sigma_n \leq S$$
另一方面, 由于 $\sum u_n$ 是 $\sum v_n$ 的逆重排, 所以也有 $S \leq \sigma$, 从而 $S = \sigma$.

再证绝对收敛级数 $\sum u_n$ 重排后所得新级数 $\sum v_n$ 仍绝对收敛.

因为 $\sum |u_n|$ 收敛, 重排后为 $\sum |v_n|$, 根据上述已证结论知, $\sum v_n$ 仍绝对收敛.

最后证明绝对收敛级数重排后其和不变. 为此, 令
$$a_n = \frac{|u_n| + u_n}{2}, \quad b_n = \frac{|u_n| - u_n}{2}$$
则有 $\qquad 0 \leq a_n \leq |u_n|, \quad 0 \leq b_n \leq |u_n| \quad$ 及 $\quad u_n = a_n - b_n$

由比较判别法知两个正项级数 $\sum a_n$ 和 $\sum b_n$ 都收敛, 于是由收敛级数的性质得
$$\sum u_n = \sum a_n - \sum b_n$$
因为 $\sum u_n$ 重排后变为 $\sum v_n$, 设 $\sum a_n$ 和 $\sum b_n$ 相应地变为 $\sum a'_n$ 和 $\sum b'_n$, 于是有
$$\sum v_n = \sum(a'_n - b'_n) = \sum a'_n - \sum b'_n = \sum a_n - \sum b_n = \sum u_n$$

绝对收敛级数可以重排的重要意义在级数的乘积运算中显见.

2. 级数的乘积

我们知道, 对于两个多项式之乘积, 有
$$\left(\sum_{k=1}^{n} u_k\right)\left(\sum_{k=1}^{m} v_k\right) = \sum_{i=1}^{n}\sum_{j=1}^{m} u_i v_j$$
其中等式右端和式中的项可以按任何顺序相加.

现设有两个收敛级数 $\sum u_n$ 和 $\sum v_n$, 在上式中分别令 $n \to \infty$ 和 $m \to \infty$, 类似的式子:
$$\left(\sum_{k=1}^{\infty} u_k\right)\left(\sum_{k=1}^{\infty} v_k\right) = \sum_{i=1}^{\infty}\sum_{j=1}^{\infty} u_i v_j \tag{4-13}$$
是否仍然成立呢? 其中右端和式表示所有乘积 $u_i v_j$ 之和, 如表 4-1 所示, 也写成 $\sum_{i,j \geq 1} u_i u_j$.

表 4-1

	u_1	u_2	u_3	$\cdots$	u_n	$\cdots$
v_1	u_1v_1	u_2v_1	u_3v_1	$\cdots$	u_nv_1	$\cdots$
v_2	u_1v_2	u_2v_2	u_3v_2	$\cdots$	u_nv_2	$\cdots$
v_3	u_1v_3	u_2v_3	u_3v_3	$\cdots$	u_nv_3	$\cdots$
$\vdots$	$\vdots$	$\vdots$	$\vdots$	$\vdots$	$\vdots$	$\vdots$
v_m	u_1v_m	u_2v_m	u_3v_m	$\cdots$	u_nv_m	$\cdots$
$\vdots$	$\vdots$	$\vdots$	$\vdots$	$\vdots$	$\vdots$	$\vdots$

显然，若式(4-13)右端级数不是绝对收敛级数，那么右端级数的和是无法定义的(因为按不同顺序排列，所得到的和可能不同，甚至发散). 因此，必须对级数 $\sum u_n$ 和 $\sum v_n$ 的收敛性有较强的限制. 下面的柯西定理告诉我们，在两个级数 $\sum u_n$ 和 $\sum v_n$ 都绝对收敛的前提下，是可以按式(4-13)进行乘积运算的.

定理 4.12(柯西定理) 如果级数 $\sum u_n = A$ 和 $\sum v_n = B$ 都绝对收敛，则这两个级数各项的乘积 $u_i v_j (i, j = 1, 2, \cdots)$ 按任意顺序排列所得级数 $\sum_{i, j \geq 1} u_i u_j$ 也绝对收敛，且 $\sum_{i, j \geq 1} u_i u_j = AB$.

证 为方便起见，用 $\sum w_n$ 表示 $\sum_{i, j \geq 1} u_i u_j$ 按任意一种顺序排列所得的级数，要证它绝对收敛，只需证部分和数列 $\left\{ \sum_{k=1}^{n} |w_k| \right\}$ 有界，设

$$w_k = u_{i_k} v_{j_k} (k = 1, 2, \cdots, n), \quad m = \max\{i_1, j_1, i_2, j_2, \cdots, i_n, j_n\}$$

则显然有

$$\sum_{k=1}^{n} |w_k| \leq \left(\sum_{k=1}^{m} |u_k| \right) \left(\sum_{k=1}^{m} |v_k| \right)$$

因为 $\left\{ \sum_{k=1}^{n} |u_k| \right\}$ 和 $\left\{ \sum_{k=1}^{n} |v_k| \right\}$ 都有界(绝对收敛的结论)，所以 $\left\{ \sum_{k=1}^{n} |w_k| \right\}$ 也有界，因而 $\sum w_n$ 绝对收敛.

现证 $\sum w_n = AB$. 因为 $\sum w_n$ 绝对收敛，所以它的和与级数各项的排列顺序无关，为了得到所证结论，选择下列排列顺序求和

$$(u_1 v_1 + u_1 v_2 + \cdots + u_1 v_n) + (u_2 v_1 + u_2 v_2 + \cdots + u_2 v_n) + \cdots + (u_n v_1 + u_n v_2 + \cdots + u_n v_n)$$
$$= \sum_{k=1}^{n^2} w_k = \left(\sum_{k=1}^{n} u_k \right) \left(\sum_{k=1}^{n} v_k \right).$$

令 $n \to \infty$，取极限，便得到

$$\sum_{i, j \geq 1} u_i u_j = \lim_{n \to \infty} \sum_{k=1}^{n^2} w_k = \lim_{n \to \infty} \left(\sum_{k=1}^{n} u_k \right) \left(\sum_{k=1}^{n} v_k \right) = \left(\sum_{k=1}^{\infty} u_k \right) \left(\sum_{k=1}^{\infty} v_k \right) = AB$$

在上面证明等式 $\sum_{i, j \geq 1} u_i u_j = AB$ 成立时，左边和式的求和是按照正方形顺序排列的(见图 4-2(a))，而在许多场合下，我们采用对角线顺序求和(见图 4-2(b))，即

$$\left(\sum_{k=1}^{\infty} u_k \right) \left(\sum_{k=1}^{\infty} v_k \right) = \sum_{n=1}^{\infty} \left(\sum_{k=1}^{n} u_k v_{n+1-k} \right)$$
$$= u_1 v_1 + (u_1 v_2 + u_2 v_1) + (u_1 v_3 + u_2 v_2 + u_3 v_1) + \cdots$$
$$+ (u_1 v_n + u_2 v_{n-1} + u_3 v_{n-2} + \cdots + u_n v_1) + \cdots \tag{4-14}$$

例 4.13 等比级数 $\sum_{n=1}^{\infty} x^{n-1} = \dfrac{1}{1-x}$ 若 $|x| < 1$ 是绝对收敛的，将级数自乘，按式(4-14)，有

$$\left(\sum_{n=1}^{\infty} x^{n-1} \right)^2 = \sum_{n=1}^{\infty} \sum_{k=1}^{n} x^{k-1} \cdot x^{n-k} = \sum_{n=1}^{\infty} \sum_{k=1}^{n} x^{n-1} = \sum_{n=1}^{\infty} n x^{n-1}$$

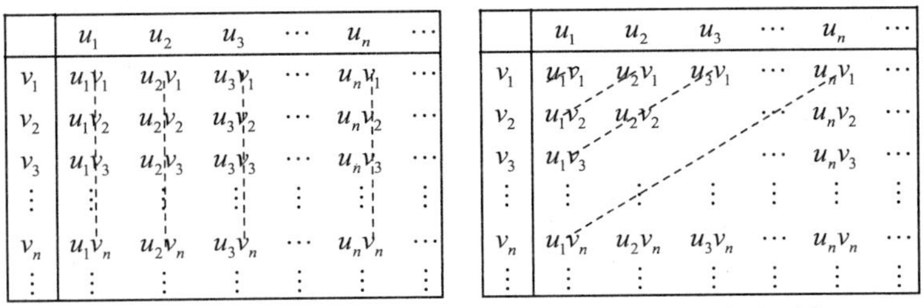

(a) 正方形顺序 (b) 对角线顺序

图 4-2

所以
$$\sum_{n=1}^{\infty} n x^{n-1} = \frac{1}{(1-x)^2}.$$

习 题 4.3

1. 研究下列级数的收敛性、绝对收敛性和条件收敛性：

(1) $\sum_{n=1}^{\infty} (-1)^n \frac{\sqrt{n}}{n+100}$;

(2) $\sum_{n=1}^{\infty} \sin(\pi \sqrt{n^2+1})$;

(3) $\sum_{n=1}^{\infty} (-1)^n \frac{1}{n+p}$;

(4) $\sum_{n=1}^{\infty} \frac{\ln^2 n}{n} \sin \frac{n\pi}{4}$;

(5) $\sum_{n=1}^{\infty} (-1)^n \frac{1}{\sqrt[n]{n}}$;

(6) $\sum_{n=1}^{\infty} (-1)^{[\sqrt{n}]} \frac{1}{n}$;

(7) $\sum_{n=2}^{\infty} \frac{(-1)^n}{n^{p+\frac{1}{n}}}$;

(8) $\sum_{n=1}^{\infty} \frac{n!}{n^n} x^n$;

(9) $\sum_{n=1}^{\infty} (-1)^n \sin \frac{1}{n}$;

(10) $\sum_{n=2}^{\infty} \ln\left[1 + (-1)^n \frac{1}{n^p}\right]$.

2. 应用狄利克雷判别法或阿贝尔判别法研究下列级数的收敛性：

(1) $\sum_{n=1}^{\infty} (-1)^n \frac{\sin^2 n}{n}$;

(2) $\sum_{n=1}^{\infty} (-1)^n \frac{n-1}{n+1} \cdot \frac{1}{\sqrt{n}}$;

(3) $\sum_{n=1}^{\infty} \frac{\sin nx}{n^p} (0 < x < 2\pi)$;

(4) $\sum_{n=1}^{\infty} \frac{\cos nx}{n^p} (0 < x < 2\pi)$.

3. 设数列 $\{a_n\}$ 单调递减趋于 0，证明交错级数 $\sum_{n=1}^{\infty} (-1)^{n-1} \frac{a_1 + a_2 + \cdots + a_n}{n}$ 收敛.

4. 设 $a_n > 0$ 且 $\lim_{n \to \infty} n\left(\frac{a_n}{a_{n+1}} - 1\right) = \alpha > 0$，证明交错级数 $\sum_{n=1}^{\infty} (-1)^{n-1} a_n$ 收敛.

5. 证明：若级数 $\sum_{n=1}^{\infty} \frac{a_n}{n^p}$ 收敛（或发散），则对任意 $q > p$（或 $q < p$），$\sum_{n=1}^{\infty} \frac{a_n}{n^q}$ 也收敛（或发散）.

6. 设级数 $\sum_{n=1}^{\infty} a_n$ 条件收敛，令 $p_n = \dfrac{|a_n| + a_n}{2}$，$q_n = \dfrac{|a_n| - a_n}{2}$，证明级数 $\sum_{n=1}^{\infty} p_n$ 和 $\sum_{n=1}^{\infty} q_n$ 皆发散.

7. 证明下列等式：

(1) $\left(\sum_{n=0}^{\infty} \dfrac{1}{n!} \right) \left(\sum_{n=0}^{\infty} \dfrac{(-1)^n}{n!} \right) = 1$；　　(2) $\left(\sum_{n=0}^{\infty} x^n \right)^2 = \sum_{n=0}^{\infty} (n+1) x^n$.

4.4　函数项级数及其一致收敛性

在前面几节里，我们接触了 $\sum_{n=1}^{\infty} a x^{n-1}$，$\sum \dfrac{\sin nx}{n^2}$ 和 $\sum \dfrac{x^n}{n!}$ 等一类级数，它们有一个共同的特点，就是其通项都是 x 的函数，不过在那里，x 都是作为常数看待的. 现在，我们要把 x 作为变量来处理，而对应的级数就称为函数项级数. 无论是在理论上还是在实际应用中，函数项级数都更为常见. 当然，前面关于数项级数的理论知识，是研究函数项级数的基础.

4.4.1　函数列及其一致收敛性

一致收敛性是函数项级数理论中的一个非常重要的概念. 这一概念对于交换运算顺序起着关键性作用. 正如数项级数是通过部分和数列来定义收敛性一样，函数项级数也是通过部分和函数列来定义一致收敛性的. 因此，我们先来研究函数列及其一致收敛性.

所谓函数列是指定义在同一数集 E 上的一列函数：
$$f_1(x), f_2(x), \cdots, f_n(x), \cdots, x \in E, \quad 记为 \{f_n(x)\}$$
如果对 $x_0 \in E$，数列 $\{f_n(x_0)\}$ 收敛，则称函数列 $\{f_n(x)\}$ 在点 x_0 收敛，并称 x_0 为该函数列的收敛点. 如果数列 $\{f_n(x_0)\}$ 发散，则称该函数列在点 x_0 发散.

函数列 $\{f_n(x)\}$ 的全体收敛点所成集合称为该函数列的收敛域.

设函数列 $\{f_n(x)\}$ 的收敛域为 D，这时对每一 $x \in D$，都有数列 $\{f_n(x)\}$ 的一个极限值与之相对应，这样就确定了一个定义在 D 上的函数，称为函数列 $\{f_n(x)\}$ 的极限函数，记为
$$f(x) = \lim_{n \to \infty} f_n(x), \, x \in D.$$

按照数列极限的 $\varepsilon - N$ 定义，函数列 $\{f_n(x)\}$ 与其极限函数 $f(x)$ 之间的关系可以描述为：

$\forall x \in D$ 及 $\forall \varepsilon > 0$，$\exists$ (相应的) $N > 0$，使得当 $n > N$ 时，有 $|f_n(x) - f(x)| < \varepsilon$.

显然，这里的 N 不仅与 ε 的值有关，N 一般还与 x 的值有关. 当然有时也会出现例外的情形：即 N 仅与 ε 的值有关，而与 x 的值无关. 为了说得更明白些，我们先看一个具体例子.

例 4.14　对于函数列 $\{f_n(x)\} = \{x^n\}$ 和 $\{g_n(x)\} = \left\{ \dfrac{\sin nx}{n} \right\}$，容易知道，$\{f_n(x)\} =$

$\{x^n\}$ 的收敛域是 $(-1, 1]$，其极限函数为 $f(x) = \begin{cases} 0, & |x| < 1 \\ 1, & x = 1 \end{cases}$；而函数列 $\{g_n(x)\} = \left\{\dfrac{\sin nx}{n}\right\}$ 的收敛域是 $(-\infty, +\infty)$，其极限函数为 $g(x) = 0$.

现用 $\varepsilon - N$ 语言来分析这两个函数列收敛性的差异.

(1) 对 $\{f_n(x)\} = \{x^n\}$ 来说，当 $0 < |x| < 1$ 时，有 $|f_n(x) - f(x)| = |x|^n (<\varepsilon)$. 故 $\forall \varepsilon > 0$（设 $\varepsilon < 1$），取 $N = \left[\dfrac{\ln \varepsilon}{\ln |x|}\right] + 1$，则当 $n > N$ 时有 $|f_n(x) - f(x)| < \varepsilon$.

(2) 对 $\{g_n(x)\} = \left\{\dfrac{\sin nx}{n}\right\}$ 来说，$\forall x \in (-\infty, +\infty)$，都有 $|g_n(x) - g(x)| \leq \dfrac{1}{n}$. 故 $\forall \varepsilon > 0$，取 $N = \left[\dfrac{1}{\varepsilon}\right]$，则当 $n > N$ 时有 $|g_n(x) - g(x)| \leq \dfrac{1}{n} < \varepsilon$.

我们发现，当 $n > N$ 时，使 $|f_n(x) - f(x)| < \varepsilon$ 成立的 $N = \left[\dfrac{\ln \varepsilon}{\ln |x|}\right] + 1$ 不仅与 ε 有关，而且还与 x 有关，随着 $|x|$ 越来越接近 1，N 的值会不断增大且不存在最大值. 但对于 $\{g_n(x)\}$ 来说，当 $n > N$ 时，使 $|g_n(x) - g(x)| < \varepsilon$ 成立的 $N = \left[\dfrac{1}{\varepsilon}\right]$ 仅与 ε 有关，而与 x 无关，它对一切 $x \in (-\infty, +\infty)$ 都是成立的，即这时的 N 是具有一致性的. 这种一致性正是我们要讨论的、具有重要意义的一致收敛性问题.

定义 4.3 设函数列 $\{f_n(x)\}$ 与函数 $f(x)$ 都在数集 D 上有定义，如果对于任给 $\varepsilon > 0$，总存在相应的正整数 N，使得当 $n > N$ 时，对一切 $x \in D$，都有
$$|f_n(x) - f(x)| < \varepsilon$$
则称函数列 $\{f_n(x)\}$ 在 D 上一致收敛性于 $f(x)$，记为
$$f_n(x) \rightrightarrows f(x) (n \to \infty), \quad x \in D. \tag{4-15}$$

按照定义，一致收敛可以这样来理解：对 D 上任何一点 x，每一数列 $\{f_n(x)\}$ 趋于 $f(x)$ 的速度是"一致"的. 这种一致性具体体现在：与 ε 相对应的 N 仅与 ε 有关，而与 x 在 D 上的取值无关，因而经常把这个对所有 x 都适用的 N 写成 $N(\varepsilon)$.

根据这一定义，例 4.14 中所给函数列 $\{g_n(x)\} = \left\{\dfrac{\sin nx}{n}\right\}$ 在实数域 $R = (-\infty, +\infty)$ 上一致收敛于 0，而函数列 $\{f_n(x)\} = \{x^n\}$ 在区间 $(-1, 1]$ 上收敛但不一致收敛（见例 4.15）.

显然，若函数列 $\{f_n(x)\}$ 在 D 上一致收敛，则必在 D 上每一点都收敛. 但反之不然.

◎ **思考题** 按定义验证函数列 $\left\{\dfrac{x^n}{n}\right\}$ 在 $[-1, 1]$ 上一致收敛于 0.

如同在一般极限问题中，有时需要用到 $\varepsilon - N$ 语言的否定陈述一样，在一致收敛性问题中，有时也要用到其否定叙述，即用 $\varepsilon - N$ 语言来陈述"函数列 $\{f_n(x)\}$ 在 D 上不一致收敛于 $f(x)$". 根据定义 4.3 及其逻辑关系，不难得到：

$f_n(x) \not\rightrightarrows f(x) (n \to \infty), x \in D \Leftrightarrow \exists \varepsilon_0 > 0$，使得对 $\forall N > 0$，$\exists n > N$ 及 $x_n \in D$，使得
$$|f_n(x_n) - f(x_n)| \geq \varepsilon_0 \tag{4-16}$$

例 4.15 证明例 4.14 中函数列 $\{x^n\}$ 在区间 $[-r, r](0 < r < 1)$ 上一致收敛于 0，但在 $(-1, 1)$ 内不一致收敛.

证 先证 $\{x^n\}$ 在区间 $[-r, r](0 < r < 1)$ 上一致收敛于 0.

当 $x \in [-r, r]$ 时, $|x^n - 0| = |x|^n \leq r^n$. 对 $\forall \varepsilon > 0$, 只要 $r^n < \varepsilon$, 就有 $|x^n - 0| < \varepsilon$, 由于 $0 < r < 1$, 所以 $r^n < \varepsilon$ 等价于 $n > \dfrac{\ln \varepsilon}{\ln r}$, 故取 $N = \left[\dfrac{|\ln \varepsilon|}{|\ln r|}\right]$, 则当 $n > N$ 时, 对一切 $x \in [-r, r]$, 都有 $|x^n - 0| \leq |r|^n < \varepsilon$. 所以 $\{x^n\}$ 在 $[-r, r](0 < r < 1)$ 上一致收敛于 0.

再证 $\{x^n\}$ 在 $(-1, 1)$ 内不一致收敛(例 4.14 中的解释不能作为证明, 因为有这种可能性: 满足一致收敛性的 N 不是没有, 而是没有找到). 只要证明 $\{x^n\}$ 在 $(-1, 1)$ 内不一致收敛于极限函数 $f(x) = 0$.

取 $\varepsilon_0 = \dfrac{1}{2}$, $\forall N > 0$, 取 $n = N + 1 > N$ 及 $x_N = \left(1 - \dfrac{1}{N+1}\right)^{\frac{1}{N+1}} \in (-1, 1)$, 则有

$$|f_n(x_N) - f(x_N)| = |x_N^n - 0| = 1 - \dfrac{1}{N+1} \geq \dfrac{1}{2} = \varepsilon_0.$$

根据否定陈述(4-16), $\{x^n\}$ 在 $(-1, 1)$ 内不一致收敛.

函数列 $\{f_n(x)\}$ 在 D 上一致收敛性于 $f(x)$ 的几何意义如图 4-3 所示: 不论正数 ε 多么小, 总存在正整数 N, 函数列 $\{f_n(x)\}$ 自第 N 项以后各项 $f_n(x)$ 的图像, 全都落在两条曲线 $y = f(x) + \varepsilon$ 与 $y = f(x) - \varepsilon$ 为边的带形区域之内.

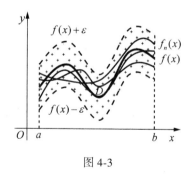

图 4-3

我们再从几何上来分析为什么函数列 $\{x^n\}$ 在区间内 $(-1, 1)$ 不一致收敛, 而在 $[-r, r]$ $(0 < r < 1)$ 上一致收敛(只要考虑 $x \geq 0$ 的情形).

如图 4-4 所示, 取 $0 < \varepsilon_0 < 1$ (这样的正数有无穷个), 不论 N 多么大, 在 $\{x^n\}$ 中, 取第 N 项后面的一项 x^n ($n > N$, 这样的项有无穷多), 那么 x^n 的图像不会全部落在由 $y = 0 + \varepsilon_0$ 与 $y = 0 - \varepsilon_0$ 夹成的带形区域内. 但如果限制在区间 $[0, r]$ $(0 < r < 1)$ 上, 则不论 ε 多么小, 一旦给定了, 那么只要取 N 充分大, 就可以使第 N 项后面各项 x^n 的图像全部落在由 $y = 0 + \varepsilon$ 与 $y = 0 - \varepsilon$ 夹成的带形区域内.

仿照数列收敛的柯西准则, 我们也可以写出函数列一致收敛性的柯西准则.

定理 4.13(一致收敛的柯西准则) 函数列 $\{f_n(x)\}$ 在数集 D 上一致收敛的充要条件

4.4 函数项级数及其一致收敛性

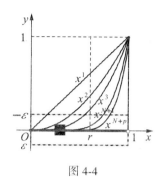

图 4-4

是：对任意 $\varepsilon > 0$，总存在相应的正整数 N，使得当 $n, m > N$ 时，对一切 $x \in D$，都有

$$|f_n(x) - f_m(x)| < \varepsilon \tag{4-17}$$

证 必要性：设 $f_n(x) \rightrightarrows f(x)(n \to \infty)$，$x \in D$. 则由一致收敛性定义，对任意 $\varepsilon > 0$，存在正数 N，使得当 $n > N$ 时，对一切 $x \in D$，都有

$$|f_n(x) - f(x)| < \frac{\varepsilon}{2}$$

故当 $n, m > N$ 时有 $\quad |f_n(x) - f_m(x)| \leqslant |f_n(x) - f(x)| + |f(x) - f_m(x)| < \frac{\varepsilon}{2} + \frac{\varepsilon}{2} = \varepsilon.$

充分性：根据所给条件及数列收敛的柯西准则知，$\{f_n(x)\}$ 在 D 上任一点都收敛，记其极限函数为 $f(x)$，$x \in D$. 现固定式(4-17)中的 n，让 $m \to \infty$，于是当 $n > N$ 时，对一切 $x \in D$ 都有

$$|f_n(x) - f(x)| \leqslant \varepsilon$$

这就证得

$$f_n(x) \rightrightarrows f(x)(n \to \infty), \quad x \in D.$$

下面这个定理给出了判断一个函数列是否一致收敛的常用方法.

定理 4.14 函数列 $\{f_n(x)\}$ 在区间 D 上一致收敛于 $f(x)$ 的充要条件是

$$\lim_{n \to \infty} \sup_{x \in D} |f_n(x) - f(x)| = 0 \tag{4-18}$$

证 必要性：设 $f_n(x) \rightrightarrows f(x)(n \to \infty)$，$x \in D$. 则对任意的正数 ε，存在正整数 N，使得当 $n > N$ 时，对一切 $x \in D$，都有

$$|f_n(x) - f(x)| < \varepsilon, \Rightarrow \sup_{x \in D} |f_n(x) - f(x)| \leqslant \varepsilon$$

这就证明了式(4-18).

充分性：若 $\lim_{n \to \infty} \sup_{x \in D} |f_n(x) - f(x)| = 0$，则对任意的 $\varepsilon > 0$，存在正整数 N，使得当 $n > N$ 时，有 $\sup_{x \in D} |f_n(x) - f(x)| < \varepsilon$，从而对一切 $x \in D$，都有

$$|f_n(x) - f(x)| < \sup_{x \in D} |f_n(x) - f(x)| < \varepsilon$$

这就证得 $\{f_n(x)\}$ 在 D 上一致收敛于 $f(x)$.

例 4.16 如图 4-5 所示，设 $f_n(x) = n^2 x e^{-n^2 x^2}$，$x \in (0, +\infty)$，$n = 1, 2, \cdots$，试讨论函数列 $\{f_n(x)\}$ 的一致收敛性.

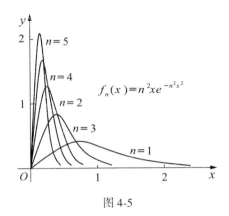

图 4-5

解 先求极限函数,当 $x \in (0, +\infty)$ 时,有 $f(x) = \lim\limits_{n\to\infty} f_n(x) = \lim\limits_{n\to\infty} n^2 x e^{-n^2 x^2} = 0$.

为了计算 $\sup\limits_{x\in(0,+\infty)} |f_n(x) - f(x)| = \sup\limits_{x\in(0,+\infty)} n^2 x e^{-n^2 x^2} = \sup\limits_{x\in(0,+\infty)} f_n(x)$ 的值,应用极值方法如下:

$$f'_n(x) = n^2 e^{-n^2 x^2} + n^2 x [e^{-n^2 x^2} \cdot (-2n^2 x)] = n^2 e^{-n^2 x^2}(1 - 2n^2 x^2).$$

由此得函数 $f_n(x)$ 在 $(0, +\infty)$ 内的唯一稳定点 $x_n = \dfrac{1}{\sqrt{2}n}$,可知它是函数 $f_n(x)$ 的最大值点,于是得到

$$\sup\limits_{x\in(0,+\infty)} |f_n(x) - f(x)| = \sup\limits_{x\in(0,+\infty)} f_n(x) = n^2 x_n e^{-n^2 x_n^2} = \dfrac{n}{\sqrt{2}} e^{-\frac{1}{2}}.$$

由此 $\lim\limits_{n\to\infty} \sup\limits_{x\in(0,+\infty)} |f_n(x) - f(x)| = \lim\limits_{n\to\infty} \dfrac{n}{\sqrt{2}} e^{-\frac{1}{2}} \neq 0$,由定理 4.14 知,$\{n^2 x e^{-n^2 x^2}\}$ 在 $(0, +\infty)$ 内不一致收敛.

另外,例 4.16 也可按函数列不一致收敛的 $\varepsilon - N$ 说法来解(见式(4-16)):

取 $\varepsilon_0 = e^{-1}$,$\forall N > 0$,取 $n > N$ 及 $x_n = \dfrac{1}{n} \in D$,则有

$$|f_n(x_n) - f(x_n)| = n^2 x_n e^{-n^2 x_n^2} = n^2 \dfrac{1}{n} e^{-n^2 \cdot \frac{1}{n^2}} = n e^{-1} \geq \varepsilon_0$$

因此 $\{n^2 x e^{-n^2 x^2}\}$ 在 $(0, +\infty)$ 内不一致收敛.

判断函数列是否一致收敛,有时根据某些不等式就可直接判定式(4-18)是否成立,并不需要计算 $\sup\limits_{x\in(0,+\infty)} |f_n(x) - f(x)|$ 的值. 比如对例 4.14 中函数列 $\left\{\dfrac{\sin nx}{n}\right\}$,由于

$$\left|\dfrac{\sin nx}{n}\right| \leq \dfrac{1}{n}, \quad x \in (-\infty, +\infty)$$

故 $\lim\limits_{n\to\infty} \sup\limits_{x\in(-\infty,+\infty)} \left|\dfrac{\sin nx}{n}\right| = 0$,从而 $\left\{\dfrac{\sin nx}{n}\right\}$ 在 $(-\infty, +\infty)$ 上一致收敛于 0.

◎ **思考题** 证明:对于 $\delta > 0$,例 4.16 中所给函数列在 $[\delta, +\infty)$ 上一致收敛.

4.4.2 函数项级数及其一致收敛性

现在把函数列的一致收敛性概念及其有关定理移植到函数项级数上来.

设 $\{u_n(x)\}$ 是定义在数集 E 上的一个函数列,我们称式子

$$\sum_{i=1}^{\infty} u_n(x) = u_1(x) + u_2(x) + \cdots + u_n(x) + \cdots, \quad x \in E \tag{4-19}$$

为定义在 E 上的函数项级数,简记为 $\sum u_n(x)$. 称 $S_n(x) = \sum_{k=1}^{n} u_k(x)$ 为该级数的部分和.

对于函数项级数(4-19)及 $x_0 \in E$,若数项级数 $\sum u_n(x_0)$ 收敛,则称该函数项级数在点 x_0 收敛,x_0 称为收敛点;如果 $\sum u_n(x_0)$ 发散,则称该函数项级数在点 x_0 发散.

函数项级数 $\sum u_n(x)$ 的全体收敛点所成集合称为其收敛域.

设函数项级数 $\sum u_n(x)$ 的收敛域为 D,这时对每一 $x \in D$,都有级数 $\sum u_n(x)$ 的和 $S(x)$ 相对应,这样就确定了一个定义在 D 上的函数,称为 $\sum u_n(x)$ 的和函数,即

$$S(x) = \lim_{n \to \infty} S_n(x) = \sum_{i=1}^{\infty} u_n(x), \quad x \in D.$$

因此,函数项级数的收敛性就是指它的部分和函数列的收敛性.

例如,等比级数 $\sum_{n=1}^{\infty} x^{n-1}$ 的收敛域为 $(-1,1)$,其和函数为 $\frac{1}{1-x}$,即

$$\sum_{n=1}^{\infty} x^{n-1} = \frac{1}{1-x}, \quad x \in (-1,1)$$

定义 4.4 如果函数项级数 $\sum u_n(x)$ 的部分和函数列 $\{S_n(x)\}$ 在数集 D 上一致收敛于函数 $S(x)$,则称函数项级数 $\sum u_n(x)$ 在 D 上一致收敛于 $S(x)$.

由于函数项级数的一致收敛性是由它的部分和函数列来确定的,所以有关函数列一致收敛性的定理,都可以移植到函数项级数中来.

定理 4.15(一致收敛的柯西准则) 函数项级数 $\sum u_n(x)$ 在 D 上一致收敛的充要条件是:对任给 $\varepsilon > 0$,总存在正整数 N,使得当 $n > N$ 时,对一切正整数 p 和一切 $x \in D$,都有

$$|u_{n+1}(x) + u_{n+2}(x) + \cdots + u_{n+p}(x)| < \varepsilon \tag{4-20}$$

特别地当 $p = 1$ 时,得到函数项级数一致收敛的必要条件:

推论 4.6 如果函数项级数 $\sum u_n(x)$ 在 D 上一致收敛,则函数列 $\{u_n(x)\}$ 在 D 上一致收敛于 0.

例如,等比级数 $\sum x^{n-1}$ 虽然在 $(-1,1)$ 内收敛,但由于其通项列 $\{x^n\}$ 在 $(-1,1)$ 内不一致收敛于 0(见例 4.15),故由上述推论知,等比级数 $\sum x^{n-1}$ 在 $(-1,1)$ 内不一致收敛.

根据定义 4.4 以及定理 4.15 立刻得到下述定理:

定理 4.16 函数项级数 $\sum u_n(x)$ 在 D 上一致收敛的充要条件是：
$$\lim_{n\to\infty}\sup_{x\in D}|R_n(x)|=\lim_{n\to\infty}\sup_{x\in D}|S(x)-S_n(x)|=0 \tag{4-21}$$

例 4.17 讨论级数 $\sum_{n=1}^{\infty}(-1)^{n-1}x^{n-1}(1-x)$ 在 $[0,1]$ 上的一致收敛性.

解 先来考查其余项 $R_n(x)=\sum_{k=n+1}^{\infty}(-x)^{k-1}(1-x)$. 显然当 $x=0,1$ 时，$R_n(x)=0$；

而当 $0<x<1$ 时，根据等比级数的求和公式得 $R_n(x)=\dfrac{(-x)^n(1-x)}{1+x}$. 因此当 $x\in[0,1]$ 时，总有
$$|R_n(x)|=\dfrac{x^n(1-x)}{1+x}\leqslant x^n(1-x).$$

应用极值方法可以求得函数 $x^n(1-x)$ 在 $[0,1]$ 上的最大值为 $\left(\dfrac{n}{n+1}\right)^n\dfrac{1}{n+1}$（最小值为 0），故有
$$|R_n(x)|\leqslant\left(\dfrac{n}{n+1}\right)^n\dfrac{1}{n+1}<\dfrac{1}{n+1},\quad x\in[0,1]\Rightarrow\lim_{n\to\infty}\sup_{x\in[0,1]}|R_n(x)|=0$$

根据定理 4.16 知道该级数在 $[0,1]$ 上是一致收敛性的.

◎ **思考题** 应用定理 4.16 证明等比级数 $\sum_{n=1}^{\infty}x^{n-1}$ 在 $(-1,1)$ 内不一致收敛.

4.4.3 函数项级数的一致收敛性判别法

根据定义或应用定理 4.15、定理 4.16 来判别函数项级数是否一致收敛虽然比较有效，但同时比较繁琐．本节将介绍几种常用的判别方法，这些方法用于一些特殊的函数项级数的一致收敛性判别比较方便有效.

定理 4.17（魏尔斯特拉斯判别法） 如果存在收敛的正项级数 $\sum M_n$，使得对一切 $x\in D$ 及一切正整数 n，都有
$$|u_n(x)|\leqslant M_n \tag{4-22}$$
则函数项级数 $\sum u_n(x)$ 在 D 上一致收敛.

定理 4.17 也称 M 判别法或优级数判别法，其中 $\sum M_n$ 称为 $\sum u_n(x)$ 的优级数.

证 由于正项级数 $\sum M_n$ 收敛，故对任意的正数 ε，存在正整数 N，使得当 $n>N$ 时，对一切正整数 p，有
$$M_{n+1}+M_{n+2}+\cdots+M_{n+p}<\varepsilon\ (\text{柯西准则})$$
于是结合式(4-22)得，对一切正整数 p 及一切 $x\in D$，都有
$$|u_{n+1}(x)+u_{n+2}(x)+\cdots+u_{n+p}(x)|<M_{n+1}+M_{n+2}+\cdots+M_{n+p}<\varepsilon$$
根据柯西准则知，函数项级数 $\sum u_n(x)$ 在 D 上一致收敛.

例 4.18 级数 $\sum_{n=1}^{\infty}\dfrac{\sin nx}{n^p}(p>1)$ 及 $\sum_{n=1}^{\infty}\dfrac{\cos nx}{n^p}(p>1)$ 都在 $(-\infty,+\infty)$ 上是一致收

敛的. 这是因为对一切 $x \in D$ 及一切正整数 n, 都有
$$\left|\frac{\sin nx}{n^p}\right| \leq \frac{1}{n^p} \quad \text{及} \quad \left|\frac{\cos nx}{n^p}\right| \leq \frac{1}{n^p}$$
又正项级数 $\sum \frac{1}{n^p}$ 当 $p > 1$ 时是收敛的,所以结论成立.

与数项级数一样,函数项级数一致收敛性也有相应的狄利克雷判别法与阿贝尔判别法.

定理 4.18(狄利克雷判别法) 设函数项级数 $\sum u_n(x)v_n(x)$ 满足:

(1) 对每一 $x \in D$,$\{u_n(x)\}$ 为单调数列,并且函数列 $\{u_n(x)\}$ 在 D 上一致收敛于 0;

(2) 级数 $\sum v_n(x)$ 的部分和函数列 $V_n(x) = \sum_{k=1}^{n} v_k(x)$ 在 D 上一致有界,即存在 $M > 0$,使得对一切 $x \in D$ 及一切正整数 n,都有 $|V_n(x)| \leq M$.

则函数项级数 $\sum u_n(x)v_n(x)$ 在 D 上一致收敛.

证 应用阿贝尔引理和柯西准则(一致收敛性)来证明此定理.

由 $|V_n(x)| \leq M$,得 $\left|\sum_{k=1}^{m} v_{n+k}(x)\right| = \left|\sum_{k=n+1}^{n+m} v_k(x)\right| \leq |B_{n+m}(x) - B_{n+1}(x)| \leq 2M$

结合数列 $\{u_n(x)\}$ 的单调性,应用阿贝尔引理得
$$\left|\sum_{k=n+1}^{n+p} u_k(x)v_k(x)\right| = \left|\sum_{k=1}^{p} u_{n+k}(x)v_{n+k}(x)\right| \leq 2M(|u_{n+1}(x)| + 2|u_{n+p}(x)|)$$

$\forall \varepsilon > 0$,由 $\{u_n(x)\}$ 在 D 上一致收敛于 0 知,$\exists N > 0$,使得当 $n > N$ 时,对一切 $x \in D$ 有 $|u_n(x)| < \frac{\varepsilon}{6M}$. 于是结合上式得,当 $n > N$ 时,对一切正整数 p 及对一切 $x \in D$,都有
$$\left|\sum_{k=n+1}^{n+p} u_n(x)v_n(x)\right| < 2M\left(\frac{\varepsilon}{6M} + 2\frac{\varepsilon}{6M}\right) = \varepsilon$$

故由柯西准则知 $\sum u_n(x)v_n(x)$ 在 D 上一致收敛.

定理 4.19(阿贝尔判别法) 设函数项级数 $\sum u_n(x)v_n(x)$ 满足:

(1) 对每一 $x \in D$,$\{u_n(x)\}$ 为单调数列,并且函数列 $\{u_n(x)\}$ 在 D 上一致有界;

(2) 函数项级数 $\sum v_n(x)$ 在 D 上一致收敛.

则函数项级数 $\sum u_n(x)v_n(x)$ 在 D 上一致收敛.

证 设 $M > 0$ 满足:使得对一切 $x \in D$ 及一切正整数 n,都有 $|u_n(x)| \leq M$.

由条件(2)柯西准则知,$\forall \varepsilon > 0$,$\exists N > 0$,使得当 $n > N$ 时,对一切正整数 p 及一切 $x \in D$,都有
$$\left|\sum_{k=n+1}^{n+p} v_k(x)\right| < \frac{\varepsilon}{4M}$$

结合条件(1)中数列 $\{u_n(x)\}$ 的单调性,应用阿贝尔引理得
$$\left|\sum_{k=n+1}^{n+p} u_k(x)v_k(x)\right| \leq \frac{\varepsilon}{4M}(|u_{n+1}(x)| + 2|u_{n+p}(x)|)$$

$$\leqslant \frac{\varepsilon}{4M}(M+2M) < \varepsilon$$

故由柯西准则知 $\sum u_n(x)v_n(x)$ 在 D 上一致收敛.

例 4.19 证明级数 $\sum\limits_{n=1}^{\infty} \frac{\sin nx}{n^p}(p>0)$ 在 $[\delta, 2\pi-\delta](0<\delta<\pi)$ 上一致收敛.

证 令 $u_n(x) = \frac{1}{n^p}(p>0)$，$v_n(x) = \sin nx$.

首先，数列 $\left\{\frac{1}{n^p}\right\}(p>0)$ 为单调数列，该数列作为函数列显然在 $[\delta, 2\pi-\delta](0<\delta<\pi)$ 上一致收敛于 0. 其次，$\sum \sin nx$ 的部分和数列 $\sum\limits_{k=1}^{n} \sin kx$ 满足：对一切正整数 n 及一切 $x \in [\delta, 2\pi-\delta]$，都有

$$\left|\sum_{k=1}^{n} \sin kx\right| \leqslant \frac{1}{\left|\sin\frac{x}{2}\right|} \leqslant \frac{1}{\sin\frac{\delta}{2}} \text{（见式(4-10)）}$$

即一致有界，故由狄利克雷判别法知 $\sum\limits_{n=1}^{\infty} \frac{\sin nx}{n^p}(p>0)$ 在 $[\delta, 2\pi-\delta]$ 上是一致收敛的.

例 4.20 证明级数 $\sum\limits_{n=1}^{\infty} \frac{(-1)^{n-1}}{n} \frac{x^n}{1+x^n}$ 在 $(0, +\infty)$ 内一致收敛.

证 令 $u_n(x) = \frac{x^n}{1+x^n}$，$v_n(x) = \frac{(-1)^{n-1}}{n}$.

首先，$u_n(x) = \frac{x^n}{1+x^n} = 1 - \frac{1}{1+x^n}$，由此知对每一 $x \in (0, +\infty)$，$\left\{\frac{x^n}{1+x^n}\right\}$ 是单调数列，且有 $\left|\frac{x^n}{1+x^n}\right| \leqslant 1$，即函数列 $\left\{\frac{x^n}{1+x^n}\right\}$ 在 $(0, +\infty)$ 内一致有界.

其次，级数 $\sum\limits_{n=1}^{\infty} \frac{(-1)^{n-1}}{n}$ 作为函数项级数显然在 $(0, +\infty)$ 内一致收敛.

故由阿贝尔判别法知 $\sum\limits_{n=1}^{\infty} \frac{(-1)^{n-1}}{n} \frac{x^n}{1+x^n}$ 在 $(0, +\infty)$ 上是一致收敛的.

习题 4.4

1. 研究下列函数列在指定区间的一致收敛性：

(1) $f_n(x) = x^n - x^{n+1}$, $0 \leqslant x \leqslant 1$；

(2) $f_n(x) = x^n - x^{2n}$, $0 \leqslant x \leqslant 1$；

(3) $f_n(x) = \frac{1}{x+n}$, $0 \leqslant x < +\infty$；

(4) $\sum\limits_{n=1}^{\infty} \frac{\cos nx}{n}$, $-\infty < x < +\infty$；

(5) $f_n(x) = \frac{\sin nx}{n}$, $-\infty < x < +\infty$；

(6) $f_n(x) = \frac{x}{n} \ln \frac{x}{n}$, $0 < x < 1$；

(7) $f_n(x) = \frac{2nx}{1+n^2x^2}$, $0 \leqslant x \leqslant 1$ 及 $1 < x < +\infty$.

2. 设函数 $f(x)$ 在区间 I 上有定义，令 $f_n(x) = \dfrac{[nf(x)]}{n}(n = 1, 2, \cdots)$，证明：函数列 $\{f_n(x)\}$ 在 I 上一致收敛于 $f(x)$.

3. 设函数 $f(x)$ 在开区间 I 内有连续导函数，令 $f_n(x) = n\left[f\left(x + \dfrac{1}{n}\right) - f(x)\right](n = 1, 2, \cdots)$，证明：在闭区间 $[a, b] \subset I$ 上，函数列 $\{f_n(x)\}$ 一致收敛于导函数 $f'(x)$.

4. 设函数 $f(x)$ 在 $[0, 1]$ 上连续，且 $f(1) = 0$，证明函数列 $\{x^n f(x)\}$ 在 $[0, 1]$ 上一致收敛.

5. 设函数 $\{f(x)\}$ 在 $[a, b]$ 上连续，令 $f_1(x) = \int_a^x f(t)\,dt$，$f_{n+1}(x) = \int_a^x f_n(t)\,dt(n = 1, 2, \cdots)$，证明函数列 $\{f_n(x)\}$ 在 $[a, b]$ 上一致收敛于 0.

6. 研究下列函数项级数在指定区间的一致收敛性：

(1) $\sum_{n=1}^{\infty} \dfrac{1}{x^2 + n^2}$，$-\infty < x < +\infty$；　　(2) $\sum_{n=1}^{\infty} \dfrac{x}{1 + n^4 x^2}$，$0 \leqslant x < +\infty$；

(3) $\sum_{n=1}^{\infty} (x^n - x^{n+1})$，$0 \leqslant x < 1$；　　(4) $\sum_{n=1}^{\infty} \dfrac{x}{1 + n^2 x^2}$，$0 < x < 1$；

(5) $\sum_{n=1}^{\infty} (-1)^n \dfrac{1}{n + \sin x}$，$0 \leqslant x < 2\pi$；　　(6) $\sum_{n=1}^{\infty} (-1)^n \dfrac{1}{x + n}$，$-\infty < x < +\infty$；

(7) $\sum_{n=1}^{\infty} \dfrac{x^2}{(1 + x^2)^{n-1}}$，$-\infty < x < +\infty$；　　(8) $\sum_{n=1}^{\infty} \dfrac{\cos nx}{n}$，$[\delta, 2\pi - \delta](0 < \delta < \pi)$.

7. 设数项级数 $\sum_{n=1}^{\infty} a_n$ 收敛，证明函数项级数 $\sum_{n=1}^{\infty} a_n e^{-nx}$ 在 $0 \leqslant x < +\infty$ 内一致收敛.

8. 设函数项级数 $\sum_{n=1}^{\infty} u_n(x)$ 在区间 I 上一致收敛，且函数 $c(x)$ 在 I 上有界，证明 $\sum_{n=1}^{\infty} c(x)u_n(x)$ 在区间 I 上也一致收敛.

9. 设级数 $\sum_{n=1}^{\infty} M_n(x)$ 在区间 I 上一致收敛，每个 $M_n(x)$ 皆非负，并且函数列 $\{u_n(x)\}$ 满足：$|u_n(x)| \leqslant M_n(x)$，证明 $\sum_{n=1}^{\infty} u_n(x)$ 在区间 I 上也一致收敛.

10. 设级数 $\sum_{n=1}^{\infty} u_n(x)$ 的通项都是区间 $[a, b]$ 上的单调函数，并且该级数在该区间的两个端点处皆绝对收敛，证明该级数在 $[a, b]$ 上一致收敛.

11. 设 $u_n(x) = \begin{cases} \dfrac{1}{n}, & x = \dfrac{1}{n} \\ 0, & x \neq \dfrac{1}{n} \end{cases}$，$x \in [0, 1]$，证明 $\sum_{n=1}^{\infty} u_n(x)$ 在区间 $[0, 1]$ 上一致收敛，但该函数项级数不存在优级数.

4.5　一致收敛的函数项级数的性质

我们知道有限个函数相加之和函数的导数或积分可以逐项求导或逐项积分，这些运算性质能否推广到函数项级数去呢？本节的定理将告诉我们，在一致收敛的前提下，这种推广是行得通的.

性质 4.4（和函数的连续性） 设函数项级数 $\sum u_n(x)$ 在 $[a,b]$ 上一致收敛，且级数的每一项 $u_n(x)$ 都在区间 $[a,b]$ 上连续，则和函数 $S(x) = \sum u_n(x)$ 在 $[a,b]$ 上亦连续. 即

$$\lim_{x \to x_0} \sum u_n(x) = \sum u_n(x_0), \quad x_0 \in [a,b] \tag{4-23}$$

证 只要证 $\forall x_0 \in [a,b]$，$S(x)$ 在 x_0 处连续，考查 $|S(x) - S(x_0)|$，则有
$$|S(x) - S(x_0)| = |S(x) - S_N(x) + S_N(x) - S_N(x_0) + S_N(x_0) - S(x_0)|$$
$$\leq |S(x) - S_N(x)| + |S_N(x) - S_N(x_0)| + |S_N(x_0) - S(x_0)|.$$

对于不等式右边的第一、三项，由 $\sum u_n(x)$ 的一致收敛性知，$\forall \varepsilon > 0$，$\exists N > 0$，使得当 $n \geq N$ 时，对一切 $x \in [a,b]$，恒有

$$|S(x) - S_n(x)| < \frac{\varepsilon}{3} \quad \text{及} \quad |S_n(x_0) - S(x_0)| < \frac{\varepsilon}{3}.$$

特别地有 $\quad |S(x) - S_N(x)| < \dfrac{\varepsilon}{3} \quad$ 及 $\quad |S_N(x_0) - S(x_0)| < \dfrac{\varepsilon}{3}.$

对于上述不等式右端的第二项，由于 $S_N(x)$ 为 N 个连续函数之和，自然在 x_0 亦连续，因此对于上述 $\varepsilon > 0$，$\exists \delta > 0$，当 $x \in U(x_0, \delta) \cap [a,b]$ 时，恒有

$$|S_n(x) - S_n(x_0)| < \frac{\varepsilon}{3}.$$

综上所述得，当 $x \in U(x_0, \delta) \cap [a,b]$ 时，恒有
$$|S(x) - S(x_0)| \leq |S(x) - S_N(x)| + |S_N(x) - S_N(x_0)| + |S_N(x_0) - S(x_0)|$$
$$< \frac{\varepsilon}{3} + \frac{\varepsilon}{3} + \frac{\varepsilon}{3} = \varepsilon$$

因此，和函数 $S(x)$ 在 x_0 处连续.

从上述证明中可以看出，级数的一致收敛性对式（4-23）成立，起着至关重要作用，倘若函数项级数只是收敛而不是一致收敛，即使通项列的每一个函数都连续，式（4-23）可能不成立.

例 4.21 对于级数 $\sum\limits_{n=1}^{\infty} \dfrac{x^2}{(1+x^2)^n}$，各项都在 $[0,1]$ 上连续，和函数为

$$S(x) = \begin{cases} 0, & x = 0 \\ 1, & x \neq 0 \end{cases}, \quad 0 \leq x \leq 1.$$

显然和函数 $S(x)$ 在 $x = 0$ 处不连续，即 $1 = \lim\limits_{x \to 0} \sum\limits_{n=1}^{\infty} \dfrac{x^2}{(1+x^2)^n} \neq \sum\limits_{n=1}^{\infty} \dfrac{0^2}{(1+0^2)^n} = 0$，这也说明该级数在 $[0,1]$ 上不一致收敛. 事实上，由于其余项 $R_n(x) = \sum\limits_{k=1}^{\infty} \dfrac{x^2}{(1+x^2)^{n+k}} = \dfrac{1}{(1+x^2)^n}$，$x \neq 0$，$R_n(0) = 0$. $\sup\limits_{x \in [0,1]} |R_n(x)| = \sup\limits_{x \in [0,1]} \dfrac{1}{(1+x^2)^n} = 1 \not\to 0 (n \to \infty)$，故该函数项级数在 $[0,1]$ 上不一致收敛.

类似地可以推出一致收敛函数列的连续性：

4.5 一致收敛的函数项级数的性质

性质 4.5(极限函数的连续性) 设函数列 $\{f_n(x)\}$ 在区间 $[a, b]$ 上一致收敛，且每一项 $f_n(x)$ 都在区间 $[a, b]$ 上连续，则极限函数 $f(x) = \lim\limits_{n \to \infty} f_n(x)$ 在 $[a, b]$ 上亦连续. 即

$$\lim_{x \to x_0} \lim_{n \to \infty} f_n(x) = \lim_{n \to \infty} f_n(x_0), \quad x_0 \in [a, b] \tag{4-24}$$

◎ **思考题** 试举一函数列 $\{f_n(x)\}$ 收敛而不一致收敛，且每一 $f_n(x)$ 都连续，但其极限函数不连续的例子.

性质 4.6(逐项积分) 设函数项级数 $\sum u_n(x)$ 在区间 $[a, b]$ 上一致收敛，且级数每一项 $u_n(x)$ 都在 $[a, b]$ 上连续，则和函数 $S(x) = \sum u_n(x)$ 在 $[a, b]$ 上可积，并且可以逐项积分，即

$$\int_a^x \left[\sum u_n(t)\right] dt = \sum \int_a^x u_n(t) dt, \quad x \in [a, b] \tag{4-25}$$

证 根据性质 4.4 知，和函数 $S(x)$ 在 $[a, b]$ 上连续，故 $S(x)$ 可积. 下证式(4-25)即

$$\int_a^x S(t) dt = \lim_{n \to \infty} \sum_{k=1}^n \int_a^x u_n(t) dt$$

成立. 根据定积分的性质，有

$$\left|\sum_{k=1}^n \int_a^x u_n(t) dt - \int_a^x S(t) dt\right| = \left|\int_a^x \left[\sum_{k=1}^n u_k(t)\right] dt - \int_a^x S(t) dt\right|$$

$$= \left|\int_a^x S_n(t) dt - \int_a^x S(t) dt\right| = \int_a^x [S_n(t) - S(t)] dt$$

$$\leqslant \int_a^x |S_n(t) - S(t)| dt$$

由 $\sum u_n(x)$ 的一致收敛性知，$\forall \varepsilon > 0$，$\exists N > 0$，使得当 $n \geqslant N$ 时，对一切 $x \in [a, b]$，都有

$$|S_n(x) - S(x)| < \frac{\varepsilon}{b-a}$$

将上式代入前面不等式右端，得到

$$\left|\sum_{k=1}^n \int_a^x u_n(t) dt - \int_a^x S(t) dt\right| < \int_a^x \frac{\varepsilon}{b-a} dt \leqslant \varepsilon$$

这就证明了 $\int_a^x S(t) dt = \lim\limits_{n \to \infty} \sum\limits_{k=1}^n \int_a^x u_n(t) dt$，即式(4-25)成立.

下面举一个 $\sum u_n(x)$ 收敛但不一致收敛，且每一 $u_n(x)$ 都连续，但式(4-25)不成立的例子.

例 4.22 设 $S_n(x) = \begin{cases} 2n^2 x, & 0 \leqslant x < 1/(2n) \\ 2n - 2n^2 x, & \dfrac{1}{2n} \leqslant x < \dfrac{1}{n} \\ 0, & \dfrac{1}{n} \leqslant x \leqslant 1 \end{cases}$ （见图 4-6）.

显然 $S_n(x)$ 在 $[0, 1]$ 上连续. 令

$$u_1(x) = S_1(x), \quad u_2(x) = S_2(x) - S_1(x), \cdots, u_n(x) = S_n(x) - S_{n-1}(x), \cdots$$

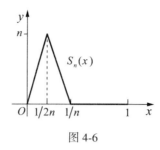

图 4-6

则每一项 $u_n(x)$ 在 $[0, 1]$ 上皆连续,且有

$$\sum_{n=1}^{\infty} u_n(x) = \lim_{n \to \infty} \sum_{k=1}^{n} u_k(x) = \lim_{n \to \infty} S_n(x) = 0$$

因为 $\sup\limits_{x \in [0,1]} |R_n(x)| = \sup\limits_{x \in [0,1]} |S(x) - S_n(x)| = \sup\limits_{x \in [0,1]} S_n(x) = n \longrightarrow 0 (n \to \infty)$.

所以函数项级数 $\sum\limits_{n=1}^{\infty} u_n(x)$ 在 $[0, 1]$ 上不一致收敛于其和函数 $S(x) = 0$. 该级数在 $[0, 1]$ 上是不能进行逐项积分的,事实上,$\int_0^1 \left[\sum\limits_{n=1}^{\infty} u_n(x)\right] dx = \int_0^1 0 dx = 0$,但

$$\sum_{n=1}^{\infty} \int_0^1 u_n(x) dx = \int_0^1 S_1(x) dx + \sum_{k=2}^{\infty} \int_0^1 [S_k(x) - S_{k-1}(x)] dx = \frac{1}{2} + 0 = \frac{1}{2}.$$

推论 4.7 设函数项级数 $\sum u_n(x)$ 在 $[a, b]$ 上一致收敛于 $S(x)$,且函数 $g(x)$ 和级数每一项 $u_n(x)$ 都在 $[a, b]$ 上连续,则级数 $\sum g(x)u_n(x)$ 在 $[a, b]$ 上一致收敛于 $g(x)S(x)$,并且可以逐项积分,即

$$\int_a^x \left[\sum g(t)u_n(t)\right] dt = \sum \int_a^x g(t)u_n(t) dt, \quad x \in [a, b]. \tag{4-26}$$

类似地可以推出一致收敛函数列的可积性:

性质 4.7(可积性) 设函数列 $\{f_n(x)\}$ 在区间 $[a, b]$ 上一致收敛,且它的每一项 $f_n(x)$ 都在 $[a, b]$ 上连续,则极限函数 $f(x) = \lim\limits_{n \to \infty} f_n(x)$ 在 $[a, b]$ 上可积,且有

$$\int_a^x \lim_{n \to \infty} f_n(t) dt = \lim_{n \to \infty} \int_a^x f_n(t) dt, \quad x \in [a, b] \tag{4-27}$$

◎ **思考题** 试举一函数列 $\{f_n(x)\}$ 收敛而不一致收敛,且每一 $f_n(x)$ 都连续,但式 (4-27) 不成立的例子.

性质 4.8(逐项求导) 设函数项级数 $\sum u_n(x)$ 在区间 $[a, b]$ 上收敛,其每一项 $u_n(x)$ 都在 $[a, b]$ 上具有连续的导函数,又 $\sum u_n'(x)$ 在 $[a, b]$ 上一致收敛,则和函数 $S(x) = \sum u_n(x)$ 在 $[a, b]$ 上可微,并且可以逐项求导,即

$$\frac{d}{dx}\left[\sum u_n(x)\right] = \sum u_n'(x) \tag{4-28}$$

证 可设 $\sum u_n'(x) = \sigma(x), x \in [a, b]$,下证式 (4-28) 即 $S'(x) = \sigma(x)$ 成立.

由于 $\sum u_n'(x)$ 在 $[a, b]$ 上一致收敛,且每一 $u_n'(x)$ 都连续,故 $\sum u_n'(x)$ 可以逐项

积分，于是有
$$\int_a^x \sigma(t)\,\mathrm{d}t = \int_a^x \left[\sum u_n'(t)\right]\mathrm{d}t = \sum \int_a^x u_n'(t)\,\mathrm{d}t$$
$$= \sum [u_n(x) - u_n(a)] = S(x) - S(a)$$

即 $\quad S(x) = \int_a^x \sigma(t)\,\mathrm{d}t + S(a) \quad \Rightarrow S'(x) = \sigma(x)$（微积分学基本定理）

这就证明了
$$\frac{\mathrm{d}}{\mathrm{d}x}\left[\sum u_n(x)\right] = \sum u_n'(x).$$

例 4.23 设 $f(x) = \sum_{n=1}^{\infty} \frac{\sin nx}{n^3}$, $x \in (-\infty, +\infty)$, 求 $f'(x)$.

解 ① 由 $|u_n(x)| = \left|\frac{\sin nx}{n^3}\right| \leqslant \frac{1}{n^3}$ 知，级数 $\sum_{k=1}^{\infty} \frac{\sin nx}{n^3}$ 在 $(-\infty, +\infty)$ 上（一致）收敛；

② $u_n'(x) = \frac{\cos nx}{n^2}$ 在 $(-\infty, +\infty)$ 上连续；

③ 级数 $\sum u_n'(x) = \sum \frac{\cos nx}{n^2}$ 在 $(-\infty, +\infty)$ 上一致收敛（见例 4.18）.

综上所述，原级数在 $(-\infty, +\infty)$ 内可以逐项求导，因此
$$f'(x) = \sum_{k=1}^{\infty}\left(\frac{\sin nx}{n^3}\right)' = \sum_{k=1}^{\infty} \frac{\cos nx}{n^2}, \quad x \in (-\infty, +\infty)$$

类似地可以推出一致收敛函数列的可微性：

性质 4.9（可微性） 设函数列 $\{f_n(x)\}$ 在 $[a,b]$ 上收敛，其每一项 $f_n(x)$ 都在 $[a,b]$ 上具有连续的导函数，又 $\{f_n'(x)\}$ 在 $[a,b]$ 上一致收敛，则极限函数 $f(x) = \lim_{n\to\infty} f_n(x)$ 在 $[a,b]$ 上可微，且

$$\frac{\mathrm{d}}{\mathrm{d}x}\left[\lim_{n\to\infty} f_n(x)\right] = \lim_{n\to\infty} f_n'(x) \tag{4-29}$$

习题 4.5

1. 证明函数 $f(x) = \sum_{n=1}^{\infty} \frac{\cos nx}{n^3}$ 在区间 $(-\infty, +\infty)$ 内连续，且有连续的导函数.

2. 证明级数 $\sum_{n=1}^{\infty} [nxe^{-nx} - (n-1)xe^{-(n-1)x}]$ 在 $0 \leqslant x \leqslant 1$ 上收敛但不一致收敛，而其和函数在 $0 \leqslant x \leqslant 1$ 上连续.

3. 试确定函数 $f(x) = \sum_{n=1}^{\infty} \frac{x}{(1+x^2)^n}$ 的存在域并研究其连续性. 又问该级数是否在其存在域内一致收敛？

4. 试确定函数 $f(x) = \sum_{n=1}^{\infty} \frac{|x|}{n^2 + x^2}$ 的存在域并研究其可微性.

5. 式子 $\int_0^1 \sum_{n=1}^{\infty} (x^n - x^{n+1})\,\mathrm{d}x$ 是否可以逐项积分？

6. 式子 $\dfrac{\mathrm{d}}{\mathrm{d}x}\left(\sum\limits_{n=1}^{\infty}\arctan\dfrac{x}{n^2}\right)$ 是否可以逐项求导?

7. 式子 $\lim\limits_{n\to\infty}\int_0^1\dfrac{nx}{1+n^2x^4}\mathrm{d}x=\int_0^1\lim\limits_{n\to\infty}\dfrac{nx}{1+n^2x^4}\mathrm{d}x$ 是否成立?

8. 式子 $\left[\dfrac{\mathrm{d}}{\mathrm{d}x}\left(\lim\limits_{n\to\infty}\dfrac{\arctan x^n}{n}\right)\right]_{x=1}=\lim\limits_{n\to\infty}\left[\left(\dfrac{\mathrm{d}}{\mathrm{d}x}\dfrac{\arctan x^n}{n}\right)_{x=1}\right]$ 是否成立?

9. 证明性质 4.5、性质 4.7 及性质 4.9.

10. 设函数项级数 $\sum\limits_{n=1}^{\infty}u_n(x)$ 在区间 $(x_0-\delta,x_0+\delta)$ 内一致收敛,且 $\lim\limits_{x\to x_0}u_n(x)=c_n$,证明 $\sum\limits_{n=1}^{\infty}c_n$ 收敛,且 $\lim\limits_{x\to x_0}\sum\limits_{n=1}^{\infty}u_n(x)=\sum\limits_{n=1}^{\infty}c_n$.

11. 设函数列 $\{u_n(x)\}$ 的项皆为 $[-1,1]$ 上的非负可积函数,且 $\lim\limits_{n\to\infty}\int_{-1}^1 u_n(x)\mathrm{d}x=1$;又对任何 $0<\delta<1$,$\{u_n(x)\}$ 在 $[-1,-\delta]$ 和 $[\delta,1]$ 上皆一致收敛于 0,证明:对于 $[-1,1]$ 上的任何连续函数 $C(x)$,有 $\lim\limits_{n\to\infty}\int_{-1}^1 C(x)u_n(x)\mathrm{d}x=C(0)$.

12. 设函数项级数 $\sum\limits_{n=1}^{\infty}u_n(x)$ 在区间 $[a,b]$ 上收敛,并且每个 $u_n(x)$ 都是 $[a,b]$ 上的非负连续函数,证明:如果和函数 $S(x)$ 在 $[a,b]$ 上连续,则 $\sum\limits_{n=1}^{\infty}u_n(x)$ 必在区间 $[a,b]$ 上一致收敛.

4.6 幂级数及其性质

我们把通项为幂函数 $a_n(x-x_0)^n$ 的函数项级数

$$\sum_{n=0}^{\infty}a_n(x-x_0)^n=a_0+a_1(x-x_0)+\cdots+a_n(x-x_0)^n+\cdots \tag{4-30}$$

称为幂级数. 幂级数是一类最简单的函数项级数,幂级数可以看成是多项式函数的推广(无穷次多项式). 幂级数在级数理论中具有着特殊的地位,在函数逼近和近似计算中具有重要应用,特别是函数的幂级数展开为研究非初等函数提供了有力的工具.

在幂级数(4-30)中把 $x-x_0$ 换成 x,即可得到形式更为简单的幂级数

$$\sum_{n=0}^{\infty}a_nx^n=a_0+a_1x+\cdots+a_nx^n+\cdots \tag{4-31}$$

因此这一节主要讨论幂级数(4-31).

4.6.1 幂级数的收敛域与收敛半径

幂级数的收敛域有哪些特点呢?几何级数 $\sum ax^n(a\neq 0)$ 是我们熟悉的幂级数,其收敛域为 $(-1,1)$. 另外由例 4.10 知道,幂级数 $\sum\dfrac{x^n}{n!}$ 的收敛域为 $(-\infty,+\infty)$;而幂级数 $\sum n!\,x^n$ 仅在一点 $x=0$ 收敛. 我们发现,上述三个幂级数的收敛域或是以点 $x=0$ 为

4.6 幂级数及其性质

中心的区间，或仅在 $x = 0$ 收敛. 这种现象并不是偶然的，而是具有普遍性规律的，这就是下述的阿贝尔定理.

定理 4.20(阿贝尔定理) 如果幂级数 $\sum a_n x^n$ 在点 $x = x_1 \neq 0$ 收敛，则对满足 $|x| < |x_1|$ 的任何 x，幂级数 $\sum a_n x^n$ 绝对收敛；若在点 $x = x_1$ 发散，则对满足不等式 $|x| > |x_1|$ 的任何 x，幂级数 $\sum a_n x^n$ 发散.

证 由于定理的第二部分是第一部分的逆否命题，故只要证明定理的第一部分即可.

设数项级数 $\sum_{n=0}^{\infty} a_n x_1^n$ 收敛，则数列 $a_n x_1^n \to 0 (n \to \infty)$，故有界. 于是可设

$$|a_n x_1^n| < M (n = 1, 2, \cdots)$$

$\forall x \in (-|x_1|, |x_1|)$，记 $r = \dfrac{|x|}{|x_1|}$，则 $r < 1$，且有

$$|a_n x^n| = \left|a_n x_1^n \cdot \dfrac{x^n}{x_1^n}\right| = |a_n x_1^n| \left(\dfrac{|x|}{|x_1|}\right)^n < M r^n$$

由于 $\sum M r^n$ 收敛，故由比较判别法知 $\sum_{n=0}^{\infty} a_n x^n$ 在 $(-|x_1|, |x_1|)$ 内绝对收敛.

由定理 4.20 知道，幂级数 $\sum_{n=0}^{\infty} a_n x^n$ 的收敛域是以原点为中心的区间，我们称这个区间的半径 R 为幂级数 $\sum_{i=0}^{\infty} a_n x^n$ 的收敛半径，R 其实就是 $\sum_{n=0}^{\infty} a_n x^n$ 的收敛域的上确界. 因此该幂级数的收敛域可能是下列四种情形之一：$(-R, R)$、$[-R, R]$、$(-R, R]$、$[-R, R)$. 今后我们一律称其中的开区间 $(-R, R)$ 为该幂级数的收敛区间. 显然幂级数的收敛区间不一定是该幂级数的收敛域，它是否为收敛域还需要把幂级数在端点是否收敛的情形考虑进去.

根据正项级数的根式判别法，容易推得收敛半径的计算公式：

定理 4.21 如果 $\lim\limits_{n \to \infty} \dfrac{|a_{n+1}|}{|a_n|} = \rho$ 或 $\lim\limits_{n \to \infty} \sqrt[n]{|a_n|} = \rho$ (ρ 可以为 $+\infty$)，那么：

(1) 当 $0 < \rho < +\infty$ 时，幂级数 $\sum_{n=0}^{\infty} a_n x^n$ 的收敛半径为 $R = \dfrac{1}{\rho}$；

(2) 当 $\rho = 0$ 时，幂级数 $\sum_{n=0}^{\infty} a_n x^n$ 的收敛半径为 $R = +\infty$；

(3) 当 $\rho = +\infty$ 时，幂级数 $\sum_{n=0}^{\infty} a_n x^n$ 的收敛半径为 $R = 0$.

证 由于 $\lim\limits_{n \to \infty} \dfrac{a_{n+1}}{a_n} = \rho (a_n > 0)$，必有 $\lim\limits_{n \to \infty} \sqrt[n]{a_n} = \rho (a_n > 0)$. 因此只要对 $\lim\limits_{n \to \infty} \sqrt[n]{|a_n|} = \rho$ 的情形证明结论成立就行了. 由条件可得

$$\lim_{n \to \infty} \sqrt[n]{|a_n x^n|} = \lim_{n \to \infty} \sqrt[n]{|a_n|} |x| = \rho |x|$$

由根式判别法，当 $\rho |x| < 1$ 时，级数 $\sum_{n=0}^{\infty} a_n x^n$ 绝对收敛；当 $\rho |x| > 1$ 时，级数 $\sum_{n=0}^{\infty} a_n x^n$ 发散(通项不会趋于 0)，由此即可得到定理的结论.

例 4.24 求下列幂级数的收敛半径和收敛域

(1) $\sum \dfrac{(-3)^n}{n^2} x^n$;

(2) $\sum \dfrac{n!}{n^n} x^n$;

(3) $\sum \dfrac{3+(-1)^n}{3^n} (x-1)^n$;

(4) $\sum \dfrac{x^{3n}}{2^n n}$.

解 (1) 由于 $\lim\limits_{n\to\infty}\left|\dfrac{a_{n+1}}{a_n}\right| = \lim\limits_{n\to\infty}\dfrac{3^{n+1}/(n+1)^2}{3^n/n^2} = 3$, 故 $R = \dfrac{1}{3}$, 收敛区间为 $\left(-\dfrac{1}{3}, \dfrac{1}{3}\right)$. 又当 $x = \pm\dfrac{1}{3}$ 时, 幂级数化为 $\sum \dfrac{(\pm 1)^n}{n^2}$, 它收敛, 故该幂级数的收敛域为 $\left[-\dfrac{1}{3}, \dfrac{1}{3}\right]$.

(2) 由于 $\lim\limits_{n\to\infty}\dfrac{a_{n+1}}{a_n} = \lim\limits_{n\to\infty}\dfrac{(n+1)!/(n+1)^{n+1}}{n!/n^n} = \lim\limits_{n\to\infty}\dfrac{n^n}{(n+1)^n} = \dfrac{1}{e}$, 故 $R = e$, 级数的收敛区间为 $(-e, e)$. 当 $x = \pm e$ 时, 幂级数化为 $\sum (\pm 1)^n \dfrac{e^n \cdot n!}{n^n}$, 但由于

$$\dfrac{e^{n+1} \cdot (n+1)!}{(n+1)^{n+1}} \bigg/ \dfrac{e^n \cdot n!}{n^n} = e \bigg/ \left(1 + \dfrac{1}{n}\right)^n > 1 \text{ (参见第 1 章例 1.17)}$$

因此该级数的通项不会趋于 0, 故级数发散. 所以该幂级数的收敛域为 $(-e, e)$.

(3) 由于 $\lim\limits_{n\to\infty}\sqrt[n]{a_n} = \lim\limits_{n\to\infty}\sqrt[n]{\dfrac{3+(-1)^n}{3^n}} = \dfrac{1}{3}$, $R = 3$, 收敛区间为 $|x-1| < 3$ 即 $(-2, 4)$. 当 $x - 1 = \pm 3$ 时, 幂级数化为 $\sum [3+(-1)^n](\pm 1)^n$, 它显然发散, 所以其收敛域为 $(-2, 4)$.

(4) 将 $x^3 = y$ 代入, 原幂级数化为 $\sum \dfrac{y^n}{2^n n}$, 这时 $\lim\limits_{n\to\infty}\sqrt[n]{a_n} = \lim\limits_{n\to\infty}\sqrt[n]{\dfrac{1}{2^n n}} = \dfrac{1}{2}$, 得新幂级数的收敛半径是 $R_1 = 2$, 故原幂级数的收敛半径为 $R = \sqrt[3]{2}$, 其收敛区间为 $(-\sqrt[3]{2}, \sqrt[3]{2})$. 当 $x = \pm\sqrt[3]{2}$ 时, 原幂级数化为 $\sum \dfrac{(\pm 1)^n}{n}$, 由此知原幂级数的收敛域是 $[-\sqrt[3]{2}, \sqrt[3]{2})$.

当 $\lim\limits_{n\to\infty}\dfrac{|a_{n+1}|}{|a_n|}$ 和 $\lim\limits_{n\to\infty}\sqrt[n]{|a_n|}$ 都不存在(也不是 $+\infty$)时, 则按下面定理求收敛半径:

定理 4.22(柯西-阿达马(Cauchy-Hadamard)定理) 设 $\overline{\lim\limits_{n\to\infty}}\sqrt[n]{|a_n|} = \rho$ (上极限总是存在的, 可以为 $+\infty$), 则有

(1) 当 $0 < \rho < +\infty$ 时, 幂级数 $\sum a_n x^n$ 的收敛半径为 $R = \dfrac{1}{\rho}$;

(2) 当 $\rho = 0$ 时, 幂级数 $\sum a_n x^n$ 的收敛半径为 $R = +\infty$;

(3) 当 $\rho = +\infty$ 时, 幂级数 $\sum a_n x^n$ 的收敛半径为 $R = 0$.

这个定理的证明请参阅菲赫金哥尔茨著《微积分学教程》第二卷.

4.6.2 幂级数的性质

定理 4.23(内闭一致收敛性) 幂级数 $\sum a_n x^n$ 在其收敛区间 $(-R, R)(R>0)$ 内闭一致收敛,即对于任何闭区间 $[a, b] \subset (-R, R)$,$\sum a_n x^n$ 都在 $[a, b]$ 上一致收敛.

证 令 $x_1 = \max\{|a|, |b|\}$,根据阿贝尔定理,幂级数 $\sum a_n x^n$ 在 $x = a$ 和 $x = b$ 都是绝对收敛的,因而在点 $x = x_1$ 处也是绝对收敛的. 又由于当 $x \in [a, b]$ 时,有 $|a_n x^n| \leqslant |a_n x_1^n|$,于是,根据优级数判别法知,幂级数 $\sum a_n x^n$ 都在区间 $[a, b]$ 上一致收敛.

定理 4.24(一致收敛性) 设幂级数 $\sum a_n x^n$ 的收敛半径为 $R > 0$,如果 $\sum a_n x^n$ 在点 $x = R$(或 $x = -R$)处收敛,则该幂级数在 $[0, R]$(或 $[-R, 0]$)上一致收敛.

证 设 $\sum a_n R^n$ 收敛,该级数作为函数项级数时是一致收敛的,又当 $x \in [0, R]$ 时,数列 $\left\{\left(\dfrac{x}{R}\right)^n\right\}$ 单调且一致有界,因此根据阿贝尔判别法知,幂级数 $\sum a_n x^n = \sum (a_n R^n)\left(\dfrac{x}{R}\right)^n$ 在 $[0, R]$ 上一致收敛. 对 $x = -R$ 的情形同理证明.

根据上述这两个定理并结合一致收敛的函数项级数的性质,立刻得到幂级数的连续性、可积性(即逐项积分)和可微性(即逐项求导)的性质.

性质 4.10(连续性) 幂级数 $\sum a_n x^n$ 的和函数 $S(x)$ 在其收敛区间 $(-R, R)(R>0)$ 内连续,即有

$$\lim_{x \to x_0} \sum a_n x^n = \lim_{x \to x_0} S(x) = S(x_0) = \sum a_n x_0^n \tag{4-32}$$

又如果 $\sum a_n x^n$ 还在端点 $x = R$(或 $x = -R$)处收敛,则有

$$\lim_{x \to R^-} S(x) = S(R) = \sum a_n R^n \quad \text{或} \quad \lim_{x \to (-R)^+} S(x) = S(-R) = \sum a_n (-R)^n \tag{4-33}$$

性质 4.11(逐项积分) 幂级数 $\sum_{n=0}^{\infty} a_n x^n$ 的和函数在其收敛区间 $(-R, R)(R > 0)$ 内可积,并且可逐项求积分,即

$$\int_0^x \left(\sum_{n=0}^{\infty} a_n t^n\right) dt = \sum_{n=0}^{\infty} \int_0^x (a_n t^n) \, dt = \sum_{n=0}^{\infty} \frac{a_n}{n+1} x^{n+1}, \quad x \in (-R, R) \tag{4-34}$$

且式(4-34)右端级数 $\sum_{n=0}^{\infty} \dfrac{a_n}{n+1} x^{n+1}$ 的收敛区间仍为 $(-R, R)$.

性质 4.12(逐项求导) 幂级数 $\sum_{n=0}^{\infty} a_n x^n$ 的和函数在其收敛区间 $(-R, R)(R > 0)$ 内可导,并且可逐项求导,即

$$\left(\sum_{n=0}^{\infty} a_n x^n\right)' = \sum_{n=0}^{\infty} (a_n x^n)' = \sum_{n=1}^{\infty} n a_n x^{n-1} \tag{4-35}$$

且式(4-35)右端级数 $\sum_{n=1}^{\infty} n a_n x^{n-1}$ 的收敛区间仍为 $(-R, R)$.

推论 4.8 设 $f(x) = \sum_{n=0}^{\infty} a_n x^n$,$x \in (-R, R)(R > 0)$,则有

$$a_0 = f(0), \quad a_1 = f'(0), \quad a_2 = \frac{1}{2!}f''(0), \quad \cdots, \quad a_n = \frac{1}{n!}f^n(0), \quad \cdots \qquad (4\text{-}36)$$

证 连续应用幂级数的逐项求导公式，得

$$f'(x) = \sum_{n=0}^{\infty}(a_n x^n)' = \sum_{n=1}^{\infty} n a_n x^{n-1}, \quad f''(x) = \sum_{n=1}^{\infty}(n a_n x^{n-1})' = \sum_{n=2}^{\infty} n(n-1) a_n x^{n-2},$$

$$\cdots, f^{(k)}(x) = \sum_{n=k}^{\infty} n(n-1) \cdots (n-k+1) a_n x^{n-k}, \cdots,$$

将 $x = 0$ 代入各幂级数中，得到

$$f(0) = a_0, \ f'(0) = a_1, \ f''(0) = 2 \cdot 1 a_2, \ \cdots, f^{(k)}(0) = k! \ a_k, \ \cdots$$

由此即得式(4-36)．

由推论 4.8 立刻得到下面推论．

推论 4.9 设 $f(x) = \sum_{n=0}^{\infty} a_n x^n$，$g(x) = \sum_{n=0}^{\infty} b_n x^n$．若在 $x = 0$ 的某邻域内，$f(x) = g(x)$，则

$$a_n = b_n (n = 1, 2, \cdots). \qquad (4\text{-}37)$$

另外，根据收敛级数的线性运算性质立刻得到幂级数的加法运算性质；又根据阿贝尔定理中关于幂级数的绝对收敛性以及绝对收敛级数的性质立刻得到幂级数的乘法运算性质．

性质 4.13（加法、乘法运算性质） 设幂级数 $\sum_{n=0}^{\infty} a_n x^n$ 和 $\sum_{n=0}^{\infty} b_n x^n$ 的收敛半径分别为 R_1 和 R_2，令 $R = \min\{R_1, R_2\}$，则在区间 $(-R, R)$ 内可以进行下列运算

$$\sum_{n=0}^{\infty} a_n x^n \pm \sum_{n=0}^{\infty} b_n x^n = \sum_{n=0}^{\infty}(a_n \pm b_n) x^n \qquad (4\text{-}38)$$

$$\left(\sum_{n=0}^{\infty} a_n x^n\right) \cdot \left(\sum_{n=0}^{\infty} b_n x^n\right) = \sum_{n=0}^{\infty}\left[\sum_{k=0}^{n}(a_k b_{n-k})\right] x^n \qquad (4\text{-}39)$$

例 4.25 我们知道几何级数 $\sum_{n=0}^{\infty}(-1)^n x^n$ 的收敛区间为 $(-1, 1)$，和函数为 $\frac{1}{1+x}$，即

$$\frac{1}{1+x} = 1 - x + x^2 - \cdots + (-1)^n x^n + \cdots, \ x \in (-1, 1)$$

在区间 $(-1, 1)$ 内，逐项积分得

$$\ln(1+x) = \int_0^x \frac{1}{1+t}\mathrm{d}t = \int_0^x [1 - t + t^2 - \cdots + (-1)^n t^n + \cdots]\mathrm{d}t$$

$$= x - \frac{x^2}{2} + \frac{x^3}{3} - \cdots + (-1)^n \frac{x^{n+1}}{n+1} + \cdots \qquad (4\text{-}40)$$

显然，右端级数在 $x = 1$ 处收敛，根据性质 4.13，得

$$\ln 2 = 1 - \frac{1}{2} + \frac{1}{3} - \cdots + (-1)^n \frac{1}{n+1} + \cdots \qquad (4\text{-}41)$$

例 4.26 求数项级数 $\sum_{n=1}^{\infty} \frac{2n}{3^n}$ 的和．

解 根据达朗贝尔判别法可知，级数收敛，将它写成 $\sum_{n=1}^{\infty} \frac{2n}{3^n} = \frac{2}{3} \sum_{n=1}^{\infty} n\left(\frac{1}{3}\right)^{n-1}$，因此

它是幂级数 $\dfrac{2}{3}\sum\limits_{n=1}^{\infty}nx^{n-1}$ 在 $x=\dfrac{1}{3}$ 处的值,下面求和函数 $S(x)=\sum\limits_{n=1}^{\infty}nx^{n-1}$.

在区间 $(-1,1)$ 内,逐项积分得

$$\int_0^x S(t)\mathrm{d}t = \int_0^x \left(\sum_{n=1}^{\infty}nt^{n-1}\right)\mathrm{d}t = \sum_{n=1}^{\infty}\int_0^x nt^{n-1}\mathrm{d}t = \sum_{n=1}^{\infty}x^n = \frac{x}{1-x}.$$

于是 $S(x)=\left(\dfrac{x}{1-x}\right)'=\dfrac{1}{(1-x)^2}$, 故 $\sum\limits_{n=1}^{\infty}\dfrac{2n}{3^n}=\dfrac{2}{3}S\left(\dfrac{1}{3}\right)=\dfrac{2}{3}\dfrac{1}{\left(1-\dfrac{1}{3}\right)^2}=\dfrac{3}{2}.$

习 题 4.6

1. 求下列幂级数的收敛半径和收敛域:

(1) $\sum\limits_{n=1}^{\infty}\dfrac{x^n}{\sqrt{n}}$; (2) $\sum\limits_{n=1}^{\infty}\sqrt{n}\,x^n$; (3) $\sum\limits_{n=1}^{\infty}\dfrac{(n!)^2}{(2n)!}x^n$;

(4) $\sum\limits_{n=1}^{\infty}a^{n^2}x^n\,(0<a<1)$; (5) $\sum\limits_{n=1}^{\infty}\left(1+\dfrac{1}{n}\right)^{n^2}x^n$; (6) $\sum\limits_{n=1}^{\infty}\dfrac{n!}{a^{n^2}}x^n\,(a>1)$;

(7) $\sum\limits_{n=1}^{\infty}\dfrac{x^n}{a^n+b^n}\,(a>0,b>0)$; (8) $\sum\limits_{n=1}^{\infty}\left(\dfrac{a^n}{n}+\dfrac{b^n}{n^2}\right)x^n\,(a>0,b>0)$;

(9) $\sum\limits_{n=1}^{\infty}\dfrac{3^n+(-2)^n}{n}(x+1)^n$; (10) $\sum\limits_{n=1}^{\infty}\dfrac{1}{2^n}x^{2n-1}$; (11) $\sum\limits_{n=1}^{\infty}\dfrac{1}{2^n}x^{n^2}$;

(12) $\sum\limits_{n=1}^{\infty}\dfrac{(2n)!!}{(2n+1)!!}x^n$; (13) $\sum\limits_{n=1}^{\infty}\left(1+\dfrac{1}{2}+\cdots+\dfrac{1}{n}\right)x^n$; (14) $\sum\limits_{n=1}^{\infty}\dfrac{n!\,\mathrm{e}^n}{n^n}x^n$.

2. 求下列幂级数的和函数:

(1) $\sum\limits_{n=1}^{\infty}\dfrac{x^n}{n}$; (2) $\sum\limits_{n=0}^{\infty}\dfrac{1}{4n+1}x^{4n+1}$; (3) $\sum\limits_{n=1}^{\infty}\dfrac{(-1)^{n-1}}{n(2n-1)}x^n$;

(4) $\sum\limits_{n=1}^{\infty}n^2 x^{n-1}$; (5) $\sum\limits_{n=1}^{\infty}n(n+2)x^n$; (6) $\sum\limits_{n=0}^{\infty}\dfrac{2n+1}{n!}x^{2n}$.

3. 求下列级数的和:

(1) $\sum\limits_{n=1}^{\infty}\dfrac{(-1)^{n-1}}{n(n+1)}$; (2) $\sum\limits_{n=1}^{\infty}\dfrac{1}{n(2n+1)}$; (3) $\sum\limits_{n=1}^{\infty}\dfrac{n^2}{n!}$; (4) $\sum\limits_{n=0}^{\infty}\dfrac{(n+1)2^n}{n!}$.

4. 设幂级数 $\sum\limits_{n=0}^{\infty}a_n x^n$ 在其收敛区间的和函数为 $f(x)$, 证明: 若 $f(x)$ 为奇函数, 则 $a_{2n}\equiv 0$; 若 $f(x)$ 为偶函数, 则 $a_{2n-1}\equiv 0$.

5. 证明: 若幂级数 $\sum\limits_{n=0}^{\infty}a_n x^n$ 在开区间 $(-r,r)$ 内一致收敛, 在该级数必在闭区间 $[-r,r]$ 上一致收敛.

4.7 函数的幂级数展开

4.7.1 泰勒级数

我们曾经在第 2 章 2.8 节中看到，用泰勒多项式来逼近函数具有很好的效果，现在我们进一步完善这种方法。根据泰勒定理知，若函数 $f(x)$ 在点 x_0 的某邻域内存在任意阶导数，则

$$f(x) = f(x_0) + \frac{f'(x_0)}{1!}(x - x_0) + \frac{f''(x_0)}{2!}(x - x_0) + \cdots + \\ \frac{f^{(n)}(x_0)}{n!}(x - x_0)^n + \frac{f^{(n+1)}(\xi)}{(n+1)!}(x - x_0)^{n+1} \tag{4-42}$$

其中 n 为任意正整数，$\xi \in (x_0, x) \subset U(x_0)$ 或 $\xi \in (x, x_0) \subset U(x_0)$。

由式 (4-42) 立刻得到下述定理。

定理 4.25 设 $f(x)$ 在点 x_0 的邻域 $(x_0 - r, x + r)$ 内存在任意阶导数，如果 $f(x)$ 在点 x_0 处的泰勒公式的余项 $R_n(x)$ 满足：

$$\lim_{n \to \infty} R_n(x) = 0, \quad x \in (x_0 - r, x + r)$$

则函数 $f(x)$ 在邻域 $(x_0 - r, x + r)$ 内可以展开成下列幂级数形式

$$f(x) = f(x_0) + \frac{f'(x_0)}{1!}(x - x_0) + \frac{f''(x_0)}{2!}(x - x_0) + \cdots + \frac{f^{(n)}(x_0)}{n!}(x - x_0)^n + \cdots \tag{4-43}$$

我们称式 (4-43) 右边级数为函数 $f(x)$ 在点 x_0 处的泰勒级数或泰勒展开式或幂级数展开式。

在泰勒级数中，当 $x_0 = 0$ 时，级数成为

$$f(0) + \frac{f'(0)}{1!}x + \frac{f''(0)}{2!}x^2 + \cdots + \frac{f^{(n)}(0)}{n!}x^n + \cdots \tag{4-44}$$

式 (4-44) 称为函数 $f(x)$ 的麦克劳林级数。

由于一般形式的泰勒级数 (4-43) 可以通过麦克劳林级数 (4-44) 得到（把 x 换成 $x - x_0$），所以我们将主要讨论函数的麦克劳林展开式。

从定理 4.25 知道，泰勒公式余项 $R_n(x)$ 是否趋于 0，对于函数的幂级数展开式极其重要，为方便起见，我们把以前介绍的关于麦克劳林公式余项的两种常用形式罗列如下：

拉格朗日型余项 $\quad R_n(x) = \dfrac{f^{(n+1)}(\theta x)}{(n+1)!}x^{n+1}, \ 0 < \theta < 1 \tag{4-45}$

柯西型余项 $\quad R_n(x) = \dfrac{1}{n!}f^{(n+1)}(\theta x)(1 - \theta)^n x^{n+1}, \ 0 \leq \theta \leq 1 \tag{4-46}$

4.7.2 初等函数的泰勒展开式

1. 直接法

直接应用定理 4.25 将已知函数 $f(x)$ 展开成麦克劳林级数的一般步骤为：

(1) 计算函数值 $f(0)$ 和各阶导数值 $f^{(n)}(0)$，并写出函数的麦克劳林级数；

(2) 确定该级数的收敛区间 $(-R, R)$；

(3) 考察函数的麦克劳林公式的余项 $R_n(x)$（可选择适当的形式）在 $(-R, R)$ 内是否趋于 0，若有 $\lim\limits_{n\to\infty} R_n(x) = 0$, $x \in (-R, R)$, 则 $f(x)$ 在 $(-R, R)$ 内展开成麦克劳林级数，即

$$f(x) = f(0) + \frac{f'(0)}{1!}x + \frac{f''(0)}{2!}x^2 + \cdots + \frac{f^{(n)}(0)}{n!}x^n + \cdots \tag{4-47}$$

若 $\lim\limits_{n\to\infty} R_n(x) \neq 0$, $x \neq 0$, 则式(4-47)的等号不成立.

例如函数 $f(x) = \begin{cases} e^{-1/x^2}, & x \neq 0 \\ 0, & x = 0 \end{cases}$，由第 2 章习题 2.5 中第 7 题可知，各阶导数值 $f^{(n)}(0) = 0$，故其麦克劳林级数为

$$0 + \frac{0}{1!}x + \frac{0}{2!}x^2 + \cdots + \frac{0}{n!}x^n + \cdots = 0$$

但显然 $\qquad f(x) \neq 0 + \frac{0}{1!}x + \frac{0}{2!}x^2 + \cdots + \frac{0}{n!}x^n + \cdots.$

例 4.27 求下列函数的麦克劳林展开式：

(1) e^x；　　　　　　(2) $\sin x$；　　　　　　(3) $(1+x)^\alpha (\alpha \neq$ 正整数$)$.

解 (1) $f^{(n)}(x) = e^x$, $f^{(n)}(0) = 1$ $(n = 0, 1, 2, \cdots)$.

由于函数的拉格朗日型余项为 $R_n(x) = \dfrac{e^{\theta x}}{(n+1)!} x^{n+1}$, $0 < \theta < 1$, 可知

$$|R_n(x)| \leqslant \frac{e^{|x|}}{(n+1)!} |x|^{n+1}, \quad \lim_{n\to\infty} |R_n(x)| \leqslant \lim_{n\to\infty} \frac{e^{|x|}}{(n+1)!} |x|^{n+1} = 0, \quad x \in (-\infty, +\infty)$$

所以有 $\qquad e^x = 1 + \dfrac{1}{1!}x + \dfrac{1}{2!}x^2 + \cdots + \dfrac{1}{n!}x^n + \cdots, \quad x \in (-\infty, +\infty) \tag{4-48}$

(2) $f^{(n)}(x) = \sin\left(x + \dfrac{n\pi}{2}\right)$, $f^{(n)}(0) = \begin{cases} (-1)^{k-1}, & n = 2k-1 \\ 0, & n = 2k \end{cases}$ $(n = 0, 1, 2, \cdots)$

由于函数的拉格朗日型余项为 $R_n(x) = \dfrac{\sin\left(\theta x + (n+1)\dfrac{\pi}{2}\right)}{(n+1)!} x^{n+1}$, $0 < \theta < 1$

可得 $\qquad |R_n(x)| = \dfrac{1}{(n+1)!} |x|^{n+1} \to 0 (n \to \infty), \quad -\infty < x < +\infty$

因此 $\qquad \sin x = x - \dfrac{1}{3!}x^3 + \cdots + (-1)^{n-1} \dfrac{1}{(2n-1)!} x^{2n-1} + \cdots, \quad x \in (-\infty, +\infty)$

$\tag{4-49}$

$\sin x$ 的麦克劳林展开式的部分和逼近过程如图 4-7 所示.

(3) 易算得 $\begin{cases} f^{(n)}(x) = \alpha(\alpha-1)\cdots(\alpha-n+1)(1+x)^{\alpha-n} \\ f^{(n)}(0) = \alpha(\alpha-1)\cdots(\alpha-n+1) \end{cases}$, $(n = 1, 2, \cdots)$ 所以 $f(x) = (1+x)^\alpha$ 的麦克劳林级数为

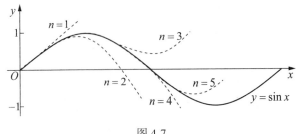

图 4-7

$$1 + \alpha x + \frac{\alpha(\alpha-1)}{2!}x^2 + \cdots + \frac{\alpha(\alpha-1)\cdots(\alpha-n+1)}{n!}x^n + \cdots$$

应用比式判别法可得,该级数的收敛区间为 $(-1, 1)$. 现在考查其柯西型余项:

$$R_n(x) = \frac{1}{n!}\alpha(\alpha-1)\cdots(\alpha-n)(1+\theta x)^{\alpha-n-1}(1-\theta)^n x^{n+1}$$

$$= \frac{\alpha(\alpha-1)\cdots(\alpha-n)}{n!}x^{n+1}\left(\frac{1-\theta}{1+\theta x}\right)^n (1+\theta x)^{\alpha-1}, \quad 0 \leq \theta \leq 1$$

由于当 $|x| < 1$ 时, $0 \leq 1 - \theta \leq 1 + \theta x$, $\left(\dfrac{1-\theta}{1+\theta x}\right)^n \leq 1$, 且有 $0 < (1+\theta x)^{\alpha-1} < 2^\alpha$, 所以

$$|R_n(x)| \leq a_n = 2^\alpha \left|\frac{\alpha(\alpha-1)\cdots(\alpha-n)}{n!}\right| |x|^{n+1}$$

又由于当 $0 < |x| < 1$ 时, 有 $\dfrac{a_{n+1}}{a_n} = \left|\dfrac{\alpha-n-1}{n+1}\right||x| \to |x| < 1 (n \to \infty)$, 故由推论 4.4 知

$$\lim_{n\to\infty} a_n = 0, \Rightarrow \lim_{n\to\infty}|R_n(x)| \leq \lim_{n\to\infty} a_n = 0$$

因此

$$(1+x)^\alpha = 1 + \alpha x + \frac{\alpha(\alpha-1)}{2!}x^2 + \cdots + \frac{\alpha(\alpha-1)\cdots(\alpha-n+1)}{n!}x^n + \cdots, \quad x \in (-1, 1) \tag{4-50}$$

公式(4-50)在端点 $x = \pm 1$ 是否成立的情形与 α 的值有关,具体情况请参阅菲赫金哥尔茨著《微积分学教程》第二卷,这里就不赘述了.

公式(4-50)可以看成为二项式定理公式:

$$(1+x)^n = 1 + nx + \frac{n(n-1)}{2!}x^2 + \cdots + \frac{n(n-1)\cdots(n-k+1)}{k!}x^k + \cdots + x^n \tag{4-51}$$

的推广,这是因为当 $\alpha = n$ 为正整数时,式(4-50)中第 $n+1$ 项及其前面各项都与式(4-51)一致,且后面各项的系数全为 0.

在式(4-50)中,取 $\alpha = -1$ 时有

$$\frac{1}{1+x} = 1 - x + x^2 + \cdots + (-1)^n x^n + \cdots, \quad (-1, 1)$$

而取 $\alpha = -\dfrac{1}{2}$ 时有 $\quad \dfrac{1}{\sqrt{1+x}} = 1 - \dfrac{1}{2}x + \dfrac{1\cdot 3}{2\cdot 4}x^2 - \dfrac{1\cdot 3\cdot 5}{2\cdot 4\cdot 6}x^3 + \cdots, \quad (-1, 1] \tag{4-52}$

公式(4-52)右端级数在端点 $x = \pm 1$ 处的敛散性已在例 4.11 讨论过.

将 $x = 1$ 代入式(4-52)中, 得

$$1 - \frac{1}{2} + \frac{1\cdot 3}{2\cdot 4} - \frac{1\cdot 3\cdot 5}{2\cdot 4\cdot 6} + \cdots + (-1)^n \frac{(2n-1)!!}{(2n)!!} + \cdots = \frac{1}{\sqrt{2}}.$$

2. 间接法

只有少量函数, 其幂级数展开式直接应用定理 4.25 来求比较简单. 对于多数函数, 一般是从已知的展开式出发, 通过逐项求导、逐项积分或四则运算、变量代换等, 间接地求得其幂级数展开式.

例如, 我们通过逐项积分已经求得(见例 4.25)

$$\ln(1+x) = x - \frac{x^2}{2} + \frac{x^3}{3} - \cdots + (-1)^{n-1}\frac{x^n}{n} + \cdots, \quad (-1, 1]. \tag{4-53}$$

例 4.28 求下列函数的麦克劳林展开式:

(1) $\cos x$;　　　　　(2) $\arctan x$;　　　　　(3) $\arcsin x$.

解 (1) 对公式(4-49)应用逐项求导公式, 得

$$\cos x = 1 - \frac{1}{2!}x^2 + \cdots + (-1)^n \frac{1}{(2n)!}x^{2n} + \cdots, \quad x \in (-\infty, +\infty). \tag{4-54}$$

(2) 由于 $\dfrac{1}{1+x^2} = 1 - x^2 + x^4 + \cdots + (-1)^n x^{2n} + \cdots$, $(-1, 1)$, 应用逐项积分公式, 得

$$\arctan x = \int_0^x \frac{1}{1+t^2}\mathrm{d}t = \int_0^x \left(\sum_{n=0}^\infty (-1)^n t^{2n}\right)\mathrm{d}t$$

$$= \sum_{n=0}^\infty \int_0^x (-1)^n t^{2n}\mathrm{d}t = \sum_{n=0}^\infty \frac{(-1)^n}{2n+1}x^{2n+1}, \quad x \in (-1, 1]$$

即

$$\arctan x = x - \frac{x^3}{3} + \frac{x^5}{5} - \cdots + (-1)^n \frac{x^{2n+1}}{2n+1} + \cdots, \quad x \in (-1, 1] \tag{4-55}$$

由此可得

$$1 - \frac{1}{3} + \frac{1}{5} - \cdots + (-1)^n \frac{1}{2n+1} + \cdots = \arctan 1 = \frac{\pi}{4}$$

(3) 在公式(4-51)中, 用 $-x^2$ 代换 x 得,

$$\frac{1}{\sqrt{1-x^2}} = 1 + \frac{1}{2}x^2 + \frac{1\cdot 3}{2\cdot 4}x^4 + \frac{1\cdot 3\cdot 5}{2\cdot 4\cdot 6}x^6 + \cdots, \quad (-1, 1).$$

逐项积分得

$$\arcsin x = \int_0^x \frac{1}{\sqrt{1-t^2}}\mathrm{d}t$$

$$= x + \frac{1}{2}\cdot\frac{x^3}{3} + \frac{1\cdot 3}{2\cdot 4}\cdot\frac{x^5}{5} + \frac{1\cdot 3\cdot 5}{2\cdot 4\cdot 6}\cdot\frac{x^7}{7} + \cdots, \quad [-1, 1].$$

在上式中, 令 $x = 1$, 得

$$1 + \frac{1}{2}\cdot\frac{1}{3} + \frac{1\cdot 3}{2\cdot 4}\cdot\frac{1}{5} + \frac{1\cdot 3\cdot 5}{2\cdot 4\cdot 6}\cdot\frac{1}{7} + \cdots + \frac{(2n-1)!!}{(2n)!!}\cdot\frac{1}{2n+1} + \cdots = \frac{\pi}{2}.$$

例 4.29 求函数 $-\dfrac{\ln(1-x)}{1-x}$ 的麦克劳林展开式.

解 由公式(4-53)得 $-\ln(1-x) = x + \dfrac{x^2}{2} + \dfrac{x^3}{3} + \cdots + \dfrac{x^n}{n} + \cdots$, $(-1, 1)$

故 $-\dfrac{\ln(1-x)}{1-x} = -\ln(1-x) \cdot \dfrac{1}{1-x} = \left(\sum\limits_{n=0}^{\infty} \dfrac{x^{n+1}}{n+1}\right)\left(\sum\limits_{n=0}^{\infty} x^n\right)$

$$= \sum\limits_{n=0}^{\infty}\left(\sum\limits_{k=0}^{n} \dfrac{1}{k+1}\right)x^n = \sum\limits_{n=0}^{\infty}\left(1 + \dfrac{1}{2} + \dfrac{1}{3} + \cdots + \dfrac{1}{n}\right)x^n, \ (-1, 1)$$

例 4.30 求函数 $\ln x$ 在 $x = 2$ 处的泰勒展开式.

解 $\ln x = \ln(2 + x - 2) = \ln 2\left(1 + \dfrac{x-2}{2}\right) = \ln 2 + \ln\left(1 + \dfrac{x-2}{2}\right)$.

当 $-1 < \dfrac{x-2}{2} \leqslant 1$ 即 $0 < x \leqslant 4$ 时,由公式(4-53)得

$$\ln x = \ln 2 + \sum\limits_{n=1}^{\infty} \dfrac{(-1)^{n-1}}{n}\left(\dfrac{x-2}{2}\right)^n = \ln 2 + \sum\limits_{n=1}^{\infty} \dfrac{(-1)^{n-1}}{n \cdot 2^n}(x-2)^n$$

例 4.31 计算 $\ln 2$ 的近似值,精确到 10^{-4}.

解 若用 $\ln 2 = 1 - \dfrac{1}{2} + \dfrac{1}{3} - \cdots + (-1)^n \dfrac{1}{n+1} + \cdots$ (4.6 节例 4.25 公式(4-41)) 的部分和来计算近似值,由于其误差(即余项)的绝对值 $|R_n| = \left|\sum\limits_{k=n+1}^{\infty}(-1)^{k-1}u_k\right| < u_{n+1} = \dfrac{1}{n+1}$ (4.3 节定理 4.7),要使 $\dfrac{1}{n+1} < 10^{-4}$,需取 $n = 10000$,即要计算级数前 10000 项之和,计算量太大,因此需要找一个收敛更快的级数.

根据公式(4-53)有 $\ln(1 + x) = x - \dfrac{x^2}{2} + \dfrac{x^3}{3} - \dfrac{x^4}{4} + \dfrac{x^5}{5} - \cdots, \ (-1, 1]$

$$\ln(1 - x) = -x - \dfrac{x^2}{2} - \dfrac{x^3}{3} - \dfrac{x^4}{4} - \dfrac{x^5}{5} - \cdots, \ [-1, 1)$$

二式相减得 $\ln \dfrac{1+x}{1-x} = 2\left(x + \dfrac{x^3}{3} + \dfrac{x^5}{5} + \dfrac{x^7}{7} + \cdots\right), \ (-1, 1)$

取 $\dfrac{1+x}{1-x} = 2$ 即 $x = \dfrac{1}{3}$,得 $\ln 2 = 2\left(\dfrac{1}{3} + \dfrac{1}{3 \cdot 3^3} + \dfrac{1}{5 \cdot 3^5} + \cdots + \dfrac{1}{(2n-1)3^{2n-1}} + \cdots\right)$

若用该级数的部分和近似 $\ln 2$,则误差为

$$0 < R_n = 2\left(\dfrac{1}{(2n+1)3^{2n+1}} + \dfrac{1}{(2n+3)3^{2n+3}} + \dfrac{1}{(2n+5)3^{2n+5}} + \cdots\right)$$

$$< \dfrac{2}{(2n+1)3^{2n+1}}\left(1 + \dfrac{1}{3^2} + \dfrac{1}{3^4} + \cdots\right) = \dfrac{1}{4(2n+1)3^{2n-1}}$$

当 $n = 4$ 时,有 $R_4 < \dfrac{1}{4 \cdot 9 \cdot 3^7} = \dfrac{1}{78732} < 10^{-4}$,于是得到

$$\ln 2 \approx 2\left(\dfrac{1}{3} + \dfrac{1}{3 \cdot 3^3} + \dfrac{1}{5 \cdot 3^5} + \dfrac{1}{7 \cdot 3^7}\right) \approx 0.6931.$$

例 4.32 计算定积分 $\int_0^1 \dfrac{\sin x}{x}dx$ 的近似值,精确到 10^{-4}.

解 根据 $\sin x$ 的麦克劳林公式(见例 4.27 公式 (4-49)),可得

$$\int_0^1 \frac{\sin x}{x} dx = \int_0^1 \left(1 - \frac{x^3}{3!} + \frac{x^5}{5!} - \frac{x^7}{7!} + \cdots\right) dx$$

$$= 1 - \frac{1}{3 \cdot 3!} + \frac{1}{5 \cdot 5!} - \cdots + \frac{(-1)^{n-1}}{(2n-1)(2n-1)!} + \cdots$$

由于 $|R_n| \leqslant \dfrac{1}{(2n+1)(2n+1)!}$ (4.3 节定理 4.7),取 $n=3$,有 $|R_3| < \dfrac{1}{7 \cdot 7!} < \dfrac{1}{30000}$.

因此
$$\int_0^1 \frac{\sin x}{x} dx \approx 1 - \frac{1}{3 \cdot 3!} + \frac{1}{5 \cdot 5!} \approx 0.9461.$$

习 题 4.7

1. 求下列函数的麦克劳林展开式,并写出等式成立的区间:

(1) e^{-x^2}; (2) $\cos^2 x$; (3) $\dfrac{1}{(1-x)^2}$;

(4) $\dfrac{x}{\sqrt{1-2x}}$; (5) $\dfrac{x}{1+x-2x^2}$; (6) $\dfrac{1}{1+x+x^2}$;

(7) $\ln\sqrt{\dfrac{1+x}{1-x}}$; (8) $\ln(x+\sqrt{1+x^2})$; (9) $\arccos(1-2x^2)$;

(10) $\dfrac{\ln(1+x)}{1+x}$; (11) $\int_0^x e^{-t^2} dx$; (12) $\int_0^x \dfrac{\arctan t}{t} dt$.

2. 求下列函数在指定点处的泰勒展开式,并写出等式成立的区间:

(1) $\sqrt{-x^2+4x-3}$, $x=2$; (2) $\dfrac{1}{x^2+3x+2}$, $x=-4$;

(3) $\ln(x^2+2x+2)$, $x=-1$.

3. 证明函数 $f(x) = \sum\limits_{n=0}^{\infty} \dfrac{x^{4n}}{(4n)!}$ 满足微分方程 $y^{(4)} = y$.

4.8 傅里叶级数

在级数的理论研究和实际应用中,还有一类重要的函数项级数,这就是由三角函数列所产生的傅里叶级数.

4.8.1 三角级数

在许多实际问题中,常常会遇到周期现象或周期运动.例如机械振动,交流电的电流与电压,脉冲波,等等.周期现象都是用周期函数来描述的,最简单的周期现象就是简谐波(又称简谐振动),通常用正弦函数来表示,即

$$y = A\sin(\omega t + \varphi)$$

其中 A 为振幅，ω 为角频率，φ 为初相角，$t = \dfrac{2\pi}{\omega}$ 是周期．许多其他的周期运动可以用一系列简谐波的叠加而成，即

$$y = A_0 + \sum_{n=1}^{\infty} A_n \sin(n\omega t + \varphi_n).$$

若令 $\omega t = x$，$A_0 = \dfrac{a_0}{2}$，$a_n = A_n \sin\varphi_n$，$b_n = B_n \cos\varphi_n$，则有

$$y = A_0 + \sum_{n=1}^{\infty} (A_n \sin\varphi_n \cos n\omega t + A_n \cos\varphi_n \sin n\omega t)$$

$$= \dfrac{a_0}{2} + \sum_{n=1}^{\infty} (a_n \cos nx + b_n \sin nx). \tag{4-56}$$

式(4-56)右端是由(以 2π 为周期的)三角函数系

$$1, \cos x, \sin x, \cos 2x, \sin 2x, \cdots, \cos nx, \sin nx, \cdots \tag{4-57}$$

所产生的函数项级数，称为三角级数．

对于三角级数式(4-56)，根据优级数判别法，容易推得以下定理．

定理 4.26 如果正项级数

$$\dfrac{|a_0|}{2} + \sum_{n=1}^{\infty} (|a_n| + |b_n|) \tag{4-58}$$

收敛，则三角级数式(4-56)在 $(-\infty, +\infty)$ 上绝对收敛且一致收敛．

为进一步研究三角级数式(4-56)的收敛性，先来看上述三角函数系的简单性质，容易算得，对于任何正整数 n 和 m，下列各式成立．

$$\left.\begin{array}{l} \displaystyle\int_{-\pi}^{\pi} \cos nx\,\mathrm{d}x = \int_{-\pi}^{\pi} \sin nx\,\mathrm{d}x = 0, \quad \int_{-\pi}^{\pi} \cos mx \cos nx\,\mathrm{d}x = 0\,(m \neq n) \\[6pt] \displaystyle\int_{-\pi}^{\pi} \cos^2 nx\,\mathrm{d}x = \int_{-\pi}^{\pi} \sin^2 x\,\mathrm{d}x = \pi, \quad \int_{-\pi}^{\pi} \sin mx \sin nx\,\mathrm{d}x = 0\,(m \neq n) \\[6pt] \displaystyle\int_{-\pi}^{\pi} 1^2\,\mathrm{d}x = 2\pi, \quad \int_{-\pi}^{\pi} \cos mx \sin nx\,\mathrm{d}x = 0 \end{array}\right\} \tag{4-59}$$

由于满足式(4-59)右边的三个等式，故称三角函数系(4-57)在 $[-\pi, \pi]$ 上具有正交性．

下面利用三角函数系(4-57)的正交性来确定三角级数中的系数与和函数之间的关系．

定理 4.27 如果三角级数式(4-56)在 $(-\infty, +\infty)$ 上一致收敛于和函数 $f(x)$，这时

$$f(x) = \dfrac{a_0}{2} + \sum_{n=1}^{\infty} (a_n \cos nx + b_n \sin nx) \tag{4-60}$$

则有

$$\left.\begin{array}{l} a_n = \dfrac{1}{\pi} \displaystyle\int_{-\pi}^{\pi} f(x) \cos nx\,\mathrm{d}x, \quad n = 0, 1, 2, \cdots \\[6pt] b_n = \dfrac{1}{\pi} \displaystyle\int_{-\pi}^{\pi} f(x) \sin nx\,\mathrm{d}x, \quad n = 1, 2, \cdots \end{array}\right\} \tag{4-61}$$

证 对三角级数(4-60)逐项积分，得

$$\int_{-\pi}^{\pi} f(x)\,\mathrm{d}x = \frac{a_0}{2}\int_{-\pi}^{\pi}\mathrm{d}x + \sum_{n=1}^{\infty}\left(a_n\int_{-\pi}^{\pi}\cos nx\,\mathrm{d}x + b_n\int_{-\pi}^{\pi}\sin nx\,\mathrm{d}x\right)$$

由式(4-59)知,上式右边括号内的积分全为0,所以

$$\int_{-\pi}^{\pi} f(x)\,\mathrm{d}x = \frac{a_0}{2}\cdot 2\pi = \pi a_0, \qquad a_0 = \frac{1}{\pi}\int_{-\pi}^{\pi} f(x)\,\mathrm{d}x$$

现以 $\cos kx$ (k 为正整数)乘式(4-60)的两边,所得级数在 $[-\pi,\pi]$ 上仍可逐项积分(见4.5节推论4.7),于是

$$\int_{-\pi}^{\pi} f(x)\cos kx\,\mathrm{d}x$$

$$= \frac{a_0}{2}\int_{-\pi}^{\pi}\cos kx\,\mathrm{d}x + \sum_{n=1}^{\infty}\left(a_n\int_{-\pi}^{\pi}\cos nx\cos kx\,\mathrm{d}x + b_n\int_{-\pi}^{\pi}\sin nx\cos kx\,\mathrm{d}x\right)$$

$$= a_k\int_{-\pi}^{\pi}\cos^2 kx\,\mathrm{d}x = \pi a_k \text{(根据三角函数系(4-57)的正交性)}$$

因此

$$a_k = \frac{1}{\pi}\int_{-\pi}^{\pi} f(x)\cos kx\,\mathrm{d}x, \quad k = 1, 2, \cdots$$

同理可得

$$b_k = \frac{1}{\pi}\int_{-\pi}^{\pi} f(x)\sin kx\,\mathrm{d}x, \quad k = 1, 2, \cdots$$

4.8.2 傅里叶级数及其收敛定理

现在来考虑定理4.26的逆问题. 设函数 $f(x)$ 以 2π 为周期且在 $[-\pi,\pi]$ 上可积, 按公式(4-61)可算得 a_n 和 b_n, 它们称为函数 $f(x)$ 的傅里叶系数. 又以 a_n 和 b_n 为系数作三角级数

$$f(x) \sim \frac{a_0}{2} + \sum_{n=1}^{\infty}(a_n\cos nx + b_n\sin nx), \tag{4-62}$$

上述三角级数称为 $f(x)$ 的傅里叶级数. 这里记号"~"表示右边级数是左边函数的傅里叶级数, 它还不能换成等号"=". 那么, 当所给函数 $f(x)$ 还满足怎样的条件时, $f(x)$ 的傅里叶级数收敛于 $f(x)$ 呢? 对此, 我们先给出以下的收敛定理, 其证明将在本节4.8.2中给出.

定理4.28 设 $f(x)$ 是以 2π 为周期的函数, $f(x)$ 及其导数 $f'(x)$ 均在 $[-\pi,\pi]$ 上连续(这时称 $f(x)$ 光滑), 或 $f(x)$ 和 $f'(x)$ 在 $[-\pi,\pi]$ 上的间断点均为第一类间断点且仅有有限个(这时称 $f(x)$ 按段光滑)(见图4-8). 则 $f(x)$ 的傅里叶级数在 $(-\infty,+\infty)$ 上处处收敛, 且有

$$\frac{f(x+0)+f(x-0)}{2} = \frac{a_0}{2} + \sum_{n=1}^{\infty}(a_n\cos nx + b_n\sin nx) \tag{4-63}$$

定理4.28告诉我们: 如果 x 是 $f(x)$ 的第一类间断点, 则级数收敛于 $f(x)$ 在该点的左极限值与右极限值的平均值 $\dfrac{f(x+0)+f(x-0)}{2}$; 如果 x 是 $f(x)$ 的连续点, 则级数收敛于该点的函数值 $f(x)$.

另外, 由周期函数 $f(x)$ 的积分性质(习题3.6题6)知 $f(x)$ 的傅里叶系数也可以按下面公式计算:

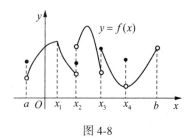

图 4-8

$$a_n = \frac{1}{\pi}\int_c^{c+2\pi} f(x)\cos nx\,dx, \quad n = 0, 1, 2, \cdots$$
$$b_n = \frac{1}{\pi}\int_c^{c+2\pi} f(x)\sin nx\,dx, \quad n = 1, 2, \cdots,$$
$(c$ 为任何实数$)$ (4-64)

在应用收敛定理将已知函数展开成傅里叶级数时. 为方便起见，常给出周期函数 $f(x)$ 在周期区间 $(-\pi, \pi]$ 或 $(0, 2\pi]$（也可以是左闭右开区间）上的对应关系. 而 $f(x)$ 在 $[-\pi, \pi]$ 或 $[0, 2\pi]$ 以外的对应关系可以按周期内的对应关系作周期延拓. $f(x)$ 作周期延拓后的函数记为 $\hat{f}(x)$.

例 4.33 试求函数 $f(x) = \begin{cases} x, & -\pi < x < 0 \\ 0, & 0 \leqslant x \leqslant \pi \end{cases}$ 的傅里叶展开式.

解 函数 $f(x)$ 作周期延拓后的图像如图 4-9 所示，显然它满足收敛定理的条件.

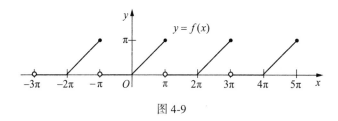

图 4-9

根据公式(4-61)得
$$a_0 = \frac{1}{\pi}\int_{-\pi}^{\pi} f(x)\,dx = \frac{1}{\pi}\int_0^{\pi} x\,dx = \frac{\pi}{2}$$

当 $n \geqslant 1$ 时，$a_n = \frac{1}{\pi}\int_{-\pi}^{\pi} f(x)\cos nx\,dx = \frac{1}{\pi}\int_0^{\pi} x\cos nx\,dx$

$$= \frac{1}{n\pi}x\sin nx\Big|_0^{\pi} - \frac{1}{n\pi}\int_0^{\pi}\sin nx\,dx = \frac{1}{n^2\pi}\cos nx\Big|_0^{\pi} = \frac{1}{n^2\pi}(\cos n\pi - 1),$$

$$b_n = \frac{1}{\pi}\int_{-\pi}^{\pi} f(x)\sin nx\,dx = \frac{1}{\pi}\int_0^{\pi} x\sin nx\,dx$$

$$= -\frac{1}{n\pi}x\cos nx\Big|_0^{\pi} + \frac{1}{n\pi}\int_0^{\pi}\cos nx\,dx = \frac{(-1)^{n+1}}{n} + \frac{1}{n^2\pi}\int_0^{\pi}\cos nx\,dx$$

$$= \frac{(-1)^{n+1}}{n}.$$

由于 $f(x)$ 在开区间 $(-\pi, \pi)$ 内连续，所以在开区间 $(-\pi, \pi)$ 内

$$f(x) = \frac{\pi}{4} + \sum_{n=1}^{\infty}\left[\frac{\cos n\pi - 1}{n^2\pi} \cdot \cos nx + \frac{(-1)^{n+1}}{n} \cdot \sin nx\right]$$

$$= \frac{\pi}{4} - \frac{2}{\pi}\cos x + \sin x - \frac{1}{2}\sin 2x - \frac{2}{9\pi}\cos 3x + \frac{1}{3}\sin 3x + \cdots$$

而在 $x = \pm\pi$ 处，上述傅里叶级数收敛于

$$\frac{f(\pm\pi+0) + f(\pm\pi-0)}{2} = \frac{\pi + 0}{2} = \frac{\pi}{2} \qquad (f(\pm\pi) = \pi).$$

所以 $f(x)$ 的傅里叶级数的和函数 $S(x)$ 的图像如图 4-10 所示.

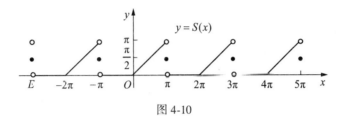

图 4-10

顺便指出，根据级数 $x = \pi$ 处的收敛情况，得

$$\frac{\pi}{2} = \frac{\pi}{4} + \sum_{n=1}^{\infty}\left[\frac{\cos n\pi - 1}{n^2\pi} \cdot \cos n\pi + \frac{(-1)^{n+1}}{n} \cdot \sin n\pi\right]$$

$$= \frac{\pi}{4} + \sum_{n=1}^{\infty}\frac{1 - \cos n\pi}{n^2\pi} = \frac{\pi}{4} + \sum_{n=1}^{\infty}\frac{2}{(2n-1)^2\pi},$$

从而推得
$$\frac{\pi^2}{8} = \sum_{n=1}^{\infty}\frac{1}{(2n-1)^2} = \frac{1}{1^2} + \frac{1}{3^2} + \frac{1}{5^2} + \frac{1}{7^2} + \cdots. \tag{4-65}$$

例 4.34 求函数 $f(x) = \begin{cases} 0, & -\pi \leq x < 0 \\ A, & 0 \leq x < \pi \end{cases}$ 的傅里叶展开式.

解 函数 $f(x)$ 作周期延拓后的图像如图 4-11 所示，它表示矩形波，在无线电技术中经常遇到.

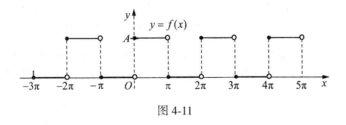

图 4-11

由公式(4-61)得 $\quad a_0 = \frac{1}{\pi}\int_{-\pi}^{\pi}f(x)\mathrm{d}x = \frac{1}{\pi}\int_0^{\pi}A\mathrm{d}x = A$

当 $n \geq 1$ 时， $\quad a_n = \frac{1}{\pi}\int_{-\pi}^{\pi}f(x)\cos nx\mathrm{d}x = \frac{1}{\pi}\int_0^{\pi}A\cos nx\mathrm{d}x = 0$

$$b_n = \frac{1}{\pi}\int_{-\pi}^{\pi} f(x)\sin nx\,dx = \frac{1}{\pi}\int_0^{\pi} A\sin nx\,dx = \frac{A}{n\pi}[1-(-1)^n]$$

根据收敛定理，在 $(-\pi, 0) \cup (0, \pi)$ 内有

$$f(x) = \frac{A}{2} + \sum_{n=1}^{\infty} \frac{A}{n\pi}[1-(-1)^n]\sin nx = \frac{A}{2} + \frac{2A}{\pi}\sum_{n=1}^{\infty}\frac{1}{2n-1}\sin nx$$

而在间断点 $x=0$，$\pm\pi$ 处，级数收敛于 $\frac{A}{2}$.

4.8.3　周期为 2l 的函数的傅里叶展开式

对于周期不等于 2π 的周期函数 $f(x)$，设其周期为 $2l$，可以通过变换 $x = \frac{l}{\pi}\cdot y$，把 $f(x)$ 换成以 2π 为周期的函数

$$g(y) = f\left(\frac{l}{\pi}\cdot y\right) \ (=f(x))$$

若 $f(x)$ 在 $[-l, l]$ 上可积，则 $g(y)$ 在 $[-\pi, \pi]$ 上也可积，由式(4-61)，$g(y)$ 的傅里叶系数为

$$a_n = \frac{1}{\pi}\int_{-\pi}^{\pi} g(y)\cos ny\,dy, \quad n = 0, 1, 2, \cdots$$

$$b_n = \frac{1}{\pi}\int_{-\pi}^{\pi} g(x)\sin ny\,dy, \quad n = 1, 2, \cdots,$$

$g(y)$ 的傅里叶级数为

$$g(y) \sim \frac{a_0}{2} + \sum_{n=1}^{\infty}(a_n\cos ny + b_n\sin ny)$$

再将 $\frac{l}{\pi}\cdot y = x$ 代回，得

$$\left.\begin{aligned} a_n &= \frac{1}{l}\int_{-l}^{l} f(x)\cos\frac{n\pi}{l}x\,dx, \quad n = 0, 1, 2, \cdots \\ b_n &= \frac{1}{l}\int_{-l}^{l} f(x)\sin\frac{n\pi}{l}x\,dx, \quad n = 1, 2, \cdots, \end{aligned}\right\} \quad (4\text{-}66)$$

$$f(x) = (g(y)) \sim \frac{a_0}{2} + \sum_{n=1}^{\infty}\left(a_n\cos\frac{n\pi}{l}x + b_n\sin\frac{n\pi}{l}x\right) \quad (4\text{-}67)$$

式(4-66)和式(4-67)即为周期为 $2l$ 的函数的傅里叶系数公式和傅里叶级数．若 $f(x)$ 在 $[-l, l]$ 上光滑或逐段光滑，则由收敛定理知道，$f(x)$ 的傅里叶级数式(4-67)收敛于平均值

$$\frac{f(x+0)+f(x-0)}{2}.$$

例 4.35　求函数 $f(x) = x$，$x \in (-1, 1]$ 的傅里叶展开式.

解　由于 $f(x)$ 为奇函数，所以 $a_n = \int_{-1}^{1} f(x)\cos n\pi x\,dx = 0$，$n = 0, 1, 2, \cdots$；

当 $n \geq 1$ 时，$b_n = \int_{-1}^{1} f(x)\sin n\pi x\,dx = 2\int_0^1 x\sin n\pi x\,dx$

$$= 2\left(-\frac{1}{n\pi}x\cos n\pi x + \frac{1}{(n\pi)^2}\sin n\pi x\right)\Big|_0^1 = \frac{2(-1)^{n-1}}{n\pi}$$

于是根据收敛定理，在 $(-1, 1)$ 内有

$$x = \sum_{n=1}^{\infty} \frac{2(-1)^{n-1}}{n\pi}\sin n\pi x = \frac{2}{\pi}\sum_{n=1}^{\infty} \frac{(-1)^{n-1}}{n}\sin n\pi x$$

在端点 $x = \pm 1$ 处，级数收敛于 0.

4.8.4 余弦级数与正弦级数

如果 $f(x)$ 是以 $2l$（含 $2l = 2\pi$）为周期的偶函数，则在 $[-l, l]$ 上，$f(x)\cos\frac{n\pi}{l}x$ 是偶函数，而 $f(x)\sin\frac{n\pi}{l}x$ 是奇函数. 因此，$f(x)$ 的傅里叶系数是

$$\begin{cases} a_n = \frac{1}{l}\int_{-l}^{l} f(x)\cos\frac{n\pi}{l}x\,\mathrm{d}x = \frac{2}{l}\int_0^l f(x)\cos\frac{n\pi}{l}x\,\mathrm{d}x, & n = 0, 1, 2, \cdots \\ b_n = \frac{1}{l}\int_{-l}^{l} f(x)\sin\frac{n\pi}{l}x\,\mathrm{d}x = 0, & n = 1, 2, \cdots, \end{cases} \quad (4\text{-}68)$$

这时，$f(x)$ 的傅里叶级数为

$$f(x) \sim \frac{a_0}{2} + \sum_{n=1}^{\infty} a_n \cos\frac{n\pi}{l}x \tag{4-69}$$

这种只含有余弦函数项的傅里叶级数称为余弦级数.

同理，如果 $f(x)$ 是以 $2l$（含 $2l = 2\pi$）为周期的奇函数，则 $f(x)$ 的傅里叶系数是

$$\begin{cases} a_n = \frac{1}{l}\int_{-l}^{l} f(x)\cos\frac{n\pi}{l}x\,\mathrm{d}x = 0, & n = 0, 1, 2, \cdots \\ b_n = \frac{1}{l}\int_{-l}^{l} f(x)\sin\frac{n\pi}{l}x\,\mathrm{d}x = \frac{2}{l}\int_0^l f(x)\sin\frac{n\pi}{l}x\,\mathrm{d}x, & n = 1, 2, \cdots, \end{cases} \quad (4\text{-}70)$$

这时，$f(x)$ 的傅里叶级数为

$$f(x) \sim \sum_{n=1}^{\infty} b_n \sin\frac{n\pi}{l}x \tag{4-71}$$

这种只含有正弦函数项的傅里叶级数称为正弦级数.

例 4.36 求函数 $f(x) = x^2$，$x \in (-\pi, \pi]$ 的傅里叶展开式.

解 $f(x) = x^2$ 是 $[-\pi, \pi]$ 上的偶函数，其周期延拓的图像如图 4-12 所示. 所以

$$b_n = 0, \quad a_0 = \frac{2}{\pi}\int_0^\pi x^2\,\mathrm{d}x = \frac{2}{3}\pi^2$$

$$a_n = \frac{2}{\pi}\int_0^\pi x^2\cos nx\,\mathrm{d}x = \frac{2}{n\pi}x^2\sin nx\Big|_0^\pi - \frac{4}{n\pi}\int_0^\pi x\sin nx\,\mathrm{d}x$$

$$= -\frac{4}{n\pi}\left(-\frac{1}{n}x\cos nx + \frac{1}{n^2}\sin nx\right)\Big|_0^\pi = (-1)^n\frac{4}{n^2}$$

由于周期函数 $\hat{f}(x)$ 在 $(-\infty, +\infty)$ 内连续（见图 4-11），且有界，所以

$$\hat{f}(x) = \frac{1}{3}\pi^2 + \sum_{n=1}^{\infty} (-1)^n \frac{4}{n^2}\cos nx, \quad x \in (-\infty, +\infty)$$

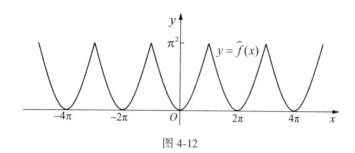

图 4-12

顺便地，将 $x=0$ 和 $x=\pi$ 分别代入该傅里叶级数中，得

$$0 = \frac{1}{3}\pi^2 + \sum_{n=1}^{\infty}(-1)^n \frac{4}{n^2}\cos 0 = \frac{1}{3}\pi^2 - 4\sum_{n=1}^{\infty}\frac{(-1)^{n-1}}{n^2}$$

$$\pi^2 = \frac{1}{3}\pi^2 + \sum_{n=1}^{\infty}(-1)^n \frac{4}{n^2}\cos n\pi = \frac{1}{3}\pi^2 + \sum_{n=1}^{\infty}\frac{4}{n^2}$$

于是就得到

$$\frac{\pi^2}{12} = \sum_{n=1}^{\infty}\frac{(-1)^{n-1}}{n^2} = \frac{1}{1^2} - \frac{1}{2^2} + \frac{1}{3^2} - \frac{1}{4^2} + \cdots \tag{4-72}$$

$$\frac{\pi^2}{6} = \sum_{n=1}^{\infty}\frac{1}{n^2} = \frac{1}{1^2} + \frac{1}{2^2} + \frac{1}{3^2} + \frac{1}{4^2} + \cdots \tag{4-73}$$

实际应用中，有时需要把定义在半区间 $[0,l]$（或 $[0,\pi]$）上的函数 $f(x)$ 展开成余弦级数或正弦级数，这时需要将函数 $f(x)$ 在对称半区间 $(-l,0)$（或 $(-\pi,0)$）上作偶延拓或奇延拓，即补充 $f(x)$ 在对称半区间 $(-l,0)$（或 $(-\pi,0)$）上的定义使之（仍记为 $\hat{f}(x)$）成为 $(-l,0)\cup(0,l)$（或 $(-\pi,0)\cup(0,\pi)$）上的偶函数或奇函数．这时仍然可以按式(4-68)及式(4-69)或式(4-70)及式(4-71)将函数 $f(x)$ 在 $[0,l]$（或 $[0,\pi]$）上展开成余弦级数和正弦级数．

例 4.37 将函数 $f(x)=x$ 在区间 $(0,2)$ 内分别展开成正弦级数和余弦级数．

解 先求正弦级数．将 $f(x)$ 作奇延拓的图像如图 4-13 所示，按公式(4-70)有

$$b_n = \frac{2}{2}\int_0^2 x\sin\frac{n\pi x}{2}dx = -\frac{2}{n\pi}\left(x\cos\frac{n\pi x}{2}\right)\Big|_0^2 + \frac{2}{n\pi}\int_0^2 \cos\frac{n\pi x}{2}dx = \frac{4(-1)^{n-1}}{n\pi}$$

根据公式(4-71)及收敛定理，在 $(0,2)$ 内有

$$x = \sum_{n=1}^{\infty}\frac{4}{n\pi}(-1)^{n-1}\sin\frac{n\pi x}{2} = \frac{4}{\pi}\left(\sin\frac{\pi x}{2} - \frac{1}{2}\sin\frac{2\pi x}{2} + \frac{1}{3}\sin\frac{3\pi x}{2} + \cdots\right)$$

且右端级数 $(-\infty,+\infty)$ 在内收敛于 $\hat{f}(x)$．

再求余弦级数．将 $f(x)$ 作偶延拓的图像如图 4-14 所示，按公式(4-68)有

$$a_0 = \frac{2}{2}\int_0^2 x dx = 2,$$

$$a_n = \frac{2}{2}\int_0^2 x\cos\frac{n\pi x}{2}dx = \frac{2}{n\pi}\left(x\sin\frac{n\pi x}{2}\right)\Big|_0^2 - \frac{2}{n\pi}\int_0^2 \sin\frac{n\pi x}{2}dx$$

$$= \frac{4}{n^2\pi^2}\left(\cos\frac{n\pi x}{2}\right)\Big|_0^2 = \frac{4}{n^2\pi^2}(\cos n\pi - 1) = \frac{4}{n^2\pi^2}[(-1)^n - 1]$$

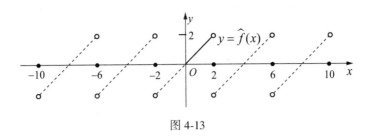

图 4-13

根据公式(4-69)及收敛定理，在 (0, 2) 内有

$$x = 1 + \sum_{n=1}^{\infty} \frac{4}{n^2\pi^2}[(-1)^n - 1]\cos\frac{n\pi x}{2} = 1 - \frac{8}{\pi^2}\sum_{n=1}^{\infty}\frac{1}{(2n-1)^2}\cos\frac{(2n-1)\pi x}{2}$$

$$= 1 - \frac{8}{\pi^2}\left(\cos\frac{\pi x}{2} + \frac{1}{3^2}\sin\frac{3\pi x}{2} + \frac{1}{5^2}\sin\frac{5\pi x}{2} + \cdots\right)$$

且右端级数在 $(-\infty, +\infty)$ 内收敛于 $\hat{f}(x)$.

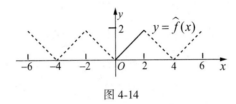

图 4-14

4.8.5 *收敛定理的证明

为了证明收敛定理，先归纳一下函数 $f(x)$ 逐段光滑所具有的以下两点性质：

(1) $f(x)$ 在 $[-\pi, \pi]$ 上可积；$f'(x)$ 在 $[-\pi, \pi]$ 上至多有有限个点的导数值不存在，但 $f'(x)$ 有界且只有有限个间断点，所以补充定义 $f'(x)$ 在这些点的函数值后，所得新函数(仍记为) $f'(x)$ 在 $[-\pi, \pi]$ 上亦可积.

(2) 当 $x \in [-\pi, \pi]$ 时，应用微分中值定理可得

$$\begin{cases}\lim_{h \to 0^+}\dfrac{f(x+h) - f(x+0)}{h} = f'(x+0)\\ \lim_{h \to 0^-}\dfrac{f(x+h) - f(x-0)}{h} = f'(x-0)\end{cases} \tag{4-74}$$

引理 4.3(黎曼引理) 设函数 $f(x)$ 在区间 $[a, b]$ 上可积，则

$$\lim_{\lambda \to +\infty}\int_a^b f(x)\cos\lambda x\,dx = 0, \quad \lim_{\lambda \to +\infty}\int_a^b f(x)\sin\lambda x\,dx = 0 \tag{4-75}$$

证 分三个步骤来证明. 第一步：证明对于 $[a, b]$ 上的任何阶梯函数

$$\varphi(x) = \begin{cases}c_i, & x_{i-1} \leq x < x_i (i = 1, 2, \cdots, n-1)\\ c_n, & x_{n-1} \leq x \leq x_n\end{cases}$$

(其中每一个 c_i 都是常数，并且 $a = x_0 < x_1 < x_2 < \cdots < x_{n-1} < x_n = b$)，都有

$$\lim_{\lambda \to +\infty} \int_a^b \varphi(x) \cos\lambda x \mathrm{d}x = 0, \quad \lim_{\lambda \to +\infty} \int_a^b \varphi(x) \sin\lambda x \mathrm{d}x = 0$$

事实上，由于

$$\int_a^b \varphi(x) \cos\lambda x \mathrm{d}x = \sum_{i=1}^n \int_{x_{i-1}}^{x_i} \varphi(x) \cos\lambda x \mathrm{d}x$$

$$= \sum_{i=1}^n c_i \int_{x_{i-1}}^{x_i} \cos\lambda x \mathrm{d}x = \sum_{i=1}^n \frac{c_i}{\lambda}(\sin\lambda x_i - \sin\lambda x_{i-1})$$

所以
$$\left| \int_a^b \varphi(x) \cos\lambda x \mathrm{d}x \right| \leqslant \frac{2}{|\lambda|} \sum_{i=1}^n |c_i| \to 0 (\lambda \to +\infty)$$

这就证明了 $\lim\limits_{\lambda \to +\infty} \int_a^b \varphi(x) \cos\lambda x \mathrm{d}x = 0$，同理可证 $\lim\limits_{\lambda \to +\infty} \int_a^b \varphi(x) \sin\lambda x \mathrm{d}x = 0$.

第二步：证明任给 $\varepsilon > 0$，必存在相应的阶梯函数 $\varphi(x)$，使得 $\int_a^b |f(x) - \varphi(x)| \mathrm{d}x < \varepsilon$.

$\varepsilon > 0$，由可积准则知，存在 $[a, b]$ 的一个分割 T：$a = x_0 < x_1 < x_2 < \cdots < x_{n-1} < x_n = b$，使得函数 $f(x)$ 关于这个分割的上、下和之差为

$$S(T) - s(T) = \sum_{i=1}^n (M_i - m_i) \Delta x_i < \varepsilon$$

作阶梯函数为 $\varphi(x) = \begin{cases} f(x_i), & x_{i-1} \leqslant x < x_i (i = 1, 2, \cdots, n-1) \\ f(x_n), & x_{n-1} \leqslant x \leqslant x_n \end{cases}$

则有

$$\int_a^b |f(x) - \varphi(x)| \mathrm{d}x = \sum_{i=1}^n \int_{x_{i-1}}^{x_i} |f(x) - f(x_i)| \mathrm{d}x < \sum_{i=1}^n (M_i - m_i) \Delta x_i < \varepsilon$$

第三步：证明式(4-75)成立. 任给 $\varepsilon > 0$，由于

$$\left| \int_a^b f(x) \cos\lambda x \mathrm{d}x \right| = \left| \int_a^b [f(x) - \varphi(x)] \cos\lambda x \mathrm{d}x + \int_a^b \varphi(x) \cos\lambda x \mathrm{d}x \right|$$

$$\leqslant \int_a^b |f(x) - \varphi(x)| \mathrm{d}x + \left| \int_a^b \varphi(x) \cos\lambda x \mathrm{d}x \right|$$

对于右端第一项，由第二步得，存在阶梯函数 $\varphi(x)$，使得 $\int_a^b |f(x) - \varphi(x)| \mathrm{d}x < \varepsilon$.

对于右端第二项，由第一步得，存在 $M > 0$，使得当 $\lambda > M$ 时有 $\left| \int_a^b \varphi(x) \cos\lambda x \mathrm{d}x \right| < \varepsilon$.

综上所述知，当 $\lambda > M$ 时，有 $\left| \int_a^b f(x) \cos\lambda x \mathrm{d}x \right| < \varepsilon + \varepsilon = 2\varepsilon$

这就证明了 $\lim\limits_{\lambda \to +\infty} \int_a^b f(x) \cos\lambda x \mathrm{d}x = 0$，同理可证另一极限式.

收敛定理的证明 先将 $f(x)$ 的傅里叶级数的部分和 $S_n(x)$ 变形

$$S_n(x) = \frac{a_0}{2} + \sum_{k=1}^n (a_k \cos kx + b_k \sin kx)$$

$$= \frac{1}{2\pi} \int_{-\pi}^{\pi} f(u) \mathrm{d}u + \frac{1}{\pi} \sum_{k=1}^n \left[\left(\int_{-\pi}^{\pi} f(u) \cos ku \mathrm{d}u \right) \cos kx + \left(\int_{-\pi}^{\pi} f(u) \sin ku \mathrm{d}u \right) \sin kx \right]$$

4.8 傅里叶级数

$$= \frac{1}{\pi} \int_{-\pi}^{\pi} f(u) \left[\frac{1}{2} + \sum_{k=1}^{n} (\cos ku \cos kx + \sin ku \sin kx) \right] du$$

$$= \frac{1}{\pi} \int_{-\pi}^{\pi} f(u) \left[\frac{1}{2} + \sum_{k=1}^{n} \cos k(u-x) \right] du \xrightarrow{\diamondsuit u = x + t} \frac{1}{\pi} \int_{-x-\pi}^{-x+\pi} f(x+t) \left(\frac{1}{2} + \sum_{k=1}^{n} \cos kt \right) dt$$

$$= \frac{1}{\pi} \int_{-\pi}^{\pi} f(x+t) \left(\frac{1}{2} + \sum_{k=1}^{n} \cos kt \right) dt$$

上式利用了周期函数的积分性质(习题 3.6 题 6),又由换元积分法可得

$$\int_{-\pi}^{0} f(x+t) \left(\frac{1}{2} + \sum_{k=1}^{n} \cos kt \right) dt = \int_{0}^{\pi} f(x-t) \left(\frac{1}{2} + \sum_{k=1}^{n} \cos kt \right) dt$$

因此

$$S_n(x) = \frac{1}{\pi} \int_{-\pi}^{\pi} [f(x+t) + f(x-t)] \left(\frac{1}{2} + \sum_{k=1}^{n} \cos kt \right) dt$$

又将 $\frac{1}{2} + \sum_{k=1}^{n} \cos kt = \sin\left(n + \frac{1}{2}\right) t \Big/ 2\sin \frac{t}{2}$ (见 4.3 节式(4-12))代入上面式子中,又得到

$$S_n(x) = \frac{1}{\pi} \int_0^{\pi} [f(x+t) + f(x-t)] \frac{\sin\left(n + \frac{1}{2}\right)t}{2\sin \frac{t}{2}} dt \qquad (4\text{-}76)$$

其中 $\sin\left(n + \frac{1}{2}\right)t \Big/ \sin \frac{t}{2}$ 当 $t = 0$ 时的值应理解为 $t \to 0$ 时的极限值.

以下证明 $\lim_{n \to \infty} S_n(x) = \frac{f(x+0) + f(x-0)}{2}$,注意到 $\frac{1}{2} + \sum_{k=1}^{n} \cos kt = \sin\left(n + \frac{1}{2}\right)t \Big/ 2\sin \frac{t}{2}$,可知

$$\frac{1}{2} = \frac{1}{\pi} \int_0^{\pi} \left(\frac{1}{2} + \sum_{k=1}^{n} \cos kt \right) dt = \frac{1}{\pi} \int_0^{\pi} \frac{\sin\left(n + \frac{1}{2}\right)t}{2\sin \frac{t}{2}} dt$$

及

$$\frac{f(x+0) + f(x-0)}{2} = \frac{1}{\pi} \int_0^{\pi} [f(x+0) + f(x-0)] \frac{\sin\left(n + \frac{1}{2}\right)t}{2\sin \frac{t}{2}} dt \qquad (4\text{-}77)$$

将式(4-76)与式(4-77)二式相减,得

$$S_n(x) - \frac{f(x+0) + f(x-0)}{2} = \int_0^{\pi} F(t) \sin\left(n + \frac{1}{2}\right) t \, dt \qquad (4\text{-}78)$$

其中 $F(t) = [f(x+t) - f(x+0) + f(x-t) - f(x-0)] \Big/ 2\sin \frac{t}{2}$.

又根据式(4-74)有

$$\lim_{t \to 0} F(t) = \lim_{t \to 0} \left[\frac{f(x+t) - f(x+0)}{t} + \frac{f(x-t) - f(x-0)}{t} \right] \frac{t}{2\sin \frac{t}{2}}$$

$$= f'(x+0) - f'(x-0)$$

这说明 $t=0$ 为 $F(t)$ 的第一类间断点,又由于 $f(x+t)$ 和 $f(x-t)$ 在 $t \in [-\pi, \pi]$ 只有有限个(且为第一类)间断点,故 $F(t)$ 在 $t \in [-\pi, \pi]$ 亦只有有限个(且为第一类)间断点,因而可积.

于是由式(4-78)并利用黎曼引理得

$$\lim_{n \to \infty} \left[S_n(x) - \frac{f(x+0) + f(x-0)}{2} \right]$$
$$= \frac{1}{\pi} \lim_{n \to \infty} \int_0^\pi F(t) \sin\left(n + \frac{1}{2}\right) t \mathrm{d}t = \frac{1}{\pi} \cdot \lim_{\lambda \to +\infty} \int_0^\pi F(t) \sin\lambda t \mathrm{d}t = 0$$

这就证明了收敛定理.

4.8.6 *傅里叶级数的一致收敛性

我们已经证明,如果以 2π 为周期的函数 $f(x)$ 在 $[-\pi, \pi]$ 上逐段光滑,则 $f(x)$ 的傅里叶级数是处处收敛的. 现在我们将进一步证明,如果 $f(x)$ 还是处处连续的,则 $f(x)$ 的傅里叶级数一定一致收敛于 $f(x)$.

引理 4.4 设函数 $f(x)$ 在区间 $[-\pi, \pi]$ 上逐段光滑且连续,$f(-\pi) = f(\pi)$. 又设 a_n, b_n 是 $f(x)$ 的傅里叶系数,a'_n, b'_n 是导函数 $f'(x)$ 的傅里叶系数,则有

$$a'_0 = 0, \quad a'_n = nb_n, \quad b'_n = -nb_n \quad (n = 1, 2, 3, \cdots) \tag{4-79}$$

证 由于 $f(x)$ 在 $[-\pi, \pi]$ 上逐段光滑,所以 $f'(x)$ 只有有限个间断点,且都是第一类间断点,将这些间断点依次排成 $-\pi = x_0 < x_1 < x_2 < \cdots < x_{n-1} < x_n = \pi$(区间端点 $\pm\pi$ 可以是间断点也可以不是间断点). 如果 $f'(x)$ 在其中某些间断点无定义,则任意补充其定义后,可使 $f'(x)$ 在 $[-\pi, \pi]$ 上可积.

由于在每一小区间 $[x_{i-1}, x_i]$ 上,$f(x)$ 连续,$f'(x)$ 可积,且 $f(x)$ 在开区间 (x_{i-1}, x_i) 内处处可微,所以在每一 $[x_{i-1}, x_i]$ 上可以应用牛顿莱布尼兹公式(定理 3.4)和分部积分公式(定理 3.14),即有

$$\int_{x_{i-1}}^{x_i} f'(x) \mathrm{d}x = f(x_i) - f(x_{i-1})$$

和

$$\int_{x_{i-1}}^{x_i} f'(x) \cos nx \mathrm{d}x = f(x) \cos nx \Big|_{x_{i-1}}^{x_i} + n \int_{x_{i-1}}^{x_i} f(x) \sin nx \mathrm{d}x$$

于是

$$a'_0 = \frac{1}{\pi} \int_{-\pi}^\pi f'(x) \mathrm{d}x = \frac{1}{\pi} \sum_{i=1}^n \int_{x_{i-1}}^{x_i} f'(x) \mathrm{d}x$$
$$= \frac{1}{\pi} \sum_{i=1}^n [f(x_i) - f(x_{i-1})] = \frac{1}{\pi} [f(\pi) - f(-\pi)] = 0$$

$$a'_n = \frac{1}{\pi} \int_{-\pi}^\pi f'(x) \cos nx \mathrm{d}x = \frac{1}{\pi} \sum_{i=1}^n \int_{x_{i-1}}^{x_i} f'(x) \cos nx \mathrm{d}x$$
$$= \left(\frac{1}{\pi} \sum_{i=1}^n f(x) \cos nx \Big|_{x_{i-1}}^{x_i} \right) + n \frac{1}{\pi} \sum_{i=1}^n \int_{x_{i-1}}^{x_i} f(x) \sin nx \mathrm{d}x$$
$$= \frac{1}{\pi} [f(\pi) \cos n\pi - f(-\pi) \cos(-n\pi)] + n \frac{1}{\pi} \int_{-\pi}^\pi f(x) \sin nx \mathrm{d}x = nb_n$$

同理可证

$$b'_n = -nb_n.$$

4.8 傅里叶级数

引理 4.5(贝塞尔(Bessel)不等式) 设函数 $f(x)$ 在区间 $[-\pi, \pi]$ 上可积，a_n，b_n 是 $f(x)$ 的傅里叶系数，则

$$\frac{a_0^2}{2} + \sum_{i=1}^{\infty} (a_n^2 + b_n^2) \leq \frac{1}{\pi} \int_{-\pi}^{\pi} f^2(x) \, dx \tag{4-80}$$

证 设 $S_n(x)$ 为 $f(x)$ 的傅里叶级数的部分和数列，则

$$\int_{-\pi}^{\pi} f(x) S_m(x) \, dx = \frac{a_0}{2} \int_{-\pi}^{\pi} f(x) \, dx + \sum_{n=1}^{m} \left(a_n \int_{-\pi}^{\pi} f(x) \cos nx \, dx + b_n \int_{-\pi}^{\pi} f(x) \sin nx \, dx \right)$$

$$= \pi \left[\frac{a_0^2}{2} + \sum_{n=1}^{m} (a_n^2 + b_n^2) \right].$$

$$\int_{-\pi}^{\pi} S_m^2(x) \, dx = \int_{-\pi}^{\pi} \left[\frac{a_0}{2} + \sum_{n=1}^{m} (a_n \cos nx + b_n \sin nx) \right]^2 dx =$$

$$= \frac{a_0^2}{4} \int_{-\pi}^{\pi} dx + \sum_{n=1}^{m} \left(a_n^2 \int_{-\pi}^{\pi} \cos^2 nx \, dx + b_n^2 \int_{-\pi}^{\pi} \sin^2 nx \, dx \right)$$

$$= \pi \left[\frac{a_0^2}{2} + \sum_{n=1}^{m} (a_n^2 + b_n^2) \right]$$

$$\int_{-\pi}^{\pi} [f(x) - S_m(x)]^2 dx = \int_{-\pi}^{\pi} f^2(x) \, dx - 2 \int_{-\pi}^{\pi} f(x) S_m(x) \, dx + \int_{-\pi}^{\pi} S_m^2(x) \, dx$$

$$= \int_{-\pi}^{\pi} f^2(x) \, dx - \pi \left[\frac{a_0^2}{2} + \sum_{n=1}^{m} (a_n^2 + b_n^2) \right] \geq 0$$

由此得到

$$\frac{a_0^2}{2} + \sum_{i=1}^{n} (a_n^2 + b_n^2) \leq \frac{1}{\pi} \int_{-\pi}^{\pi} f^2(x) \, dx$$

即正项级数 $\dfrac{a_0^2}{2} + \sum_{n=1}^{\infty}(a_n^2 + b_n^2)$ 的部分和数列有上界 $\dfrac{1}{\pi}\int_{-\pi}^{\pi} f^2(x) \, dx$，因此该级数收敛，贝塞尔不等式(4-80)成立.

定理 4.29(一致收敛性) 设 $f(x)$ 是以 2π 为周期的连续函数，并且 $f(x)$ 在区间 $[-\pi, \pi]$ 上是逐段光滑的，则 $f(x)$ 的傅里叶级数在 $(-\infty, \infty)$ 上一致收敛于 $f(x)$.

证 根据收敛定理知，$f(x)$ 的傅里叶级数在 $(-\infty, \infty)$ 上处处收敛于 $f(x)$(因 $f(x)$ 连续).

设 a_n，b_n 是 $f(x)$ 的傅里叶系数，a_n'，b_n' 是导函数 $f'(x)$ 的傅里叶系数，由引理 4.4 有

$$a_n = \frac{1}{n} a_n', \quad b_n = -\frac{1}{n} b_n' (n = 1, 2, 3, \cdots)$$

所以 $|a_n \cos nx| + |b_n \sin nx| \leq |a_n| + |b_n| \leq \dfrac{1}{n}(|a_n'| + |b_n'|)$

$$\leq \frac{1}{2}\left[\left(\frac{1}{n}\right)^2 + (|a_n'| + |b_n'|)^2\right]$$

$$= \frac{1}{2n^2} + \frac{1}{2}(|a_n'|^2 + 2|a_n'||b_n'| + |b_n'|^2)$$

$$\leq \frac{1}{2n^2} + |a_n'|^2 + |b_n'|^2$$

由引理 4.5 知，$\sum\limits_{n=1}^{\infty}(|a_n'|^2+|b_n'|^2) \leqslant \dfrac{1}{\pi}\int_{-\pi}^{\pi}[f'(x)]^2\mathrm{d}x$，因此正项级数 $\sum\limits_{n=1}^{\infty}(|a_n'|^2+|b_n'|^2)$ 是收敛的，又由于正项级数 $\sum\dfrac{1}{2n^2}$ 也是收敛的，于是由优级数判别法知，$f(x)$ 的傅里叶级数在 $(-\infty,\infty)$ 上是一致收敛的.

习题 4.8

1. 在指定区间内将下列函数展开成傅里叶级数：

(1) $f(x)=x$，$-\pi<x\leqslant\pi$； (2) $f(x)=\dfrac{\pi-x}{2}$，$0<x<2\pi$；

(3) $f(x)=|x|$，$-\pi<x<\pi$； (4) $f(x)=x\sin x$，$-\pi<x<\pi$；

(5) $f(x)=x\cos x$，$-\dfrac{\pi}{2}<x<\dfrac{\pi}{2}$； (6) $f(x)=\begin{cases}A, & 0<x<l \\ 0, & l<x<2l\end{cases}$，$0<x<2l$.

2. 将下列周期函数展开成傅里叶级数：

(1) $\sin^4 x$； (2) $|\sin x|$； (3) $x-[x]$； (4) $\mathrm{sgn}(\cos x)$.

3. 将函数 $f(x)=\begin{cases}-\pi/4, & -\pi<x<0 \\ \pi/4, & 0\leqslant x<\pi\end{cases}$ 展开成傅里叶级数，并由此推出

(1) $\dfrac{\pi}{4}=1-\dfrac{1}{3}+\dfrac{1}{5}-\dfrac{1}{7}+\cdots$； (2) $\dfrac{\pi}{3}=1+\dfrac{1}{5}-\dfrac{1}{7}-\dfrac{1}{11}+\dfrac{1}{13}+\dfrac{1}{17}-\cdots$；

(3) $\dfrac{\sqrt{3}}{6}\pi=1-\dfrac{1}{5}+\dfrac{1}{7}-\dfrac{1}{11}+\dfrac{1}{13}-\dfrac{1}{17}+\cdots$.

4. 在 $0\leqslant x\leqslant\pi$ 上将函数 $x(\pi-x)$ 分别展开成余弦级数和正弦级数，并由此推出

(1) $\dfrac{\pi^2}{6}=\sum\limits_{n=1}^{\infty}\dfrac{1}{n^2}$； (2) $\dfrac{\pi^2}{12}=\sum\limits_{n=1}^{\infty}\dfrac{(-1)^{n-1}}{n^2}$；

(3) $\dfrac{\pi^3}{32}=\sum\limits_{n=1}^{\infty}\dfrac{(-1)^{n-1}}{(2n-1)^3}=1-\dfrac{1}{3^3}+\dfrac{1}{5^3}-\dfrac{1}{7^3}+\cdots$.

5. 将展开式 $x=2\sum\limits_{n=1}^{\infty}(-1)^{n-1}\dfrac{\sin nx}{n}(-\pi<x<\pi)$ 经过逐项积分的方法，求函数 x^2，x^3 在区间 $-\pi<x<\pi$ 内的傅里叶级数.

4.9 *解题补缀

例 4.38 设 $\sum\limits_{n=1}^{\infty}a_n$ 收敛，且 $\lim\limits_{n\to\infty}na_n=0$，证明：$\sum\limits_{n=1}^{\infty}n(a_n-a_{n+1})=\sum\limits_{n=1}^{\infty}a_n$.

证 记 $S_n=\sum\limits_{k=1}^{n}k(a_k-a_{k+1})$，则

$$S_n=(a_1-a_2)+2(a_2-a_3)+3(a_3-a_4)+\cdots+n(a_n-a_{n+1})$$

$$=a_1+a_2+a_3+\cdots+a_n-na_{n+1}=\sum\limits_{k=1}^{n+1}a_k-(n+1)a_{n+1}$$

于是
$$\sum_{n=1}^{\infty} n(a_n - a_{n+1}) = \lim_{n\to\infty} S_n = \lim_{n\to\infty}\Big(\sum_{k=1}^{n+1} a_k - (n+1)a_{n+1}\Big)$$
$$= \lim_{n\to\infty}\sum_{k=1}^{n+1} a_k - \lim_{n\to\infty}(n+1)a_{n+1} = \sum_{n=1}^{\infty} a_n - 0 = \sum_{n=1}^{\infty} a_n.$$

例 4.39 设正项级数 $\sum_{n=1}^{\infty} a_n$ 发散，S_n 为其部分和，证明级数 $\sum_{n=1}^{\infty} \dfrac{a_n}{S_n}$ 发散.

证 因为 $\sum_{n=1}^{\infty} a_n$ 为正项级数，所以

$$\sum_{k=n+1}^{n+p} \frac{a_k}{S_k} \geqslant \frac{1}{S_{n+p}}\sum_{k=n+1}^{n+p} a_k = \frac{1}{S_{n+p}}(S_{n+p} - S_n) = 1 - \frac{S_n}{S_{n+p}}$$

又因为 $S_n \to +\infty$，故 $\forall n$，$\exists p > n$，使得 $\dfrac{S_n}{S_{n+p}} < \dfrac{1}{2}$，从而

$$\sum_{k=n+1}^{n+p} \frac{a_k}{S_k} \geqslant 1 - \frac{S_n}{S_{n+p}} > 1 - \frac{1}{2} = \frac{1}{2}$$

因此根据柯西准则知 $\sum_{n=1}^{\infty} \dfrac{a_n}{S_n}$ 发散.

例 4.40 设 $\lim\limits_{n\to\infty} n^{2n\sin\frac{1}{n}} \cdot a_n = 1$，证明级数 $\sum_{n=1}^{\infty} a_n$ 收敛.

证 由于 $\lim\limits_{n\to\infty} n\sin\dfrac{1}{n} = 1$，所以 $\exists n_0$，使得当 $n \geqslant n_0$ 时，有 $n\sin\dfrac{1}{n} > \dfrac{3}{4}$，从而有

$$0 \leqslant \frac{1}{n^{2n\sin\frac{1}{n}}} < \frac{1}{n^{2\cdot\frac{3}{4}}} = \frac{1}{n^{3/2}}$$

由比较判别法知，级数 $\sum_{n=1}^{\infty} \dfrac{1}{n^{2n\sin\frac{1}{n}}}$ 收敛.

又因为 $\lim\limits_{n\to\infty} n^{2n\sin\frac{1}{n}} \cdot a_n = 1$，再由比较判别法(极限形式)知，级数 $\sum_{n=1}^{\infty} a_n$ 收敛.

例 4.41 设函数 $f(x)$ 在 $x = 0$ 具有二阶导数，且 $\lim\limits_{x\to 0}\dfrac{f(x)}{x} = 0$，证明级数 $\sum_{n=1}^{\infty} f\left(\dfrac{1}{n}\right)$ 绝对收敛.

证 由 $f(x)$ 的连续性及 $\lim\limits_{x\to 0}\dfrac{f(x)}{x} = 0$ 知，$f(0) = \lim\limits_{x\to 0} f(x) = 0$，从而 $f'(0) = \lim\limits_{x\to 0}\dfrac{f(x)}{x} = 0$.

根据洛必达法则及 $f''(0)$ 存在，得

$$\lim_{x\to 0}\frac{f(x)}{x^2} = \lim_{x\to 0}\frac{f'(x)}{2x} = \frac{1}{2}\lim_{x\to 0}\frac{f'(x) - f'(0)}{x} = \frac{1}{2}f''(0), \Rightarrow \lim_{x\to 0}\frac{|f(x)|}{x^2} = \frac{1}{2}|f''(0)|$$

再由归结原则，$\lim\limits_{x\to 0}\dfrac{\left|f\left(\frac{1}{n}\right)\right|}{\frac{1}{n^2}} = \lim\limits_{x\to 0}\dfrac{|f(x)|}{x^2} = \dfrac{1}{2}|f''(0)|$，故由比较判别法知 $\sum_{n=1}^{\infty} f\left(\dfrac{1}{n}\right)$ 绝对收敛.

例 4.42 设函数 $f(x)$ 在开区间 I 内具有连续的导函数，令
$$f_n(x) = n\left[f\left(x + \frac{1}{n}\right) - f(x)\right] (n = 1, 2, \cdots)$$
证明：在闭区间 $[a, b] \subset I$ 上，函数列 $f_n(x)$ 一致收敛于导函数 $f'(x)$.

证 设当 $n \geq n_0$ 时，有 $b + \frac{1}{n} \in I$. 由微分中值定理，$\forall x \in [a, b]$ 及 $\forall n \geq n_0 \exists \xi_n$：$\exists \xi_n$ 介于 x 与 $x + \frac{1}{n}$ 之间，使得

$$f_n(x) = n\left[f\left(x + \frac{1}{n}\right) - f(x)\right] = f'(\xi_n) \tag{4-81}$$

由于导函数 $f'(x)$ 在闭区间 $\left[a, b + \frac{1}{n_0}\right]$ 上连续，从而一致连续，故 $\forall \varepsilon > 0$，$\exists \delta > 0$，使得当 $x', x'' \in \left[a, b + \frac{1}{n_0}\right]$ 且 $|x' - x''| < \delta$ 时有

$$|f'(x') - f'(x'')| < \varepsilon \tag{4-82}$$

取 $N = \max\left\{\left[\frac{1}{\delta}\right] + 1, n_0\right\}$，根据式 (4-81)、式 (4-82) 二式，当 $n > N$ 时，对一切 $x \in [a, b]$ 有

$$|f_n(x) - f'(x)| = |f'(\xi_n) - f'(x)| < \varepsilon.$$

因此函数列 $f_n(x)$ 在 $[a, b]$ 上一致收敛于导函数 $f'(x)$.

例 4.43 设函数列 $\{u_n(x)\}$ 的项皆为 $[-1, 1]$ 上的非负可积函数，且 $\lim_{n \to \infty} \int_{-1}^{1} u_n(x) dx = 1$；又对任何 $0 < \delta < 1$，$\{u_n(x)\}$ 在 $[-1, -\delta]$ 和 $[\delta, 1]$ 上皆一致收敛于 0，证明：对于 $[-1, 1]$ 上的任何连续函数 $C(x)$，有 $\lim_{n \to \infty} \int_{-1}^{1} C(x) u_n(x) dx = C(0)$.

证 由于一致收敛于 0 的函数列 $\{u_n(x)\}$，当 n 充分大之后必一致有界，以及连续函数的有界性，故可设 $0 \leq u_n(x) < M$ 及 $|C(x)| < M$. 下面来估计 $\left|\int_{-1}^{1} C(x) u_n(x) dx - C(0)\right|$：

$$\left|\int_{-1}^{1} C(x) u_n(x) dx - C(0)\right| = \left|\int_{-1}^{1} C(x) u_n(x) dx - \int_{-1}^{1} C(0) u_n(x) dx + C(0) \int_{-1}^{1} u_n(x) dx - C(0)\right|$$

$$\leq \int_{-1}^{1} |C(x) - C(0)| u_n(x) dx + |C(0)| \left|\int_{-1}^{1} u_n(x) dx - 1\right|$$

$$= \left(\int_{-1}^{-\delta} + \int_{\delta}^{1}\right) |C(x) - C(0)| u_n(x) dx + \int_{-\delta}^{\delta} |C(x) - C(0)| u_n(x) dx + C(0) \left|\int_{-1}^{1} u_n(x) dx - 1\right|$$

$$= 2M\left(\int_{-1}^{-\delta} + \int_{\delta}^{1}\right) u_n(x) dx + M \int_{-\delta}^{\delta} |C(x) - C(0)| dx + M \left|\int_{-1}^{1} u_n(x) dx - 1\right| \tag{4-83}$$

因为 $\lim_{n \to \infty} \int_{-1}^{1} u_n(x) dx = 1$，所以 $\forall \varepsilon > 0$，$\exists N_1$，当 $n > N_1$ 时有

$$\left|\int_{-1}^{1} u_n(x) dx - 1\right| < \frac{\varepsilon}{3M} \tag{4-84}$$

又因 $C(x)$ 在 $x=0$ 连续，所以对上述的 ε，存在 $\delta > 0$，当 $|x| \leq \delta$ 时有

$$|C(x) - C(0)| < \frac{\varepsilon}{6M} \tag{4-85}$$

再因 $\{u_n(x)\}$ 非负，且在 $[-1, -\delta]$ 和 $[\delta, 1]$ 上皆一致收敛于 0，所以对上述的 ε，$\exists N_2$，当 $n > N_2$ 时，对一切 $x \in [-1, -\delta]$ 或 $x \in [\delta, 1]$，都有

$$0 \leq u_n(x) < \frac{\varepsilon}{12M} \tag{4-86}$$

取 $N = \max\{N_1, N_2\}$，则当 $n > N$ 时，综合上面式(4-83)～式(4-86)各式，得

$$\left|\int_{-1}^{1} C(x) u_n(x) \mathrm{d}x - C(0)\right| \leq 2M\left(\int_{-1}^{-\delta} + \int_{\delta}^{1}\right) \frac{\varepsilon}{12M} \mathrm{d}x + M \int_{-\delta}^{\delta} \frac{\varepsilon}{6M} \mathrm{d}x + M \cdot \frac{\varepsilon}{3M}$$

$$< 2M \int_{-1}^{1} \frac{\varepsilon}{12M} \mathrm{d}x + M \int_{-1}^{1} \frac{\varepsilon}{6M} \mathrm{d}x + M \cdot \frac{\varepsilon}{3M} < \frac{\varepsilon}{3} + \frac{\varepsilon}{3} + \frac{\varepsilon}{3} = \varepsilon$$

因此 $\lim\limits_{n \to \infty} \int_{-1}^{1} C(x) u_n(x) \mathrm{d}x = C(0)$.

例 4.44 设可微函数列 $\{f_n(x)\}$ 在闭区间 $[a, b]$ 上收敛，而其导函数列 $\{f_n'(x)\}$ 在 $[a, b]$ 上一致有界，证明：$\{f_n(x)\}$ 在 $[a, b]$ 上一致收敛.

证 由于 $\{f_n'(x)\}$ 在 $[a, b]$ 上一致有界，故存在 $M > 0$，使得对一切 $x \in [a, b]$ 及一切正整数 n，都有

$$|f_n'(x)| < M \tag{4-87}$$

$\forall \varepsilon > 0$，在 a, b 之间等距地插入 $m - 1 = \left[3(b-a)\dfrac{M}{\varepsilon}\right]$ 个分点：$a = x_0 < x_1 < x_2 < \cdots < x_m = b$，则有

$$\Delta x_i = \frac{b-a}{m} < \frac{b-a}{3(b-a)\dfrac{M}{\varepsilon}} = \frac{\varepsilon}{3M} \tag{4-88}$$

又由于 $\{f_n(x)\}$ 在这些点 $x_0, x_1, x_2, \cdots, x_m$ 处皆收敛，故对上述的 ε，存在共同的正整数 N，使得当 $n, m > N$ 时，同时有

$$|f_n(x_i) - f_m(x_i)| < \frac{\varepsilon}{3}, \quad i = 1, 2, \cdots, m \tag{4-89}$$

于是当 $n, m > N$ 时，对一切 $x \in [a, b]$，x 总会属于某个子区间 $[x_{i-1}, x_i]$ 之中，从而

$$|f_n(x) - f_m(x)| = |f_n(x) - f_n(x_i) + f_n(x_i) - f_m(x_i) + f_m(x_i) - f_m(x)|$$

$$\leq |f_n(x) - f_n(x_i)| + |f_n(x_i) - f_m(x_i)|$$

$$+ |f_m(x_i) - f_m(x)| \text{（应用微分中值定理）}$$

$$= |f_n'(\xi_i')||x - x_i| + |f_n(x_i) - f_m(x_i)| + |f_m'(\xi_i'')||x_i - x|$$

$$< M \cdot \frac{\varepsilon}{3M} + \frac{\varepsilon}{3} + M \cdot \frac{\varepsilon}{3M} = \varepsilon \text{（综合上述 3 式）}$$

由柯西准则知，$\{f_n(x)\}$ 在 $[a, b]$ 上一致收敛.

例 4.45 试求级数 $\sum\limits_{n=1}^{\infty} \dfrac{n+2}{n! + (n+1)! + (n+2)!}$ 的和.

解 $\sum\limits_{n=1}^{\infty} \dfrac{n+2}{n! + (n+1)! + (n+2)!} = \sum\limits_{n=1}^{\infty} \dfrac{n+2}{n! \, [1 + (n+1) + (n+1)(n+2)]} =$

$$\sum_{n=1}^{\infty} \frac{1}{n!\,(n+2)}$$

作幂级数 $$S(x) = \sum_{n=1}^{\infty} \frac{1}{n!\,(n+2)} \cdot x^{n+2}, \quad (-\infty, +\infty)$$

则 $$S'(x) = \sum_{n=1}^{\infty} \frac{1}{n!} \cdot x^{n+1} = x \sum_{n=1}^{\infty} \frac{x^n}{n!} = x(e^x - 1)$$

所以 $$S(1) = \int_0^1 x(e^x - 1)\,dx + S(0) = \left(xe^x - e^x - \frac{1}{2}x^2\right)\Big|_0^1 = \frac{1}{2}$$

即 $$\sum_{n=1}^{\infty} \frac{n+2}{n! + (n+1)! + (n+2)!} = \frac{1}{2}.$$

例 4.46 求幂级数 $\sum_{n=1}^{\infty} \frac{(2n)!!}{(2n+1)!!} x^n$ 的收敛域,并证明该幂级数在其收敛域内不一致收敛.

解 设 $a_n = \frac{(2n)!!}{(2n+1)!!}$,则 $\lim\limits_{n \to \infty} \left|\frac{a_{n+1}}{a_n}\right| = \lim\limits_{n \to \infty} \frac{2n+2}{2n+3} = 1$,故其收敛半径为 $R = 1$.

注意到 $a_n^2 = \left(\frac{(2n)!!}{(2n+1)!!}\right)^2 = \left(\frac{2}{3}\right)^2 \cdot \left(\frac{3}{4}\right)^2 \cdot \left(\frac{4}{5}\right)^2 \cdot \cdots \cdot \left(\frac{2n}{2n+1}\right)^2$

和
$$\frac{1}{2n+1} = \left(\frac{1}{2} \cdot \frac{2}{3}\right) \cdot \left(\frac{3}{4} \cdot \frac{4}{5}\right) \cdot \left(\frac{5}{6} \cdot \frac{6}{7}\right) \cdot \cdots \cdot \left(\frac{2n-1}{2n} \cdot \frac{2n}{2n+1}\right)$$
$$< \left(\frac{2}{3}\right)^2 \cdot \left(\frac{4}{5}\right)^2 \cdot \left(\frac{6}{7}\right)^2 \cdot \cdots \cdot \left(\frac{2n}{2n+1}\right)^2$$
$$< \left(\frac{2}{3} \cdot \frac{3}{4}\right) \cdot \left(\frac{4}{5} \cdot \frac{5}{6}\right) \cdot \left(\frac{6}{7} \cdot \frac{7}{8}\right) \cdot \cdots \cdot \left(\frac{2n}{2n+1} \cdot \frac{2n+1}{2n+2}\right) = \frac{1}{n+1}$$

所以 $\frac{1}{2} \cdot \frac{1}{n+1} < \frac{1}{2n+1} < a_n^2 < \frac{1}{n+1}$ 即 $\frac{1}{\sqrt{2}} \frac{1}{\sqrt{n+1}} < a_n < \frac{1}{\sqrt{n+1}}$

由于级数 $\sum\limits_{n=1}^{\infty} \frac{1}{\sqrt{n+1}}$ 发散,由比较判别法知,$\sum\limits_{n=1}^{\infty} a_n = \sum\limits_{n=1}^{\infty} \frac{(2n)!!}{(2n+1)!!}$,即幂级数 $\sum\limits_{n=1}^{\infty} \frac{(2n)!!}{(2n+1)!!} x^n$ 在 $x = 1$ 处发散.另一方面,由于

$$a_{n+1} = \frac{(2n+2)!!}{(2n+3)!!} = \frac{(2n)!!}{(2n+1)!!} \cdot \frac{2n+2}{2n+3} < \frac{(2n)!!}{(2n+1)!!} = a_n,$$

且 $a_n \to 0$(根据上面不等式)

由莱布尼兹判别法知 $\sum\limits_{n=1}^{\infty} (-1)^n a_n = \sum\limits_{n=1}^{\infty} (-1)^n \frac{(2n)!!}{(2n+1)!!}$ 收敛,即幂级数 $\sum\limits_{n=1}^{\infty} \frac{(2n)!!}{(2n+1)!!} x^n$ 在 $x = -1$ 处收敛.

综上所述,幂级数 $\sum\limits_{n=1}^{\infty} \frac{(2n)!!}{(2n+1)!!} x^n$ 的收敛域为 $[-1, 1)$.

由于该幂级数的收敛域为 $[-1, 1)$,倘若它在 $[-1, 1)$ 内一致收敛,则由习题 4.6 第 5 题的结论知,该幂级数必在闭区间 $[-1, 1]$ 上一致收敛,这与它在 $x = 1$ 处发散相矛

盾，故该幂级数 [-1, 1) 不一致收敛.

例 4.47 将周期函数 $f(x) = \arcsin(\sin x)$ 展开为傅里叶级数.

解 显然 $f(x) = \arcsin(\sin x)$ 是以 2π 为周期的连续函数，它在区间 $[-\pi, \pi]$ 上可以表示为

$$f(x) = \begin{cases} -\pi - x, & -\pi \leq x < -\dfrac{\pi}{2} \\ x, & -\dfrac{\pi}{2} \leq x \leq \dfrac{\pi}{2} \\ \pi - x, & \dfrac{\pi}{2} < x \leq \pi \end{cases}$$

因为 $f(x)$ 还为奇函数，故其傅里叶级数是正弦级数. 由于

$$b_n = \frac{2}{\pi}\int_0^\pi f(x)\sin nx\,dx = \frac{2}{\pi}\left[\int_0^{\frac{\pi}{2}} x\sin nx\,dx + \int_0^\pi (\pi - x)\sin nx\,dx\right]$$

$$= \frac{4}{n^2\pi}\sin\frac{n\pi}{2} = \begin{cases} (-1)^{k-1}\dfrac{4}{(2k-1)^2\pi}, & n = 2k-1 \\ 0, & n = 2k \end{cases}$$

根据收敛定理，在区间 $(-\infty, +\infty)$ 上，有

$$\arcsin(\sin x) = \frac{4}{\pi}\sum_{n=1}^\infty (-1)^{k-1}\frac{\sin(2k-1)x}{(2k-1)^2}.$$

第 5 章　多元函数微分学

在前面各章的讨论中，我们看到了一元函数微积分在解决问题时所显示的重要作用，但一元函数微积分仅限于解决一元函数的情形，而在许多实际问题中，会经常遇到多个自变量的情形，因此需要把一元函数微积分理论推广到多元函数的情形上去．

多元函数微分学是一元函数微分学的推广和发展，它们既有许多类似之处，又有不少本质差别．这一章，我们将主要以二元函数为例来讨论多元函数微分学，虽然从一元函数微分学到二元函数微分学，许多方法和结论有着本质的不同，但从二元函数微分学到三元函数微分学乃至一般的 n 元函数微分学，却没有太大的差别．

5.1　多元函数与极限

5.1.1　二元函数

函数是两个集合之间的映射．从实数集到实数集的映射是一元函数，而从平面点集到实数集的映射则是二元函数．

定义 5.1　设 D 为一平面点集，如果存在对应关系 f，使得对 D 中每一点 $P(x, y)$，都有唯一的实数 $z \in \mathbf{R}$ 与之对应，则称 f 为定义在 D 上的二元函数，记为
$$z = f(x, y), \ (x, y) \in D$$
其中 D 称为二元函数 f 的定义域，z 称为二元函数 f 在点 P 的函数值，全体函数值所成集合称为二元函数 f 的值域，记为 $f(D)$，即 $f(D) = \{z | z = f(x, y), (x, y) \in D\}$，习惯上把 x 和 y 称为自变量，z 称为因变量．

与一元函数类似，二元函数在空间直角坐标系中也有直观的几何意义．对于 D 中的每一点 (x, y)，都有一个函数值 $z = f(x, y)$ 与之对应，这样就确定了空间直角坐标系 $Oxyz$ 中的一点 $Q(x, y, z)$．点集 $S = \{(x, y, z) | z = f(x, y), (x, y) \in D\}$ 称为二元函数 $z = f(x, y)$ 的图像，S 通常为一空间曲面，该曲面在 Oxy 平面上的投影就是函数 $z = f(x, y)$ 的定义域 D．例如：

如图 5-1 所示，函数 $z = 1 - x - y$ 的图像是 $Oxyz$ 中的平面，其定义域为整个 Oxy 平面．

如图 5-2 所示，函数 $z = \sqrt{1 - x^2 - y^2}$ 的图像是以原点 O 为中心的单位球面的上半部分，其定义域为单位圆域 $S = \{(x, y) | x^2 + y^2 \leqslant 1\}$．

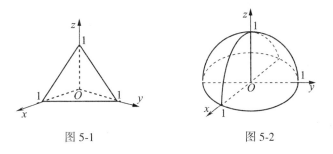

图 5-1　　　　　　　　　图 5-2

如图 5-3 所示，函数 $z = x^2 + y^2$ 的图像是以原点 O 为顶点、开口向上的旋转抛物面，其定义域为整个 Oxy 平面.

如图 5-4 所示，函数 $z = -x^2 + y^2$ 的图像是过原点 O 的双曲抛物面，其定义域为整个 Oxy 平面.

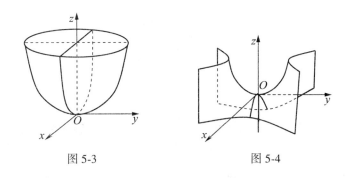

图 5-3　　　　　　　　　图 5-4

类似地，可以给出三元函数 $u = f(x, y, z)$ 以及一般的 n 元函数 $u = f(x_1, x_2, \cdots, x_n)$ 的概念. 由于三元及三元以上的函数，含四个或四个以上的变量，因此它们在现实空间中没有图像. 三元函数 $u = f(x, y, z)$ 的定义域一般为空间区域，n 元函数 $u = f(x_1, x_2, \cdots, x_n)$ 的定义域一般为 n 维空间的区域.

二元及二元以上的函数统称为多元函数.

5.1.2　平面点集

我们在学习有关一元函数的数学理论知识时曾经看到，定义在开区间与闭区间上的函数，它们的性质往往有较大的差别. 研究多元函数的微积分，需要把直线上开区间和闭区间概念推广到平面中去.

平面点集——由坐标平面 Oxy 上的某些点所构成的集合称为平面点集. 特别地，由 Oxy 平面上全体点构成的集合：$\{(x, y) \mid x, y \in \mathbf{R}\}$ 称为二维空间，记为 $\mathbf{R}^2$ 或 $\mathbf{R} \times \mathbf{R}$.

为方便起见，今后把 $\mathbf{R}^2$ 中两点 $P_1(x_1, y_1)$ 与 $P_2(x_2, y_2)$ 的距离 $\sqrt{(x_2 - x_1)^2 + (y_2 - y_1)^2}$ 记为 $\| P_1 - P_2 \|$，特别地，点 P 到原点 O 的距离记为 $\| P \|$. 这样，"三角形任意两边长之和必大于第三边的长" 可以用下面不等式来表达

$$\| P_1 - P_3 \| \leq \| P_1 - P_2 \| + \| P_2 - P_3 \| \tag{5-1}$$

其中 $P_1, P_2, P_3 \in \mathbf{R}^2$ 为任意三点，等号成立当且仅当三点共线且 P_2 是线段 $\overline{P_1 P_3}$ 上的点.

邻域——设 $P_0, P \in \mathbf{R}^2$，平面点集

$$U(P_0, \delta) = \{P \mid \|P - P_0\| < \delta\} \text{ 和 } U(P_0, \delta) = \{P \mid |x - x_0| < \delta, |y - y_0| < \delta\}$$

分别称为点 $P_0(x_0, y_0)$ 的 δ 圆形邻域和方形邻域．邻域有时也简记为 $U(P_0)$．

特别地原点 O 的邻域可以表示为

$$U(O, \delta) = \{P \mid \|P\| < \delta\} \text{ 或 } U(O, \delta) = \{P \mid |x| < \delta, |y| < \delta\}$$

圆形邻域与方形邻域只是形式不同，它们之间没有本质的差别．因为任何圆形邻域中总含方形邻域，而任何方形邻域中也含圆形邻域，如图 5-5 所示．在具体问题中，使用圆形邻域还是方形邻域视具体情况而定．

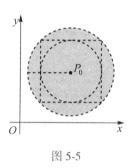

图 5-5

称邻域 $U(P_0, \delta)$ 挖去 P_0 后所得点集为点 P_0 的空心邻域，记为 $U^\circ(P_0, \delta)$ 或 $U^\circ(P_0)$，即

$$U^\circ(P_0, \delta) = \{P \mid 0 < \|P - P_0\| < \delta\} \text{ 或 } U^\circ(P_0, \delta) = \{P \mid |x - x_0| < \delta, |y - y_0| < \delta, P \neq P_0\}$$

设 E 为平面点集，相对于点集 E 来说，平面上的点 P 可以分为下面三类：

(1) 内点——若存在点 P 的邻域 $U(P)$，使得 $U(P) \subset E$，则称 P 是 E 的内点．

(2) 外点——若存在点 P 的邻域 $U(P)$，使得 $U(P) \cap E = \varnothing$，则称 P 是 E 的外点．

(3) 边界点——若点 P 既不是 E 的内点又不是 E 的外点，则称 P 是 E 的边界点．

显然，P 是 E 的边界点等价于，对 P 的任何邻域 $U(P)$，恒有

$$U(P) \cap E \neq \varnothing \text{ 且 } U(P) \cap cE \neq \varnothing$$

其中 $cE = \mathbf{R}^2 \setminus E$ 是 E 关于全平面的余集，E 的全体边界点构成 E 的边界，记为 ∂E．

另外，点 P 和点集 E 之间还可能存在下面关系：

聚点——若点 P 的任何邻域 $U(P_0)$ 内都含有 E 中的无限个点，则称 P 是 E 的聚点．聚点本身可能属于 E，也可能不属于 E．

有了上述概念就可以定义开区域、闭区域及有界集等概念．

开区域——若点集 G 中的任何点 P 都是 G 的内点，且 G 具有连通性，即 G 中任意两点之间都可以用一条完全含于 G 的有限折线（由有限条直线段连接而成的折线）连接，则称 G 为开区域．

闭区域——开区域 G 与其边界 ∂G 的并集 $G \cup \partial G$ 称为闭区域，记为 $\overline{G}$．

区域——开区域、闭区域、以及开区域与其部分边界点所成集合统称为区域．

有界集与无界集——设 E 为平面点集,若存在原点 O 的某邻域 $U(O, \delta)$,使 $E \subset U(O, \delta)$,则称 E 为有界集,否则称 E 为无限集.

直径——设 G 为有界区域,称上确界 $\sup\limits_{P, Q \in G} \| P - Q \|$ 为 G 的直径,记为 $d(G)$.

例如,点集 $D = \{P \mid 1 < \| P \| < 2\}$ 为开区域,$\overline{D} = \{P \mid 1 \leqslant \| P \| \leqslant 2\}$ 为闭区域,而集合 $G = \{P \mid 1 \leqslant \| P \| < 2\}$ 为一般区域,如图 5-6 所示.

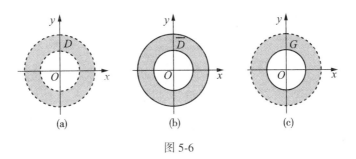

图 5-6

如图 5-7 所示,点集 $E = \{P \mid xy > 1\}$ 不是区域,E 是两块无界区域的并集,但不具有连通性.

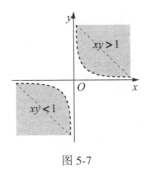

图 5-7

上述关于平面点集等概念可以类似地推广到一般的 n 维空间 $\mathbf{R}^n$ 中去,如 $\mathbf{R}^n$ 中任意两点 $P_1(x_1^1, x_2^1, \cdots, x_n^1)$ 与 $P_2(x_1^2, x_2^2, \cdots, x_n^2)$ 的距离为

$$\| P_1 - P_2 \| = \sqrt{\sum_{k=1}^{n} (x_k^2 - x_k^1)^2} \tag{5-2}$$

又如点 $P_0(x_1^0, x_2^0, \cdots, x_n^0)$ 的邻域为

$$U(P_0, \delta) = \{P \mid \| P - P_0 \| < \delta\} = \left\{(x_1, x_2, \cdots, x_n) \;\middle|\; \sqrt{\sum_{k=1}^{n} (x_k - x_k^0)^2} < \delta\right\}$$

或 $U(P_0, \delta) = \{(x_1, x_2, \cdots, x_n) \mid |x_1 - x_1^0| < \delta, |x_2 - x_2^0| < \delta, \cdots, |x_n - x_n^0| < \delta\}$.

5.1.3 二元函数的极限

定义 5.2 设函数 $f(x, y)$ 在 $D \subset \mathbf{R}^2$ 上有定义,$P_0(x_0, y_0)$ 为 D 的聚点,$A \in \mathbf{R}$ 为常数.如果 $\forall \varepsilon > 0$,$\exists \delta > 0$,使得 $\forall P(x, y) \in \overset{\circ}{U}(P_0, \delta) \cap D$,都有

$$|f(x, y) - A| < \varepsilon \quad \text{或} \quad |f(P) - A| < \varepsilon$$

则称函数 $f(x, y)$ 在 D 上当 $P(x, y) \to P_0(x_0, y_0)$ 时以 A 为极限, 记为

$$\lim_{(x, y) \to (x_0, y_0)} f(x, y) = A, \quad \lim_{\substack{x \to x_0 \\ y \to y_0}} f(x, y) = A \quad \text{或} \quad \lim_{P \to P_0} f(P) = A.$$

在极限 $\lim_{P \to P_0} f(P) = A$ 的定义中, 需要注意以下几点:

(1) P_0 是 D 的聚点, 函数可以在点 P_0 没有定义, 我们关心的是在 $\|P - P_0\| > 0$ 的前提下, 极限 $\lim_{P \to P_0} f(P)$ 是否存在, 因此函数在一点是否存在极限与函数在该点的定义无关.

(2) 在 $\lim_{P \to P_0} f(P)$ 中, 若不特别说明, 一般都考虑 $f(P)$ 在定义域内取值.

(3) 定义中 $\overset{\circ}{U}(P_0, \delta)$ 可以是方形邻域, 也可以是圆形邻域, 使用时以方便为妥.

例 5.1 按定义验证 $\lim_{(x, y) \to (1, 2)} (x^2 + xy) = 3$.

证 $|x^2 + xy - 3| = |(x^2 - 1) + x(y - 2) + 2(x - 1)|$
$= |(x + 3)(x - 1) + x(y - 2)| \leq |x + 3||x - 1| + |x||y - 2|$

注意到 $P(x, y) \to P_0(1, 2)$, 应将不等式右端中的乘积因子 $|x - 1|$ 和 $|y - 2|$ 保留, 而将因子 $|x + 3|$ 和 $|x|$ 放大为常数. 为此, 限制 $P(x, y)$ 在点 $P_0(1, 2)$ 的方形邻域

$$\{(x, y) | |x - 1| < 1, |y - 2| < 1, (x, y) \neq (1, 2)\}$$

之中, 故有 $|x^2 + xy - 3| \leq 5|x - 1| + 2|y - 2| \leq 5(|x - 1| + |y - 2|)$

因此, $\forall \varepsilon > 0$, 取 $\delta = \min\{1, \varepsilon/10\}$, 则对 $\forall P(x, y) \in \overset{\circ}{U}(P_0, \delta)$, 都有

$$|x^2 + xy - 3| \leq 5(|x - 1| + |y - 2|) < 10\delta \leq \varepsilon.$$

例 5.2 证明 $\lim_{(x, y) \to (0, 0)} \dfrac{xy^2}{x^2 + y^2} = 0$.

证 因为 $|f(x, y) - 0| = \left|\dfrac{xy^2}{x^2 + y^2}\right| = |x| \cdot \dfrac{y^2}{x^2 + y^2} \leq |x|$, 所以 $\forall \varepsilon > 0$, 只要取 $\delta = \varepsilon$, 则 $\forall P(x, y) \in \overset{\circ}{U}(0, \delta)$, 都有 $|f(x, y) - 0| \leq |x| < \varepsilon$, 即 $\lim_{(x, y) \to (0, 0)} \dfrac{xy^2}{x^2 + y^2} = 0$.

从定义 5.2 知道, 二元函数极限 $\lim_{P \to P_0} f(P) = A$ 也可以叙述为: 对于 $\forall \varepsilon > 0$, 总存在相应的 $\delta > 0$, 只要 P 与 P_0 的距离 $0 < \|P - P_0\| < \delta$, 就有 $|f(P) - A| < \varepsilon$.

由此可得以下重要结论.

定理 5.1 二元函数极限 $\lim_{P \to P_0} f(P)$ 存在的充要条件是, 对于定义域 D 的任一子集 E, 只要 P_0 是 E 的聚点, 极限 $\lim_{P \to P_0, P \in E} f(P)$ 皆存在且相等.

由定理 5.1 知, 如果 $f(P)$ 沿某条路线的极限不存在, 或者 $f(P)$ 沿两条不同路线的极限存在但不相等, 则可断定极限 $\lim_{P \to P_0} f(P)$ 不存在. 这为推断一些具体的极限不存在提供了一种便捷方法.

例 5.3 函数 $f(x, y) = \dfrac{xy}{x^2 + y^2}$ 当 $(x, y) \to (0, 0)$ 时不存在极限.

这是因为, 当函数 $f(x, y) = \dfrac{xy}{x^2 + y^2}$ 限制在过原点的直线 $y = kx$(子集)上取值时, 虽然有

$$\lim_{\substack{(x, y) \to (0, 0) \\ y = mx}} f(x, y) = \lim_{x \to 0} f(x, kx) = \dfrac{k}{1 + k^2}$$

但是当 $y = kx$ 的斜率 k 不同时, 上述极限值 $\dfrac{k}{1 + k^2}$ 也不同, 故知 $\lim\limits_{(x, y) \to (0, 0)} \dfrac{xy}{x^2 + y^2}$ 不存在.

注意例 5.2 和例 5.3 的两个函数虽然只有微小差别, 但二者的极限却有着相反的结果.

由二元函数的极限定义还可以容易地推出一个有用的结果:

定理 5.2 设二元函数 $f(P)$ 在 D 上有定义, $D = D_1 \cup D_2$, 点 P_0 同时是 D_1 和 D_2 的聚点, 则

$$\lim_{P \to P_0} f(P) = A \Leftrightarrow \lim_{P \to P_0, P \in D_1} f(P) = \lim_{P \to P_0, P \in D_2} f(P) = A.$$

例 5.4 设 $f(x, y) = \begin{cases} \dfrac{\sin xy}{x(1 + y^2)}, & x \ne 0 \\ 0, & x = 0 \end{cases}$, 讨论 $\lim\limits_{(x, y) \to (0, 0)} f(x, y)$ 的存在性.

解 因为 $\lim\limits_{\substack{(x, y) \to (0, 0) \\ xy = 0}} f(x, y) = \lim\limits_{y \to 0} 0 = 0$, 又因为

$$\lim_{\substack{(x, y) \to (0, 0) \\ xy \ne 0}} f(x, y) = \lim_{\substack{(x, y) \to (0, 0) \\ xy \ne 0}} \dfrac{\sin xy}{x(1 + y^2)} = \lim_{\substack{(x, y) \to (0, 0) \\ xy \ne 0}} \dfrac{\sin xy}{xy} \dfrac{y}{1 + y^2}$$

$$= \lim_{\substack{(x, y) \to (0, 0) \\ xy \ne 0}} \dfrac{\sin xy}{xy} \cdot \lim_{\substack{(x, y) \to (0, 0) \\ xy \ne 0}} \dfrac{y}{1 + y^2} = 1 \cdot 0 = 0$$

所以根据定理 5.2 知, $\lim\limits_{(x, y) \to (0, 0)} f(x, y) = 0$.

如同一元函数极限一样, 从二元函数极限的定义出发, 也可以推导出关于二元函数极限的若干基本性质和运算法则, 如保号性、迫敛性、四则运算法则等. 这些性质和法则的形式与一元函数的形式完全类似, 这里就不再赘述了.

5.1.4 方向极限与累次极限

为了进一步研究二元函数的极限, 我们来研究一下方向极限与累次极限. 先仿照一元函数单侧极限的概念, 来给出二元函数方向极限的概念:

设函数 $f(x, y)$ 在点 $P_0(x_0, y_0)$ 的某空心邻域 $\overset{\circ}{U}(P_0)$ 内有定义, 自 $P_0(x_0, y_0)$ 点引一射线, 如图 5-8 所示, 射线上的点可表示为 $P(x_0 + \rho\cos\alpha, y_0 + \rho\cos\beta)$, 当动点 P 沿射线趋于 P_0 时, 极限

$$\lim_{\rho \to 0^+} f(x_0 + \rho\cos\alpha, y_0 + \rho\cos\beta) \tag{5-3}$$

称为函数 $f(x, y)$ 在点 $P_0(x_0, y_0)$ 处沿 $l = (\cos\alpha, \cos\beta)$ 方向的方向极限.

相应地, 前面所述的函数极限 $\lim\limits_{(x, y) \to (x_0, y_0)} f(x, y) = A$ 也称为重极限.

根据定理 5.1 知, 若重极限 $\lim\limits_{(x, y) \to (x_0, y_0)} f(x, y)$ 存在, 则 $f(x, y)$ 在点 $P_0(x_0, y_0)$ 处

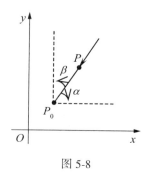

图 5-8

沿任何固定方向的方向极限 $\lim\limits_{\rho\to 0}f(x_0+\rho\cos\alpha, y_0+\rho\cos\beta)$ 皆存在且相等,但反过来不一定成立.

例 5.5 讨论极限 $\lim\limits_{(x, y)\to(0, 0)}\dfrac{xy^2}{x^2+y^4}$ 的存在性.

解 先来考查函数的方向极限:

$$\lim_{\rho\to 0}f(\rho\cos\alpha, \rho\cos\beta)=\lim_{\rho\to 0}\frac{\rho^3\cos\alpha\cos^2\beta}{\rho^2\cos^2\alpha+\rho^4\cos^4\beta}=\lim_{\rho\to 0}\frac{\rho\cos\alpha\sin^2\alpha}{\cos^2\alpha+\rho^2\sin^4\alpha}=0$$

虽然函数沿所有的方向极限都存在且相等,但仍然不能由此推断函数极限存在. 事实上,当 $P(x, y)$ 沿抛物线(过原点) $y^2=x$ 趋于 $O(0, 0)$ 时,有

$$\lim_{P\to O, y^2=x}\frac{xy^2}{x^2+y^4}=\lim_{x\to 0}\frac{x^2}{x^2+x^2}=\frac{1}{2}$$

它与方向极限不相等,因此重极限 $\lim\limits_{(x, y)\to(0, 0)}\dfrac{xy^2}{x^2+y^4}$ 不存在.

从这个例子可以看出,二元函数的极限要比一元函数的极限复杂得多. 一元函数的极限存在等价于它的两个单侧极限都存在且相等. 而二元函数则不同,即使所有的方向极限都存在且相等,重极限也可能不存在.

下面给出累次极限的概念.

定义 5.3 函数 $f(x, y)$ 在点 $P_0(x_0, y_0)$ 的某方形邻域 $\mathring{U}(P_0, \delta)$ 内有定义,如果对每一 $y: 0<|y-y_0|<\delta$,极限 $\lim\limits_{x\to x_0}f(x, y)$ 都存在,则这个极限是 y 的函数,记为 $\varphi(y)=\lim\limits_{x\to x_0}f(x, y)$.

又如果函数 $\varphi(y)$ 的极限 $\lim\limits_{y\to y_0}\varphi(y)=A$ 仍然存在,则称这个极限为函数 $f(x, y)$ 的累次极限,记为

$$\lim_{y\to y_0}\lim_{x\to x_0}f(x, y)=A$$

类似地,函数 $f(x, y)$ 的另一累次极限记为 $\lim\limits_{x\to x_0}\lim\limits_{y\to y_0}f(x, y)=A$.

累次极限与重极限是两个不同的概念,一般来说,它们之间并没有必然的关系.

例如,当两个累次极限都存在而且相等时,重极限可能不存在:

设 $f(x, y)=\dfrac{xy}{x^2+y^2}$,从例 5.3 中已知重极限 $\lim\limits_{(x, y)\to(0, 0)}f(x, y)=\lim\limits_{(x, y)\to(0, 0)}\dfrac{xy}{x^2+y^2}$ 不

存在，但容易算得两个累次极限，即 $\lim\limits_{y\to 0}\lim\limits_{x\to 0}\dfrac{xy}{x^2+y^2}=\lim\limits_{x\to 0}\lim\limits_{y\to 0}\dfrac{xy}{x^2+y^2}=0$.

又如，当重极限存在时，两个累次极限可能都不存在：

设 $f(x,y)=x\sin\dfrac{1}{y}+y\sin\dfrac{1}{x}$，则由 $|f(x,y)|\leqslant |x|+|y|$ 知，$\lim\limits_{\substack{x\to 0\\y\to 0}}f(x,y)=0$，但由于 $\lim\limits_{x\to 0}\left|x\sin\dfrac{1}{y}+y\sin\dfrac{1}{x}\right|$ 与 $\lim\limits_{y\to 0}\left|x\sin\dfrac{1}{y}+y\sin\dfrac{1}{x}\right|$ 都不存在，所以两个累次极限也不存在.

虽然重极限与累次极限的关系是上述情况，但在一定条件下，二者还是有联系的.

定理 5.3 如果重极限 $\lim\limits_{(x,y)\to(x_0,y_0)}f(x,y)$ 与累次极限 $\lim\limits_{y\to y_0}\lim\limits_{x\to x_0}f(x,y)$ 都存在，则

$$\lim\limits_{(x,y)\to(x_0,y_0)}f(x,y)=\lim\limits_{y\to y_0}\lim\limits_{x\to x_0}f(x,y) \tag{5-4}$$

证 设 $\lim\limits_{(x,y)\to(x_0,y_0)}f(x,y)=A$，则 $\forall \varepsilon>0$，$\exists \delta>0$，当 $P(x,y)\in \overset{\circ}{U}(P_0,\delta)$ 时，有

$$|f(x,y)-A|<\varepsilon$$

由于当 $0<|y-y_0|<\delta$ 时 $\lim\limits_{x\to x_0}f(x,y)=\varphi(y)$ 存在，则根据极限的性质，有

$$|\varphi(y)-A|=\lim\limits_{x\to x_0}|f(x,y)-A|\leqslant \varepsilon$$

其中 y 满足 $0<|y-y_0|<\delta$. 因此

$$\lim\limits_{x\to x_0}\lim\limits_{y\to y_0}f(x,y)=\lim\limits_{x\to x_0}\varphi(y)=A=\lim\limits_{(x,y)\to(x_0,y_0)}f(x,y).$$

同理，如果重极限与累次极限 $\lim\limits_{x\to x_0}\lim\limits_{y\to y_0}f(x,y)$ 都存在，则

$$\lim\limits_{(x,y)\to(x_0,y_0)}f(x,y)=\lim\limits_{x\to x_0}\lim\limits_{y\to y_0}f(x,y)) \tag{5-5}$$

例 5.6 设 $f(x,y)=\dfrac{x^2+y^2+x-y}{x+y}$，则有

$$\lim\limits_{y\to 0}\lim\limits_{x\to 0}\dfrac{x^2+y^2+x-y}{x+y}=\lim\limits_{y\to 0}\dfrac{y^2-y}{y}=\lim\limits_{y\to 0}(y-1)=-1$$

和

$$\lim\limits_{x\to 0}\lim\limits_{y\to 0}\dfrac{x^2+y^2+x-y}{x+y}=\lim\limits_{x\to 0}\dfrac{x^2+x}{x}=\lim\limits_{x\to 0}(x+1)=1.$$

由于两个累次极限都存在但不相等，故根据定理 5.2 知，重极限 $\lim\limits_{(x,y)\to(x_0,y_0)}f(x,y)$ 不存在.

下面给出二元函数无穷大量的定义.

定义 5.4 设函数 $f(x,y)$ 在 $D\subset \mathbf{R}^2$ 内有定义，$P_0(x_0,y_0)$ 为 D 的聚点，如果 $\forall M>0$，$\exists \delta>0$，使得 $\forall P(x,y)\in \overset{\circ}{U}(P_0,\delta)\cap D$，都有 $f(x,y)>M$，则称 $f(x,y)$ 在 D 上当 $P(x,y)\to P_0(x_0,y_0)$ 时为正无穷大量，记为

$$\lim\limits_{(x,y)\to(x_0,y_0)}f(x,y)=+\infty \text{ 或 } \lim\limits_{P\to P_0}f(P)=+\infty.$$

类似地定义 $\lim\limits_{(x,y)\to(x_0,y_0)}f(x,y)=-\infty$ 及 $\lim\limits_{(x,y)\to(x_0,y_0)}f(x,y)=\infty$.

例如 $\lim\limits_{(x,y)\to(0,0)}\dfrac{1}{3x^2+y^2}=+\infty$，$\lim\limits_{(x,y)\to(0,0)}\dfrac{1}{3x+y}=\infty$.

此外，还可以类似地定义 $\lim\limits_{\substack{x\to\infty\\y\to\infty}}f(x,y)$，$\lim\limits_{\substack{x\to+\infty\\y\to+\infty}}f(x,y)$ 及 $\lim\limits_{\substack{x\to+\infty\\y\to a}}f(x,y)$ 等极限.

关于二元函数极限概念以及性质，很容易推广到 n 元函数上去.

习 题 5.1

1. 求下列重极限(包括无穷大)：

(1) $\lim\limits_{\substack{x\to 0\\y\to 0}}\dfrac{x^2 y}{x^2+y^2}$；

(2) $\lim\limits_{\substack{x\to 1\\y\to 0}}\dfrac{\ln(x+e^y)}{\sqrt{x^2+y^2}}$；

(3) $\lim\limits_{\substack{x\to 0\\y\to a}}\dfrac{\sin xy}{x}$；

(4) $\lim\limits_{\substack{x\to 0\\y\to 0}}(x+y)\sin\dfrac{1}{xy}$；

(5) $\lim\limits_{\substack{x\to 0\\y\to 0}}(1+2xy)^{\frac{1}{xy}}$；

(6) $\lim\limits_{\substack{x\to\infty\\y\to\infty}}\dfrac{x+y}{x^2+y^2}$；

(7) $\lim\limits_{\substack{x\to+\infty\\y\to+\infty}}\dfrac{x^2+y^2}{e^{x+y}}$；

(8) $\lim\limits_{\substack{x\to\infty\\y\to a}}\left(1+\dfrac{1}{y}\right)^{\frac{y^2}{x+y}}$；

(9) $\lim\limits_{\substack{x\to 2\\y\to 1}}\dfrac{1}{x-2y}$.

2. 讨论下列函数在原点 $(0,0)$ 的累次极限及重极限：

(1) $f(x,y)=\dfrac{x-y}{x+y}$；

(2) $f(x,y)=\dfrac{x^2 y^2}{x^2 y^2+(x-y)^2}$；

(3) $f(x,y)=(x+y)\sin\dfrac{1}{x}\sin\dfrac{1}{y}$；

(4) $f(x,y)=\dfrac{x^3+y^3}{x^2+y^2}$.

3. 设 $f(x,y)=\dfrac{x^4 y^4}{(x^2+y^4)^3}$，证明重极限 $\lim\limits_{\substack{x\to 0\\y\to 0}}f(x,y)$ 不存在.

4. 证明(归结原则)：重极限 $\lim\limits_{P\to P_0}f(P)$ 存在的充要条件是，对于任何趋于 P_0 的点列 $\{P_n\}$ $(P_n\neq P_0)$，数列极限 $\lim\limits_{n\to\infty}f(P_n)$ 皆存在.

5. 证明(柯西准则)：重极限 $\lim\limits_{P\to P_0}f(P)$ 存在的充要条件是，对于任意 $\varepsilon>0$，总存在 $\delta>0$，使得当 $P',P''\in U^\circ(P_0,\delta)\cap D$ 时，有 $|f(P')-f(P'')|<\varepsilon$.

6. 指出下列平面点集的聚点：

(1) $E=\left\{\left(\dfrac{1}{n},\dfrac{n+1}{n}\right)\bigg|n=1,2,\cdots\right\}$；

(2) $E=\left\{\left(\dfrac{1}{n},\dfrac{m+1}{m}\right)\bigg|m,n=1,2,\cdots\right\}$.

5.2 多元连续函数

本节在一元连续函数理论的基础上，讨论多元连续函数的基本理论，它们是多元函数微积分理论的基础.

5.2.1 二元函数的连续性概念

二元函数的连续性定义与一元函数的情形完全类似.

定义 5.5 设函数 $f(x,y)$ 在区域 D 内有定义，$P_0(x_0,y_0)\in D$，如果重极限存在且

有
$$\lim_{(x,y)\to(x_0,y_0)} f(x,y) = f(x_0,y_0) \tag{5-6}$$

则称函数 $f(x,y)$ 在点 P_0 连续，点 P_0 称为 $f(x,y)$ 的连续点；如果点 P_0 为区域 D 的聚点，但函数 $f(x,y)$ 在点 P_0 不连续，则称点 P_0 为 $f(x,y)$ 的间断点.

例如，函数 $f(x,y) = x^2 + xy$ 在点 $P(1,2)$ 连续，而 $f(x,y) = \dfrac{xy^2}{x^2+y^2}$ 及 $f(x,y) = \dfrac{xy}{x^2+y^2}$ 在原点 $O(0,0)$ 不连续(见上节例 5.1、例 5.2 及例 5.3).

函数 $f(x,y)$ 在点 P_0 连续也可以用"$\varepsilon - \delta$"语言来叙述：$\forall \varepsilon > 0$，$\exists \delta > 0$，当 $P(x,y) \in U(P_0, \delta) \cap D$ 时有 $|f(x,y) - f(x_0,y_0)| < \varepsilon$.

如果函数 $f(x,y)$ 在区域 D 内的每一点都连续，则称 $f(x,y)$ 在区域 D 内连续.

例如，函数 $f(x,y) = \dfrac{1}{1-x^2-y^2}$ 在开区域 $(x,y): x^2 + y^2 < 1$ 或 $(x,y): x^2 + y^2 > 1$ 内连续，而单位圆周 $(x,y): x^2 + y^2 = 1$ 上的点都是它的间断点，如图 5-9 所示.

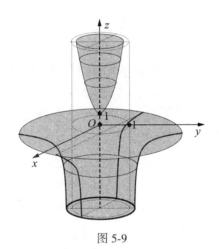

图 5-9

如同一元连续函数一样，从二元连续函数的定义出发，也可以推导出关于二元连续函数的若干基本性质和运算法则，如连续函数的四则运算法则，局部有界性、连续函数的复合连续性等. 这些性质和法则的形式与一元函数的形式完全类似，这里也不再赘述了.

例 5.7 讨论函数 $f(x,y) = \begin{cases} \dfrac{\sin xy}{x}, & x \neq 0 \\ y, & x = 0 \end{cases}$ 在全平面 $\mathbf{R}^2$ 上的连续性.

解 首先，当点 (x,y) 不在 y 轴上，即 $x \neq 0$ 时，由连续函数的四则运算法则和复合运算法则知，函数 $f(x,y)$ 是连续的.

其次，对于 y 轴上的任何点 $P_0(0, y_0)$，$y_0 \neq 0$，因为
$$\lim_{\substack{(x,y)\to(0,y_0)\\x=0}} f(x,y) = \lim_{y\to y_0} y = y_0 = f(0, y_0)$$

及
$$\lim_{\substack{(x,y)\to(0,y_0)\\x\neq 0}} f(x,y) = \lim_{\substack{(x,y)\to(0,y_0)\\x\neq 0}} \frac{\sin xy}{x} = \lim_{\substack{(x,y)\to(0,y_0)\\x\neq 0}} y \cdot \frac{\sin xy}{xy}$$
$$= \lim_{y\to y_0} y \cdot \lim_{\substack{xy\to 0\\xy\neq 0}} \frac{\sin xy}{xy} = y_0 = f(0,y_0)$$

所以 $\lim_{(x,y)\to(0,y_0)} f(x,y) = f(0,y_0)$. 故 $f(x,y)$ 在任何点 $P_0(0,y_0)$ 都是连续的.

最后，显然有 $|f(x,y)| \leq |y|$，故 $\lim_{(x,y)\to(0,0)} f(x,y) = 0 = f(0,0)$. 因此 $f(x,y)$ 在原点 $O(0,0)$ 也是连续的.

综上所述，函数 $f(x,y)$ 在全平面 $\mathbf{R}^2$ 上连续.

以 x 或 y 为自变量的基本初等函数经过有限次四则运算和复合运算所得到的函数称为二元初等函数. 根据二元连续函数的四则运算法则以及复合运算法则知，二元初等函数在其定义域内是连续的. 例如

$$\lim_{(x,y)\to(1,2)} \frac{\cos(xy-2)}{\sqrt{x^2+y^2}\ln y} \arcsin\frac{xy-1}{2} = \frac{\cos(2-2)}{\sqrt{1+4}\ln 4} \arcsin\frac{2-1}{2} = \frac{\pi}{12\sqrt{5}\ln 2}.$$

5.2.2 *二维空间 $\mathbf{R}^2$ 上的完备性定理

我们知道，闭区间上连续函数的重要性质（最值性，介值性，一致连续性），是由实数的连续性定理支撑的. 对于多元连续函数来说，也是类似的. 本节，我们把有关实数连续性的部分定理移植到二维空间 $\mathbf{R}^2$ 上来，以证明有界闭区域上连续函数的重要性质.

先给出平面上收敛点列的概念：设 $\{P_n\}$ 为一平面点列，$P_0 \in \mathbf{R}^2$ 为一固定点，如果 $\lim_{n\to\infty} \|P_n - P_0\| = 0$，则称点列 $\{P_n\}$ 收敛于 P_0，记为

$$\lim_{n\to\infty} P_n = P_0 \quad 或 \quad P_n \to P_0(n\to\infty)$$

显然

$$\lim_{n\to\infty} P_n = P_0 \Leftrightarrow \lim_{n\to\infty} x_n = x_0, \lim_{n\to\infty} y_n = y_0 \tag{5-7}$$

这里 (x_n, y_n) 和 (x_0, y_0) 分别表示点 P_n 和 P_0 的坐标.

定理 5.4（聚点定理） 如果 E 是 $\mathbf{R}^2$ 中的有界无限点集，则 E 至少有一个聚点.

证 由于 $E \subset \mathbf{R}^2$ 是无限点集，所以在 E 中可以取到一个各项互异的点列 $\{P_n(x_n, y_n)\}$. 因为 E 有界，所以存在常数 $\delta_0 > 0$，使得 $\{P_n\} \subset E \subset U(O, \delta_0)$（方形邻域），从而对一切 $n \in \mathbf{N}_+$，都有

$$|x_n| \leq \delta_0, \quad |y_n| \leq \delta_0$$

根据致密性定理得，数列 $\{x_n\}$ 含收敛的子列 $\{x_{n_k}\}$. 同理子列 $\{y_{n_k}\}$ 也含收敛的子列 $\{y_{m_k}\}$. 这样 $\{x_{m_k}\}$ 和 $\{y_{m_k}\}$ 分别是 $\{x_n\}$ 和 $\{y_n\}$ 的子列（子列的子列）且都收敛.

设 $\lim_{k\to\infty} x_{m_k} = x_0$，$\lim_{k\to\infty} y_{m_k} = y_0$，由式(5-7)得

$$\lim_{k\to\infty} P_{m_k} = P_0 \quad 即 \lim_{k\to\infty} \|P_{m_k} - P_0\| = 0$$

因此，$\forall \varepsilon > 0$，$\exists N > 0$，当 $k > N$ 时，恒有

$$\|P_{m_k} - P_0\| < \varepsilon \quad 即 \quad P_{m_k} \in U(P_0, \varepsilon) \tag{5-8}$$

由于子列 $\{P_{m_k}\} (\subset \{P_n\} \subset E)$ 中的点都是互异的，式(5-8)表明邻域 $U(P_0, \varepsilon)$ 必含 E

中的无限个点，由 ε 的任意性知点 P_0 是点集 E 的一个聚点.

从聚点定理的证明中还可以发现下面一个事实：

定理 5.5(二维空间的致密性定理) 有界点列 $\{P_n(x_n, y_n)\}$ 必存在收敛的子列 $\{P_{n_k}(x_{n_k}, y_{n_k})\}$.

由聚点定理不难推出下述闭区域套定理.

定理 5.6(闭区域套定理) 设 $\{G_n\}$ 是 $\mathbf{R}^2$ 中的一列有界闭区域，如果满足条件：

(1) $G_n \supset G_{n+1}$, $n = 1, 2, \cdots$； (2) $d_n = d(G_n)$, $\lim\limits_{n\to\infty} d_n = 0$.

则存在唯一的点 P_0，使得 $P_0 \in G_n$, $n = 1, 2, \cdots$.

证 先证点 P_0 的存在性. 在每个区域 G_n 内都取一点 P_n 构成点列 $\{P_n\}$，由条件(1) 知 $\{P_n\} \subset G_1$，因此 $\{P_n\}$ 也有界.

若点列 $\{P_n\}$ 有无限多个项是同一点设为 P_0，则这无限多个项按照它们原来顺序构成 $\{P_n\}$ 的一个子列 $\{P_{n_k}\}$，由于每个 $P_{n_k} = P_0$，由条件(1)知 $P_0 \in G_n$, $n = 1, 2, \cdots$.

若点列 $\{P_n\}$ 中表示同一点的项只有有限多个，$\{P_n\}$ 为有界无限点集，如图 5-10 所示，根据聚点定理，$\{P_n\}$ 至少有一个聚点 P_0. 现在要证对一切 $n \in \mathbf{N}_+$，有 $P_0 \in G_n$. 下面用反证法：

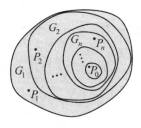

图 5-10

倘若存在 $N \in \mathbf{N}_+$ 使 $P_0 \notin G_N$，即 P_0 是闭区域 G_N 的外点，亦即存在 P_0 的一个邻域 $U(P_0)$，使 $U(P_0)$ 不含 G_N 中的点，而根据 $\{P_n\}$ 的构成知，对一切 $n \geq N$，都有 $P_n \in G_n \subset G_N$，这样一来就得到"点列 $\{P_n\}$ 自第 N 项开始，后面各项都不在该邻域 $U(P_0)$ 内"的结论，这个结论显然与 P_0 是点列 $\{P_n\}$ 的聚点相矛盾. 点 P_0 的存在性得证.

再证点 P_0 的唯一性. 倘若有 Q_0，使得 $Q_0 \in G_n$, $n = 1, 2, \cdots$，那么由 $P_0, Q_0 \in G_n$, $n = 1, 2, \cdots$，得到 $\|P_0 - Q_0\| \leq d(G_n) = d_n$，再由 $\lim\limits_{n\to\infty} d_n = 0$ 便得 $\|P_0 - Q_0\| = 0 \Rightarrow Q_0 = P_0$.

定理 5.7(有限覆盖定理) 设 $E \subset \mathbf{R}^2$ 是一有界闭区域，$\{G_\alpha\}$ 是一族覆盖了 D 的开区域，即 $D \subset \bigcup\limits_\alpha G_\alpha$，则在 $\{G_\alpha\}$ 中必存在有限个开域 $G_1, G_2, \cdots, G_N$，它们也覆盖了 D.

证 由于 D 有界，存在原点 O 的一个方形邻域 S，使得 $D \subset S$，如图 5-11 所示.

用反证法. 倘若 $\{G_\alpha\}$ 中任何有限多个开区域都覆盖不了 D. 将正方形等分成四个小正方形，D 也相应地分成四块闭区域(可能少于四块)，则其中至少有一块不能被 $\{G_\alpha\}$ 中有限多个开区域所覆盖，记这个小闭区域为 D_1. 又将 D_1 所在小正方形等分为四个更小的正方形，D_1 也相应地分为四块闭区域(可能少于四块)，则其中至少有一块不能被 $\{G_\alpha\}$ 中

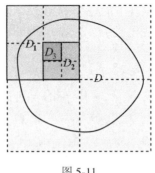

图 5-11

有限多个开区域所覆盖,记这个小闭区域为 D_2. 将这种作法不断地进行下去,可得一列闭区域 $\{D_n\}$ 满足:

(1) $D_n \supset D_{n+1}$, $n = 1, 2, \cdots$;

(2) 每个 D_n 都不能被 $\{G_\alpha\}$ 中有限多个开区域所覆盖;

(3) D_n 被包含在边长为 $a_n = \dfrac{a}{2^{n-1}}$ 的正方形 S_n 中,其中 a 表示 $S_1 = S$ 的边长.

于是根据闭区域套定理,存在唯一一点 $P_0 \in D_n$, $n = 1, 2, \cdots$.

由于 $\{G_\alpha\}$ 是 D 的覆盖,存在 $G_0 \in \{G_\alpha\}$,使得 $P_0 \in G_0$,又由于 G_0 是开区域,所以 $P_0 \in G_0$ 是内点,即存在 P_0 的一个邻域 $U(P_0)$,使得 $U(P_0) \subset G_0$. 注意到 $P_0 \in D_n \subset S_n$, $n = 1, 2, \cdots$,以及正方形 S_n 的边长 $a_n = \dfrac{a}{2^{n-1}} \to 0$,所以存在 $N \in \mathbf{N}_+$,使得对一切 $n \geq N$,都有 $P_0 \in D_n \subset S_n \subset U(P_0) \subset G_0$,这说明仅用 $\{G_\alpha\}$ 中一个开区域 G_0 就覆盖了 D_n,这与上述的结论(2)相矛盾. 因此闭区域 D 可以被 $\{G_\alpha\}$ 中有限多个开区域所覆盖.

5.2.3 有界闭区域上连续函数的性质

定理 5.8(有界与最值定理) 如果函数 $f(x, y)$ 在有界闭区域 D 上连续,则 $f(x, y)$ 在 D 上有界,并且存在最大值和最小值,即存在两点 (ξ_1, η_1), $(\xi_2, \eta_2) \in D$,使得 $\forall (x, y) \in D$,恒有

$$f(\xi_1, \eta_1) \leq f(x, y) \leq f(\xi_2, \eta_2).$$

证 先证 $f(x, y)$ 有界. 倘若不然,则存在点列 $\{P_n(x_n, y_n)\} \subset D$,使得

$$f(x_n, y_n) > n \quad (n = 1, 2, \cdots)$$

因为 $\{P_n(x_n, y_n)\} \subset D$,所以点列 $\{P_n(x_n, y_n)\}$ 有界,因而存在收敛的子列 $\{P_{n_k}(x_{n_k}, y_{n_k})\}$.

设 $\lim\limits_{k \to \infty} P_{n_k}(x_{n_k}, y_{n_k}) = P_0(x_0, y_0)$,显然 P_0 不是 D 外的点,又 D 是闭区域,所以 $P_0 \in D$. 又根据 $f(x, y)$ 的连续性知

$$\lim\limits_{k \to \infty} f(x_{n_k}, y_{n_k}) = f(x_0, y_0)$$

但这就与式(5-8)相矛盾,因此 $f(x, y)$ 在 D 上有界.

再证 $f(x, y)$ 存在最大值和最小值. 根据确界原理知:

上确界 $M = \sup\{f(x, y) \mid (x, y) \in D\}$ 与下确界 $m = \inf\{f(x, y) \mid (x, y) \in D\}$ 皆存在.

下证存在 $(\xi_2, \eta_2) \in D$,使得 $f(\xi_2, \eta_2) = M$. 若不然,则对任意 $\forall (x, y) \in D$,都有 $f(x, y) - M > 0$,令 $g(x, y) = \dfrac{1}{f(x, y) - M}(>0)$,则 $g(x, y)$ 也在有界闭区域 D 上连续. 根据已经证得的结论知道,$g(x, y)$ 也在 D 内有界,因而有上界,即存在 $L > 0$,使对 $\forall (x, y) \in D$ 有

$$g(x, y) = \frac{1}{f(x, y) - M} < L \Rightarrow M + \frac{1}{L} < f(x, y), \quad (x, y) \in D$$

这与 M 为 $f(x, y)$ 的上确界相矛盾. 因此必存在 $(\xi_2, \eta_2) \in D$,使得 $f(\xi_2, \eta_2) = M$.

类似可证,$f(x, y)$ 在 D 上可以取到其下确界.

定理 5.9(介值定理) 如果函数 $f(x, y)$ 在有界闭区域 D 上连续,M 和 m 分别为函数 $f(x, y)$ 在 D 上的最大值和最小值,且 $m < M$,则对于介于 m 与 M 之间的任何实数 μ,即 $m < \mu < M$,必存在相应的内点 $P_\mu \in D$,使得 $f(P_\mu) = \mu$.

证 设 $f(P_1) = m, f(P_2) = M$.

先设 P_1 和 P_2 都是 D 的内点,则由区域的定义,必存在连接 P_1 和 P_2 且含在 D 内的有限折线 L(L 上的点都是 D 的内点. 根据解析几何知识可知,L 的方程可以用连续参数方程 (分段直线参数方程) $x = x(t), y = y(t), \alpha \leqslant t \leqslant \beta$ 来表示,且

$$f[x(\alpha), y(\alpha)] = f(P_1) = m, \quad f[x(\beta), y(\beta)] = f(P_2) = M$$

又根据复合函数的连续性知,函数 $f[x(t), y(t)]$ 在 $[\alpha, \beta]$ 上连续,于是由一元函数的介值定理知道,对于 $f[x(\alpha), y(\alpha)] = m < \mu < M = f[x(\beta), y(\beta)]$ 的任何实数 μ,至少存在一点 $\xi_\mu \in (\alpha, \beta)$,使得

$$f(P_\mu) = f[x(\xi_\mu), y(\xi_\mu)] = \mu$$

如果 P_1 和 P_2 之中至少有一点是 D 的边界点,比如 P_1 是边界点,则对于 $m < \mu < M$ 的任何实数 μ,取 r 使 $m < r < \mu$,由于 D 是区域,所以边界点 P_1 也是 D 的聚点. 由 $f(x, y)$ 的连续性条件知 $\lim\limits_{P \to P_1} f(P) = f(P_1) = m < r$,故由函数极限的局部保号性知,存在 P_1 的邻域 $U(P_1)$,使得

当 $P \in U(P_1) \cap D$ 时有 $m \leqslant f(P) < r (< \mu)$

这样,只要在 $U(P_1) \cap D$ 中任取 D 的一个内点 P_1^*(见图 5-12),就有 $m \leqslant f(P_1^*) < r (< \mu)$.

对于 P_2 是边界点的情形,同样存在 D 的内点 P_2^*,使得 $(\mu <)s < f(P_2^*)(\leqslant M)$.

总之,不论是哪种情形,总存在 D 的两个内点 P_1^* 和 P_2^*,使得

$$m \leqslant f(P_1^*) < \mu < f(P_2^*) \leqslant M$$

于是,根据已经证得的结论知道,必存在 D 的内点 P_μ,使得 $f(P_\mu) = \mu$.

定理 5.10(一致连续性定理) 如果函数 $f(x, y)$ 在有界闭区域 D 上连续,则 $f(x, y)$ 在 D 上一致连续. 即 $\forall \varepsilon > 0, \exists \delta > 0$,当 $P', P'' \in D$ 时,只要 $\|P' - P''\| < \delta$,就有

$$|f(P') - f(P'')| < \varepsilon.$$

证 我们用有限覆盖定理来证. $\forall \varepsilon > 0$,任取 $P \in D$,由于 $f(x, y)$ 在点 P 连续,故

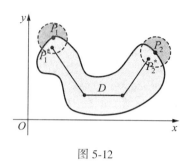

图 5-12

$\exists \delta_P > 0$，使得当 $P' \in U(P, \delta_P) \cap D$ 时有

$$|f(P') - f(P)| < \frac{\varepsilon}{2} \tag{5-9}$$

当 $\varepsilon > 0$ 固定时，让 P 取遍 D 中的所有点，每一个点 P 都对应着满足不等式(5-8)的一个邻域 $U(P, \delta_P)$，这样就得一族开区域 $\left\{ U\left(P, \dfrac{\delta_P}{2}\right) \middle| P \in D \right\}$，它显然是有界闭区域 D 的开覆盖，根据有限覆盖定理，必存在其中有限个邻域：

$$U\left(P_1, \frac{\delta_1}{2}\right), \ U\left(P_2, \frac{\delta_2}{2}\right), \ \cdots, \ U\left(P_n, \frac{\delta_n}{2}\right)$$

它们完全覆盖了 D，且当 $P' \in U(P_i, \delta_i) \cap D$ 时，有 $|f(P') - f(P_i)| < \dfrac{\varepsilon}{2}$。

对上述的那个 ε，取 $\delta = \left\{ \dfrac{\delta_1}{2}, \dfrac{\delta_2}{2}, \cdots, \dfrac{\delta_n}{2} \right\}$，则当 $P', P'' \in D$ 且 $\|P' - P''\| < \delta$ 时，由于这些邻域 $U\left(P_1, \dfrac{\delta_1}{2}\right), U\left(P_2, \dfrac{\delta_2}{2}\right), \cdots, U\left(P_n, \dfrac{\delta_n}{2}\right)$ 是 D 的覆盖，所以 P' 必属于某一个邻域 $U\left(P_i, \dfrac{\delta_i}{2}\right)$，而对于 P''，由于 $\|P' - P''\| < \delta$，所以

$$\|P'' - P_i\| \leq \|P'' - P'\| + \|P' - P_i\| < \delta + \frac{\delta_i}{2} < \delta_i$$

所以也有 $P'' \in U(P_i, \delta_i)$（已经有 $P' \in U\left(P_i, \dfrac{\delta_i}{2}\right) \subset U(P_i, \delta_i)$），于是就有

$$|f(P') - f(P_i)| < \frac{\varepsilon}{2}, \ |f(P'') - f(P_i)| < \frac{\varepsilon}{2}$$

从而 $|f(P') - f(P'')| \leq |f(P') - f(P_i)| + |f(P'') - f(P_i)| < \dfrac{\varepsilon}{2} + \dfrac{\varepsilon}{2} = \varepsilon$

关于二元函数的连续性概念以及二元连续函数的性质，都容易推广到 n 元函数中去。

习 题 5.2

1. 讨论下列函数的连续性：

(1) $f(x, y) = \begin{cases} \dfrac{\ln(1 + xy)}{x}, & x \neq 0 \\ y, & x = 0 \end{cases}$;

(2) $f(x, y) = \begin{cases} \dfrac{\sin xy}{\sqrt{x^2 + y^2}}, & x^2 + y^2 \neq 0 \\ 0, & x^2 + y^2 = 0 \end{cases}$;

(3) $f(x, y) = \begin{cases} \dfrac{x^2 y}{x^2 + y^2}, & x^2 + y^2 \neq 0 \\ 0, & x^2 + y^2 = 0 \end{cases}$;

(4) $f(x, y) = \begin{cases} x^2 \ln(x^2 + y^2), & x^2 + y^2 \neq 0 \\ 0, & x^2 + y^2 = 0 \end{cases}$;

(5) $f(x, y) = \begin{cases} \dfrac{x}{(x^2 + y^2)^p}, & x^2 + y^2 \neq 0 \\ 0, & x^2 + y^2 = 0 \end{cases}$, $(p > 0)$.

2. 设函数 $f(x, y)$ 在区域 $G \subset \mathbf{R}^2$ 上对 x 连续，对 y 满足李普希茨条件，即存在 $L > 0$，使得
$$|f(x, y') - f(x, y'')| \leq L |y' - y''|$$
证明 $f(x, y)$ 在区域 D 上连续.

3. 证明函数 $f(x, y) = \sin xy$ 在 $\mathbf{R}^2$ 上不一致连续.

4. 设函数 $f(x, y)$ 在开区域 G 上一致连续，证明对任何 $P_0 \in \overline{G}$，在 $\overline{G}$ 上重极限 $\lim\limits_{P \to P_0} f(x, y)$ 皆存在.

5.3 偏导数与全微分

我们知道，导数作为函数的变化率，具有广泛的用途. 为了利用导数研究多个变量的情形，本节，我们把一元函数导数和微分的概念推广到多元函数中去，仍以二元函数为主来讨论.

5.3.1 偏导数

多元函数的变化率有多种情形，先讨论多元函数分别对每一个自变量的变化率，即偏导数.

对于二元函数 $z = f(x, y)$，设 $P(x, y)$，$P_0(x_0, y_0) \in D$，我们称
$$\Delta z = f(x, y) - f(x_0, y_0) = f(x_0 + \Delta x, y_0 + \Delta y) - f(x_0, y_0)$$
为函数 $f(x, y)$ 在点 $P_0(x_0, y_0)$ 的全增量；而称
$$\Delta_x z = f(x, y_0) - f(x_0, y_0) = f(x_0 + \Delta x, y_0) - f(x_0, y_0)$$
和
$$\Delta_y z = f(x_0, y) - f(x_0, y_0) = f(x_0, y_0 + \Delta y) - f(x_0, y_0)$$
分别为 $f(x, y)$ 在点 $P_0(x_0, y_0)$ 关于 x 和 y 的偏增量.

定义 5.6 设函数 $z=f(x,y)$ 在点 $P_0(x_0,y_0)$ 的某邻域 $U(P_0)$ 内有定义，若函数 $f(x,y)$ 在点 $P_0(x_0,y_0)$ 关于 x 的偏增量 $\Delta_x z$ 与 Δx 之比的极限

$$\lim_{\Delta x \to 0}\frac{\Delta_x z}{\Delta x}=\frac{f(x_0+\Delta x,y_0)-f(x_0,y_0)}{\Delta x} \tag{5-10}$$

存在，则称此极限为函数 $f(x,y)$ 在点 $P_0(x_0,y_0)$ 对自变量 x 的偏导数，记为

$$f_x(x_0,y_0) \text{ 或 } z_x(x_0,y_0),\left.\frac{\partial z}{\partial x}\right|_{(x_0,y_0)},\left.\frac{\partial f}{\partial x}\right|_{(x_0,y_0)}$$

同样定义函数 $f(x,y)$ 在点 $P_0(x_0,y_0)$ 对自变量 y 的偏导数为

$$\lim_{\Delta y \to 0}\frac{\Delta_y z}{\Delta y}=\frac{f(x_0,y_0+\Delta y)-f(x_0,y_0)}{\Delta y} \tag{5-11}$$

记为 $f_y(x_0,y_0)$ 或 $z_y(x_0,y_0),\left.\frac{\partial z}{\partial y}\right|_{(x_0,y_0)},\left.\frac{\partial f}{\partial y}\right|_{(x_0,y_0)}$

如果函数 $z=f(x,y)$ 在区域 D 内的每一点 $P(x,y)$ 都存在对 x（或 y）的偏导数，则得到一个定义在 D 内的偏导函数 $f_x(x,y)$（或 $f_y(x,y)$），也简称为偏导数，也可记为

$$z_x(x,y),\frac{\partial z}{\partial x},\frac{\partial f}{\partial x}\left(\text{或 } z_y(x,y),\frac{\partial z}{\partial y},\frac{\partial f}{\partial y}\right)$$

由定义 5.6 知，二元函数的偏导数，其实就是把二元函数作为单个自变量 x（或 y）的函数（即一元函数）的导数．对于三元或三元以上多元函数的偏导数也是这样定义的．因此，计算多元函数的偏导数一般不需要新方法，只要熟练运用一元函数的求导法则和基本导数公式就可以了．

例 5.8 求函数 $f(x,y)=x^2y-4x\sin y+x^y$ 的偏导数 $f_x(1,\pi)$，$f_y(1,\pi)$．

解 把 y 看做常数，对 x 求导，得 $f_x(x,y)=2xy-4\sin y+yx^{y-1}$

把 x 看做常数，对 y 求导，得 $f_y(x,y)=x^2-4x\cos y+x^y\ln x$

所以 $f_x(2,\pi)=2\pi-4\sin\pi+\pi\cdot 1^{\pi-1}=3\pi$，$f_y(1,\pi)=1^2-4\cos\pi+1^\pi\ln 1=5$．

例 5.9 求三元函数 $u=\dfrac{1}{\sqrt{x^2+y^2+z^2}}$ 的偏导数 $\dfrac{\partial u}{\partial x},\dfrac{\partial u}{\partial y},\dfrac{\partial u}{\partial z}$．

解 把 y 和 z 都看做常数，对 x 求导，得

$$\frac{\partial u}{\partial x}=-\frac{1}{2}(x^2+y^2+z^2)^{-\frac{3}{2}}\cdot(x^2+y^2+z^2)'=-\frac{x}{(x^2+y^2+z^2)^{-\frac{3}{2}}}$$

由对称性可知 $\dfrac{\partial u}{\partial y}=-\dfrac{y}{(x^2+y^2+z^2)^{-\frac{3}{2}}},\dfrac{\partial u}{\partial z}=-\dfrac{z}{(x^2+y^2+z^2)^{-\frac{3}{2}}}$

例 5.10 讨论函数 $f(x,y)=\begin{cases}\dfrac{x}{\sqrt{x^2+y^2}}, & x^2+y^2\neq 0\\ 0, & x^2+y^2=0\end{cases}$ 在原点 $O(0,0)$ 的两个偏导数．

解 对于分段函数在分段点的偏导数是否存在，一般要按定义来讨论．

当 y 固定为 $y=0$ 时，有 $f(x,0)=\begin{cases}\dfrac{x}{|x|}, & x\neq 0\\ 0, & x=0\end{cases}$；

当 x 固定为 $x=0$ 时,有 $f(0,y)=0$.

显然一元函数 $f(0,y)=0$ 在 $y=0$ 点可导,且偏导数 $f_y(0,0)=0$;而一元函数 $f(x,0)$ 在 $x=0$ 点不可导,故偏导数 $f_x(0,0)$ 不存在.

现在来讨论二元函数偏导数的几何意义. 我们知道,二元函数 $z=f(x,y)$ 的图像通常为三维空间中的曲面,该曲面与平面 $x=x_0$ 以及与平面 $y=y_0$ 的交线方程分别为

$$C_1: \begin{cases} x=x_0, \\ z=f(x_0,y) \end{cases}, \quad C_2: \begin{cases} y=y_0, \\ z=f(x,y_0) \end{cases}$$

根据偏导数与一元函数导数之间的关系以及导数的几何意义知道,两个偏导数 $f_x(x_0,y_0)$ 和 $f_y(x_0,y_0)$ 的值分别等于两条交线 C_1 和 C_2 在点 P 的切线斜率,如图 5-13 所示,即

$$f_x(x_0,y_0)=\tan\alpha, \quad f_y(x_0,y_0)=\tan\beta$$

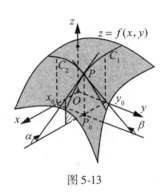

图 5-13

5.3.2 高阶偏导数

可以仿照一元函数高阶导数的定义来定义多元函数的高阶偏导数.

定义 5.7 如果函数 $z=f(x,y)$ 在区域内的两个偏导函数 $\dfrac{\partial z}{\partial x}$ 和 $\dfrac{\partial z}{\partial y}$ 仍然存在对 x 和 y 的偏导数,则这些偏导数称为函数 $z=f(x,y)$ 的二阶偏导数.

二元函数的二阶偏导数有四种情形:

$$\frac{\partial}{\partial x}\left(\frac{\partial z}{\partial x}\right), \frac{\partial}{\partial x}\left(\frac{\partial z}{\partial x}\right), \frac{\partial}{\partial x}\left(\frac{\partial z}{\partial x}\right), \frac{\partial}{\partial x}\left(\frac{\partial z}{\partial x}\right)$$

分别记为

$$f_{xx}(x,y)=\frac{\partial^2 z}{\partial x^2}=\frac{\partial}{\partial x}\left(\frac{\partial z}{\partial x}\right), f_{xy}(x,y)=\frac{\partial^2 z}{\partial x \partial y}=\frac{\partial}{\partial y}\left(\frac{\partial z}{\partial x}\right)$$

$$f_{yx}(x,y)=\frac{\partial^2 z}{\partial y \partial x}=\frac{\partial}{\partial x}\left(\frac{\partial z}{\partial y}\right), f_{xx}(x,y)=\frac{\partial^2 z}{\partial y^2}=\frac{\partial}{\partial y}\left(\frac{\partial z}{\partial y}\right)$$

其中 $\dfrac{\partial}{\partial x}$ 与 $\dfrac{\partial}{\partial y}$ 分别表示对括弧内的函数求对 x 或 y 的偏导数.

类似地定义更高阶的偏导数. 概括地说,二元函数的 $n-1$ 阶偏导函数的偏导数称为该多元函数的 n 阶偏导数. 二阶和二阶以上的偏导数统称为高阶偏导数. 习惯上也把二元函数的偏导数称为一阶偏导数. 高阶(二阶以上)偏导数的记号可以按照二阶偏导数的记号

类推.

如 $\dfrac{\partial^3 z}{\partial x^2 \partial y}$ 和 $\dfrac{\partial^3 f}{\partial x^2 \partial y}$ 表示 $\dfrac{\partial}{\partial y}\left(\dfrac{\partial^2 z}{\partial x^2}\right)$ 或 $\dfrac{\partial}{\partial y}\left(\dfrac{\partial^2 f}{\partial x^2}\right)$

$\dfrac{\partial^3 z}{\partial x \partial y \partial x}$ 和 $\dfrac{\partial^3 f}{\partial x \partial y \partial x}$ 表示 $\dfrac{\partial}{\partial y}\left(\dfrac{\partial^2 z}{\partial x \partial y}\right)$ 或 $\dfrac{\partial}{\partial y}\left(\dfrac{\partial^2 f}{\partial x \partial y}\right)$.

例 5.11 求 $z = x^y$ 的所有二阶偏导数和 $\dfrac{\partial^3 z}{\partial x^2 \partial y}, \dfrac{\partial^3 z}{\partial x \partial y \partial x}, \dfrac{\partial^3 z}{\partial y \partial x^2}, \dfrac{\partial^3 z}{\partial y^2 \partial x}$.

解 函数的一阶偏导数为 $\dfrac{\partial z}{\partial x} = y x^{y-1}, \dfrac{\partial z}{\partial y} = x^y \ln x$,因此二阶偏导数为

$$\frac{\partial^2 z}{\partial x^2} = \frac{\partial}{\partial x}\left(\frac{\partial z}{\partial x}\right) = \frac{\partial}{\partial x}(y x^{y-1}) = y(y-1) x^{y-2}$$

$$\frac{\partial^2 z}{\partial x \partial y} = \frac{\partial}{\partial y}\left(\frac{\partial z}{\partial x}\right) = \frac{\partial}{\partial y}(y x^{y-1}) = x^{y-1} + y x^{y-1} \ln x$$

$$\frac{\partial^2 z}{\partial y \partial x} = \frac{\partial}{\partial x}\left(\frac{\partial z}{\partial y}\right) = \frac{\partial}{\partial x}(x^y \ln x) = x^{y-1} + y x^{y-1} \ln x$$

$$\frac{\partial^2 z}{\partial y^2} = \frac{\partial}{\partial y}\left(\frac{\partial z}{\partial y}\right) = \frac{\partial}{\partial y}(x^y \ln x) = x^y \ln^2 x$$

于是,所求的三阶偏导数为

$$\frac{\partial^3 z}{\partial x^2 \partial y} = \frac{\partial}{\partial y}\left(\frac{\partial^2 z}{\partial x^2}\right) = \frac{\partial}{\partial y}[y(y-1) x^{y-2}] = (2y-1) x^{y-2} + y(y-1) x^{y-2} \ln x$$

$$\frac{\partial^3 z}{\partial x \partial y \partial x} = \frac{\partial}{\partial x}\left(\frac{\partial^2 z}{\partial x \partial y}\right) = \frac{\partial}{\partial x}(x^{y-1} + y x^{y-1} \ln x)$$

$$= (y-1) x^{y-2} + y(y-1) x^{y-2} \ln x + y x^{y-2} = (2y-1) x^{y-2} + y(y-1) x^{y-2} \ln x$$

$$\frac{\partial^3 z}{\partial y \partial x^2} = \frac{\partial}{\partial x}\left(\frac{\partial^2 z}{\partial y \partial x}\right) = \frac{\partial}{\partial x}(x^{y-1} + y x^{y-1} \ln x) = (2y-1) x^{y-2} + y(y-1) x^{y-1} \ln x$$

$$\frac{\partial^3 z}{\partial y^2 \partial x} = \frac{\partial}{\partial x}\left(\frac{\partial^2 z}{\partial y^2}\right) = \frac{\partial}{\partial x}(x^y \ln^2 x)$$

$$= y x^{y-1} \ln^2 x + x^y \cdot 2 \ln x \cdot \frac{1}{x} = y x^{y-1} \ln^2 x + 2 x^{y-1} \ln x.$$

细心的读者会发现,在例 5.11 中,对于两个二阶(混合)偏导数有 $\dfrac{\partial^2 z}{\partial x \partial y} = \dfrac{\partial^2 z}{\partial y \partial x}$,而对于三阶混合偏导数有 $\dfrac{\partial^3 z}{\partial x^2 \partial y} = \dfrac{\partial^3 z}{\partial x \partial y \partial x} = \dfrac{\partial^3 z}{\partial y \partial x^2}\left(\text{注意} \neq \dfrac{\partial^3 z}{\partial y^2 \partial x}\right)$,即例中的混合偏导数与求导顺序无关. 自然要问,需要满足怎样的条件,才会有混合偏导数与求导顺序无关呢?

定理 5.11 如果在点 $P_0(x_0, y_0)$ 的某邻域 $U(P_0)$ 内,函数 $f(x, y)$ 的两个偏导数都存在并且连续,又混合偏导数 $f_{yx}(x, y)$ 和 $f_{xy}(x, y)$ 在邻域 $U(P_0)$ 内都存在且在 $P_0(x_0, y_0)$ 点连续,则有

$$f_{yx}(x_0, y_0) = f_{xy}(x_0, y_0).$$

在证明这个定理之前,我们来分析一下问题的实质所在. 由偏导数的定义

$$f_x(x_0, y_0) = \lim_{h \to 0} \frac{f(x_0, y_0 + h) - f(x_0, y_0)}{h}$$

5.3 偏导数与全微分

$$f_{xy}(x_0,y_0) = \lim_{k\to 0}\frac{f_x(x_0,y_0+k)-f_x(x_0,y_0)}{k}$$

$$= \lim_{k\to 0}\frac{1}{k}\left[\lim_{h\to 0}\frac{f(x_0+h,y_0+k)-f(x_0,y_0+k)}{h}-\lim_{h\to 0}\frac{f(x_0+h,y_0)-f(x_0,y_0)}{h}\right]$$

$$= \lim_{k\to 0}\lim_{h\to 0}\frac{1}{kh}[f(x_0+h,y_0+k)-f(x_0,y_0+k)-f(x_0+h,y_0)+f(x_0,y_0)]$$

若令 $\Phi(h,k)=\dfrac{1}{kh}[f(x_0+h,y_0+k)-f(x_0,y_0+k)-f(x_0+h,y_0)+f(x_0,y_0)]$

则有 $f_{xy}(x_0,y_0)=\lim\limits_{k\to 0}\lim\limits_{h\to 0}\Phi(h,k)$,同理 $f_{yx}(x_0,y_0)=\lim\limits_{h\to 0}\lim\limits_{k\to 0}\Phi(h,k)$

所以问题的实质就是要证明:累次极限 $\lim\limits_{k\to 0}\lim\limits_{h\to 0}\Phi(h,k)$ 可以交换顺序.

证 令 $\varphi(x)=f(x,y_0+k)-f(x,y_0)$,则

$$\Phi(h,k)=\frac{1}{kh}[\varphi(x_0+h)-\varphi(x_0)]$$

在 x_0 与 x_0+h 之间应用拉格朗日中值定理,得

$$\Phi(h,k)=\frac{1}{k}\varphi'(x_0+\theta h)=\frac{1}{k}[f_x(x_0+\theta_1 h,y_0+k)-f_x(x_0+\theta_1 h,y_0)]$$

又在 y_0 与 y_0+k 之间应用拉格朗日中值定理,得

$$\Phi(h,k)=f_{xy}(x_0+\theta_1 h,y_0+\theta_2 k)\quad(0<\theta_1,\theta_2<1)$$

如果令 $\psi(y)=f(x_0+h,y)-f(x_0,y)$,则 $\Phi(h,k)=\dfrac{1}{kh}[\psi(y_0+k)-\psi(y_0)]$

同样两次应用拉格朗日中值定理可得

$$\Phi(h,k)=f_{yx}(x_0+\theta_3 h,y_0+\theta_4 k)\quad(0<\theta_3,\theta_4<1)$$

于是 $f_{xy}(x_0+\theta_1 h,y_0+\theta_2 k)=f_{yx}(x_0+\theta_3 h,y_0+\theta_4 k)$

由于 $f_{xy}(x,y)$ 和 $f_{yx}(x,y)$ 都在点 $P_0(x_0,y_0)$ 连续,令 $\rho=\sqrt{h^2+k^2}\to 0$,取极限便得

$$f_{xy}(x_0,y_0)=\lim_{\rho\to 0}f_{xy}(x_0+\theta_1 h,y_0+\theta_2 k)$$

$$=\lim_{\rho\to 0}f_{yx}(x_0+\theta_3 h,y_0+\theta_4 k)=f_{yx}(x_0,y_0)$$

定理 5.11 表明,在二阶混合偏导(函)数连续的前提下,二阶混合偏导数与求导顺序无关. 由于多元函数的 n 阶偏导数是 $n-2$ 阶偏导函数的二阶偏导数,根据定理 5.11 可知,在 n 阶混合偏导函数连续的前提下,多元函数的 n 阶混合偏导数与求导顺序无关. 由于初等函数的高阶偏导数仍为连续函数,所以对于初等函数,其混合偏导数与求导顺序无关.

在特殊情形下,混合偏导数在点 $P_0(x_0,y_0)$ 连续条件不能少,否则可能 $f_{yx}(x_0,y_0)\neq f_{xy}(x_0,y_0)$.

例 5.12 设函数 $f(x,y)=\begin{cases}\dfrac{xy(x^2-y^2)}{x^2+y^2}, & x^2+y^2\neq 0 \\ 0, & x^2+y^2=0\end{cases}$.

容易算得一阶偏导数为

$$f_x(x,y)=\begin{cases}\dfrac{y(x^4+4x^2y^2-y^4)}{(x^2+y^2)^2}, & x^2+y^2\neq 0 \\ 0, & x^2+y^2=0\end{cases}$$

$$f_y(x,y) = \begin{cases} \dfrac{x(x^4 - 4x^2y^2 - y^4)}{(x^2 + y^2)^2}, & x^2 + y^2 \neq 0 \\ 0, & x^2 + y^2 = 0 \end{cases}$$

所以
$$f_{xy}(0,0) = \lim_{h \to 0} \frac{f_x(0,h) - f_x(0,0)}{h} = \lim_{k \to 0} \frac{-h}{h} = -1$$

$$f_{yx}(0,0) = \lim_{h \to 0} \frac{f_x(h,0) - f_x(0,0)}{h} = \lim_{h \to 0} \frac{h}{h} = 1$$

于是有 $f_{xy}(0,0) \neq f_{yx}(0,0)$（由此也可以推知两个混合偏导数在原点不连续）.

以上关于二元函数的高阶偏导数概念、记号以及运算性质皆可以类似地推广到 n 元函数中去.

5.3.3 全微分

现在把一元函数微分的概念推广到多元函数中去.

定义 5.8 设函数 $z = f(x,y)$ 在点 $P_0(x_0, y_0)$ 的某邻域 $U(P_0)$ 内有定义，如果对于任意的点 $P(x,y) \in U(P_0)$，函数 $f(x,y)$ 的全增量 $\Delta z = f(x_0 + \Delta x, y_0 + \Delta y) - f(x_0, y_0)$ 可以表示为

$$\Delta z = f(x_0 + \Delta x, y_0 + \Delta y) - f(x_0, y_0) = A\Delta x + B\Delta y + o(\rho) \tag{5-12}$$

则称函数 $f(x,y)$ 在点 $P_0(x_0, y_0)$ 可微，并称式(5-12)的线性主部 $A\Delta x + B\Delta y$ 为函数 $f(x,y)$ 在点 $P_0(x_0, y_0)$ 的全微分，记为

$$\mathrm{d}z\big|_{(x_0, y_0)} = \mathrm{d}f\big|_{(x_0, y_0)} = A\Delta x + B\Delta y \tag{5-13}$$

其中 A, B 是与 $\Delta x, \Delta y$ 无关的常数（仅与点 $P_0(x_0, y_0)$ 有关），$\rho = \sqrt{\Delta x^2 + \Delta y^2} = (\sqrt{(\Delta x)^2 + (\Delta y)^2})$，而 $o(\rho)$ 是 ρ 的高阶无穷小量.

在使用时，有时也把 $o(\rho)$ 写成 $o(\rho) = \alpha \Delta x + \beta \Delta y$，即式(5-12)可以写成

$$\Delta z = A\Delta x + B\Delta y + \alpha \Delta x + \beta \Delta y \tag{5-14}$$

其中 $\alpha = o(1), \beta = o(1)$ $(\rho \to 0)$（这是为什么？留给读者思考）.

例 5.13 讨论函数 $f(x,y) = \begin{cases} xy\sin\dfrac{1}{x^2+y^2}, & x^2+y^2 \neq 0 \\ 0, & x^2+y^2 = 0 \end{cases}$ 在原点 O 的可微性.

解 函数在原点的全增量为 $\Delta z = f(\Delta x, \Delta y) - f(0,0) = \Delta x \Delta y \sin\dfrac{1}{\Delta x^2 + \Delta y^2}$

由于 $\left|\dfrac{\Delta z}{\rho}\right| = \left|\dfrac{\Delta x \Delta y}{\sqrt{\Delta x^2 + \Delta y^2}} \sin\dfrac{1}{\Delta x^2 + \Delta y^2}\right| \leq \left|\dfrac{\Delta x \Delta y}{\sqrt{\Delta x^2 + \Delta y^2}}\right| \leq \dfrac{1}{2}\sqrt{\Delta x^2 + \Delta y^2} = \dfrac{1}{2}\rho$

所以有 $\lim\limits_{\rho \to 0} \dfrac{\Delta z}{\rho} = 0$，即 $\Delta z = o(\rho)$. 这说明该函数在原点 O 可微，且 $\mathrm{d}z\big|_{(0,0)} = 0$.

我们知道一元函数有 $\mathrm{d}f_{x_0} = f'(x_0)\Delta x$. 同样地，二元函数也有相应的结果：

定理 5.12 如果函数 $z = f(x,y)$ 在点 $P_0(x_0, y_0)$ 可微，则函数 $f(x,y)$ 在点 $P_0(x_0, y_0)$ 的两个偏导数均存在，且有

$$\mathrm{d}z\big|_{(x_0, y_0)} = \frac{\partial z}{\partial x}\bigg|_{(x_0, y_0)} \Delta x + \frac{\partial z}{\partial y}\bigg|_{(x_0, y_0)} \Delta y \tag{5-15}$$

即在式(5-12)中有 $A = \dfrac{\partial z}{\partial x}\bigg|_{(x_0,y_0)} = f_x(x_0,y_0)$, $B = \dfrac{\partial z}{\partial y}\bigg|_{(x_0,y_0)} = f_y(x_0,y_0)$.

证 在 $\Delta z = A\Delta x + B\Delta y + o(\rho)$ 中取 $\Delta y = 0$,则 $\Delta_x z = A\Delta x + o(\Delta x)$,于是

$$\lim_{\Delta x \to 0} \frac{\Delta_x z}{\Delta x} = \lim_{\Delta x \to 0}[A + o(1)] = A \quad 即 \quad A = f_x(x_0,y_0)$$

同理可证 $B = f_y(x_0,y_0)$.

如果函数 $z = f(x,y)$ 在区域 D 内每一点 $P(x,y)$ 都可微,则称函数 $z = f(x,y)$ 在区域 D 可微,其全微分记为

$$\mathrm{d}z = \frac{\partial z}{\partial x}\Delta x + \frac{\partial z}{\partial y}\Delta y \tag{5-16}$$

由于 $z = x$ 和 $z = y$ 都可看成二元函数,按照式(5-16),它们的微分可以写成

$$\mathrm{d}x = \Delta x \quad 和 \quad \mathrm{d}y = \Delta y$$

因此,我们常把二元函数的全微分写成

$$\mathrm{d}z = \frac{\partial z}{\partial x}\mathrm{d}x + \frac{\partial z}{\partial y}\mathrm{d}y \tag{5-17}$$

由定义知道,多元函数的全微分有和一元函数的微分一样的四则运算法则

$$\mathrm{d}(f \pm g) = \mathrm{d}f \pm \mathrm{d}g, \quad \mathrm{d}(f \cdot g) = g \cdot \mathrm{d}f + f \cdot \mathrm{d}g$$
$$\mathrm{d}\left(\frac{f}{g}\right) = \frac{g \cdot \mathrm{d}f - f \cdot \mathrm{d}g}{g^2} \tag{5-18}$$

再来看看可微与偏导数之间存在的关系. 由定理 5.12 知道,偏导数存在是函数可微的必要条件,但偏导数存在不是函数可微的充分条件(这与一元函数的情形是不同的).

例 5.14 设函数 $f(x,y) = \begin{cases} \dfrac{xy}{\sqrt{x^2 + y^2}}, & x^2 + y^2 \neq 0 \\ 0, & x^2 + y^2 = 0 \end{cases}$.

容易算得 $f_x(0,0) = f_y(0,0) = 0$,但函数 $f(x,y)$ 在原点 $O(0,0)$ 却不可微. 事实上,如果函数在原点可微,则式子

$$\Delta z - \mathrm{d}z = [f(\Delta x, \Delta y) - f(0,0)] - [f_x(0,0)\Delta x + f_y(0,0)\Delta y] = \frac{\Delta x \Delta y}{\sqrt{\Delta x^2 + \Delta y^2}}$$

当 $\rho = \sqrt{\Delta x^2 + \Delta y^2} \to 0$ 时为 ρ 的高阶无穷小量,即应有

$$\lim_{\rho \to 0} \frac{\Delta z - \mathrm{d}z}{\rho} = \lim_{\rho \to 0} \frac{\Delta x \Delta y}{\Delta x^2 + \Delta y^2} = 0$$

但根据 5.1 节例 5.3 知道,上述这个极限不存在,因此这个函数在原点 $O(0,0)$ 不可微.

那么,我们要问,偏导数应满足怎样的条件,函数才可微呢?

定理 5.13 如果在点 $P_0(x_0, y_0)$ 的某邻域 $U(P_0)$ 内,函数 $z = f(x,y)$ 的两个偏导数皆存在,且这两个偏导函数都在点 $P_0(x_0, y_0)$ 连续,则函数 $f(x,y)$ 在点 $P_0(x_0, y_0)$ 可微.

证 考查函数在邻域 $U(P_0)$ 内的全增量,将其写成

$$\Delta z = f(x_0 + \Delta x, y_0 + \Delta y) - f(x_0, y_0)$$
$$= [f(x_0 + \Delta x, y_0 + \Delta y) - f(x_0, y_0 + \Delta y)] + [f(x_0, y_0 + \Delta y) - f(x_0, y_0)]$$

在每一个方括号内,都可以看成一元函数的增量,分别应用拉格朗日中值定理,得
$$\Delta z = f_x(x_0 + \theta_1 \Delta x, y_0 + \Delta y)\Delta x + f_y(x_0, y_0 + \theta_2 \Delta y)\Delta y (0 < \theta_1, \theta_2 < 1)$$
由于 $f_x(x, y)$, $f_y(x, y)$ 都在点 $P_0(x_0, y_0)$ 连续,所以有
$$f_x(x_0 + \theta_1 \Delta x, y_0 + \Delta y) = f_x(x_0, y_0) + \alpha, \quad f_y(x_0, y_0 + \theta_2 \Delta y) = f_y(x_0, y_0) + \beta$$
其中 $\alpha = o(1)$, $\beta = o(1)(\rho \to 0)$. 将上面两个等式代入 Δz 中,便得
$$\Delta z = f_x(x_0, y_0)\Delta x + f_y(x_0, y_0)\Delta y + \alpha \Delta x + \beta \Delta y$$
根据前面式(5-14),函数 $f(x, y)$ 在点 $P_0(x_0, y_0)$ 可微.

由于初等函数的偏导数为连续函数,所以初等函数在其偏导数的定义域内是可微的.

由定理 5.13 知,偏导数连续是函数可微的充分条件,但偏导数连续不是函数可微的必要条件. 例如,我们从例 5.13 知道函数 $f(x, y) = \begin{cases} xy\sin\dfrac{1}{x^2+y^2}, & x^2+y^2 \neq 0 \\ 0, & x^2+y^2 = 0 \end{cases}$ 在原点 O 是可微的,不难算出它的两个偏导数为

$$f_x(x, y) = \begin{cases} y\sin\dfrac{1}{x^2+y^2} - \dfrac{2x^2 y}{(x^2+y^2)^2}\cos\dfrac{1}{x^2+y^2}, & x^2+y^2 \neq 0 \\ 0, & x^2+y^2 = 0 \end{cases}$$

$$f_y(x, y) = \begin{cases} x\sin\dfrac{1}{x^2+y^2} - \dfrac{2xy^2}{(x^2+y^2)^2}\cos\dfrac{1}{x^2+y^2}, & x^2+y^2 \neq 0 \\ 0, & x^2+y^2 = 0 \end{cases}$$

可知重极限 $\lim\limits_{(x,y)\to(0,0)} f_x(x, y)$ 和 $\lim\limits_{(x,y)\to(0,0)} f_y(x, y)$ 都不存在(原因是第二项的极限不存在),因此 $f_x(x, y)$ 和 $f_y(x, y)$ 在原点 O 都不连续.

在定理 5.13 的证明过程中,我们还获得了二元函数的一个中值公式:

定理 5.14(中值公式) 设在点 $P_0(x_0, y_0)$ 的某邻域 $U(P_0)$ 内,函数 $f(x, y)$ 的两个偏导数都存在,则在该邻域内,有
$$f(x_0 + \Delta x, y_0 + \Delta y) - f(x_0, y_0) = f_x(\xi_1, y_0 + \Delta y)\Delta x + f_y(x_0, \xi_2)\Delta y \quad (5\text{-}19)$$
其中 $\xi_1 = x_0 + \theta_1 \Delta x$, $\xi_2 = y_0 + \theta_2 \Delta y (0 < \theta_1, \theta_2 < 1)$.

根据这个中值公式可以推得下述推论:

推论 5.1 如果二元函数 $f(x, y)$ 区域 D 内的两个偏导数皆存在,且在 D 内恒有
$$f_x(x, y) = f_y(x, y) = 0$$
则函数 $f(x, y)$ 在区域 D 内为常量函数.

下面举一个利用全微分求近似值的例子.

例 5.15 求 $0.98^{2.03}$ 的近似值.

解 由于 $0.98^{2.03} = (1 - 0.02)^{2+0.03}$,故可设 $f(x, y) = x^y$,并取 $x_0 = 1$, $y_0 = 2$, $\Delta x = -0.02$, $\Delta y = 0.03$,则有
$$0.98^{2.03} = f(x_0 + \Delta x, y_0 + \Delta y) \approx f(x_0, y_0) + f_x(x_0, y_0)\Delta x + f_y(x_0, y_0)\Delta y$$
$$= 1^2 + 2 \cdot 1^{2-1} \cdot (-0.02) + 1^2 \cdot \ln 1 \cdot (0.03) = 1 - 0.04 = 0.96.$$

以上关于二元函数的全微分概念及其运算性质,都可以类似地运用到 n 元函数中去,例如,三元函数 $w = \dfrac{y}{x} + \dfrac{z}{y} + \dfrac{x}{z}$ 的全微分为

$$dw = d\left(\frac{y}{x}\right) + d\left(\frac{z}{y}\right) + d\left(\frac{x}{z}\right) = \frac{xdy - ydx}{x^2} + \frac{ydz - zdy}{y^2} + \frac{zdx - xdz}{z^2}$$

$$= \left(\frac{1}{z} - \frac{y}{x^2}\right)dx + \left(\frac{1}{x} - \frac{z}{y^2}\right)dy + \left(\frac{1}{y} - \frac{x}{z^2}\right)dz.$$

思考两概念之间关系：多元函数可微与连续，可微与偏导数存在，偏导数存在与连续．

5.3.4 * 高阶全微分

本节把一元函数高阶微分的概念推广到多元函数中去．

设二元函数 $z = f(x,y)$ 在区域 D 内可微，现把全微分 $dz = \frac{\partial f}{\partial x}dx + \frac{\partial f}{\partial y}dy$ 只看做 (x,y) 的函数，而把 dx 和 dy 都看做常数，如果函数 dz 的全微分 $d(dz)$ 仍存在，则称这个全微分 $d(dz)$ 为 $z = f(x,y)$ 的二阶全微分，记做 d^2z. 类似地定义二元函数的三阶全微分 d^3z 直至 n 阶全微分 d^nz，二阶和二阶以上的全微分统称为高阶全微分．按照高阶全微分的定义和微分运算法则式(5-18)可知，二元函数 $z = f(x,y)$ 的二阶全微分为

$$d^2z = d\left(\frac{\partial f}{\partial x}dx + \frac{\partial f}{\partial y}dy\right) = d\left(\frac{\partial f}{\partial x}\right) \cdot dx + d\left(\frac{\partial f}{\partial y}\right) \cdot dy$$

$$= \left(\frac{\partial^2 f}{\partial x^2}dx + \frac{\partial^2 f}{\partial x \partial y}dy\right)dx + \left(\frac{\partial^2 f}{\partial y \partial x}dx + \frac{\partial^2 f}{\partial y^2}dy\right)dy$$

$$= \frac{\partial^2 f}{\partial x^2}dx^2 + 2\frac{\partial^2 f}{\partial x \partial y}dxdy + \frac{\partial^2 f}{\partial y^2}dy^2 \tag{5-20}$$

在最后一个等式中，假定了混合偏导数与求导顺序无关（对于初等函数总是成立的）．

一般地，二元函数 $z = f(x,y)$ 的 n 阶全微分（假定高阶混合偏导数连续）为

$$d^nz = \frac{\partial^n f}{\partial x^n}dx^n + n\frac{\partial^n f}{\partial x^{n-1}\partial y}dx^{n-1}dy + \frac{n(n-1)}{2!}\frac{\partial^n f}{\partial x^{n-2}\partial y^2}dx^{n-2}dy^2 + \cdots + \frac{\partial^n f}{\partial y^n}dy^n$$

$$= \sum_{k=0}^{n} C_n^k \frac{\partial^n f}{\partial x^{n-k}\partial y^k}dx^{n-k}dy^k$$

通常采用二项式公式的记号，而把这个结果记为

$$d^nz = \left(dx\frac{\partial}{\partial x} + dy\frac{\partial}{\partial y}\right)^n f \tag{5-21}$$

以上关于二元函数的高阶全微分概念及其运算性质都可以运用到 n 元函数中去．

习题 5.3

1. 求下列函数的一阶和二阶偏导数：

(1) $z = x^4 + y^4 - 4x^2y^2$; (2) $z = xy + \frac{x}{y}$; (3) $z = \frac{x}{\sqrt{x^2 + y^2}}$;

(4) $z = x\sin(x + y)$; (5) $z = \ln(x + y^2)$; (6) $z = \arctan\frac{y}{x}$;

(7) $z = \arcsin \dfrac{x}{\sqrt{x^2+y^2}}$; (8) $u = \left(\dfrac{x}{y}\right)^z$; (9) $u = x^{\frac{y}{z}}$;

(10) $u = x^{y^z}$.

2. 求下列函数的一阶和二阶全微分:

(1) $z = x^m y^n$; (2) $z = \dfrac{x}{y}$; (3) $z = \sqrt{x^2+y^2}$;

(4) $z = e^{xy}$; (5) $u = xy + yz + zx$;

(6) $u = \sqrt[z]{\dfrac{x}{y}}$, 求 $du|_{(1,1,1)}$, $d^2u|_{(1,1,1)}$.

3. 求下列高阶偏导数和高阶全微分:

(1) $z = x\ln(xy)$, 求 $\dfrac{\partial^3 z}{\partial x^2 \partial y}$; (2) $z = x^3\sin y + y^3\sin x$, 求 $\dfrac{\partial^6 z}{\partial x^3 \partial y^3}$;

(3) $z = \dfrac{x+y}{x-y}$, 求 $\dfrac{\partial^{m+n}z}{\partial x^m \partial y^n}$; (4) $u = \ln\dfrac{1}{\sqrt{(x-\xi)^2+(y-\eta)^2}}$, 求 $\dfrac{\partial^4 z}{\partial x \partial y \partial \xi \partial \eta}$;

(5) $z = x^3 + y^3 - 3xy(x-y)$, 求 d^3z; (6) $u = xyz$, 求 d^3z;

(7) $z = \ln(x+y)$, 求 $d^{10}z$.

4. 讨论函数 $f(x,y) = \begin{cases} y\sin\dfrac{1}{x^2+y^2}, & x^2+y^2 \neq 0 \\ 0, & x^2+y^2 = 0 \end{cases}$ 在原点 $(0,0)$ 的连续性, 两个偏导数是否存在?

5. 讨论函数 $f(x,y) = \sqrt{x^2+y^2}$ 在原点 $(0,0)$ 的连续性, 以及两个偏导数的存在性.

6. 讨论函数 $f(x,y) = \begin{cases} xy\sin\dfrac{1}{x^2+y^2}, & x^2+y^2 \neq 0 \\ 0, & x^2+y^2 = 0 \end{cases}$ 在原点 $(0,0)$ 的可微性.

7. 讨论函数 $f(x,y) = \begin{cases} \dfrac{xy^2}{x^2+y^2}, & x^2+y^2 \neq 0 \\ 0, & x^2+y^2 = 0 \end{cases}$ 在原点 $(0,0)$ 的连续性和可微性.

8. 讨论函数 $f(x,y) = \begin{cases} (x^2+y^2)\sin\dfrac{1}{\sqrt{x^2+y^2}}, & x^2+y^2 \neq 0 \\ 0, & x^2+y^2 = 0 \end{cases}$ 在原点 $(0,0)$ 的连续性和可微性, 以及偏导函数在原点 $(0,0)$ 的连续性.

9. 设函数 $f(x, y)$ 在点 (x_0, y_0) 存在偏导数 $f_x(x_0, y_0)$, 在点 (x_0, y_0) 的某邻域内存在偏导函数 $f_y(x, y)$, 且偏导函数 $f_y(x, y)$ 在点 (x_0, y_0) 连续, 证明 $f(x, y)$ 在点 (x_0, y_0) 可微.

10. 设函数 $f(x, y)$ 在点 (x_0, y_0) 某邻域内的两个偏导函数 $f_x(x, y)$, $f_y(x, y)$ 皆存在且有界, 证明函数 $f(x, y)$ 在该邻域内连续.

11. 用全微分近似计算:

(1) $1.002 \cdot 2.003^2 \cdot 3.004^3$; (2) $\sqrt{1.02^3 + 1.97^3}$.

5.4 复合函数微分法与方向导数

5.4.1 链式法则

对于多元初等复合函数，虽然完全可以按照一元复合函数的求导法则求偏导数，但是在理论和实际应用中，还会遇到求函数关系式没有完全给出的多元复合函数偏导数的问题. 因此，有必要把一元复合函数求导链式法则推广到多元复合函数的情形中去.

定理 5.15(链式法则) 设函数 $z = f(u, v)$ 在点 $Q_0(u_0, v_0)$ 可微，而函数 $u = u(x)$ 和 $v = v(x)$ 在点 x_0 可微，又 $u_0 = u(x_0)$，$v_0 = v(x_0)$，则复合函数 $z = f[u(x), v(x)]$ 在点 x_0 可微，且有

$$\left.\frac{dz}{dx}\right|_{x_0} = \left.\frac{\partial z}{\partial u}\right|_{(u_0, v_0)} \left.\frac{du}{dx}\right|_{x_0} + \left.\frac{\partial z}{\partial v}\right|_{(u_0, v_0)} \left.\frac{dv}{dx}\right|_{x_0} \tag{5-22}$$

证 由内、外函数的可微性得

$$\Delta u = \left.\frac{du}{dx}\right|_{x_0} \Delta x + \alpha_1 \Delta x, \quad \Delta v = \left.\frac{dv}{dx}\right|_{x_0} \Delta x + \alpha_2 \Delta x \tag{5-23}$$

$$\Delta z = \left.\frac{\partial z}{\partial u}\right|_{(u_0, v_0)} \Delta u + \left.\frac{\partial z}{\partial v}\right|_{(u_0, v_0)} \Delta v + \alpha \Delta u + \beta \Delta v \tag{5-24}$$

将式(5-23)中二式代入式(5-24)中，得

$$\Delta z = \left(\frac{\partial z}{\partial u} + \alpha\right) \left(\frac{du}{dx} \Delta x + \alpha_1 \Delta x\right) + \left(\frac{\partial z}{\partial v} + \beta\right) \left(\frac{dv}{dx} \Delta x + \alpha_2 \Delta x\right)$$

$$= \left(\left.\frac{\partial z}{\partial u}\right|_{(u_0, v_0)} \left.\frac{du}{dx}\right|_{x_0} + \left.\frac{\partial z}{\partial v}\right|_{(u_0, v_0)} \left.\frac{dv}{dx}\right|_{x_0}\right) \Delta x + \bar{\alpha} \Delta x \tag{5-25}$$

其中

$$\bar{\alpha} = \left(\alpha_1 \left.\frac{\partial z}{\partial u}\right|_{(u_0, v_0)} + \alpha \left.\frac{du}{dx}\right|_{x_0} + \alpha \alpha_1\right) + \left(\alpha_2 \left.\frac{\partial z}{\partial v}\right|_{(u_0, v_0)} + \beta \left.\frac{dv}{dx}\right|_{x_0} + \beta \alpha_2\right) \tag{5-26}$$

注意到，当 $\Delta x \to 0$ 时，有 $\alpha_1 \to 0$，$\alpha_2 \to 0$ 以及 $\Delta u \to 0$，$\Delta v \to 0$，$\rho = \sqrt{\Delta u^2 + \Delta v^2} \to 0$，从而得到 $\alpha \to 0$，$\beta \to 0$，于是结合式(5-26)知，当 $\Delta x \to 0$ 时，$\bar{\alpha} \to 0$. 再结合式(5-25)及一元函数可微性定义知复合函数 $z = f[u(x), v(x)]$ 在点 x_0 可微且式(5-22)成立.

推论 5.2(链式法则) 设函数 $z = f(u, v)$ 在点 $Q_0(u_0, v_0)$ 可微，而函数 $u = u(x, y)$ 和 $v = v(x, y)$ 在点 $P_0(x_0, y_0)$ 的偏导数皆存在，且 $u_0 = u(x_0, y_0)$，$v_0 = v(x_0, y_0)$，则复合函数 $z = f[u(x, y), v(x, y)]$ 在点 $P_0(x_0, y_0)$ 的两个偏导数也存在，且有

$$\left.\frac{\partial z}{\partial x}\right|_{(x_0, y_0)} = \left.\frac{\partial z}{\partial u}\right|_{(u_0, v_0)} \left.\frac{\partial u}{\partial x}\right|_{(x_0, y_0)} + \left.\frac{\partial z}{\partial v}\right|_{(u_0, v_0)} \left.\frac{\partial v}{\partial x}\right|_{(x_0, y_0)} \tag{5-27}$$

$$\left.\frac{\partial z}{\partial y}\right|_{(x_0, y_0)} = \left.\frac{\partial z}{\partial u}\right|_{(u_0, v_0)} \left.\frac{\partial u}{\partial y}\right|_{(x_0, y_0)} + \left.\frac{\partial z}{\partial v}\right|_{(u_0, v_0)} \left.\frac{\partial v}{\partial y}\right|_{(x_0, y_0)} \tag{5-28}$$

证 固定 $y = y_0$，则 $u = u(x, y_0)$，$v = v(x, y_0)$，应用定理 5.15 便得式(5-27). 同理，固定 $x = x_0$ 时，有式(5-28)成立.

补充说明：

(1) 在推论 5.2 中，如果将外函数的可微性条件保留，而将两个内函数偏导数存在的条件改为可微条件，则可仿照定理 5.15 的证明推出：复合函数 $z = f[u(x, y), v(x, y)]$

也可微且上述链式法则成立.

（2）多元函数的复合关系是多种多样的. 若中间变量或自变量多于两个，且内、外函数满足可微性条件，则复合函数可微且有相应的链式法则.

例如对 m 个中间变量 $(u_1, u_2, \cdots, u_m)$ 及 n 个自变量 $(x_1, x_2, \cdots, x_n)$ 的情形，其链式法则为：

$$\frac{\partial z}{\partial x_j} = \sum_{i=1}^{m} \frac{\partial z}{\partial u_i} \frac{\partial u_i}{\partial x_j}, (j=1,2,\cdots,n) \tag{5-29}$$

应用多元复合函数链式求导过程中，应注意链式法则中右边乘积项的个数与中间变量的个数相等，图 5-14 分别表示不同情形的链式法则.

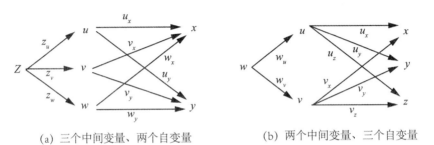

(a) 三个中间变量、两个自变量　　(b) 两个中间变量、三个自变量

图 5-14

（3）如图 5-15 所示，对于一些特殊情形仍可按上述链式法则求偏导数，如对 $z=f[u(x,y),x,y]$，则有

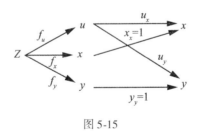

图 5-15

$$\frac{\partial z}{\partial x} = \frac{\partial f}{\partial u} \cdot \frac{\partial u}{\partial x} + \frac{\partial f}{\partial x}$$

$$\frac{\partial z}{\partial y} = \frac{\partial f}{\partial u} \cdot \frac{\partial u}{\partial y} + \frac{\partial f}{\partial y}$$

注意，这里的变量 x 同时以复合函数的自变量和中间变量出现，这时通常约定记号 $\frac{\partial f}{\partial x}$ 或 f_x 表示外函数对中间变量 x 的偏导数，而记号 $\frac{\partial z}{\partial x}$ 或 z_x 则表示复合函数对自变量 x 的偏导数，以示二者的区别. 但在一般情形下，如图 5-16 所示，两种记号意义相同. 又如 $z=f[u(t),v(t),t]$，则有

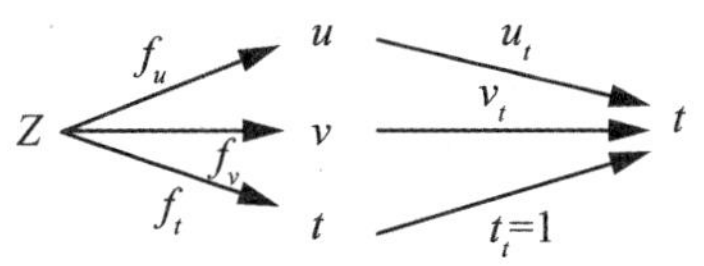

5.4 复合函数微分法与方向导数

图 5-16

$$\frac{\mathrm{d}z}{\mathrm{d}t} = \frac{\partial f}{\partial u} \cdot \frac{\mathrm{d}u}{\mathrm{d}t} + \frac{\partial f}{\partial v} \cdot \frac{\mathrm{d}u}{\mathrm{d}t} + \frac{\partial f}{\partial t}$$

例 5.16 设 $u = u(x,y)$ 可微,且 $x = r\cos\theta, y = r\sin\theta$,证明在极坐标下,有

$$\left(\frac{\partial u}{\partial r}\right)^2 + \frac{1}{r^2}\left(\frac{\partial u}{\partial \theta}\right)^2 = \left(\frac{\partial u}{\partial x}\right)^2 + \left(\frac{\partial u}{\partial y}\right)^2.$$

证 由链式法则得

$$\frac{\partial u}{\partial r} = \frac{\partial u}{\partial x} \cdot \frac{\partial x}{\partial r} + \frac{\partial u}{\partial y} \cdot \frac{\partial y}{\partial r} = \frac{\partial u}{\partial x}\cos\theta + \frac{\partial u}{\partial y}\sin\theta$$

$$\frac{\partial u}{\partial \theta} = \frac{\partial u}{\partial x} \cdot \frac{\partial x}{\partial \theta} + \frac{\partial u}{\partial y} \cdot \frac{\partial y}{\partial \theta} = \frac{\partial u}{\partial x}(-r\sin\theta) + \frac{\partial u}{\partial y}r\cos\theta$$

于是

$$\left(\frac{\partial u}{\partial r}\right)^2 + \frac{1}{r^2}\left(\frac{\partial u}{\partial \theta}\right)^2$$

$$= \left(\frac{\partial u}{\partial x}\cos\theta + \frac{\partial u}{\partial y}\sin\theta\right)^2 + \frac{1}{r^2}\left(-\frac{\partial u}{\partial x}r\sin\theta + \frac{\partial u}{\partial y}r\cos\theta\right)^2$$

$$= \left(\frac{\partial u}{\partial x}\right)^2 + \left(\frac{\partial u}{\partial y}\right)^2.$$

例 5.17 在变换 $u = x, v = x^2 - y^2$ 下,将方程 $y\frac{\partial z}{\partial x} + x\frac{\partial z}{\partial y} = 0$ 换成以 u,v 为自变量的方程.

解 由链式法则可得 $\quad \frac{\partial z}{\partial x} = \frac{\partial z}{\partial u} + 2x\frac{\partial u}{\partial y}, \quad \frac{\partial z}{\partial y} = -2y\frac{\partial u}{\partial y}$

代入原方程得 $\quad y\left(\frac{\partial z}{\partial u} + 2x\frac{\partial u}{\partial y}\right) + x\left(-2y\frac{\partial u}{\partial y}\right) = 0, \quad$ 即 $\quad \frac{\partial z}{\partial u} = 0$

此外,由方程 $\frac{\partial z}{\partial u} = 0$ 还可以以原方程的解为 $z = f(v)$(不含 u 的任意函数),得到原方程的解为 $z = f(x^2 - y^2)$. 可见多元复合函数的偏导数在求解偏微分方程时的作用.

例 5.18 设函数 $z = f\left(x, \frac{x}{y}\right)$ 具有二阶连续的偏导数,求 $\frac{\partial^2 z}{\partial x^2}, \frac{\partial^2 z}{\partial x \partial y}$.

解 这个函数是由 $z = f(u,v), u = x, v = \frac{x}{y}$ 复合而成的,因此

$$\frac{\partial z}{\partial x} = \frac{\partial f}{\partial u}\frac{\partial u}{\partial x} + \frac{\partial f}{\partial v}\frac{\partial v}{\partial x} = \frac{\partial f}{\partial u} + \frac{1}{y}\frac{\partial f}{\partial v}$$

注意到 $\frac{\partial f}{\partial u}, \frac{\partial f}{\partial v}$ 仍然是 $u = x, v = \frac{x}{y}$ 的复合函数,所以

$$\frac{\partial^2 z}{\partial x^2} = \frac{\partial}{\partial x}\left(\frac{\partial f}{\partial u} + \frac{1}{y}\frac{\partial f}{\partial v}\right) = \frac{\partial}{\partial x}\left(\frac{\partial f}{\partial u}\right) + \frac{1}{y}\frac{\partial}{\partial x}\left(\frac{\partial f}{\partial v}\right)$$

$$= \frac{\partial^2 f}{\partial u^2}\frac{\partial u}{\partial x} + \frac{\partial^2 f}{\partial u \partial v}\frac{\partial v}{\partial x} + \frac{1}{y}\left(\frac{\partial^2 f}{\partial v \partial u}\frac{\partial u}{\partial x} + \frac{\partial^2 f}{\partial v^2}\frac{\partial v}{\partial x}\right)$$

$$= \frac{\partial^2 f}{\partial u^2} \cdot 1 + \frac{\partial^2 f}{\partial u \partial v} \cdot \frac{1}{y} + \frac{1}{y}\left(\frac{\partial^2 f}{\partial v \partial u} \cdot 1 + \frac{\partial^2 f}{\partial v^2} \cdot \frac{1}{y}\right) = \frac{\partial^2 f}{\partial u^2} + \frac{2}{y}\frac{\partial^2 f}{\partial u \partial v} + \frac{1}{y^2}\frac{\partial^2 f}{\partial v^2}$$

$$\frac{\partial^2 z}{\partial x \partial y} = \frac{\partial}{\partial y}\left(\frac{\partial f}{\partial u} + \frac{1}{y}\frac{\partial f}{\partial v}\right) = \frac{\partial^2 f}{\partial u^2}\frac{\partial u}{\partial y} + \frac{\partial^2 f}{\partial u \partial v}\frac{\partial v}{\partial y} - \frac{1}{y^2}\frac{\partial f}{\partial v} + \frac{1}{y}\left(\frac{\partial^2 f}{\partial v \partial u}\frac{\partial u}{\partial y} + \frac{\partial^2 f}{\partial v^2}\frac{\partial v}{\partial y}\right)$$

$$= -\frac{x}{y^2}\frac{\partial^2 f}{\partial u \partial v} - \frac{x}{y^3}\frac{\partial^2 f}{\partial v^2} - \frac{1}{y^2}\frac{\partial f}{\partial v}.$$

简便记号 有时为方便起见,可以不设中间变量,如例 5.18 中,可以采用下面记号,以 f_1 和 f_2 分别表示 $f\left(x,\dfrac{x}{y}\right)$ 对第一个中间变量和第二个中间变量的偏导数;以 f_{11} 表示函数 $f_1\left(x,\dfrac{x}{y}\right)$ 再对第一个中间变量求偏导数(二阶偏导数),其余记号依此类推. 则有

$$\frac{\partial z}{\partial x} = f_1 \cdot 1 + f_2 \cdot \frac{1}{y} = f_1 + \frac{1}{y}f_2$$

$$\frac{\partial^2 z}{\partial x^2} = \frac{\partial}{\partial x}\left(f_1 + \frac{1}{y}f_2\right) = \frac{\partial}{\partial x}(f_1) + \frac{1}{y}\frac{\partial}{\partial x}(f_2)$$

$$= \left(f_{11} + \frac{1}{y}f_{12}\right) + \frac{1}{y}\left(f_{21} + \frac{1}{y}f_{22}\right) = f_{11} + \frac{2}{y}f_{12} + \frac{1}{y^2}f_{22}$$

$$\frac{\partial^2 z}{\partial x \partial y} = \frac{\partial}{\partial y}\left(f_1 + \frac{1}{y}f_2\right) = \frac{\partial}{\partial y}(f_1) + \frac{1}{y}\frac{\partial}{\partial y}(f_2) - \frac{1}{y^2}f_2$$

$$= \left[f_{11} \cdot 0 + f_{12} \cdot \left(-\frac{x}{y^2}\right)\right] + \frac{1}{y} \cdot \left[f_{21} \cdot 0 + f_{22} \cdot \left(-\frac{x}{y^2}\right)\right] - \frac{1}{y^2} \cdot f_2$$

$$= -\frac{x}{y^2} \cdot f_{12} - \frac{x}{y^3} \cdot f_{22} - \frac{1}{y^2} \cdot f_2.$$

5.4.2 一阶全微分形式的不变性

多元函数的全微分有和一元函数微分相类似的微分形式不变性. 根据上述补充说明 1 可知,如果函数 $z = f(u,v)$ 在点 (u,v) 可微,而函数 $u = u(x,y)$ 和 $v = v(x,y)$ 在点 (x,y) 也可微,则复合函数 $z = f[u(x,y), v(x,y)]$ 在点 (x,y) 可微,且有

$$\frac{\partial z}{\partial x} = \frac{\partial z}{\partial u}\frac{\partial u}{\partial x} + \frac{\partial z}{\partial v}\frac{\partial v}{\partial x}, \frac{\partial z}{\partial y} = \frac{\partial z}{\partial u}\frac{\partial u}{\partial y} + \frac{\partial z}{\partial v}\frac{\partial v}{\partial y}$$

于是 $\quad dz = \dfrac{\partial z}{\partial x}dx + \dfrac{\partial z}{\partial y}dy = \left(\dfrac{\partial z}{\partial u}\dfrac{\partial u}{\partial x} + \dfrac{\partial z}{\partial v}\dfrac{\partial v}{\partial x}\right)dx + \left(\dfrac{\partial z}{\partial u}\dfrac{\partial u}{\partial y} + \dfrac{\partial z}{\partial v}\dfrac{\partial v}{\partial y}\right)dy$

$$= \frac{\partial z}{\partial u}\left(\frac{\partial u}{\partial x}dx + \frac{\partial u}{\partial y}dy\right) + \frac{\partial z}{\partial v}\left(\frac{\partial v}{\partial x}dx + \frac{\partial v}{\partial y}dy\right) = \frac{\partial z}{\partial u}du + \frac{\partial z}{\partial v}dv$$

即 $\quad dz = \dfrac{\partial z}{\partial u}du + \dfrac{\partial z}{\partial v}dv = \dfrac{\partial z}{\partial u}\left(\dfrac{\partial u}{\partial x}dx + \dfrac{\partial u}{\partial y}dy\right) + \dfrac{\partial z}{\partial v}\left(\dfrac{\partial v}{\partial x}dx + \dfrac{\partial v}{\partial y}dy\right)$

$$= \frac{\partial z}{\partial x}dx + \frac{\partial z}{\partial y}dy \tag{5-30}$$

式(5-30)就是复合函数 $z = f[u(x,y),v(x,y)]$ 的微分法则,又称为一阶全微分形式的不变性. 对于其他类型的复合函数,也有类似的微分法则.

下面举一个利用全微分形式的不变性求偏导数的例子.

例 5.19 设 $w = f(x,y,z), y = \varphi(x,u), u = \psi(x,z)$ 都可微,试求 $\dfrac{\partial w}{\partial x}, \dfrac{\partial w}{\partial z}$.

解 由全微分形式不变性知

$$\mathrm{d}w = \frac{\partial f}{\partial x}\mathrm{d}x + \frac{\partial f}{\partial y}\mathrm{d}y + \frac{\partial f}{\partial z}\mathrm{d}z = \frac{\partial f}{\partial x}\mathrm{d}x + \frac{\partial f}{\partial y}\left(\frac{\partial \varphi}{\partial x}\mathrm{d}x + \frac{\partial \varphi}{\partial u}\mathrm{d}u\right) + \frac{\partial f}{\partial z}\mathrm{d}z$$

$$= \frac{\partial f}{\partial x}\mathrm{d}x + \frac{\partial f}{\partial y}\left[\frac{\partial \varphi}{\partial x}\mathrm{d}x + \frac{\partial \varphi}{\partial u}\left(\frac{\partial \psi}{\partial x}\mathrm{d}x + \frac{\partial \psi}{\partial z}\mathrm{d}z\right)\right] + \frac{\partial f}{\partial z}\mathrm{d}z$$

$$= \left(\frac{\partial f}{\partial x} + \frac{\partial f}{\partial y}\frac{\partial \varphi}{\partial x} + \frac{\partial f}{\partial y}\frac{\partial \varphi}{\partial u}\frac{\partial \psi}{\partial x}\right)\mathrm{d}x + \left(\frac{\partial f}{\partial y}\frac{\partial \varphi}{\partial u}\frac{\partial \psi}{\partial z} + \frac{\partial f}{\partial z}\right)\mathrm{d}z$$

因此

$$\frac{\partial w}{\partial x} = \frac{\partial f}{\partial x} + \frac{\partial f}{\partial y}\frac{\partial \varphi}{\partial x} + \frac{\partial f}{\partial y}\frac{\partial \varphi}{\partial u}\frac{\partial \psi}{\partial x}, \frac{\partial w}{\partial z} = \frac{\partial f}{\partial y}\frac{\partial \varphi}{\partial u}\frac{\partial \psi}{\partial z} + \frac{\partial f}{\partial z}.$$

5.4.3 方向导数与梯度

现在考查多元函数沿某固定方向的变化率——方向导数.

定义 5.9 设函数 $f(x,y,z)$ 在点 $P_0(x_0,y_0,z_0)$ 的某邻域 $U(P_0)$ 内有定义,l 为从点 P_0 出发且具有固定方向 l 的一条射线,对于任意 $P(x,y,z) \in U(P_0) \cap l$,设 $\rho = \|P - P_0\|$(距离),如果极限

$$\lim_{\rho \to 0}\frac{\Delta_l f}{\rho} = \lim_{\rho \to 0}\frac{f(x,y,z) - f(x_0,y_0,z_0)}{\rho} \tag{5-31}$$

存在,则称此极限为函数 $f(x,y,z)$ 在点 P_0 沿方向 l 的方向导数,记为

$$\left.\frac{\partial f}{\partial \boldsymbol{l}}\right|_{P_0}, f_l(P_0) \quad \text{或} \quad f_l(x_0,y_0,z_0).$$

显然,沿 x 轴正向的方向导数和沿 x 轴负向的方向导数分别为

$$\left.\frac{\partial f}{\partial \boldsymbol{l}}\right|_{P_0} = f_x(x_0,y_0,z_0) \quad \text{和} \quad \left.\frac{\partial f}{\partial \boldsymbol{l}}\right|_{P_0} = -f_x(x_0,y_0,z_0).$$

应用复合函数的微分法则,容易推得以下定理.

定理 5.16 如果函数 $f(x,y,z)$ 在点 $P_0(x_0,y_0,z_0)$ 可微,则函数 $f(x,y,z)$ 在点 P_0 沿任何固定方向 l 的方向导数皆存在,且有

$$f_l(P_0) = f_x(P_0)\cos\alpha + f_y(P_0)\cos\beta + f_z(P_0)\cos\gamma \tag{5-32}$$

其中 $\cos\alpha, \cos\beta, \cos\gamma$ 为向量 $\boldsymbol{l}$ 的方向余弦.

证 如图 5-17 所示,$\forall P(x,y,z) \in U(P_0)$,有 $x = x_0 + \rho\cos\alpha, y = y_0 + \rho\cos\beta, z = z_0 + \rho\cos\gamma$.

令 $F(\rho) = f(x_0 + \rho\cos\alpha, y_0 + \rho\cos\beta, z_0 + \rho\cos\gamma)$,由方向导数定义(式(5-31)),应有

$$F'(0) = \lim_{\rho \to 0}\frac{F(\rho) - F(0)}{\rho} = f_l(P_0)$$

由于 $f(x,y,z)$ 在点 P_0 可微,且 $\mathrm{d}x = \cos\alpha\mathrm{d}\rho, \mathrm{d}y = \cos\beta\mathrm{d}\rho, \mathrm{d}z = \cos\gamma\mathrm{d}\rho$,由微分形式不变性得

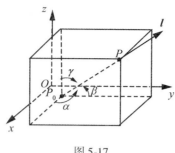

图 5-17

$$\mathrm{d}F(\rho)\big|_{\rho=0} = (f_x(P_0)\mathrm{d}x + f_y(P_0)\mathrm{d}y + f_z(P_0)\mathrm{d}z)\big|_{\rho=0}$$
$$= (f_x(P_0)\cos\alpha + f_y(P_0)\cos\beta + f_z(P_0)\cos\gamma)\mathrm{d}\rho$$

因此 $\quad F'(0) = f_x(P_0)\cos\alpha + f_y(P_0)\cos\beta + f_z(P_0)\cos\gamma$

这就证明了公式(5-32).

由于二元函数 $f(x,y)$ 可以看成为特殊的三元函数, 所以其方向导数为

$$f_l(x_0, y_0) = f_x(x_0, y_0)\cos\alpha + f_y(x_0, y_0)\cos\beta \tag{5-33}$$

其中 $\cos\alpha, \cos\beta = \sin\alpha$ 为平面向量 l 的方向余弦.

例 5.20 求函数 $w = \ln(x + y^2 + z^3)$ 在点 $P_0(1,1,1)$ 沿向量 $l = (1,2,2)$ 的方向导数 $\dfrac{\partial w}{\partial l}\bigg|_{P_0}$.

解 容易算得 $\dfrac{\partial w}{\partial x}\bigg|_{P_0} = \dfrac{1}{3}, \dfrac{\partial w}{\partial y}\bigg|_{P_0} = \dfrac{2}{3}, \dfrac{\partial w}{\partial x}\bigg|_{P_0} = 1$, 又沿 $l = (1,2,2)$ 的单位向量为 $l_0 = \left(\dfrac{1}{3}, \dfrac{2}{3}, \dfrac{2}{3}\right)$, 故所求方向导数为

$$\dfrac{\partial w}{\partial l}\bigg|_{P_0} = \dfrac{1}{3} \times \dfrac{1}{3} + \dfrac{2}{3} \times \dfrac{2}{3} + 1 \times \dfrac{2}{3} = \dfrac{11}{9}.$$

例 5.21 设 $f(x,y) = \begin{cases} \dfrac{xy}{\sqrt{x^2+y^2}}, & x^2+y^2 \neq 0 \\ 0, & x^2+y^2 = 0 \end{cases}$, 考查函数 $f(x,y)$ 在原点 $O(0,0)$ 沿任何固定方向 $l = (\cos\alpha, \sin\alpha)$ 的方向导数 $\dfrac{\partial f}{\partial l}\bigg|_{(0,0)}$.

解 由于 $\lim\limits_{\rho \to 0} \dfrac{\Delta_l f}{\rho} = \lim\limits_{\rho \to 0} \dfrac{f(\rho\cos\alpha, \rho\sin\alpha) - f(0,0)}{\rho}$

$$= \lim_{\rho \to 0} \dfrac{\rho\cos\alpha \cdot \rho\sin\alpha}{\rho^2} = \cos\alpha\sin\alpha$$

故所求方向导数为 $\quad \dfrac{\partial f}{\partial l}\bigg|_{(0,0)} = \cos\alpha\sin\alpha.$

另外,由例子的结果 $\dfrac{\partial f}{\partial l}\bigg|_{(0,0)} = \cos\alpha\sin\alpha$ 还可发现,例中函数在原点不可微. 这是因为 $f_x(0,0) = f_y(0,0) = 0$, 所以只要 $\cos\alpha\sin\alpha \neq 0$,

就有
$$\left.\frac{\partial f}{\partial l}\right|_{(0,0)} \neq f_x(0,0)\cos\alpha + f_y(0,0)\sin\alpha$$

故由定理 5.16 便知该函数在原点不可微(试比较 5.4 节中例 5.14 的方法).

设函数 $f(x,y,z)$ 的三个偏导数皆存在，我们称向量 $\left(\dfrac{\partial f}{\partial x},\dfrac{\partial f}{\partial y},\dfrac{\partial f}{\partial z}\right)$ 为 $f(x,y,z)$ 的梯度，记作 $\mathbf{grad}f = \left(\dfrac{\partial f}{\partial x},\dfrac{\partial f}{\partial y},\dfrac{\partial f}{\partial z}\right)$. 这样，在函数可微的条件下，公式(5-32) 便可表示成

$$\frac{\partial f}{\partial l} = \mathbf{grad}f \cdot \mathbf{l}_0 = |\mathbf{grad}f|\cos\theta \tag{5-34}$$

其中 $\mathbf{l}_0 = (\cos\alpha, \cos\beta, \cos\gamma)$，$\theta$ 为两向量 $\mathbf{grad}f$ 和 $\mathbf{l}_0$ 的夹角.

式(5-34) 说明方向导数 $\dfrac{\partial f}{\partial l}$ 是梯度向量 $\mathbf{grad}f$ 在该方向 l 上的投影，并且当方向 l 与梯度向量 $\mathbf{grad}f$ 平行时，方向导数 $\dfrac{\partial f}{\partial l}$ 的绝对值达到最大，亦即函数沿梯度方向的变化率的绝对值达到最大.

对于二元函数 $z = f(x,y)$ 来说，$f(x,y) = C$ 表示该函数图像的等高线，对等高线方程的两边微分，得

$$\frac{\partial f}{\partial x}\mathrm{d}x + \frac{\partial f}{\partial y}\mathrm{d}y = 0 \tag{5-35}$$

其中向量 $\mathbf{t} = (\mathrm{d}x, \mathrm{d}y)$ 为等高线的切向量(切线的方向向量). 式(5-35) 说明二元函数的梯度向量的方向恰为等高线法方向(与切线垂直的方向). 由于函数沿梯度方向的变化率的绝对值达到最大，因此，在一座山的坡面上，与等高线垂直方向的坡度最大，如图 5-18 所示. 对三元函数的梯度也可以作出类似的解释(参见 5.7 节第四段).

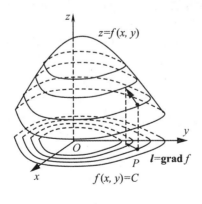

图 5-18

例 5.22 设点电荷 q 位于原点 $O(0,0)$，由物理学知识知道，点电荷 q 产生的静电场在空间任一点 $P(x,y,z)$ 的点位为 $V = \dfrac{q}{4\pi\varepsilon \cdot r} = \dfrac{q}{4\pi\varepsilon} \cdot \dfrac{1}{\sqrt{x^2+y^2+z^2}}$，求电位 V 的梯度.

解 $\dfrac{\partial V}{\partial x} = \dfrac{q}{4\pi\varepsilon} \dfrac{\partial}{\partial x}\left(\dfrac{1}{r}\right) = \dfrac{q}{4\pi\varepsilon}\left(-\dfrac{1}{r^2}\right)\dfrac{\partial r}{\partial x} = \dfrac{q}{4\pi\varepsilon}\left(-\dfrac{1}{r^2}\right)\dfrac{x}{r} = -\dfrac{q}{4\pi\varepsilon}\cdot\dfrac{x}{r^3}$

同理 $\dfrac{\partial V}{\partial y} = -\dfrac{q}{4\pi\varepsilon}\cdot\dfrac{y}{r^3},\quad \dfrac{\partial V}{\partial z} = -\dfrac{q}{4\pi\varepsilon}\cdot\dfrac{z}{r^3}$

故 $\mathbf{grad}V = -\dfrac{q}{4\pi\varepsilon}\cdot\dfrac{1}{r^3}\{x,y,z\} = -\dfrac{q}{4\pi\varepsilon}\cdot\dfrac{\mathbf{r}}{r^3}$

由物理学知识知,除去负号,上式正是点电荷在 $P(x,y,z)$ 点的电场强度 $\mathbf{E}$,即 $\mathbf{E} = -\mathbf{grad}V$. 这是梯度概念的一个物理背景.

习题 5.4

1. 求下列复合函数的一阶和二阶偏导数:

(1) $z = f\left(x,\dfrac{x}{y}\right)$; (2) 设 $z = f(x+y,xy)$,求 $\dfrac{\partial^2 z}{\partial x \partial y}$;

(3) $u = f(x^2+y^2+z^2)$;

(4) 设 $u = f(x+y+z, x^2+y^2+z^2)$,求 $\Delta u = \dfrac{\partial^2 u}{\partial x^2} + \dfrac{\partial^2 u}{\partial y^2} + \dfrac{\partial^2 u}{\partial z^2}$.

2. 求下列复合函数的一阶和二阶全微分:

(1) $z = f(\sqrt{x^2+y^2})$; (2) $z = f(x+y,x-y)$;

(3) $u = f(t,t^2,t^3)$; (4) $u = f\left(\dfrac{x}{y},\dfrac{y}{z}\right)$.

3. 设函数 $f(x)$ 可微,证明函数 $z = x^n f\left(\dfrac{y}{x^2}\right)$ 满足微分方程 $x\dfrac{\partial z}{\partial x} + 2y\dfrac{\partial z}{\partial y} = nz$.

4. 设函数 $f(x)$ 可微,证明函数 $z = y\cdot f(x^2-y^2)$ 满足微分方程 $y^2\dfrac{\partial z}{\partial x} + xy\dfrac{\partial z}{\partial y} = xz$.

5. 设 $u = f(x,y), x = r\cos\theta, y = r\sin\theta$,证明:$\dfrac{\partial^2 u}{\partial x^2} + \dfrac{\partial^2 u}{\partial y^2} = \dfrac{\partial^2 u}{\partial r^2} + \dfrac{1}{r}\dfrac{\partial u}{\partial r} + \dfrac{1}{r^2}\dfrac{\partial^2 u}{\partial \theta^2}$.

6. 设 $\varphi(x)$ 和 $\psi(x)$ 皆可微,证明 $u = \varphi(x-at) + \psi(x+at)$ 满足弦振动方程 $\dfrac{\partial^2 u}{\partial t^2} = a^2\dfrac{\partial^2 u}{\partial x^2}$.

7. 设二元函数 $u = u(x,t)$ 满足热传导方程,即 $\dfrac{\partial u}{\partial t} = a^2\dfrac{\partial^2 u}{\partial x^2}$,证明函数

$$v = \dfrac{1}{a\sqrt{t}}\mathrm{e}^{-\frac{x^2}{4a^2 t}}\cdot u\left(\dfrac{x}{a^2 t}, -\dfrac{1}{a^4 t}\right)$$

也满足热传导方程.

8. 设函数 $u = u(x,t)$ 满足拉普拉斯方程,即 $\dfrac{\partial^2 u}{\partial x^2} + \dfrac{\partial^2 u}{\partial y^2} = 0$,证明 $u = u\left(\dfrac{x}{x^2+y^2},\dfrac{y}{x^2+y^2}\right)$ 也满足拉普拉斯方程.

9. 设 $u = u(x,y,z)$ 满足拉普拉斯方程 $\dfrac{\partial^2 u}{\partial x^2} + \dfrac{\partial^2 u}{\partial y^2} + \dfrac{\partial^2 u}{\partial z^2} = 0$,则 $v = \dfrac{1}{r}\cdot u\left(\dfrac{k^2 x}{r^2},\dfrac{k^2 y}{r^2},\dfrac{k^2 z}{r^2}\right)$ 也满足该拉普拉斯方程.

5.5 多元函数的泰勒公式

我们知道,一元函数的泰勒公式有着重要应用,现在把它推广到多元函数的情形,仍以二元函数为例进行讨论.

定理 5.17(泰勒定理) 设在点 $P_0(x_0,y_0)$ 的某邻域 $U(P_0)$ 内,函数 $f(x,y)$ 所有 $n+1$ 阶偏导函数皆存在且连续,则对于任一 $P(x_0+\Delta x,y_0+\Delta y)\in U(P_0)$,都存在相应的 $\theta\in(0,1)$,使得

$$f(x_0+\Delta x,y_0+\Delta y)=f(x_0,y_0)+\frac{1}{1!}\left(\Delta x\frac{\partial f}{\partial x}+\Delta y\frac{\partial f}{\partial y}\right)\bigg|_{(x_0,y_0)}+$$

$$\frac{1}{2!}\left(\Delta x^2\frac{\partial^2 f}{\partial x^2}+2\Delta x\Delta y\frac{\partial^2 f}{\partial x\partial y}+\Delta y^2\frac{\partial^2 f}{\partial y^2}\right)\bigg|_{(x_0,y_0)}+$$

$$\frac{1}{3!}\left(\Delta x^3\frac{\partial^3 f}{\partial x^3}+3\Delta x^2\Delta y\frac{\partial^3 f}{\partial x^2\partial y}+3\Delta x\Delta y^2\frac{\partial^3 f}{\partial x\partial y^2}+\Delta y^3\frac{\partial^3 f}{\partial y^3}\right)\bigg|_{(x_0,y_0)}+\cdots+$$

$$\frac{1}{n!}\left(\sum_{i=0}^{n}C_n^i\Delta x^{n-i}\Delta y^i\frac{\partial^n f}{\partial x^{n-i}\partial y^i}\right)\bigg|_{(x_0,y_0)}+R_n \tag{5-36}$$

其中

$$R_n=\frac{1}{(n+1)!}\left(\sum_{i=0}^{n+1}C_{n+1}^i\Delta x^{n+1-i}\Delta y^i\frac{\partial^{n+1} f}{\partial x^{n+1-i}\partial y^i}\right)\bigg|_{(x_0+\theta h,y_0+\theta k)} \tag{5-37}$$

R_n 称为拉格朗日型余项.

证 令 $\Phi(t)=f(x_0+t\Delta x,y_0+t\Delta y)$,则 $\Phi(t)$ 在 $[0,1]$ 上具有连续的 $n+1$ 阶导函数,且

$$\Phi'(t)=\left(\Delta x\frac{\partial f}{\partial x}+\Delta y\frac{\partial f}{\partial y}\right)\bigg|_{(x_0+t\Delta x,y_0+t\Delta y)}$$

$$\Phi''(t)=\left(\Delta x^2\frac{\partial^2 f}{\partial x^2}+2\Delta x\Delta y\frac{\partial^2 f}{\partial x\partial y}+\Delta y^2\frac{\partial^2 f}{\partial y^2}\right)\bigg|_{(x_0+t\Delta x,y_0+t\Delta y)}$$

$$\vdots$$

$$\Phi^{(n)}(t)=\left(\sum_{i=0}^{n}C_n^i\Delta x^{n-i}\Delta y^i\frac{\partial^n f}{\partial x^{n-i}\partial y^i}\right)\bigg|_{(x_0+t\Delta x,y_0+t\Delta y)}$$

得 $\Phi(0)=f(x_0,y_0)$,$\Phi(1)=f(x_0+\Delta x,y_0+\Delta y)$,$\Phi'(0)=\left(\Delta x\dfrac{\partial f}{\partial x}+\Delta y\dfrac{\partial f}{\partial y}\right)\bigg|_{(x_0,y_0)}$,

$$\Phi''(0)=\left(\Delta x^2\frac{\partial^2 f}{\partial x^2}+2\Delta x\Delta y\frac{\partial^2 f}{\partial x\partial y}+\Delta y^2\frac{\partial^2 f}{\partial y^2}\right)\bigg|_{(x_0,y_0)},\cdots,$$

$$\Phi^{(n)}(0)=\left(\sum_{i=0}^{n}C_n^i\Delta x^{n-i}\Delta y^i\frac{\partial^n f}{\partial x^{n-i}\partial y^i}\right)\bigg|_{(x_0,y_0)}$$

将以上 $\Phi(1)$、$\Phi(0)$、$\Phi^{(n+1)}(\theta)$ 以及各 $\Phi^{(i)}(0)(i=1,2,\cdots,n)$ 的结果组成一元函数的泰勒公式:

$$\Phi(1)=\Phi(0)+\frac{\Phi'(0)}{1!}+\frac{\Phi''(0)}{2!}+\cdots+\frac{\Phi^{(n)}(0)}{n!}+\frac{\Phi^{(n+1)}(\theta)}{(n+1)!}$$

便可得到式(5-36).

由于泰勒公式(5-36)中每个括号内的项和二项式的展开相仿,所以式(5-36)也可以

写成

$$f(x_0+\Delta x,y_0+\Delta y)=f(x_0,y_0)+\frac{1}{1!}\left(\Delta x\frac{\partial}{\partial x}+\Delta y\frac{\partial}{\partial y}\right)f(x_0,y_0)+$$

$$\frac{1}{2!}\left(\Delta x\frac{\partial f}{\partial x}+\Delta y\frac{\partial}{\partial y}\right)^2 f(x_0,y_0)+\cdots+\frac{1}{n!}\left(\Delta x\frac{\partial f}{\partial x}+\Delta y\frac{\partial}{\partial y}\right)^n$$

$$f(x_0,y_0)+\frac{1}{(n+1)!}\left(\Delta x\frac{\partial f}{\partial x}+\Delta y\frac{\partial}{\partial y}\right)^{n+1} f(x_0+\theta h,y_0+\theta k)$$

(5-38)

若采用二元函数高阶微分的记号(见 5.3 第四段式(5-21)),则泰勒公式又可以表示为

$$f(x_0+\Delta x,y_0+\Delta y)=f(x_0,y_0)+\frac{1}{1!}\mathrm{d}f\big|_{(x_0,y_0)}+\frac{1}{2!}\mathrm{d}^2f\big|_{(x_0,y_0)}+\cdots+\frac{1}{n!}\mathrm{d}^nf\big|_{(x_0,y_0)}+$$

$$\frac{1}{(n+1)!}\mathrm{d}^{n+1}f\big|_{(x_0+\theta\Delta x,y_0+\theta\Delta y)}$$

(5-39)

由于函数 $f(x,y)$ 的 $n+1$ 阶偏导函数皆存在且连续,所以余项式(5-37)可以表示成

$$R_n=o(\rho^n),\rho=\sqrt{h^2+k^2}$$

这种余项 $R_n=o(\rho^n)$ 称为皮亚诺型余项.

泰勒公式当 $(x_0,y_0)=(0,0)$ 时的情形,即

$$f(x,y)=f(0,0)+\frac{1}{1!}\left(x\frac{\partial}{\partial x}+y\frac{\partial}{\partial y}\right)f(0,0)+\frac{1}{2!}\left(x\frac{\partial f}{\partial x}+y\frac{\partial}{\partial y}\right)^2 f(0,0)+\cdots+$$

$$\frac{1}{n!}\left(x\frac{\partial f}{\partial x}+y\frac{\partial}{\partial y}\right)^n f(0,0)+\frac{1}{(n+1)!}\left(x\frac{\partial f}{\partial x}+y\frac{\partial}{\partial y}\right)^{n+1} f(\theta x,\theta y) \quad (5\text{-}40)$$

或

$$f(x,y)=f(0,0)+\frac{1}{1!}\left(x\frac{\partial}{\partial x}+y\frac{\partial}{\partial y}\right)f(0,0)+\frac{1}{2!}\left(x\frac{\partial f}{\partial x}+y\frac{\partial}{\partial y}\right)^2 f(0,0)+\cdots+$$

$$\frac{1}{n!}\left(x\frac{\partial f}{\partial x}+y\frac{\partial}{\partial y}\right)^n f(0,0)+o(\rho^n) \quad (5\text{-}41)$$

皆称为麦克劳林公式.

在泰勒公式(5-36)中,取 $n=0$ 时,公式成为

$$f(x_0+\Delta x,y_0+\Delta y)-f(x_0,y_0)$$
$$=f_x(x_0+\theta\Delta x,y_0+\theta\Delta y)\Delta x+f_y(x_0+\theta\Delta x,y_0+\theta\Delta y)\Delta y \quad (5\text{-}42)$$

式(5-42)称为拉格朗日中值公式,它是一元函数拉格朗日公式的推广. 这个中值公式比 5.3 节中的中值公式(5-19)更具对称性,使用起来比较方便.

可以仿照二元函数的泰勒公式写出 n 元函数的泰勒公式,这里不再赘述.

多元函数的泰勒公式也有许多应用,这里先举一个在近似计算方面的例子. 在 5.8 节中,我们还将看到在多元函数极值问题中的应用.

例 5.23 求函数 $f(x,y)=x^y$ 在点 $P(1,2)$ 的二阶泰勒公式,并用该公式求 $0.98^{2.03}$ 的近似值.

解 因为 $f_x(x,y)=yx^{y-1}, f_y(x,y)=x^y\ln x, f_{xx}(x,y)=y(y-1)x^{y-2}$

$$f_{xy}(x,y)=x^{y-1}+yx^{y-1}\ln x, f_{yy}(x,y)=x^y\ln^2 x$$

所以
$$f(1,2)=1, f_x(1,2)=2, f_y(1,2)=0$$
$$f_{xx}(1,2)=2, f_{xy}(1,2)=1, f_{yy}(1,2)=0$$

令 $x = 1 + \Delta x, y = 2 + \Delta y$,则 $f(x,y) = x^y$ 在点 $P(1,2)$ 的二阶泰勒公式为

$$x^y = f(1,2) + f_x(1,2)\Delta x + f_y(1,2)\Delta y +$$
$$\frac{1}{2}[f_{xx}(1,2)\Delta x^2 + 2f_{xy}(1,2)\Delta x \Delta y + f_{yy}(1,2)\Delta y^2] + o(\rho^2)$$
$$= 1 + 2\Delta x + \Delta x^2 + \Delta x \Delta y + o(\rho^2).$$

将 $\Delta x = -0.02, \Delta y = 0.03$ 代入上述泰勒公式并略去 $o(\rho^2)$,得

$$0.98^{2.03} \approx 1 + 2 \cdot (-0.02) + (-0.02)^2 + (-0.02)(0.03) = 0.9598.$$

这个结果要优于 5.3 节例 5.15 的结果,$0.98^{2.03}$ 的精确值为 $0.959818\cdots$.

习题 5.5

1. 求下列函数带皮亚诺余项的麦克劳林公式:

$(1) f(x,y) = \dfrac{\cos x}{\cos y}$(到二阶);

$(2) f(x,y) = \arctan \dfrac{1 + x + y}{1 - x + y}$(到二阶);

$(3) f(x,y) = \sqrt{1 - x^2 - y^2}$(到四阶);

$(4) f(x,y) = e^{x+y}$(到 n 阶).

2. 求下列函数在指定点处带皮亚诺余项的泰勒公式:

$(1) f(x,y) = \sin xy$ 在点 $\left(1, \dfrac{\pi}{2}\right)$(到二阶);

$(2) f(x,y) = \dfrac{y^2}{x^3}$ 在点 $(1, -1)$(到二阶);

$(3) f(x,y) = x^y$ 在点 $(1,1)$(到二阶);

$(4) f(x,y) = 2x^2 - xy - y^2 - 6x - 3y + 5$ 在点 $(1, -2)$.

3. 设函数在原点 $(0,0)$ 的某邻域内具有二阶连续偏导数,证明

$$\lim_{h \to 0^+} \frac{f(2h, e^{-1/2h}) - 2f(h, e^{-1/h}) + f(0,0)}{h^2} = f''_{xx}(0,0).$$

5.6 隐函数定理及其微分法

5.6.1 隐函数定理

在一元函数微分学中,我们曾举例介绍了求隐函数的导数,当时并未涉及隐函数的存在性、可微性等问题,现在我们来讨论这些问题.

1. 隐函数存在唯一性定理

为了明确隐函数的确切含义,先从简单的情形说起. 给定圆的方程为 $x^2 + y^2 - 1 = 0$,对于 $\forall x \in (-1,1)$,与 x 对应的 y 不止一个. 需要附加一些条件,比如取定圆上的一点 $P_0(x_0, y_0), x_0 \neq \pm 1$,那么,如图 5-19 所示,当点 (x,y) 限制在一个很小的方形邻域

$$U(P_0) = \{(x,y) \mid |x - x_0| < \eta, |y - y_0| < \eta\}$$

内时,对于区间$(x_0 - \eta, x_0 + \eta)$中每一个x,在区间$(y_0 - \eta, y_0 + \eta)$中必有唯一的y满足圆方程. 于是在邻域$U(P_0)$内可以唯一地确定一个定义在区间$(x_0 - \eta, x_0 + \eta)$内的隐函数$y = f(x)$,这个隐函数就是
$$y = \sqrt{1 - x^2}, |x - x_0| < \delta.$$

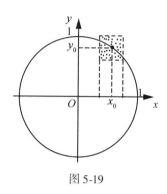

图 5-19

一般地,对于方程
$$F(x, y) = 0 \tag{5-43}$$
如果$F(x_0, y_0) = 0$,那么能否在点$P_0(x_0, y_0)$的一个很小方形邻域
$$U(P_0) = \{(x, y) \mid |x - x_0| < \eta, |y - y_0| < \eta\}$$
内,方程(5-42)唯一地确定一个定义在$(x_0 - \delta, x_0 + \delta)$内的函数$y = f(x)$,使得
$$F[x, f(x)] \equiv 0 \tag{5-44}$$
且$y_0 = f(x_0), f(x) \in (y_0 - \eta, y_0 + \eta)$呢?这就是隐函数的存在唯一性问题.

由于我们还要求隐函数$f(x)$具有良好的解析性质,如可微性,所以还需对$F(x, y)$附加连续、可微等条件. 于是在隐函数$f(x)$存在且可微的假设下,对式(5-44)两边微分,得
$$\left.\frac{\partial F}{\partial x}\right|_{(x_0, y_0)} \mathrm{d}x + \left.\frac{\partial F}{\partial y}\right|_{(x_0, y_0)} \mathrm{d}f\Big|_{x_0} = 0 \quad \Rightarrow \left.\frac{\mathrm{d}f}{\mathrm{d}x}\right|_{x = x_0} = -\frac{F_x(x_0, y_0)}{F_y(x_0, y_0)}$$
因此,还需附加$F_y(x_0, y_0) \neq 0$或$F_x(x_0, y_0) \neq 0$的条件.

下面,我们结合上述条件写出并证明隐函数存在唯一性定理.

定理 5.18 设$F(x, y)$及$F_y(x, y)$在点$P_0(x_0, y_0)$的某邻域内连续,且满足
$$F(x_0, y_0) = 0 \quad \text{及} \quad F_y(x_0, y_0) \neq 0 \tag{5-45}$$
则存在邻域$U(P_0) = \{(x, y) \mid |x - x_0| < \eta, |y - y_0| < \eta\}$,使得在$U(P_0)$内,方程(5-43)唯一地确定一个定义在$U(x_0, \delta_0)$内连续函数$f(x)$,当$x \in U(x_0, \delta_0)$时,有
$$F[x, f(x)] \equiv 0, 且 y_0 = f(x_0), |f(x) - y_0| < \eta.$$

证 先证隐函数的存在唯一性.

由于$F_y(x_0, y_0) \neq 0$(不妨设$F_y(x_0, y_0) > 0$),及$F_y(x, y)$在点P_0的某邻域内连续,根据连续函数的局部保号性知,存在P_0的方形闭邻域$\{(x, y) \mid |x - x_0| \leq \eta, |y - y_0| \leq \eta\}$,使得偏导函数在其上恒有$F_y(x, y) > 0$. 这个结果说明对于区间$[x_0 - \eta, x_0 + \eta]$上的每一固定的$x, F(x, y)$作为$y$的一元函数,必在区间$[y_0 - \eta, y_0 + \eta]$上严格增且连续.

5.6 隐函数定理及其微分法

特别地,$F(x_0, y)$ 是 $[y_0 - \eta, y_0 + \eta]$ 上严格增的连续函数,结合 $F(x_0, y_0) = 0$ 知
$$F(x_0, y_0 - \eta) < 0, F(x_0, y_0 + \eta) > 0 (见图 5\text{-}20(a))$$
又由 $F(x, y)$ 的连续性知,一元函数 $F(x, y_0 - \eta)$ 与 $F(x, y_0 + \eta)$ 也都在区间 $[x_0 - \eta, x_0 + \eta]$ 上连续. 又由连续函数的局部保号性知,存在邻域 $U(x_0, \delta_0) \subset [x_0 - \eta, x_0 + \eta]$ 使得当 $x \in U(x_0, \delta_0)$ 时,恒有
$$F(x, y_0 - \eta) < 0, F(x, y_0 + \eta) > 0 (见图 5\text{-}20(b))$$
于是对每一个 $x \in U(x_0, \delta_0)$,由 $F(x, y)$(作为 y 的一元函数)在区间 $[y_0 - \eta, y_0 + \eta]$ 上严格增、连续及介值定理知,存在唯一的 $f(x) \in (y_0 - \eta, y_0 + \eta)$ 与 x 对应,即 $F(x, f(x)) = 0$,特别地有 $F(x_0, f(x_0)) = F(x_0, y_0) = 0$. 这就证明了隐函数的存在唯一性.

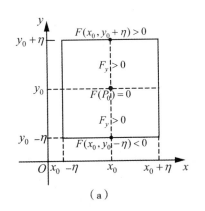 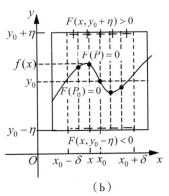

图 5-20

再证隐函数 $f(x)$ 的连续性. 任取 $x \in U(x_0, \delta_0)$,要证 $\forall \varepsilon > 0, \exists \delta > 0$,使得当 $x + \Delta x \in U(x, \delta) \subset U(x_0, \delta_0)$ 即 $|\Delta x| < \delta$ 时,有
$$|f(x + \Delta x) - f(x)| < \varepsilon$$
注意到 $y_0 - \eta < f(x) < y_0 + \eta$,取 ε 足够小,使
$$y_0 - \eta \leqslant f(x) - \varepsilon < f(x) + \varepsilon \leqslant y_0 + \eta$$
由于 $F(x, y)$ 关于 y 严格增且 $F(x, f(x)) = 0$,故
$$F(x, f(x) - \varepsilon) < 0, F(x, f(x) + \varepsilon) > 0$$
又根据保号性知存在邻域 $U(x, \delta) \subset U(x_0, \delta_0)$,使得当 $x + \Delta x \in U(x, \delta)$ 即 $|\Delta x| < \delta$ 时,有
$$F(x + \Delta x, f(x) - \varepsilon) < 0, F(x + \Delta x, f(x) + \varepsilon) > 0$$
但由于 $F(x + \Delta x, f(x + \Delta x)) = 0$,再由 $F(x + \Delta x, y)$ 关于 y 严格增,得
$$f(x) - \varepsilon < f(x + \Delta x) < f(x) + \varepsilon \quad 即 |f(x + \Delta x) - f(x)| < \varepsilon$$

◎ **思考题** 如图 5-21(a) 所示,双纽线方程 $(x^2 + y^2)^2 - x^2 + y^2 = 0$ 在原点 $(0, 0)$ 的某邻域内是否满足隐函数定理的条件,该方程在原点 $(0, 0)$ 的某邻域内存在唯一的隐函数吗? 又如图 5-21(b) 所示,方程 $y^3 - x^2 = 0$ 在原点 $(0, 0)$ 的某邻域内是否满足隐函数定理的条件? 该方程在原点 $(0, 0)$ 的某邻域内存在唯一的隐函数吗?

对于一般的 $n + 1$ 元方程 $F(x_1, x_2, \cdots, x_n, y) = 0$,同样有下述的隐函数定理:

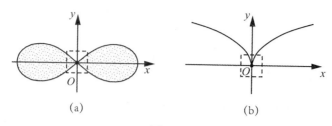

图 5-21

定理 5.19 设 $F(x_1,x_2,\cdots,x_n,y)$ 及 $F_y(x_1,x_2,\cdots,x_n,y)$ 在点 $P_0(x_1^0,x_2^0,\cdots,x_n^0,y^0)$ 的某邻域内连续,且

$$F(x_1^0,x_2^0,\cdots,x_n^0,y^0) = 0 \text{ 及 } F_y(x_1^0,x_2^0,\cdots,x_n^0,y^0) \neq 0$$

则存在 P_0 的某邻域

$$U(P_0) = \left\{(x_1,x_2,\cdots,x_n,y) \,\Big|\, \sqrt{\sum_{k=1}^{n}(x_k - x_k^0)^2} < \eta, |y - y^0| < \eta\right\}$$

使得在邻域 $U(P_0)$ 内,方程

$$F(x_1,x_2,\cdots,x_n,y) = 0 \tag{5-46}$$

唯一地确定一个定义在 $X_0(x_1^0,x_2^0,\cdots,x_n^0)$ 的某邻域 $U(X_0,\delta_0) = \{X \mid \|X - X_0\| < \delta_0\}(\delta_0 < \eta)$ 内的连续函数 $f(x_1,x_2,\cdots,x_n)$,当 $X(x_1,x_2,\cdots,x_n) \in U(X_0,\delta_0)$ 时,有

$$F[(x_1,x_2,\cdots,x_n),f(x_1,x_2,\cdots,x_n)] \equiv 0$$

且

$$y^0 = f(x_1^0,x_2^0,\cdots,x_n^0), \quad |f(x_1,x_2,\cdots,x_n) - y^0| < \eta.$$

这个定理的证明方法与定理 5.18 的证明完全类似,只要在先前的证明中,将一元变量 x 换成多元变量 $(x_1,x_2,\cdots,x_n)$,将一维点 x_0 换成多维点 $(x_1^0,x_2^0,\cdots,x_n^0)$ 即可.

2. 隐函数的可微性定理

定理 5.20 设 $F(x_1,x_2,\cdots,x_n,y)$ 及其所有偏导函数在点 $P_0(x_1^0,x_2^0,\cdots,x_n^0,y^0)$ 的某邻域内皆连续,且有

$$F(x_1^0,x_2^0,\cdots,x_n^0,y^0) = 0 \text{ 及 } F_y(x_1^0,x_2^0,\cdots,x_n^0,y^0) \neq 0$$

则由方程(5-45)所确定的隐函数 $y = f(x_1,x_2,\cdots,x_n)$ 在邻域 $U(X_0,\delta_0) = \{X \mid \|X - X_0\| < \delta_0\}$ 内具有连续的偏导数,且有

$$f_{x_1} = -\frac{F_{x_1}}{F_y}, f_{x_2} = -\frac{F_{x_2}}{F_y}, \cdots, f_{x_n} = -\frac{F_{x_n}}{F_y} \tag{5-47}$$

证 $\forall X(x_1,x_2,\cdots,x_n) \in U(X_0,\delta_0)$,取增量 Δx_k 充分小,隐函数 $y = f(x_1,x_2,\cdots,x_n)$ 关于 x_k 的偏增量为

$$\Delta_{x_k} y = f(x_1,\cdots,x_k + \Delta x_k,\cdots,x_n) - f(x_1,\cdots,x_k,\cdots,x_n)$$

由于

$$F[x_1,\cdots,x_k + \Delta x_k,\cdots,x_n,f(x_1,\cdots,x_k + \Delta x_k,\cdots,x_n)] = 0$$

及

$$F[x_1,\cdots,x_k,\cdots,x_n,f(x_1,\cdots,x_k,\cdots,x_n)] = 0$$

二式相减,并应用二元函数的拉格朗日型中值公式(见上一节式(5-41)),得

$$0 = F(x_1,\cdots,x_k + \Delta x_k,\cdots,x_n,y + \Delta_{x_k} y) - F(x_1,\cdots,x_k,\cdots,x_n,y)$$

$$= F_{x_k}(x_1,\cdots,x_k + \theta\Delta x_k,\cdots,x_n,y + \theta\Delta_{x_k}y)\Delta x_k + F_y(x_1,\cdots,x_k + \theta\Delta x_k,\cdots,x_n,y + \theta\Delta_{x_k}y)\Delta_{x_k}y \quad (0 < \theta < 1)$$

于是
$$\frac{\Delta_{x_k}y}{\Delta x_k} = -\frac{F_{x_k}(x_1,\cdots,x_k + \theta\Delta x_k,\cdots,x_n,y + \theta\Delta_{x_k}y)}{F_y(x_1,\cdots,x_k + \theta\Delta x_k,\cdots,x_n,y + \theta\Delta_{x_k}y)}$$

注意到 F 的所有偏导函数和隐函数 f 的连续性,以及在 $U(X_0,\delta_0)$ 内 $F_y \neq 0$,对上式取极限即得

$$\frac{\partial f}{\partial x_k} = \lim_{\Delta x_k \to 0}\frac{\Delta_{x_k}y}{\Delta x_k} = -\lim_{\Delta x_k \to 0}\frac{F_{x_k}(x_1,\cdots,x_k + \theta\Delta x_k,\cdots,x_n,y + \theta\Delta_{x_k}y)}{F_y(x_1,\cdots,x_k + \theta\Delta x_k,\cdots,x_n,y + \theta\Delta_{x_k}y)}$$

$$= -\frac{F_{x_k}(x_1,\cdots,x_k,\cdots,x_n,y)}{F_y(x_1,\cdots,x_k,\cdots,x_n,y)} (k = 1,2,\cdots,n)$$

既然 F_{x_k} 与 F_y 皆连续,所以 $\frac{\partial f}{\partial x_k} = -\frac{F_{x_k}(x_1,\cdots,x_k,\cdots,x_n,y)}{F_y(x_1,\cdots,x_k,\cdots,x_n,y)}$ 也是连续的.

显然,若二元函数 $F(x,y)$ 满足隐函数定理 5.18 的条件,并且 $F_x(x,y)$ 也连续,则由定理 5.18 所得隐函数 $y = f(x)$ 也存在连续的偏导函数,且

$$\frac{\mathrm{d}f}{\mathrm{d}x} = -\frac{F_x(x,y)}{F_y(x,y)} \tag{5-48}$$

◎ **思考题** 由定理 5.20 所得的隐函数 $y = f(x_1, x_2, \cdots, x_n)$ 是否可微.

3. 隐函数微分法举例

例 5.24 方程 $\mathrm{e}^{-x-2y} - 2(z+1) + \mathrm{e}^z = 0$ 在原点 $(0,0,0)$ 附近是否存在可微的隐函数 $z(x,y)$?如果存在隐函数,试求它的两个偏导数和二阶偏导数 $\frac{\partial^2 z}{\partial x^2}, \frac{\partial^2 z}{\partial x \partial y}$.

解 设 $F(x,y,z) = \mathrm{e}^{-x-2y} - 2(z+1) + \mathrm{e}^z$,则
$$F_x = -\mathrm{e}^{-x-2y}, F_y = -2\mathrm{e}^{-x-2y}, F_z = -2 + \mathrm{e}^z$$
显然函数 F, F_x, F_y, F_z 皆连续,且有 $F(0,0,0) = 0, F_z(0,0,0) = -1$. 故原方程在原点 $(0,0,0)$ 附近存在可微的隐函数 $z(x,y)$. 于是

$$\frac{\partial z}{\partial x} = -\frac{F_x}{F_z} = \frac{\mathrm{e}^{-x-2y}}{-2 + \mathrm{e}^z}, \quad \frac{\partial z}{\partial y} = -\frac{F_y}{F_z} = \frac{2\mathrm{e}^{-x-2y}}{-2 + \mathrm{e}^z}$$

由于这两个偏导数仍可微(根据可微的四则运算法则和复合运算法则),故可以继续求偏导数,即

$$\frac{\partial^2 z}{\partial x^2} = \frac{\partial}{\partial x}\left(\frac{\mathrm{e}^{-x-2y}}{-2+\mathrm{e}^z}\right) = \frac{(-\mathrm{e}^{-x-2y})(-2+\mathrm{e}^z) - (\mathrm{e}^z \cdot z_x)(\mathrm{e}^{-x-2y})}{(-2+\mathrm{e}^z)^2}$$

$$= \frac{-\mathrm{e}^{-x-2y}(-2+\mathrm{e}^z)^2 - (\mathrm{e}^z \cdot \mathrm{e}^{-x-2y})(\mathrm{e}^{-x-2y})}{(-2+\mathrm{e}^z)^3}$$

$$= -\frac{\mathrm{e}^{-x-2y}(-2+\mathrm{e}^z)^2 + \mathrm{e}^{z-2x-4y}}{(-2+\mathrm{e}^z)^3}$$

$$\frac{\partial^2 z}{\partial x \partial y} = \frac{\partial}{\partial y}\left(\frac{\mathrm{e}^{-x-2y}}{-2+\mathrm{e}^z}\right) = \frac{(-2\mathrm{e}^{-x-2y})(-2+\mathrm{e}^z) - (\mathrm{e}^z \cdot z_y)(\mathrm{e}^{-x-2y})}{(-2+\mathrm{e}^z)^2}$$

$$= \frac{(-2\mathrm{e}^{-x-2y})(-2+\mathrm{e}^z)^2 - (\mathrm{e}^z \cdot 2\mathrm{e}^{-x-2y})(\mathrm{e}^{-x-2y})}{(-2+\mathrm{e}^z)^3}$$

$$= -2 \cdot \frac{\mathrm{e}^{-x-2y}(-2+\mathrm{e}^z)^2 + \mathrm{e}^{z-2x-4y}}{(-2+\mathrm{e}^z)^3}.$$

我们还可以运用复合函数的微分法则(即全微分形式不变性)来求隐函数的偏导数. 例如对于本例,原方程两边微分,得

$$e^{-x-2y}(-dx - 2dy) - 2dz + e^z dz = 0, \Rightarrow dz = \frac{e^{-x-2y}}{e^z - 2}dx + \frac{2e^{-x-2y}}{e^z - 2}dy$$

得

$$\frac{\partial z}{\partial x} = \frac{e^{-x-2y}}{e^z - 2}, \frac{\partial z}{\partial y} = \frac{2e^{-x-2y}}{e^z - 2}$$

再对上面前一方程两边进行微分运算,得

$$e^{-x-2y}(-dx - 2dy)^2 - 2d^2z + e^z dz^2 + e^z d^2z = 0$$

解得

$$d^2z = -\frac{e^{-x-2y}(-dx - 2dy)^2}{e^z - 2} - \frac{e^z}{e^z - 2}\left(\frac{e^{-x-2y}}{e^z - 2}dx + \frac{2e^{-x-2y}}{e^z - 2}dy\right)^2$$

$$= \left[-\frac{e^{-x-2y}}{e^z - 2} - \frac{e^z}{e^z - 2}\left(\frac{e^{-x-2y}}{e^z - 2}\right)^2\right](dx + 2dy)^2$$

$$= -\frac{e^{-x-2y}(e^z - 2)^2 + e^{z-2x-4y}}{(e^z - 2)^3}(dx^2 + 4dxdy + 4dy^2)$$

于是根据上一节式(5-20),得

$$\frac{\partial^2 z}{\partial x^2} = -\frac{e^{-x-2y}(e^z - 2)^2 + e^{z-2x-4y}}{(e^z - 2)^3}, \frac{\partial^2 z}{\partial y^2} = -4 \cdot \frac{e^{-x-2y}(e^z - 2)^2 + e^{z-2x-4y}}{(e^z - 2)^3}$$

$$\frac{\partial^2 z}{\partial x \partial y} = -2 \cdot \frac{e^{-x-2y}(e^z - 2)^2 + e^{z-2x-4y}}{(e^z - 2)^3}.$$

例 5.25 设 $F(x - y, y - z) = 0$, 求 $\frac{\partial z}{\partial x}, \frac{\partial z}{\partial y}$.

解 方程两边微分,并使用简便记号(见 5.4 节例 5.18),得

$$F_1 \cdot (dx - dy) + F_2 \cdot (dy - dz) = 0, \Rightarrow dz = \frac{F_1}{F_2}dx + \frac{F_2 - F_1}{F_2}dy$$

所以

$$\frac{\partial z}{\partial x} = \frac{F_1}{F_2}, \quad \frac{\partial z}{\partial y} = \frac{F_2 - F_1}{F_2}.$$

5.6.2 隐函数组

1. 隐函数组定理

如同代数方程组一样,也有函数方程组的概念. 确切地说,如果函数方程的个数不止一个,那么,在一定条件下,由两个以上的函数方程的联立形式就能确定若干个隐函数,即隐函数组. 例如由两个四元函数所形成的方程组

$$\begin{cases} F(x,y,u,v) = 0 \\ G(x,y,u,v) = 0 \end{cases} \tag{5-49}$$

其中 $F(x,y,u,v)$ 和 $G(x,y,u,v)$ 在 $V \subset \mathbf{R}^4$ 内有定义. 如果存在平面区域 $D \subset \mathbf{R}^2$, 对于 D 中每一点 (x,y), 方程组(5-49)在 V 中能确定唯一的(解)点 $(u,v) \in \mathbf{R}^2$ (这里 $(x,y,u,v) \in V$). 这样,方程组(5-49)就确定了一个隐函数组 $\begin{cases} u = u(x,y) \\ v = v(x,y) \end{cases}, (x,y) \in D$, 使得

$$\begin{cases} F(x,y,u(x,y),v(x,y)) \equiv 0 \\ G(x,y,u(x,y),v(x,y)) \equiv 0 \end{cases}, (x,y) \in D$$

5.6 隐函数定理及其微分法

一般地,由 m 个 $m+n$ 元函数所形成的隐函数方程组为

$$\begin{cases} F_1(x_1,x_2,\cdots,x_n,u_1,u_2,\cdots,u_m) = 0 \\ F_2(x_1,x_2,\cdots,x_n,u_1,u_2,\cdots,u_m) = 0 \\ \qquad\vdots \qquad\qquad\qquad\vdots \\ F_m(x_1,x_2,\cdots,x_n,u_1,u_2,\cdots,u_m) = 0 \end{cases} \qquad (5\text{-}50)$$

对于隐函数方程组(5-50),有下面隐函数组定理:

定理 5.21 设函数 $F_i(x_1,x_2,\cdots,x_n,u_1,u_2,\cdots,u_m)(i=1,2,\cdots,m)$ 以及它们的所有一阶偏导数都在点 $P_0(x_1^0,x_2^0,\cdots,x_n^0,u_1^0,u_2^0,\cdots,u_n^0)$ 的某邻域内连续. 如果

$$F_i(x_1^0,x_2^0,\cdots,x_n^0,u_1^0,u_2^0,\cdots,u_n^0) = 0 (i=1,2,\cdots,m)$$

并且这 m 个函数 F_i 关于变量 $(u_1,u_2,\cdots,u_m)$ 的雅可比行列式

$$J = \frac{\partial(F_1,F_2,\cdots,F_m)}{\partial(u_1,u_2,\cdots,u_m)} = \begin{vmatrix} \dfrac{\partial F_1}{\partial u_1} & \dfrac{\partial F_1}{\partial u_2} & \cdots & \dfrac{\partial F_1}{\partial u_m} \\ \dfrac{\partial F_2}{\partial u_1} & \dfrac{\partial F_2}{\partial u_2} & \cdots & \dfrac{\partial F_2}{\partial u_m} \\ \vdots & \vdots & & \vdots \\ \dfrac{\partial F_m}{\partial u_1} & \dfrac{\partial F_m}{\partial u_2} & \cdots & \dfrac{\partial F_m}{\partial u_m} \end{vmatrix}$$

在点 $P_0(x_1^0,x_2^0,\cdots,x_n^0,u_1^0,u_2^0,\cdots,u_n^0)$ 的值不等于 0,则方程组(5-50)在点 P_0 的邻近,存在唯一定义在某邻域 $U(X_0,\delta_0) = \{X \mid |x_1-x_1^0|<\delta_0, |x_2-x_2^0|<\delta_0, \cdots, |x_2-x_2^0|<\delta_0\}$ 的隐函数组

$$u_1 = u_1(x_1,x_2,\cdots,x_n), u_2 = u_2(x_1,x_2,\cdots,x_n), \cdots, u_m = u_m(x_1,x_2,\cdots,x_n)$$

使得 $\quad F_i[x_1,\cdots,x_n,u_1(x_1,\cdots,x_n),\cdots,u_m(x_1,\cdots,x_n)] \equiv 0 (i=1,2,\cdots,m)$

并有 $\quad u_i(x_1^0,x_2^0,\cdots,x_n^0) = u_i^0 (i=1,2,\cdots,m)$

且每个隐函数 $u_i(x_1,x_2,\cdots,x_n)$ 都在邻域 $U(X_0,\delta)$ 内具有连续的一阶偏导数.

下面对 $m=n=2$(即方程组(5-49))的情形加以证明,一般情形的证明参见参考文献[1].

证 对于方程组(5-49),由于雅可比行列式

$$J = \frac{\partial(F,G)}{\partial(u,v)} = \begin{vmatrix} F_u & F_v \\ G_u & G_v \end{vmatrix}$$

在点 $P_0(x_0,y_0,u_0,v_0)$ 的值不等于 0,故 F_u 和 F_v 之中有一在点 P_0 的值不等于在 0,设 $F_u|_{P_0} \neq 0$.

结合定理的其他条件知,方程组(5-49)中的第一个方程 $F(x,y,u,v)=0$ 在点 $P_0(x_0,y_0,u_0,v_0)$ 满足隐函数存在唯一性定理和可微性定理的条件(见定理5.19和定理5.20),故在点 P_0 的某邻域内,方程存在唯一的,具有连续的一阶偏导数的隐函数 $u = \varphi(x,y,v)$,使得

$$F[x,y,\varphi(x,y,v),v] \equiv 0, \varphi(x_0,y_0,v_0) = u_0, 且 \frac{\partial\varphi}{\partial v} = -\frac{F_v}{F_u}$$

再由隐函数 $u = \varphi(x,y,v)$ 方程组(5-49)中的第二个方程,得

$$g(x,y,v) = G[x,y,\varphi(x,y,v),v] = 0$$

则 $\dfrac{\partial g}{\partial v} = G_u \cdot \dfrac{\partial \varphi}{\partial v} + G_v = G_u \cdot \left(-\dfrac{F_v}{F_u}\right) + G_v = \dfrac{J}{F_u} \Rightarrow \left.\dfrac{\partial g}{\partial v}\right|_{P_0} \neq 0$

于是方程 $g(x,y,v) = G[x,y,\varphi(x,y,v),v] = 0$ 在点 $P_0(x_0,y_0,u_0,v_0)$ 仍满足隐函数存在唯一性定理和可微性定理的条件,故在点 P_0 的某邻域内,方程存在唯一的,具有连续的一阶偏导数的隐函数 $v = v(x,y)$,使得

$$g[x,y,v(x,y)] \equiv 0, v(x_0,y_0) = v_0$$

最后将 $v = v(x,y)$ 代入 $u = \varphi(x,y,v)$ 中,便有 $u = \varphi(x,y,v(x,y)) = u(x,y)$,于是函数组

$$u = u(x,y), v = v(x,y)$$

即为符合定理结论的隐函数组.

由定理 5.21 可以立刻推得下述反函数组定理:

推论 5.3(反函数组定理) 设函数组

$$x_i = x_i(u_1, u_2, \cdots, u_m)(i = 1, 2, \cdots, m) \tag{5-51}$$

中每个函数以及它们的所有一阶偏导数都在点 $Q_0(u_1^0, u_2^0, \cdots, u_m^0)$ 的某邻域内连续. 如果

$$x_i(u_1^0, u_2^0, \cdots, u_m^0) = x_i^0 (i = 1, 2, \cdots, m)$$

并且这 m 个函数 $x_i(u_1, u_2, \cdots, u_m)$ 关于变量 $(u_1, u_2, \cdots, u_m)$ 的雅可比行列式

$$J = \dfrac{\partial(x_1, x_2, \cdots, x_m)}{\partial(u_1, u_2, \cdots, u_m)}$$

在点 $Q_0(u_1^0, u_2^0, \cdots, u_m^0)$ 的值不等于 0,则在点 $P_0(x_1^0, x_2^0, \cdots, x_n^0, u_1^0, u_2^0, \cdots, u_n^0)$ 的邻近,函数组 (5-51) 存在唯一定义在某邻域

$$U(X_0, \delta_0) = \{X \mid |x_1 - x_1^0| < \delta_0, |x_2 - x_2^0| < \delta_0, \cdots, |x_2 - x_2^0| < \delta_0\}$$

的反函数组 $u_1 = u_1(x_1, x_2, \cdots, x_m), u_2 = u_2(x_1, x_2, \cdots, x_m), \cdots, u_m = u_m(x_1, x_2, \cdots, x_m)$

使得 $x_i = x_i(u_1(x_1, x_2, \cdots, x_m), \cdots, u_m(x_1, x_2, \cdots, x_m))(i = 1, 2, \cdots, m)$

并有 $u_i(x_1^0, x_2^0, \cdots, x_m^0) = u_i^0 (i = 1, 2, \cdots, m)$

且每个反函数 $u_i(x_1, x_2, \cdots, x_m)$ 都在邻域 $U(X_0, \delta)$ 内具有连续的一阶偏导数.

2. 隐函数组微分法

我们已经知道,在一定条件下,由方程组 (5-50) 所确定的隐函数组具有连续的一阶偏导数,于是我们可以运用复合函数偏导数的链式法则来求隐函数组的偏导数. 因此,对方程组 (5-50) 的每个方程两边皆求关于 x_j 的偏导数,得

$$\begin{cases} \dfrac{\partial F_1}{\partial x_j} + \dfrac{\partial F_1}{\partial u_1} \cdot \dfrac{\partial u_1}{\partial x_j} + \dfrac{\partial F_1}{\partial u_2} \cdot \dfrac{\partial u_2}{\partial x_j} + \cdots + \dfrac{\partial F_1}{\partial u_m} \cdot \dfrac{\partial u_m}{\partial x_j} = 0 \\ \dfrac{\partial F_2}{\partial x_j} + \dfrac{\partial F_2}{\partial u_1} \cdot \dfrac{\partial u_1}{\partial x_j} + \dfrac{\partial F_2}{\partial u_2} \cdot \dfrac{\partial u_2}{\partial x_j} + \cdots + \dfrac{\partial F_2}{\partial u_m} \cdot \dfrac{\partial u_m}{\partial x_j} = 0 \\ \vdots \qquad \vdots \qquad \vdots \qquad \vdots \qquad \vdots \\ \dfrac{\partial F_m}{\partial x_j} + \dfrac{\partial F_m}{\partial u_1} \cdot \dfrac{\partial u_1}{\partial x_j} + \dfrac{\partial F_m}{\partial u_2} \cdot \dfrac{\partial u_2}{\partial x_j} + \cdots + \dfrac{\partial F_m}{\partial u_m} \cdot \dfrac{\partial u_m}{\partial x_j} = 0 \end{cases} \tag{5-52}$$

式 (5-52) 为 n 阶线性方程组,其系数行列式恰为上述雅可比行列式 $J = \dfrac{\partial(F_1, F_2, \cdots, F_m)}{\partial(u_1, u_2, \cdots, u_m)}$,由于 J 在点 P_0 的值不等于 0,故在点 P_0 的某邻域内,运用克莱姆法则可解

5.6 隐函数定理及其微分法

得

$$\begin{cases} \dfrac{\partial u_1}{\partial x_j} = -\dfrac{J_1}{J} = -\dfrac{1}{J}\dfrac{\partial(F_1,F_2,\cdots,F_m)}{\partial(x_j,u_2,\cdots,u_m)} \\ \dfrac{\partial u_2}{\partial x_j} = -\dfrac{J_2}{J} = -\dfrac{1}{J}\dfrac{\partial(F_1,F_2,\cdots,F_m)}{\partial(u_1,x_j,\cdots,u_m)} \\ \quad\vdots \qquad \vdots \qquad\qquad\qquad \vdots \\ \dfrac{\partial u_m}{\partial x_j} = -\dfrac{J_2}{J} = -\dfrac{1}{J}\dfrac{\partial(F_1,F_2,\cdots,F_m)}{\partial(u_1,u_2,\cdots,x_j)} \end{cases} \quad (j=1,2,\cdots,n) \tag{5-53}$$

公式(5-53)可以不要求记住,关键是能正确运用微分(或求导)法则以及线性方程组的解法.

例 5.26 设 $\begin{cases} x^2+y^2-u+v^2=0 \\ xy-u^2+2v=0 \end{cases}$. 证明在原点 $O(0,0,0,0)$ 附近,方程组存在唯一的可微的隐函数组 $u=u(x,y), v=v(x,y)$,并求 $\dfrac{\partial u}{\partial x}, \dfrac{\partial v}{\partial x}$.

证 令 $F(x,y,u,v)=x^2+y^2-u+v^2$,$G(x,y,u,v)=xy-u^2+2v$,函数 $F(x,y,u,v)$ 与 $G(x,y,u,v)$ 及其偏导数皆连续,且有 $F(0,0,0,0)=G(0,0,0,0)=0$,以及雅可比行列式

$$J_O=\dfrac{\partial(F,G)}{\partial(u,v)}\bigg|_O=\begin{vmatrix} F_u & F_v \\ G_u & G_v \end{vmatrix}_O=\begin{vmatrix} -1 & 2v \\ -2u & 2 \end{vmatrix}_O=-2\neq 0$$

故由定理 5.21($m=n=2$)知,方程组存在唯一的可微的隐函数组 $u=u(x,y), v=v(x,y)$.

现在运用求导法则来求 $\dfrac{\partial u}{\partial x}$ 和 $\dfrac{\partial v}{\partial x}$,方程组中的变量 u,v 应该看成为 x,y 的函数,两边对 x 求偏导数,得

$$2x-\dfrac{\partial u}{\partial x}+2v\dfrac{\partial v}{\partial x}=0, y-2u\dfrac{\partial u}{\partial x}+2\dfrac{\partial v}{\partial x}=0$$

由此解得

$$\dfrac{\partial u}{\partial x}=\dfrac{2x-yv}{1-2uv}, \dfrac{\partial v}{\partial x}=\dfrac{4xu-y}{2-4uv}$$

也可以运用微分法则求隐函数组的导数或偏导数,比如对于例 5.26,方程组两边求微分,得

$$2xdx+2ydy-du+2vdv=0, ydx+xdy-2udu+2dv=0$$

从中解出

$$du=\dfrac{2x-yv}{1-2uv}dx+\dfrac{2y-xv}{1-2uv}dy, dv=\dfrac{4xu-y}{2-4uv}dx+\dfrac{4yu-x}{2-4uv}dy$$

由此即得

$$\dfrac{\partial u}{\partial x}=\dfrac{2x-yv}{1-2uv}, \dfrac{\partial u}{\partial y}=\dfrac{2y-xv}{1-2uv}, \dfrac{\partial v}{\partial x}=\dfrac{4xu-y}{2-4uv}, \dfrac{\partial v}{\partial y}=\dfrac{4yu-x}{2-4uv}.$$

习题 5.6

1. 方程 $x^2+y-\sin(xy)=0$ 能否在原点 $(0,0)$ 的某邻域内确定隐函数 $y=y(x)$?为什么?

2. 方程 $xy+z\ln(y+2)+\mathrm{e}^{xz}=1$ 能否在原点 $(0,0,0)$ 的某邻域内确定隐函数 $z=z(x,y)$?为什么?

3. 求下列隐函数的导数或偏导数:

(1) $x^2 + 2xy - y^2 = a^2$, 求 $\dfrac{dy}{dx}, \dfrac{d^2y}{dx^2}$;

(2) $\ln\sqrt{x^2+y^2} = \arctan\dfrac{y}{x}$, 求 $\dfrac{dy}{dx}, \dfrac{d^2y}{dx^2}$;

(3) $x^y = y^x (x \neq y)$, 求 $\dfrac{dy}{dx}, \dfrac{d^2y}{dx^2}$;

(4) $x + y + z = e^{-(x+y+z)}$, 求 $\dfrac{\partial z}{\partial x}, \dfrac{\partial^2 z}{\partial x^2}, \dfrac{\partial^2 z}{\partial x \partial y}$;

(5) $z = \sqrt{x^2-y^2}\tan\dfrac{z}{\sqrt{x^2-y^2}}$, 求 $\dfrac{\partial z}{\partial y}, \dfrac{\partial^2 z}{\partial y^2}, \dfrac{\partial^2 z}{\partial x \partial y}$;

(6) $z = f(x+y+z, xyz)$, 求 $\dfrac{\partial z}{\partial x}, \dfrac{\partial x}{\partial y}, \dfrac{\partial y}{\partial z}$;

(7) $F(x, x+y, x+y+z) = 0$, 求 $\dfrac{\partial z}{\partial y}, \dfrac{\partial z}{\partial y}, \dfrac{\partial^2 z}{\partial x^2}$.

4. (1) 设 $u = xy^2 \cdot z^3(x,y)$, 求 $\left.\dfrac{\partial u}{\partial x}\right|_{(1,1)}$, 其中 $z = z(x,y)$ 是由方程 $x^2 + y^2 + z^2 - 3xyz = 0$ 所确定的隐函数;

(2) 设 $u = xy^2 \cdot z^3(x,y)$, 求 $\left.\dfrac{\partial u}{\partial x}\right|_{(1,1)}$, 其中 $y = y(x,z)$ 也是由方程 $x^2 + y^2 + z^2 - 3xyz = 0$ 所确定的隐函数.

5. 证明由方程 $F(x+zy^{-1}, y+zx^{-1}) = 0$ (其中 $F(u,v)$ 可微) 所确定的隐函数 $z = z(x,y)$ 满足微分方程 $x\dfrac{\partial z}{\partial x} + y\dfrac{\partial z}{\partial y} = z - xy$.

6. 方程组 $\begin{cases} x^2 + y^2 = \dfrac{z^2}{2} \\ x + y + z = 2 \end{cases}$ 在点 $(1, -1, 2)$ 的某邻域内能否确定形如 $\begin{cases} x = x(z) \\ y = y(z) \end{cases}$ 的隐函数组?

7. 求下列隐函数组或反函数组的导数或偏导数:

(1) $\begin{cases} x^2 + y^2 + z = a^2 \\ x^2 + y^2 = ax \end{cases}$, 求 $\dfrac{dy}{dx}, \dfrac{dz}{dx}$;

(2) $\begin{cases} x - u^2 - yv = 0 \\ y - v^2 - xu = 0 \end{cases}$, 求 $\dfrac{\partial u}{\partial x}, \dfrac{\partial u}{\partial y}, \dfrac{\partial v}{\partial x}, \dfrac{\partial v}{\partial y}$;

(3) $\begin{cases} x = u\cos(v/u) \\ y = u\sin(v/u) \end{cases}$, 求 $\dfrac{\partial u}{\partial x}, \dfrac{\partial u}{\partial y}, \dfrac{\partial v}{\partial x}, \dfrac{\partial v}{\partial y}$.

8. 将下列含自变量 x, y 的方程换成含新的自变量 u, v 的方程:

(1) $\dfrac{\partial z}{\partial x} = \dfrac{\partial z}{\partial y}$, 令 $u = x + y, v = x - y$;

(2) $x\dfrac{\partial z}{\partial x} + y\dfrac{\partial z}{\partial y} = z$, 令 $u = x, v = \dfrac{y}{x}$;

(3) $\dfrac{\partial^2 u}{\partial t^2} = a^2 \dfrac{\partial^2 z}{\partial x^2}$，令 $\xi = x - at, \eta = x + at$.

5.7 多元函数偏导数的几何应用

5.7.1 空间曲线的切线和法平面

设曲线 L 的参数方程为
$$L:\begin{cases} x = x(t), \\ y = y(t), \quad \alpha \leqslant t \leqslant \beta \\ z = z(t), \end{cases} \tag{5-54}$$

如果函数 $x(t), y(t), z(t)$ 在 (α, β) 内皆存在连续的一阶导数，且 $x'^2(t) + y'^2(t) + z'^2(t) \neq 0$，则称 L 是正则曲线(或光滑曲线).

我们曾经在第 2 章中学习过，对于平面正则曲线 $L: x = x(t), y = y(t), \alpha \leqslant t \leqslant \beta$，则曲线 L 在点 $P_0(x_0, y_0)$ 的切线方程为
$$\dfrac{x - x_0}{x'(t_0)} = \dfrac{y - y_0}{y'(t_0)} \quad (\text{其中 } x_0 = x(t_0), y_0 = y(t_0))$$

类似地，对于空间正则曲线(5-54)，它在点 $P_0(x_0, y_0, z_0)$ 的切线方程为
$$\dfrac{x - x_0}{x'(t_0)} = \dfrac{y - y_0}{y'(t_0)} = \dfrac{z - z_0}{z'(t_0)} \tag{5-55}$$

其中 $x_0 = x(t_0), y_0 = y(t_0), z_0 = z(t_0)$.

公式推导：对于空间曲线，其切线仍定义为割线的极限位置，如图 5-22(a) 所示. 因此，我们先求割线的方向向量，再取极限即得切线的方向向量.

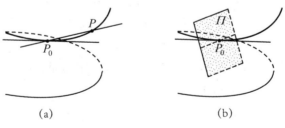

图 5-22

在点 P_0 附近任取曲线 L 上的另一点 $P(x(t_0 + \Delta t), y(t_0 + \Delta t), z(t_0 + \Delta t))$，割线 $P_0 P$ 的方向向量是
$$(x(t_0 + \Delta t) - x(t_0), y(t_0 + \Delta t) - y(t_0), z(t_0 + \Delta t) - z(t_0))$$

为得到切线的方向向量，上面向量各分量都除以 Δt，并令 $\Delta t \to 0$，则 $P \to P_0$，且有
$$\dfrac{x(t_0 + \Delta t) - x(t_0)}{\Delta t} \to x'(t_0), \dfrac{y(t_0 + \Delta t) - y(t_0)}{\Delta t} \to y'(t_0), \dfrac{z(t_0 + \Delta t) - z(t_0)}{\Delta t} \to z'(t_0)$$

于是得到曲线 L 在点 P_0 的切线方向向量为

$$l = (x'(t_0), y'(t_0), z'(t_0))$$

这就证明了曲线(5-54)在点 P_0 的切线方程为式(5-55).

另外,如图5-22(b)所示,我们称过点 P_0 且与曲线 L 在点 P_0 的切线垂直的平面,为曲线 L 在点 P_0 的法平面. 显然,曲线 L 在点 P_0 的法平面方程为

$$x'(t_0)(x-x_0) + y'(t_0)(y-y_0) + z'(t_0)(z-z_0) = 0 \tag{5-56}$$

由于直线的方程与方向向量的长度无关,所以常把切线的方向向量写成

$$d\boldsymbol{r} = (dx, dy, dz) = (x'(t_0)dt, y'(t_0)dt, z'(t_0)dt)$$

上式称为曲线 L 在点 P_0 的切向量或切方向.

例 5.27 求圆柱螺线 $x = \cos t, y = \sin t, z = t$ 在点 $(1,0,0)$ 的切线方程与法平面方程.

解 点 $(1,0,0)$ 对应的参数值为 $t=0$,于是有

$$(x'(0), y'(0), z'(0)) = (-\sin t, \cos t, 1)_{t=0} = (0,1,1)$$

由式(5-55),所求切线方程为

$$\frac{x-1}{0} = \frac{y}{1} = \frac{z}{1} \quad 即 \begin{cases} x-1=0 \\ y=z \end{cases}$$

由式(5-56),所求法平面方程为 $y+z=0$.

5.7.2 曲面的切平面和法线

设曲面的参数方程为

$$S: \begin{cases} x = x(u,v), y = y(u,v), \\ z = z(u,v) \ (u,v) \in D \subset \mathbf{R}^2 \end{cases} \tag{5-57}$$

其中 $x(u,v), y(u,v), z(u,v)$ 在区域 D 内皆存在连续的一阶偏导数.

对于曲面(5-57),设点 $P_0(x_0, y_0, z_0) \in S$,点 P_0 对应于参数值为 $(u_0, v_0) \in D$. 则

$$L_1: x = x(u, v_0), y = y(u, v_0), z = z(u, v_0) \ (u, v_0) \in D$$

和

$$L_2: x = x(u_0, v), y = y(u_0, v), z = z(u_0, v) \ (u_0, v) \in D$$

是曲面 S 上过点 P_0 的两条光滑曲线,这两条曲线在点 P_0 的切向量分别为

$$\boldsymbol{r}_u|_{(u_0,v_0)} = (x_u, y_u, z_u)|_{(u_0,v_0)} \quad 和 \quad \boldsymbol{r}_v|_{(u_0,v_0)} = (x_v, y_v, z_v)|_{(u_0,v_0)}$$

如果对任何点 $P_0 \in S$,都有 $\boldsymbol{n} = \boldsymbol{r}_u \times \boldsymbol{r}_v|_{(u_0,v_0)} \neq \boldsymbol{0}$,则称 S 是正则曲面(光滑曲面). 这时,对于曲面 S 上过点 P_0 的任何正则曲线

$$L: \begin{cases} x = x[u(t), v(t)], \\ y = [u(t), v(t)], \\ z = z[u(t), v(t)] \quad (u(t), v(t)) \in D \end{cases}$$

其中 $u'(t), v'(t)$ 皆连续,且 $u_0 = u(t_0), v_0 = v(t_0)$,曲面 S 在点 P_0 的切向量可以表示为

$$d\boldsymbol{r} = (dx, dy, dz)|_{t=t_0} = (x_u du + x_v dv, y_u du + y_v dv, z_u du + z_v dv)|_{t=t_0}$$
$$= \boldsymbol{r}_u|_{(u_0,v_0)} du + \boldsymbol{r}_v|_{(u_0,v_0)} dv$$

这说明,曲面 S 上任何过点 P_0 的光滑曲线 L 在点 P_0 的切向量,皆在两个特殊切向量 $\boldsymbol{r}_u|_{(u_0,v_0)}$ 和 $\boldsymbol{r}_v|_{(u_0,v_0)}$ 所张成的平面上. 反之,对于这个平面的任何向量

$$\boldsymbol{l} = \boldsymbol{r}_u|_{(u_0,v_0)} a + \boldsymbol{r}_v|_{(u_0,v_0)} b$$

皆存在曲面 S 上的过点 P_0 的可微参数曲线 L,使得 L 在点 P_0 的切向量恰为 $d\boldsymbol{r} = \boldsymbol{l}dt$. 事实上,

容易验证,下面这条光滑曲线($t=0$ 对应于点 P_0) 就满足这一要求.

$$L:\begin{cases} x = x(at+u_0, bt+v_0), \\ y = y(at+u_0, bt+v_0), \\ z = z(at+u_0, bt+v_0) \end{cases}$$

因此,我们称由向量 $\boldsymbol{r}_u|_{(u_0,v_0)}$ 和 $\boldsymbol{r}_v|_{(u_0,v_0)}$ 所张成的平面为曲面 S 在点 P_0 的切平面,如图 5-23 所示,称点 P_0 为切点,该切平面中的任何向量皆称为曲面 S 在点 P_0 的切向量. 又称向量

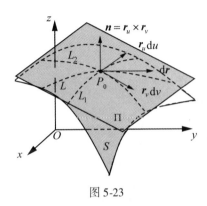

图 5-23

$$\boldsymbol{n} = \boldsymbol{r}_u \times \boldsymbol{r}_v|_{(u_0,v_0)} \neq \boldsymbol{0}$$

为曲面 S 在点 P_0 的法向量,称过点 P_0 且与该切平面垂直的直线为曲面 S 在点 P_0 的法线.

由于法向量

$$\boldsymbol{n} = \boldsymbol{r}_u \times \boldsymbol{r}_v|_{(u_0,v_0)} = \begin{vmatrix} \boldsymbol{i} & \boldsymbol{j} & \boldsymbol{k} \\ x_u & y_u & z_u \\ x_v & y_v & z_v \end{vmatrix}_{(u_0,v_0)}$$

所以曲面 S 在点 P_0 的切平面方程(法平面方程由读者自行写出)为

$$\begin{vmatrix} x-x_0 & y-y_0 & z-z_0 \\ x_u(u_0,v_0) & y_u(u_0,v_0) & z_u(u_0,v_0) \\ x_v(u_0,v_0) & y_v(u_0,v_0) & z_v(u_0,v_0) \end{vmatrix} = 0 \tag{5-58}$$

例 5.28 求螺旋面 $x = u\cos v, y = u\sin v, z = v$ 在点 $(1,0,0)$ 的切平面方程与法线方程.

解 当参数 (u,v) 在 $0 \leq u \leq a, 0 \leq v \leq 2\pi$ 范围内取值时,对应于螺旋面的图像如图 5-24 所示. 螺旋面上点 $(1,0,0)$ 对应的参数值为 $(u,v) = (1,0)$,容易算得:

$$\boldsymbol{r}_u|_{(1,0)} = (\cos v, \sin v, v) = (1,0,0), \boldsymbol{r}_v|_{(1,0)} = (-u\sin v, u\cos v, 1) = (0,1,1)$$

$$\boldsymbol{n} = \boldsymbol{r}_u \times \boldsymbol{r}_v|_{(1,0)} = \begin{vmatrix} \boldsymbol{i} & \boldsymbol{j} & \boldsymbol{k} \\ 1 & 0 & 0 \\ 0 & 1 & 1 \end{vmatrix} = (0,-1,1)$$

由解析几何知识知,所求切平面方程和法线方程分别为

$$-y + z = 0 \text{ 和 } \begin{cases} x - 1 = 0, \\ -y = z. \end{cases}$$

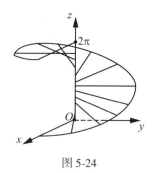

图 5-24

5.7.3 常用公式

通常情况下,光滑曲面可以由方程
$$S: F(x,y,z) = 0 \tag{5-59}$$
来表示,而空间光滑曲线可以由联立方程组
$$L: \begin{cases} F(x,y,z) = 0, \\ G(x,y,z) = 0 \end{cases} \tag{5-60}$$
来表示. 我们来求曲面(或曲线)在这种表示形式下的切平面(切线)方程.

先来推导由方程(5-59)所表示的光滑曲面 S 切平面方程.

设 $P_0(x_0,y_0,z_0) \in S$,并设梯度向量 $\mathbf{grad} F|_{P_0} = \left(\dfrac{\partial F}{\partial x}, \dfrac{\partial F}{\partial y}, \dfrac{\partial F}{\partial z}\right)_{P_0} \neq 0$. 则对曲面 S 上任何过点 P_0 的光滑曲线 $L: x = x(t), y = y(t), z = z(t)$,必有
$$F[x(t),y(t),z(t)] \equiv 0$$
应用复合函数的微分法则,即得
$$F_x \mathrm{d}x + F_y \mathrm{d}y + F_z \mathrm{d}z \equiv 0 \Rightarrow \mathbf{grad} F_{P_0} \cdot \mathrm{d}\mathbf{r} = 0 \tag{5-61}$$
其中 $\mathrm{d}\mathbf{r} = (\mathrm{d}x,\mathrm{d}y,\mathrm{d}z) = (x'(t_0)\mathrm{d}t, y'(t_0)\mathrm{d}t, z'(t_0)\mathrm{d}t)$.

式(5-61)说明,曲面(5-59)在点 P_0 的任何切向量 $\mathrm{d}\mathbf{r}$ 都与梯度向量 $\mathbf{grad} F|_{P_0}$ 垂直,即 $\mathbf{grad} F|_{P_0}$ 是曲面(5-59)在点 P_0 的法向量. 因此曲面(5-59)在点 P_0 的切平面方程为
$$F_x(x_0,y_0,z_0)(x-x_0) + F_y(x_0,y_0,z_0)(y-y_0) + F_z(x_0,y_0,z_0)(z-z_0) = 0 \tag{5-62}$$
特别地,光滑曲面 $S: z = f(x,y)$ 在点 $P_0(x_0,y_0,z_0)$ 的切平面方程为
$$f_x(x_0,y_0)(x-x_0) + f_y(x_0,y_0)(y-y_0) - (z-z_0) = 0 \tag{5-63}$$
如图 5-25 所示,再来推导由联立方程组(5-60)所表示的光滑曲线 L 的切线方程.

设 L 的参数方程为
$$L: x = x(t), y = y(t), z = z(t) \text{ 且 } x_0 = x(t_0), y_0 = y(t_0), z_0 = z(t_0)$$
则有
$$F(x(t),y(t),z(t)) \equiv 0, G(x(t),y(t),z(t)) \equiv 0$$
对这两个式子微分,得 $F_x \mathrm{d}x + F_y \mathrm{d}y + F_z \mathrm{d}z \equiv 0, G_x \mathrm{d}x + G_y \mathrm{d}y + G_z \mathrm{d}z \equiv 0$

特别地,有
$$\mathbf{grad} F|_{P_0} \cdot \mathrm{d}\mathbf{r} = 0 \text{ 及 } \mathbf{grad} G|_{P_0} \cdot \mathrm{d}\mathbf{r} = 0 \tag{5-64}$$
其中 $P_0(x_0,y_0,z_0) \in L, \mathrm{d}\mathbf{r} = (\mathrm{d}x,\mathrm{d}y,\mathrm{d}z) = (x'(t_0)\mathrm{d}t, y'(t_0)\mathrm{d}t, z'(t_0)\mathrm{d}t)$. 式(5-64)说明,曲

5.7 多元函数偏导数的几何应用

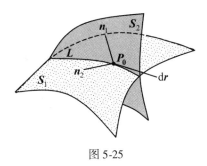

图 5-25

线(5-60)在点 P_0 的切向量 $d\boldsymbol{r}$ 既与曲面 $S_1:F(x,y,z)=0$ 的法向量 $\boldsymbol{n}_1 = \mathbf{grad}F|_{P_0}$ 垂直,又与曲面 $S_2:G(x,y,z)=0$ 的法向量 $\boldsymbol{n}_2 = \mathbf{grad}G|_{P_0}$ 垂直. 故可以取曲线在点 P_0 的切向量为

$$\boldsymbol{l} = \boldsymbol{n}_1 \times \boldsymbol{n}_2|_{P_0} = \begin{vmatrix} \boldsymbol{i} & \boldsymbol{j} & \boldsymbol{k} \\ F_x & F_y & F_z \\ G_x & G_y & G_z \end{vmatrix}_{P_0}$$

因此,光滑曲线(5-60)在点 P_0 的切线方程为

$$\frac{x-x_0}{A} = \frac{y-y_0}{B} = \frac{z-z_0}{C} \tag{5-65}$$

其中 $A = \begin{vmatrix} F_y & F_z \\ G_y & G_z \end{vmatrix}_{P_0}, B = \begin{vmatrix} F_z & F_x \\ G_z & G_x \end{vmatrix}_{P_0}, C = \begin{vmatrix} F_x & F_y \\ G_x & G_y \end{vmatrix}_{P_0}.$

例 5.29 求椭球面 $x^2+2y^2+3z^2=6$ 上平行于平面 $x+2y+3z=0$ 的切平面方程.

解 先求切点坐标 (x,y,z),令 $F(x,y,z)=x^2+2y^2+3z^2-6$,根据式(5-62)及已知条件,梯度向量 $\mathbf{grad}F=(2x,4y,6z)$ 和已知向量 $\boldsymbol{n}=(1,2,3)$ 都是所求切平面的法向量. 所以

$$2x=k, \quad 4y=2k, \quad 6z=3k \Rightarrow x=\frac{k}{2}, \quad y=\frac{k}{2}, \quad z=\frac{k}{2}$$

将上述结果代入椭球面方程,得

$$\frac{k^2+2k^2+3k^2}{4}=6 \Rightarrow k=\pm 2.$$

故所求切平面的切点坐标为 $(\pm 1, \pm 1, \pm 1)$,因此所求切平面的方程为

$$[x-(\pm 1)] + 2[y-(\pm 1)] + 3[z-(\pm 1)] = 0 \quad 即 \quad x+2y+3z=\pm 6.$$

例 5.30 求椭球面 $x^2+2y^2+3z^2=6$ 与椭圆锥面 $x^2+2y^2=3z^2$ 的交线在点 $(1,1,1)$ 的切线方程和法平面方程.

解 令 $F(x,y,z)=x^2+2y^2+3z^2-6, G(x,y,z)=x^2+2y^2-3z^2$,则

$$F_x=2x, F_y=4y, F_z=6z, G_x=2x, G_y=4y, G_z=-6z$$

$$A=\begin{vmatrix} 4 & 6 \\ 4 & -6 \end{vmatrix}=-48, B=\begin{vmatrix} 6 & 2 \\ -6 & 2 \end{vmatrix}=24, C=\begin{vmatrix} 2 & 4 \\ 2 & 4 \end{vmatrix}=0$$

故所求切线方程为 $\dfrac{x-1}{-2}=y-1=\dfrac{z-1}{0}$,即 $\begin{cases} x-2y+1=0 \\ z-1=0 \end{cases}.$

法平面方程为 $-2(x-1)+y-1=0$ 即 $2x-y-3=0.$

5.7.4 微分与梯度的几何意义

建立了曲面的切平面和切向量概念之后,我们顺便解释一下二元函数全微分和三元函数梯度的几何意义.

二元函数全微分的几何意义如图 5-26 所示,当自变量 (x,y) 由 (x_0,y_0) 变为 $(x_0+\Delta x, y+\Delta y)$ 时,函数 $z=f(x,y)$ 的增量 Δz 是竖坐标的一段 P_1P,而 $z=f(x,y)$ 在点 (x_0,y_0) 的全微分

$$\mathrm{d}z = f_x(x_0,y_0)\Delta x + f_y(x_0,y_0)\Delta y$$

是切平面 π 上的竖坐标相应的增量 P_1P_2. P_1P 与 P_1P_2 之差为 P_2P,根据全微分的定义知

$$P_2P = \Delta z - \mathrm{d}z = o(\rho), \rho = \sqrt{\Delta x^2 + \Delta y^2}$$

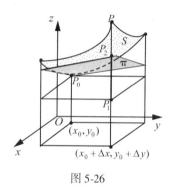

图 5-26

我们已经知道二元函数 $z=f(x,y)$ 的梯度向量 $\mathbf{grad}f = (f_x(x,y), f_y(x,y))$ 恰为等高线的法向量(见 5.4 节第三段). 现在对三元函数 $u=f(x,y,z)$ 的梯度作出类似的解释.

设函数 $u=f(x,y,z)$ 具有连续的一阶偏导数,则曲面

$$f(x,y,z) = C(C \text{ 为常数})$$

称为函数 $u=f(x,y,z)$ 的等值面. 对等值面方程的两边微分,得

$$f_x(x,y,z)\mathrm{d}x + f_y(x,y,z)\mathrm{d}y + f_z(x,y,z)\mathrm{d}z \equiv 0 \tag{5-66}$$

式(5-66)说明,三元函数 $f(x,y,z)$ 在点 $P(x,y,z)$ 处的梯度向量 $\mathbf{grad}f = (f_x, f_y, f_z)$ 恰为等值面 $f(x,y,z)=C$ 在点 P 处的法向量,如图 5-27 所示.

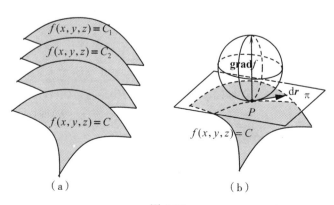

图 5-27

习题 5.7

1. 求下列曲线的切线方程,并写出其法平面方程:

(1) $y = a\sin^2 t, y = b\sin t\cos t, z = c\cos^2 t$,在点 $t = \dfrac{\pi}{4}$;

(2) $y = x, z = x^2$,在点 $P(1,1,1)$;

(3) $z = x^2 + y^2 + z^2 = 6, x + y + z = 0$,在点 $P(1,-2,1)$;

(4) 求曲线 $x = t, y = t^2, z = t^3$ 上的点,使曲线在该点的曲线平行于平面 $x + 2y + z = 4$.

2. 证明螺旋线 $x = a\cos t, y = a\sin t, z = bt$ 的切线与 Oz 轴成定角.

3. 证明斜驶线 $\tan\left(\dfrac{\pi}{4} + \dfrac{\varphi}{2}\right) = e^{k\theta}$ (k 为常数,θ 为地球的经度,φ 为地球的纬度)与地球的一切子午线成定角.

4. 求下列曲面的切平面方程,并写出其法线方程:

(1) $z = x^2 + y^2$,在点 $P(1,2,5)$;

(2) $ax^2 + by^2 + cz^2 = 1$,在点 $P(x_0, y_0, z_0)$;

(3) $z = y + \ln\dfrac{x}{z}$,在点 $P(1,1,1)$;

(4) 螺旋面 $x = u\cos v, y = u\sin v, z = v$,在点 $P(u_0, v_0)$.

5. 求曲面 $x^2 + 2y^2 + 6z^2 = 21$ 的切平面,使该切平面平行于平面 $x + 4y + 6z = 0$.

6. 证明曲面 $\sqrt{x} + \sqrt{y} + \sqrt{z} = \sqrt{a}$ ($a > 0$) 的切平面在三条坐标轴上的截距之和为常数.

5.8 多元函数的极值与条件极值

5.8.1 二元函数的极值

我们仍以二元函数为例来讨论多元函数的极值.

定义 5.10 设函数 $f(x,y)$ 在点 $P_0(x_0, y_0)$ 的某邻域 $U(P_0)$ 内有定义. 如果对任意 $P(x,y) \in U(P_0)$,都有 $f(P) \leq f(P_0)$ (或 $f(P) \geq f(P_0)$),则称 $f(x,y)$ 在点 P_0 取得极大(或极小)值,点 P_0 称为 $f(x,y)$ 的极大(或极小)值点. 极大值和极小值统称极值;极大值点和极小值点统称极值点.

由定义知,多元函数的极值也是仅限于定义域的内点来讨论.

例如,函数 $z = 2x^2 + y^2$ 在原点 $(0,0)$ 取得极小值;$z = 1 - \sqrt{x^2 + y^2}$ 在原点 $(0,0)$ 取得极大值;而 $z = -x^2 + y^2$ 在原点 $(0,0)$ 不取得极值,如图 5-28 所示.

显然,若函数 $f(x,y)$ 在点 $P_0(x_0, y_0)$ 取得极值,则当固定 $y = y_0$ 时,一元函数 $f(x, y_0)$ 必在点 $x = x_0$ 取相同的极值. 同理,一元函数 $f(x_0, y)$ 也在点 $y = y_0$ 取相同的极值. 于是得到二元函数取极值的必要条件如下:

定理 5.22 (极值必要条件) 如果函数 $f(x,y)$ 在点 $P_0(x_0, y_0)$ 存在偏导数,且在 P_0 取得极值,则有

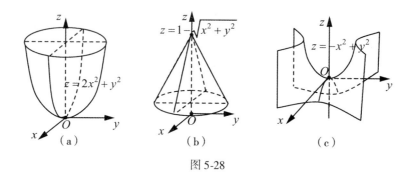

图 5-28

$$\begin{cases} f_x(x_0, y_0) = 0, \\ f_y(x_0, y_0) = 0 \end{cases} \tag{5-67}$$

我们称满足式(5-67)的点 P_0 为函数 $f(x,y)$ 的稳定点. 由定理 5.22 知,可微函数的极值点一定是稳定点.

◎ **思考题** 举例说明稳定点不一定是极值点,极值点也不一定是稳定点.

定理 5.23(极值充分条件) 设二元函数 $f(x,y)$ 在点 $P_0(x_0, y_0)$ 的某邻域 $U(P_0)$ 内具有二阶连续导数,且 $f_x(x_0, y_0) = 0, f_y(x_0, y_0) = 0$,则有

(1) 如果
$$f_{xx}(x_0, y_0) f_{yy}(x_0, y_0) - f_{xy}^2(x_0, y_0) > 0 \tag{5-68}$$
则函数 $f(x,y)$ 在点 P_0 取得极值,且当 $f_{xx}(x_0, y_0) > 0$ 时取得极小值,当 $f_{xx}(x_0, y_0) < 0$ 时取得极大值.

(2) 如果
$$f_{xx}(x_0, y_0) f_{yy}(x_0, y_0) - f_{xy}^2(x_0, y_0) < 0 \tag{5-69}$$
则函数 $f(x,y)$ 在点 P_0 不取得极值.

若记 $H(P_0) = \begin{pmatrix} f_{xx}(x_0, y_0) & f_{xy}(x_0, y_0) \\ f_{xy}(x_0, y_0) & f_{yy}(x_0, y_0) \end{pmatrix}$(称为黑塞(Hesse)矩阵),则定理 5.23 的结论也可以叙述为,当 $H(P_0)$ 为正定矩阵时,函数 $f(x,y)$ 在点 P_0 取得极小值;当 $H(P_0)$ 为负定矩阵时,函数 $f(x,y)$ 在点 P_0 取得极大值;当 $H(P_0)$ 为不定矩阵时,函数 $f(x,y)$ 在点 P_0 不取得极值.

证 由二元函数的泰勒公式(见(5-36)式),并注意到 $f_x(x_0, y_0) = f_y(x_0, y_0) = 0$,有

$$f(x,y) - f(x_0, y_0) = \frac{1}{2!} \left(\Delta x \frac{\partial f}{\partial x} + \Delta y \frac{\partial}{\partial y} \right)^2 f(x_0, y_0) + o(\rho^2)$$

$$= \frac{1}{2} (\Delta x, \Delta y) H(P_0) (\Delta x, \Delta y)^T + o(\Delta x^2 + \Delta y^2)$$

又根据线性代数知识知,对于实对称矩阵 $H(P_0)$,必存在正交矩阵 C,使得

$$C \cdot H(P_0) \cdot C^T = \begin{pmatrix} d_1 & 0 \\ 0 & d_2 \end{pmatrix}$$

于是,在正交变换 $(\Delta x, \Delta y) = (\Delta x', \Delta y') \cdot C$ 下,有

$$f(x,y) - f(x_0, y_0) = \frac{1}{2} (\Delta x', \Delta y') \begin{pmatrix} d_1 & 0 \\ 0 & d_2 \end{pmatrix} (\Delta x', \Delta y')^T + o[(\Delta x')^2 + (\Delta y')^2]$$

$$= \frac{1}{2}[d_1(\Delta x')^2 + d_2(\Delta y')^2] + o[(\Delta x')^2 + (\Delta y')^2]$$

当 $H(P_0)$ 为正定矩阵时,则 $d_1 > 0, d_2 > 0$,因此存在邻域 $U(P_0)$,使 $(x,y) \in \overset{\circ}{U}(P_0)$ 时有 $f(x,y) - f(x_0,y_0) > 0$,即函数 $f(x,y)$ 在点 P_0 取得极小值.

当 $H(P_0)$ 为负定矩阵时,则 $d_1 < 0, d_2 < 0$,因此存在邻域 $U(P_0)$,使 $(x,y) \in \overset{\circ}{U}(P_0)$ 时有 $f(x,y) - f(x_0,y_0) < 0$,即函数 $f(x,y)$ 在点 P_0 取得极大值.

当 $H(P_0)$ 为不定矩阵时,不妨设 $d_1 > 0, d_2 < 0$,因此存在邻域 $U(P_0)$,在 $U(P_0)$ 内,当取 $(\Delta x, \Delta y) = (\Delta x', 0) \cdot C$ 时总有 $f(x,y) - f(x_0,y_0) = \frac{1}{2}d_1(\Delta x')^2 + o[(\Delta x')^2] > 0$;

当取 $(\Delta x, \Delta y) = (0, \Delta y') \cdot C$ 时总有 $f(x,y) - f(x_0,y_0) = \frac{1}{2}d_2(\Delta y')^2 + o[(\Delta y')^2] < 0$.
故函数 $f(x,y)$ 在点 P_0 不取得极值.

例 5.31 求 $f(x,y) = x^3 - y^2 + 3x^2 + 4y - 9x$ 的极值.

解 由方程组 $\begin{cases} f_x(x,y) = 3x^2 - 6x - 9 = 0 \\ f_y(x,y) = -2y + 4 = 0 \end{cases}$ 解得稳定点 $P_1(-3,2), P_2(1,2)$,又

$$f_{xx}(x,y) = 6x + 6, \quad f_{xy}(x,y) = 0, \quad f_{yy}(x,y) = -2$$

在点 $P_1(-3,2)$, $H(P_0) = \begin{bmatrix} 12 & 0 \\ 0 & -2 \end{bmatrix}$ 为负定矩阵,所以函数取得极大值 $f(-3,2) = 31$.

在点 $P_2(1,2)$, $H(P_0) = \begin{bmatrix} 12 & 0 \\ 0 & -2 \end{bmatrix}$ 为不定矩阵,所以函数在该点不取得极值.

例 5.32 讨论函数 $f(x,y) = (y - x^2)(y - 2x^2)$ 在原点 $O(0,0)$ 是否取得极值.

解 容易验证原点 $O(0,0)$ 是函数 $f(x,y)$ 的稳定点,由于在原点处,$f_{xx}f_{yy} - f_{xy}^2 = 0$,因此不能用定理 5.23 判定函数 $f(x,y)$ 在原点是否取到极值. 但当 $x^2 < y < 2x^2$ 时 $f(x,y) < 0$,而当 $y > 2x^2$ 或 $y < x^2$ 时, $f(x,y) > 0$,如图 5-29 所示,所以该函数不可能在原点取得极值.

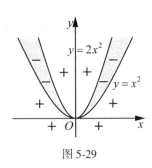

图 5-29

如同一元函数一样,可以利用多元函数极值方法来求多元函数的最值.

例 5.33 在椭球面 $\frac{x^2}{a^2} + \frac{y^2}{b^2} + \frac{z^2}{c^2} = 1$ 的内接长方体中,当长、宽、高分别为多少时,内接长方体的体积最大?

解 如图 5-30 所示,设内接长方体在第一象限的顶点为 $M(x,y,z)$,根据对称性可知,

内接长方体的体积为

$$V = 8xyz = 8cxy\sqrt{1 - \frac{x^2}{a^2} - \frac{y^2}{b^2}}, \quad \left(\frac{x^2}{a^2} + \frac{y^2}{b^2} < 1, x > 0, y > 0\right)$$

由于 $\dfrac{\partial V}{\partial x} = \dfrac{8cy}{\sqrt{1 - \dfrac{x^2}{a^2} - \dfrac{y^2}{b^2}}}\left(1 - 2\dfrac{x^2}{a^2} - \dfrac{y^2}{b^2}\right)$, $\dfrac{\partial V}{\partial y} = \dfrac{8cx}{\sqrt{1 - \dfrac{x^2}{a^2} - \dfrac{y^2}{b^2}}}\left(1 - \dfrac{x^2}{a^2} - 2\dfrac{y^2}{b^2}\right)$

令 $\dfrac{\partial V}{\partial x} = 0, \dfrac{\partial V}{\partial y} = 0$,解得唯一的稳定点 $x = \dfrac{a}{\sqrt{3}}, y = \dfrac{b}{\sqrt{3}}$,由此可得 $z = \dfrac{c}{\sqrt{3}}$. 又由于 V 的最大值是存在的,因此当内接长方体的长、宽、高分别为 $\dfrac{2a}{\sqrt{3}}, \dfrac{2b}{\sqrt{3}}, \dfrac{2c}{\sqrt{3}}$ 时,它的体积最大,且

$$V_{\max} = 8xyz = \frac{8}{3\sqrt{3}}abc$$

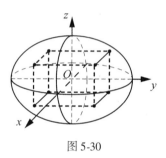

图 5-30

◎ **思考题** 如何确定函数 $f(x,y) = x^2 - 2xy - y^2 + 1$ 在区域 $[-1,2] \times [-1,2]$ 上的最值?

5.8.2 *条件极值

多元函数的极值问题,可以分为两类:一类是求目标函数在某一区域内的极值,对自变量的取值范围没有其他限制,如例 5.31,这类极值称为无条件极值;另一类极值是目标函数的自变量取值范围要受到一些附加条件的限制,如例 5.33 的极值就是求体积函数 $V = 8xyz(x > 0, y > 0, z > 0)$ 在附加条件 $\dfrac{x^2}{a^2} + \dfrac{y^2}{b^2} + \dfrac{z^2}{c^2} = 1$ 下的极值,这类极值称为条件极值.

条件极值问题的一般形式是:

求目标函数
$$y = f(x_1, x_2, \cdots, x_n) \tag{5-70}$$
在约束方程组
$$\varphi_k(x_1, x_2, \cdots, x_n) = 0, k = 1, 2, \cdots, m(m < n) \tag{5-71}$$
的限制下的极值.

对于条件极值,有时可以从约束方程组(5-70)中解出 m 个变元来,然后将这些变元代入目标函数(5-71)中,就可以将其化为无条件极值问题来求解. 如例 5.33,可以从方程 $\dfrac{x^2}{a^2} +$

从 $\dfrac{y^2}{b^2} + \dfrac{z^2}{c^2} = 1$ 中解出 $z = c\sqrt{1 - \dfrac{x^2}{a^2} - \dfrac{y^2}{b^2}}$,将 z 代入 $V = 8xyz$ 中,就得到 $V = 8cxy\sqrt{1 - \dfrac{x^2}{a^2} - \dfrac{y^2}{b^2}}$,这样就把问题化为在区域 $\dfrac{x^2}{a^2} + \dfrac{y^2}{b^2} < 1, x > 0, y > 0$ 内的无条件极值来处理,我们称这种方法为消元法.

但是在一般情形下,要从约束方程组(5-71)中解出 m 个变元是困难的. 为此,我们介绍一种不直接依赖消元而求解条件极值问题的有效方法 —— 拉格朗日乘数法.

为简便起见,先讨论三元函数
$$u = f(x, y, z) \tag{5-72}$$
在约束条件
$$S: \varphi(x, y, z) = 0 \tag{5-73}$$
限制下的极值问题.

假定 $f(x, y, z)$ 和 $\varphi(x, y, z)$ 具有连续的一阶偏导数,且
$$\varphi(x_0, y_0, z_0) = 0, \varphi_z(x_0, y_0, z_0) \neq 0$$
则由隐函数定理知,方程(5-73)在点 (x_0, y_0, z_0) 的某邻域内,唯一地确定一隐函数 $z = z(x, y)$,于是上述条件极值问题就转化为求二元函数 $u = f(x, y, z(x, y))$ 的普通极值问题. 根据极值的必要条件以及隐函数微分法,二元函数 $u = f(x, y, z(x, y))$ 的稳定点 (x, y) 应满足方程组

$$\begin{cases} \dfrac{\partial f}{\partial x} + \dfrac{\partial f}{\partial z} \cdot \dfrac{\partial z}{\partial x} = f_x + f_z \cdot \left(-\dfrac{\varphi_x}{\varphi_z}\right) = 0 \\ \dfrac{\partial f}{\partial y} + \dfrac{\partial f}{\partial z} \cdot \dfrac{\partial z}{\partial y} = f_y + f_z \cdot \left(-\dfrac{\varphi_y}{\varphi_z}\right) = 0 \end{cases} \tag{5-74}$$

即
$$\dfrac{f_x}{\varphi_x} = \dfrac{f_y}{\varphi_y} = \dfrac{f_z}{\varphi_z} \tag{5-75}$$

如果点 (x_0, y_0, z_0) 为条件极值点,那么点 (x_0, y_0, z_0) 应满足联立方程组(5-74)即式(5-75).

为方便起见,令 $\dfrac{f_x}{\varphi_x} = \dfrac{f_y}{\varphi_y} = \dfrac{f_z}{\varphi_z} = -\lambda$,于是式(5-75)与式(5-73)可以改写成

$$\begin{cases} f_x(x, y, z) + \lambda \varphi_x(x, y, z) = 0 \\ f_y(x, y, z) + \lambda \varphi_y(x, y, z) = 0 \\ f_z(x, y, z) + \lambda \varphi_z(x, y, z) = 0 \\ \varphi(x, y, z) = 0 \end{cases} \tag{5-76}$$

从方程组(5-76)中解出 x, y, z, λ 后,点 (x, y, z) 就是条件极值问题式(5-72)和式(5-73)的稳定点. 为了便于记忆和推广,我们引入拉格朗日函数如下

$$L(x, y, z, \lambda) = f(x, y, z) + \lambda \varphi(x, y, z) \tag{5-77}$$

按照普通极值的必要条件,得

$$\begin{cases} L_x(x, y, z, \lambda) = f_x(x, y, z) + \lambda \varphi_x(x, y, z) = 0 \\ L_y(x, y, z, \lambda) = f_y(x, y, z) + \lambda \varphi_y(x, y, z) = 0 \\ L_z(x, y, z, \lambda) = f_z(x, y, z) + \lambda \varphi_z(x, y, z) = 0 \\ L_\lambda(x, y, z, \lambda) = \varphi(x, y, z) = 0 \end{cases} \tag{5-78}$$

方程组(5-78)与方程组(5-76)完全相同. λ 称为拉格朗日乘数,这种求条件极值问题式

(5-72)和式(5-73)稳定点的方法称为拉格朗日乘数法.

对于由式(5-70)和式(5-71)所表示的一般条件极值问题,也有类似的结果:

定理 5.24 设函数 $f(x_1,x_2,\cdots,x_n)$ 与 $\varphi_k(x_1,x_2,\cdots,x_n)$ $(k=1,2,\cdots,m<n)$ 皆具有连续的一阶偏导数. 如果点 $P_0(x_1^0,x_2^0,\cdots,x_n^0)$ 是由式(5-70)和式(5-71)所表示的条件极值问题的极值点,并且雅可比矩阵

$$\begin{pmatrix} \dfrac{\partial \varphi_1}{\partial x_1} & \cdots & \dfrac{\partial \varphi_1}{\partial x_n} \\ \vdots & & \vdots \\ \dfrac{\partial \varphi_m}{\partial x_1} & \cdots & \dfrac{\partial \varphi_m}{\partial x_n} \end{pmatrix}_{P_0} \tag{5-79}$$

的秩为 m,则存在 m 个常数 $\lambda_1^0,\lambda_2^0,\cdots,\lambda_m^0$,使得 $(x_1^0,x_2^0,\cdots,x_n^0,\lambda_1^0,\lambda_2^0,\cdots,\lambda_m^0)$ 为拉格朗日函数:

$$\begin{aligned} & L(x_1,x_2,\cdots,x_n,\lambda_1,\lambda_2,\cdots,\lambda_m) \\ & = f(x_1,x_2,\cdots,x_n) + \sum_{k=1}^{m} \lambda_k \varphi_k(x_1,x_2,\cdots,x_n) \end{aligned} \tag{5-80}$$

的稳定点,即 $(x_1^0,x_2^0,\cdots,x_n^0,\lambda_1^0,\lambda_2^0,\cdots,\lambda_m^0)$ 满足方程组($n+m$ 个方程):

$$\begin{cases} \dfrac{\partial L}{\partial x_j} = \dfrac{\partial f}{\partial x_j} + \sum_{k=1}^{m} \lambda_k \dfrac{\partial \varphi_k}{\partial x_j} = 0 & (j=1,2,\cdots,n) \\ \dfrac{\partial L}{\partial \lambda_k} = \varphi_k = 0 & (k=1,2,\cdots,m<n) \end{cases} \tag{5-81}$$

为了证明定理 5.24,我们先来证明一个引理:

引理 5.1 设 J 为 m 阶行列式,J_{ij} 为 J 中元素 a_{ij} 的代数余子式,B_j 为列向量 $(b_1,b_2,\cdots,b_m)^T$ 代换 J 中第 j 列(其余列不变)所得行列式;C_i 表示用行向量 $(c_1,c_2,\cdots,c_m)$ 代换 J 中第 i 行(其余行不变)所得行列式 $(i,j=1,2,\cdots,m)$,则有 $\sum\limits_{k=1}^{m} c_k B_k = \sum\limits_{k=1}^{m} b_k C_k$,即

$$\begin{aligned} & c_1 \begin{vmatrix} b_1 & a_{12} & \cdots & a_{1m} \\ b_2 & a_{22} & \cdots & a_{2m} \\ \vdots & \vdots & & \vdots \\ b_m & a_{m2} & \cdots & a_{mm} \end{vmatrix} + c_2 \begin{vmatrix} a_{11} & b_1 & \cdots & a_{1m} \\ a_{21} & b_2 & \cdots & a_{2m} \\ \vdots & \vdots & & \vdots \\ a_{m1} & b_m & \cdots & a_{mm} \end{vmatrix} + \cdots + c_m \begin{vmatrix} a_{11} & a_{12} & \cdots & b_1 \\ a_{21} & a_{22} & \cdots & b_2 \\ \vdots & \vdots & & \vdots \\ a_{m1} & a_{m2} & \cdots & b_m \end{vmatrix} \\ & = b_1 \begin{vmatrix} c_1 & c_2 & \cdots & c_m \\ a_{21} & a_{22} & \cdots & a_{2m} \\ \vdots & \vdots & & \vdots \\ a_{m1} & a_{m2} & \cdots & a_{mm} \end{vmatrix} + b_2 \begin{vmatrix} a_{11} & a_{12} & \cdots & a_{1m} \\ c_1 & c_2 & \cdots & c_m \\ \vdots & \vdots & & \vdots \\ a_{m1} & a_{m2} & \cdots & a_{mm} \end{vmatrix} + \cdots + b_m \begin{vmatrix} a_{11} & a_{12} & \cdots & a_{1m} \\ a_{21} & a_{22} & \cdots & a_{2m} \\ \vdots & \vdots & & \vdots \\ c_1 & c_2 & \cdots & c_m \end{vmatrix} \end{aligned}$$

$$\tag{5-82}$$

证 根据行列式的性质,有 $B_k = \sum\limits_{i=1}^{m} b_i J_{ik}$,$C_k = \sum\limits_{j=1}^{m} c_j J_{kj}$,故

$$\sum_{k=1}^{m} c_k B_k = \sum_{k=1}^{m} c_k \sum_{i=1}^{m} b_i J_{ik} = \sum_{k=1}^{m} \sum_{i=1}^{m} c_k b_i J_{ik} = \sum_{i=1}^{m} b_i \sum_{k=1}^{m} c_k J_{ik} = \sum_{i=1}^{m} b_i C_i = \sum_{k=1}^{m} b_k C_k$$

引理得证.

定理 5.24 的证明 为方便起见,将变量 $x_1, x_2, \cdots, x_n$ 中后面 m 个变量记为 $u_1, u_2, \cdots, u_m$,于是拉格朗日函数(5-80)可以写成

$$L(x_1, x_2, \cdots, x_{n-m}, u_1, u_2, \cdots, u_m, \lambda_1, \lambda_2, \cdots, \lambda_m)$$
$$= f(x_1, \cdots, x_{n-m}, u_1, \cdots, u_m) + \sum_{k=1}^{m} \lambda_k \varphi_k(x_1, \cdots, x_{n-m}, u_1, \cdots, u_m) \tag{5-83}$$

由式(5-79),不妨设 $J = \dfrac{\partial(\varphi_1, \varphi_2, \cdots, \varphi_m)}{\partial(u_1, u_2, \cdots, u_m)}\bigg|_{P_0} \neq 0$,根据隐函数组可微性定理,方程组(5-71) 即

$$\varphi_k(x_1, \cdots, x_{n-m}, u_1, \cdots, u_m) = 0, k = 1, 2, \cdots, m(m < n) \tag{5-84}$$

在点 P_0 的某邻域内唯一地确定可微的隐函数组

$$u_i = u_i(x_1, x_2, \cdots, x_{n-m}), u_i^0 = u_i(x_1^0, x_2^0, \cdots, x_{n-m}^0), i = 1, 2, \cdots, m$$

且有

$$\frac{\partial u_1}{\partial x_j} = -\frac{B_{1j}}{J}, \frac{\partial u_2}{\partial x_j} = -\frac{B_{2j}}{J}, \cdots, \frac{\partial u_m}{\partial x_j} = -\frac{B_{mj}}{J}(j = 1, 2, \cdots, n-m) \tag{5-85}$$

其中

$$B_{1j} = \frac{\partial(\varphi_1, \varphi_2, \cdots, \varphi_m)}{\partial(x_j, u_2, \cdots, u_m)}, B_{2j} = \frac{\partial(\varphi_1, \varphi_2, \cdots, \varphi_m)}{\partial(u_1, x_j, \cdots, u_m)}, \cdots, B_{mj} = \frac{\partial(\varphi_1, \varphi_2, \cdots, \varphi_m)}{\partial(u_1, u_2, \cdots, x_j)}$$
$$(j = 1, 2, \cdots, n-m)$$

每个 B_{kj} 恰为行列式 J 的第 k 列用列向量 $\left(\dfrac{\partial \varphi_1}{\partial x_j}, \dfrac{\partial \varphi_2}{\partial x_j}, \cdots, \dfrac{\partial \varphi_m}{\partial x_j}\right)^T$ 代换后所得行列式. 于是条件极值问题就转化为求函数

$$w = f(x_1, \cdots, x_{n-m}, u_1(x_1, \cdots, x_{n-m}), \cdots, u_m(x_1, \cdots, x_{n-m})) \tag{5-86}$$

的普通极值问题.

由于 $P_0(x_1^0, x_2^0, \cdots, x_{n-m}^0, u_1^0, u_2^0, \cdots, u_m^0)$ 为条件极值问题的极值点,故 $(x_1^0, x_2^0, \cdots, x_{n-m}^0)$ 为函数(5-86)的极值点,因此在点 $(x_1^0, x_2^0, \cdots, x_{n-m}^0)$,有

$$\frac{\partial f}{\partial x_j} + \sum_{k=1}^{m} \frac{\partial f}{\partial u_k} \cdot \frac{\partial u_k}{\partial x_j} = 0(j = 1, 2, \cdots, n-m) \tag{5-87}$$

根据式(5-85),方程组式(5-87) 等价于

$$\frac{\partial f}{\partial x_j} + \sum_{k=1}^{m} \frac{\partial f}{\partial u_k}\left(-\frac{B_{kj}}{J}\right) = 0(j = 1, 2, \cdots, n-m) \tag{5-88}$$

根据引理 5.1(公式(5-82)),有

$$\sum_{k=1}^{m} \frac{\partial f}{\partial u_k} \cdot B_{kj} = \frac{\partial f}{\partial u_1} \frac{\partial(\varphi_1, \varphi_2, \cdots, \varphi_m)}{\partial(x_j, u_2, \cdots, u_m)} + \frac{\partial f}{\partial u_2} \frac{\partial(\varphi_1, \varphi_2, \cdots, \varphi_m)}{\partial(u_1, x_j, \cdots, u_m)} + \cdots + \frac{\partial f}{\partial u_m} \frac{\partial(\varphi_1, \varphi_2, \cdots, \varphi_m)}{\partial(u_1, u_2, \cdots, x_j)}$$
$$= \frac{\partial \varphi_1}{\partial x_j} \frac{\partial(f, \varphi_2, \cdots, \varphi_m)}{\partial(u_1, u_2, \cdots, u_m)} + \frac{\partial \varphi_2}{\partial x_j} \frac{\partial(\varphi_1, f, \cdots, \varphi_m)}{\partial(u_1, x_j, \cdots, u_m)} + \cdots + \frac{\partial \varphi_m}{\partial x_j} \frac{\partial(\varphi_1, \varphi_2, \cdots, f)}{\partial(u_1, u_2, \cdots, u_m)} \overset{\Delta}{=} \sum_{k=1}^{m} \frac{\partial \varphi_k}{\partial x_j} \cdot J_k$$

因此方程组(5-88) 等价于

$$\frac{\partial f}{\partial x_j} + \sum_{k=1}^{m} \frac{\partial \varphi_k}{\partial x_j} \cdot \left(-\frac{J_k}{J}\right) = 0(j = 1, 2, \cdots, n-m) \tag{5-89}$$

令 $\left(-\dfrac{J_k}{J}\right)_{P_0} = \lambda_k^0 (k=1,2,\cdots,m)$,则 $\lambda_1^0, \lambda_2^0, \cdots, \lambda_m^0$ 可以由下面方程组

$$\left.\dfrac{\partial f}{\partial u_i}\right|_{P_0} + \sum_{k=1}^{m} \lambda_k \cdot \left.\dfrac{\partial \varphi_k}{\partial u_i}\right|_{P_0} = 0 (i=1,2,\cdots,m) \tag{5-90}$$

唯一确定,因此 $(x_1^0, x_2^0, \cdots, x_{n-m}^0, u_1^0, u_2^0, \cdots, u_m^0, \lambda_1^0, \lambda_2^0, \cdots, \lambda_m^0)$ 为联立方程组

$$\begin{cases} \dfrac{\partial f}{\partial x_j} + \sum_{k=1}^{m} \lambda_k \dfrac{\partial \varphi_k}{\partial x_j} = 0 (j=1,2,\cdots,n-m) \\ \dfrac{\partial f}{\partial u_i} + \sum_{k=1}^{m} \lambda_k \dfrac{\partial \varphi_k}{\partial u_i} = 0, \varphi_k = 0 (i,k=1,2,\cdots,m) \end{cases}$$

的解,即 $(x_1^0, x_2^0, \cdots, x_{n-m}^0, u_1^0, u_2^0, \cdots, u_m^0, \lambda_1^0, \lambda_2^0, \cdots, \lambda_m^0)$ 是拉格朗日函数(5-83)的稳定点. 定理得证.

重要的是应用拉格朗日乘数法求条件极值.

例 5.34 试用拉格朗日乘数法求解例 5.33.

解 这个问题的拉格朗日函数为

$$F(x,y,z,\lambda) = 8xyz + \lambda\left(\dfrac{x^2}{a^2} + \dfrac{y^2}{b^2} + \dfrac{z^2}{c^2} - 1\right), (x>0, y>0, z>0)$$

于是 $\quad 8yz + \dfrac{2\lambda}{a^2}x = 0, \quad 8xz + \dfrac{2\lambda}{b^2}y = 0, \quad 8xy + \dfrac{2\lambda}{c^2}z = 0, \quad \dfrac{x^2}{a^2} + \dfrac{y^2}{b^2} + \dfrac{z^2}{c^2} - 1 = 0$

容易求得其稳定点为 $x = \dfrac{a}{\sqrt{3}}, y = \dfrac{b}{\sqrt{3}}, z = \dfrac{c}{\sqrt{3}}, \lambda = -\dfrac{4}{\sqrt{3}}abc$. 因为这个问题的最大值一定存在,故 $V_{\max} = (8xyz)_{\max} = \dfrac{8}{3\sqrt{3}}abc$.

例 5.35 设有一单位点电荷,位于坐标原点 $O(0,0,0)$,另有一单位点电荷在椭圆

$$z = x^2 + y^2, \quad x + y + x = 1$$

移动. 试问另一点电荷在何处时,两单位点电荷之间的作用力最大和最小?

解 根据库仑定律知,当另一单位点电荷在点 (x,y,z) 处时,两单位点电荷间的作用力为

$$f(x,y,z) = \dfrac{k}{x^2+y^2+z^2} \quad (k \text{ 为常数})$$

于是问题化为求函数 $f(x,y,z)$ 满足约束方程组

$$\begin{cases} z = x^2 + y^2, \\ x + y + x = 1 \end{cases}$$

下的条件极值问题. 由于 f 的极值点也是函数 $g(x,y,z) = x^2 + y^2 + z^2$ 的极值点. 因此问题又化为求函数 $g(x,y,z)$ 在上述约束方程组下的条件极值问题. 应用拉格朗日乘数法,令

$$L(x,y,z,\lambda,\mu) = x^2 + y^2 + z^2 + \lambda(x^2 + y^2 - z) + \mu(x + y + z - 1)$$

则有

$$\begin{cases} L_x = 2x + 2x\lambda + \mu = 0, \quad L_y = 2y + 2y\lambda + \mu = 0, \quad L_z = 2z - \lambda + \mu = 0, \\ L_\lambda = x^2 + y^2 - z = 0, \quad L_\mu = x + y + z - 1 = 0 \end{cases}$$

由前三个方程可得 $x=y$，代入后两个方程，解得 $x=y=\dfrac{-1\pm\sqrt{3}}{2}, z=2\mp\sqrt{3}$. 将其代入前三个方程，解得 $\lambda=-3\pm\dfrac{5}{3}\sqrt{3}, \mu=-7\pm\dfrac{11}{3}\sqrt{3}$（拉格朗日乘数可以不解出）. 于是解得该条件极值问题的两个稳定点：

$$P_1\left(\dfrac{-1+\sqrt{3}}{2}, \dfrac{-1+\sqrt{3}}{2}, 2-\sqrt{3}\right), \quad P_2\left(\dfrac{-1-\sqrt{3}}{2}, \dfrac{-1-\sqrt{3}}{2}, 2+\sqrt{3}\right)$$

因为连续函数 $f(x,y,z)=\dfrac{k}{x^2+y^2+z^2}$ 在圆 $x^2+y^2=z, x+y+z=1$ 上的最大值、最小值均存在，且只有两个稳定点，所以这两个稳定点就是 f 的最值点. 于是

$$f_{\max}=f(P_1)=\dfrac{k}{9-5\sqrt{3}}, \quad f_{\min}=f(P_2)=\dfrac{k}{9+5\sqrt{3}}.$$

习题 5.8

1. 研究下列函数的极值：
(1) $z=x^2-(y-1)^2$；
(2) $z=x^2-xy+y^2-2x+y$；
(3) $z=x^3+y^3-3xy$；
(4) $z=x^4+y^4-x^2-2xy-y^2$；
(5) $z=xy+\dfrac{50}{x}+\dfrac{20}{y}(x>0, y>0)$；
(6) $z=xy\sqrt{1-\dfrac{x^2}{a^2}-\dfrac{y^2}{b^2}}(a>0, b>0)$.

2. 试讨论笛卡儿叶形线 $x^3+y^3=3axy$ 在哪些点的邻域内存在隐函数 $y=y(x)$，并求其极值.

3. 研究下列函数的条件极值：
(1) $z=xy$，若 $x+y=1$；
(2) $z=x^2+y^2$，若 $\dfrac{x}{a}+\dfrac{y}{b}=1$；
(3) $u=x-2y+2z$，若 $x^2+y^2+z^2=1$；
(4) $u=xyz$，若 $x^2+y^2+z^2=1, x+y+z=0$.

4. 求椭圆 $z=x^2+y^2, x+y+z=1$ 到原点的最长距离和最短距离.

5. 求函数 $u=xyz$ 在约束条件 $\dfrac{1}{x}+\dfrac{1}{y}+\dfrac{1}{z}=\dfrac{1}{r}(x>0, y>0, z>0, r>0)$ 下的极小值，并证明不等式 $3\left(\dfrac{1}{a}+\dfrac{1}{b}+\dfrac{1}{c}\right)^{-1}\leqslant\sqrt[3]{abc}$.

5.9 *解题补缀

例 5.36 设函数 $f(x,y)$ 是区域 $D=[-1,1]\times[-1,1]$ 上的 $k(\geqslant 1)$ 次齐次函数且有界，证明极限 $\lim\limits_{\substack{x\to 0\\ y\to 0}}[f(x,y)+(x-1)e^y]$ 存在，并求其值.

证 令 $x=r\cos\theta, y=r\sin\theta$. 由于函数 $f(x,y)$ 是区域 D 上的 $k(\geqslant 1)$ 次齐次函数且有界，

故有
$$|f(x,y)| = |f(r\cos\theta, r\sin\theta)| = r^k |f(\cos\theta, \sin\theta)| < r^k M \ (M \text{ 为常数})$$
所以
$$\lim_{\substack{x\to 0\\ y\to 0}} |f(x,y)| = \lim_{r\to 0} r^k M = 0 \Rightarrow \lim_{\substack{x\to 0\\ y\to 0}} f(x,y) = 0$$
从而
$$\lim_{\substack{x\to 0\\ y\to 0}} [f(x,y) + (x-1)e^y] = \lim_{\substack{x\to 0\\ y\to 0}} f(x,y) + \lim_{\substack{x\to 0\\ y\to 0}} [(x-1)e^y] = 0 - 1 = -1.$$

例 5.37 设函数 $f(x,y)$ 在区域 $D = \{(x,y) \mid x^2 + y^2 < 1\}$ 上存在偏导数 $f_y(x,y)$，如果 $f(x,0)$ 在点 $x = 0$ 连续，且 $f_y(x,y)$ 在区域 D 上有界，证明 $f(x,y)$ 在原点 $(0,0)$ 连续．

证 由微分中值定理得
$$f(x,y) - f(x,0) = f'_y(x, \theta y) \cdot y, \text{ 其中 } 0 < \theta < 1$$
根据 $f_y(x,y)$ 的有界性，可设 $|f_y(x,y)| < M$ (M 为常数)，于是有
$$|f(x,y) - f(0,0)| \leq |f(x,y) - f(x,0)| + |f(x,0) - f(0,0)|$$
$$= |f'_y(x, \theta y)| |y| + |f(x,0) - f(0,0)| \leq M|y| + |f(x,0) - f(0,0)|$$
$\forall \varepsilon > 0$，由 $f(x,0)$ 在点 $x = 0$ 连续知，$\exists \delta_1 > 0$，使得当 $|x| < \delta_1$ 时，有
$$|f(x,0) - f(0,0)| < \varepsilon/2$$
故取 $\delta = \min\left\{\delta_1, \dfrac{\varepsilon}{2M}\right\}$，则当 $|x| < \delta$ 及 $|y| < \delta$ 时，有
$$|f(x,y) - f(0,0)| \leq M|y| + |f(x,0) - f(0,0)| < \varepsilon/2 + \varepsilon/2 = \varepsilon$$
这就证明了函数 $f(x,y)$ 在原点 $(0,0)$ 连续．

例 5.38 设 $f(x,y)$ 为连续函数，当 $(x,y) \neq (0,0)$ 时有 $f(x,y) > 0$，且对 $\forall c > 0$ 有 $f(cx, cy) = cf(x,y)$．证明存在两常数 $\alpha, \beta > 0$，使得 $\alpha\sqrt{x^2 + y^2} \leq f(x,y) \leq \beta\sqrt{x^2 + y^2}$．

证 由条件 $f(cx, cy) = cf(x,y)$ 知 $f(0,0) = 0$，因此不等式在原点 $(0,0)$ 处成立．

当 $(x,y) \neq (0,0)$ 时，取 $c = \dfrac{1}{\sqrt{x^2 + y^2}}$，则有
$$f\left(\frac{x}{\sqrt{x^2 + y^2}}, \frac{y}{\sqrt{x^2 + y^2}}\right) = \frac{1}{\sqrt{x^2 + y^2}} f(x,y)$$
得
$$f(x,y) = \sqrt{x^2 + y^2} \cdot f\left(\frac{x}{\sqrt{x^2 + y^2}}, \frac{y}{\sqrt{x^2 + y^2}}\right)$$
由于 $f(x,y)$ 为连续函数，故 $f(x,y)$ 在单位圆周上存在最大值 β 和最小值 α．由于在单位圆周上 $f(x,y) > 0$，故 $\beta \geq \alpha > 0$，因此 $\alpha \leq f\left(\dfrac{x}{\sqrt{x^2 + y^2}}, \dfrac{y}{\sqrt{x^2 + y^2}}\right) \leq \beta$，从而
$$\alpha\sqrt{x^2 + y^2} \leq \sqrt{x^2 + y^2} \cdot f\left(\frac{x}{\sqrt{x^2 + y^2}}, \frac{y}{\sqrt{x^2 + y^2}}\right) \leq \beta\sqrt{x^2 + y^2}.$$
即
$$\alpha\sqrt{x^2 + y^2} \leq f(x,y) \leq \beta\sqrt{x^2 + y^2}.$$

例 5.39 设函数 $f(x,y) = \begin{cases} \dfrac{(x+y)\sin(xy)}{x^2 + y^2}, & x^2 + y^2 \neq 0 \\ 0, & x^2 + y^2 = 0 \end{cases}$，证明函数 $f(x,y)$ 在原点 $(0,0)$ 连续但不可微．

证 由于 $\left|\dfrac{(x+y)\sin(xy)}{x^2+y^2}\right| \leq \left|\dfrac{(x+y)xy}{x^2+y^2}\right| \leq \dfrac{1}{2}\left|\dfrac{(x+y)(x^2+y^2)}{x^2+y^2}\right| \leq \dfrac{1}{2}(|x|+|y|)$，故对 $\forall \varepsilon > 0$，取 $\delta = \varepsilon$，则当 $|x| < \delta$ 及 $|y| < \delta$ 时，有

$$|f(x,y) - f(0,0)| \leq \left|\dfrac{(x+y)\sin(xy)}{x^2+y^2}\right| \leq \dfrac{1}{2}(|x|+|y|) < \varepsilon$$

因此 $f(x,y)$ 在原点 $(0,0)$ 连续．下证 $f(x,y)$ 在原点 $(0,0)$ 不可微．

由偏导数的定义易得 $f'_x(0,0) = f'_y(0,0) = 0$，于是

$$\dfrac{\Delta f|_{(0,0)} - f'_x(0,0)x - f'_y(0,0)y}{\sqrt{x^2+y^2}} = \dfrac{(x+y)\sin xy}{(\sqrt{x^2+y^2})^3}$$

由于 $\lim\limits_{\substack{\rho \to 0 \\ y = x > 0}} \dfrac{(x+y)\sin xy}{(\sqrt{x^2+y^2})^3} = \lim\limits_{x \to 0^+} \dfrac{(x+y)\sin xy}{(\sqrt{x^2+y^2})^3} = \lim\limits_{x \to 0^+} \dfrac{2x\sin x^2}{(\sqrt{2})^3 x^3} = \dfrac{1}{\sqrt{2}} \neq 0$，故 $f(x,y)$ 不满足

$$\lim_{\rho \to 0} \dfrac{\Delta f|_{(0,0)} - f'_x(0,0)x - f'_y(0,0)y}{\sqrt{x^2+y^2}} = 0$$

的条件，因此函数 $f(x,y)$ 在原点 $(0,0)$ 不可微．

例 5.40 设函数 $f(x,y)$ 在区域 $D = \{(x,y) \mid x+y \leq 1\}$ 上可微，且对 $\forall (x,y) \in D$ 有 $|f'_x| \leq 1$ 及 $|f'_y| \leq 1$，证明在区域 D 上，恒有 $|f(x',y') - f(x'',y'')| \leq |x' - x''| + |y' - y''|$．

证 由于 $|f(x',y') - f(x'',y'')| = |f(x',y') - f(x'',y') + f(x'',y') - f(x'',y'')|$

$$\leq |f(x',y') - f(x'',y')| + |f(x'',y') - f(x'',y'')|$$

故由微分中值定理及条件 $|f'_x| \leq 1$ 与 $|f'_y| \leq 1$，得

$$|f(x',y') - f(x'',y'')| \leq |f(\xi,y')||x' - x''| + |f(x'',\eta)||y' - y''|$$

$$\leq |x' - x''| + |y' - y''|.$$

例 5.41 设函数 $f(x,y) = \begin{cases} g(x,y)\sin\dfrac{1}{\sqrt{x^2+y^2}}, & x^2+y^2 \neq 0 \\ 0, & x^2+y^2 = 0 \end{cases}$，证明：如果函数 $g(x,y)$ 在原点 $(0,0)$ 可微，且 $\mathrm{d}g(0,0) = g(0,0) = 0$，则函数 $f(x,y)$ 在原点 $(0,0)$ 也可微，且 $\mathrm{d}f|_{(0,0)} = 0$．

证 由于 $\mathrm{d}g(0,0) = g(0,0) = 0$，故 $g'_x(0,0) = g'_y(0,0) = 0$，于是有

$$\lim_{x \to 0} \dfrac{f(x,0) - f(0,0)}{x - 0} = \lim_{x \to 0} \dfrac{g(x,0) - g(0,0)}{x - 0}\sin\dfrac{1}{|x|} = 0，即 f'_x(0,0) = 0$$

同理可得 $f'_y(0,0) = 0$. 下证函数 $f(x,y)$ 在原点 $(0,0)$ 也可微，且 $\mathrm{d}f(0,0) = 0$．

由于 $\dfrac{\Delta f|_{(0,0)} - f'_x(0,0)x - f'_y(0,0)y}{\sqrt{x^2+y^2}} = \dfrac{f(x,y)}{\sqrt{x^2+y^2}} = \dfrac{g(x,y)}{\sqrt{x^2+y^2}}\sin\dfrac{1}{\sqrt{x^2+y^2}}$

所以 $\left|\dfrac{\Delta f|_{(0,0)} - f'_x(0,0)x - f'_y(0,0)y}{\sqrt{x^2+y^2}}\right|$

$$\leq \dfrac{|g(x,y)|}{\sqrt{x^2+y^2}} = \dfrac{|\Delta g|_{(0,0)} - g'_x(0,0)x - g'_y(0,0)y|}{\sqrt{x^2+y^2}}$$

再由函数 $g(x,y)$ 在原点 $(0,0)$ 可微知

$$\lim_{\rho \to 0} \frac{\Delta g|_{(0,0)} - g'_x(0,0)x - g'_y(0,0)y}{\sqrt{x^2+y^2}} = 0$$

$$\Rightarrow \lim_{\rho \to 0} \frac{\Delta f|_{(0,0)} - f'_x(0,0)x - f'_y(0,0)y}{\sqrt{x^2+y^2}} = 0$$

这就证明了函数 $f(x,y)$ 在原点 $(0,0)$ 也可微,且 $\mathrm{d}f(0,0) = f'_x(0,0)\Delta x + f'_y(0,0)\Delta y = 0$.

例 5.42 设函数 $u(x,y)$ 存在二阶偏导数 $\dfrac{\partial^2 u}{\partial x \partial y}$,证明 $u(x,y) = f(x)g(y)$ 的充要条件是

$$u\frac{\partial^2 u}{\partial x \partial y} = \frac{\partial u}{\partial x} \cdot \frac{\partial u}{\partial y} (u \neq 0).$$

证 只需经简单的求导运算即可证得必要性,下面证明充分性.

令 $v = \dfrac{\partial u}{\partial y}$,则方程 $u\dfrac{\partial^2 u}{\partial x \partial y} = \dfrac{\partial u}{\partial x} \cdot \dfrac{\partial u}{\partial y}$ 化为 $u\dfrac{\partial v}{\partial x} = v\dfrac{\partial u}{\partial x}$

从而

$$\frac{u\dfrac{\partial v}{\partial x} - v\dfrac{\partial u}{\partial x}}{u^2} = 0 (u \neq 0), \text{即} \frac{\partial}{\partial x}\left(\frac{v}{u}\right) = 0 (u \neq 0), \Rightarrow \frac{v}{u} = \varphi(y)$$

亦即

$$\frac{1}{u} \cdot \frac{\partial u}{\partial y} = \varphi(y), \frac{\partial \ln u}{\partial y} = \varphi(y), \text{解得} \ln u = \int \varphi(y) \mathrm{d}y + \psi(x)$$

因此

$$u = \mathrm{e}^{\int \varphi(y)\mathrm{d}y + \psi(x)} = \mathrm{e}^{\psi(x)} \cdot \mathrm{e}^{\int \varphi(y)\mathrm{d}y} = f(x)g(x).$$

例 5.43 设函数 $F(x,y)$ 在点 (x_0,y_0) 的某邻域内有连续的二阶偏导数, $F(x_0,y_0) = F'_x(x_0,y_0) = 0$, 且 $F'_y(x_0,y_0) > 0, F''_{xx}(x_0,y_0) < 0$. 证明由 $F(x,y) = 0$ 在点 x_0 附近所确定的隐函数 $y = y(x)$ 在点 x_0 取得极小值.

证 由已知条件及隐函数微分法则知 $y'(x_0) = -\dfrac{F'_x(x_0,y_0)}{F'_y(x_0,y_0)} = 0$. 再应用隐函数微分法则得

$$y''(x) = -\frac{\partial}{\partial x}\left(\frac{F'_x}{F'_y}\right) = -\frac{[F''_{xx} + F''_{xy} \cdot y'(x)]F'_y - F'_x[F''_{yx} + F''_{yy} \cdot y'(x)]}{(F'_y)^2}$$

故

$$y''(x_0) = -\frac{[F''_{xx} + F''_{xy} \cdot y'(x)]F'_y - F'_x[F''_{yx} + F''_{yy} \cdot y'(x)]}{(F'_y)^2}\bigg|_{x_0}$$

$$= -\frac{F''_{xx}(x_0,y_0)F'_y(x_0,y_0)}{(F'_y(x_0,y_0))^2} = -\frac{F''_{xx}(x_0,y_0)}{F'_y(x_0,y_0)} > 0$$

于是根据一元函数极值的判别法知,隐函数 $y = y(x)$ 在点 x_0 取得极小值.

例 5.44 设 $x_k > 0, k = 1,2,\cdots,n$,试用条件极值方法证明不等式 $\left(\dfrac{1}{n}\sum\limits_{k=1}^n x_k\right)^2 \leqslant \dfrac{1}{n}\sum\limits_{k=1}^n x_k^2$.

证 先考查函数 $f(x_1,x_2,\cdots,x_n) = \dfrac{1}{n}\sum\limits_{k=1}^n x_k^2$ 在约束条件 $\sum\limits_{k=1}^n x_k = r(r > 0)$ 下的极值. 作

拉格朗日函数

$$L(x_1, x_2, \cdots, x_n) = \frac{1}{n}\sum_{k=1}^{n} x_k^2 - \lambda \left(r - \sum_{k=1}^{n} x_k\right)$$

令 $L'_{x_1} = L'_{x_2} = \cdots = L'_{x_n} = 0$，得

$$\frac{2x_1}{n} + \lambda = 0, \quad \frac{2x_2}{n} + \lambda = 0, \cdots, \frac{2x_n}{n} + \lambda = 0, \quad \sum_{k=1}^{n} x_k = r$$

由此解得唯一的驻点 $x_1 = x_2 = \cdots = x_n = \dfrac{r}{n}$，因 $f(x_1, x_2, \cdots, x_n) = \dfrac{1}{n}\sum_{k=1}^{n} x_k^2 > 0$ 且连续，故可取得其下确界，且该最小值点必为驻点，因此有

$$f(x_1, x_2, \cdots, x_n) = \frac{1}{n}\sum_{k=1}^{n} x_k^2 \geqslant \frac{1}{n}\sum_{k=1}^{n} \left(\frac{r}{n}\right)^2 = \left(\frac{r}{n}\right)^2 = \left(\frac{1}{n}\sum_{k=1}^{n} x_k\right)^2$$

证毕.

第6章 多元函数积分学

本章,我们讨论将一元函数积分学推广到多元函数的情形——多元函数积分学. 多元函数积分学包括重积分、曲线积分、曲面积分以及参变量积分,这四类积分虽然不同,却有密切联系.

6.1 二重积分

二重积分是定积分概念在平面有界区域上的推广. 由于二重积分涉及积分区域面积的可求性问题,因此,我们先来讨论平面点集的面积.

6.1.1 平面点集的面积

设 D 为平面有界点集,即存在平行于坐标轴的矩形区域 R,使 $D \subset R$. 用平行于坐标轴的直线网 Δ 分割区域 D,如图 6-1 所示. 由直线网 Δ 产生的小矩形 Δ_i 可以分为三类:

1. Δ_i 上的点都是 D 的内点;
2. Δ_i 上的点都是 D 的外点 ($\Delta_i \cap D = \varnothing$);
3. Δ_i 上含有 D 的边界点.

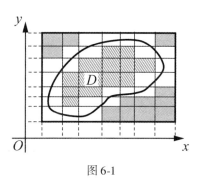

图 6-1

以 $s_D(\Delta)$ 表示第 1 类小矩形的面积之和(图 6-1 中斜线阴影矩形), $S_D(\Delta)$ 表示第 1 类小矩形与第 3 类小矩形(图中无色矩形)的面积之和. 则有
$$s_D(\Delta) \leqslant S_D(\Delta) \leqslant S_R \quad (\text{其中 } S_R \text{ 为 } R \text{ 的面积})$$
考虑数集 $\{s_D(\Delta)\}$ 和 $\{S_D(\Delta)\}$(这里让 Δ 变动,每一 Δ 对应着一个数),根据确界原理知道,数集 $\{s_D(\Delta)\}$ 存在上确界,而数集 $\{S_D(\Delta)\}$ 存在下确界. 我们称 $\underline{I}_D = \sup\{s_D(\Delta)\}$ 和 $\overline{I}_D = \inf\{S_D(\Delta)\}$ 分别为 D 的内面积和外面积. 显然有 $0 \leqslant \underline{I}_D \leqslant \overline{I}_D$.

定义 6.1 如果平面点集 D 的内面积 $\underline{I}_D$ 等于它的外面积 $\overline{I}_D$，则称 D 为可求面积，并称该相等值 $\underline{I}_D = \overline{I}_D$ 为 D 的面积，记为 I_D.

根据定义 6.1 不难推出下列结论:

结论 6.1 平面有界点集 D 可求面积的充要条件是:对任给的 $\varepsilon > 0$，总存在直线网分割 Δ，使得
$$S_D(\Delta) - s_D(\Delta) < \varepsilon.$$

证 （必要性）设平面有界点集 D 具有面积 I_D，根据定义，应有 $I_D = \underline{I}_D = \overline{I}_D$，由确界定义知道，存在两个直线网分割 Δ_1 与 Δ_2，使得 $s_D(\Delta_1) > I_P - \dfrac{\varepsilon}{2}$，$S_D(\Delta_2) < \varepsilon + \dfrac{\varepsilon}{2}$.

记 Δ 为由 Δ_1 与 Δ_2 合并所成的直线网分割，易知 $s_D(\Delta_1) \leqslant s_D(\Delta)$，$S_D(\Delta_2) \geqslant S_D(\Delta)$. 于是
$$s_D(\Delta) > I_P - \frac{\varepsilon}{2}, \quad S_D(\Delta) < \varepsilon + \frac{\varepsilon}{2} \Rightarrow S_D(\Delta) - s_D(\Delta) < \varepsilon.$$

（充分性）设对任给的 $\varepsilon > 0$，总存在直线网分割 Δ，使得 $S_D(\Delta) - s_D(\Delta) < \varepsilon$. 由于
$$s_D(\Delta) \leqslant \underline{I}_D \leqslant \overline{I}_D \leqslant S_D(\Delta)$$
故得
$$\overline{I}_D - \underline{I}_D \leqslant S_D(\Delta) - s_D(\Delta) < \varepsilon$$

由 ε 的任意性，便得 $\underline{I}_D = \overline{I}_D$，因此 D 可求面积.

根据结论 6.1 立即推得：

结论 6.2 平面有界点集 D 的面积等于 0 的充要条件是它的外面积 $\overline{I}_D = 0$，即对任给的 $\varepsilon > 0$，存在直线网分割 Δ，使得 $S_D(\Delta) < \varepsilon$.

结论 6.3 平面有界区域 D 可求面积的充要条件是: D 的边界 ∂D 的面积为零.

证 根据结论 6.1，D 可求面积的充要条件是:对任给的 $\varepsilon > 0$，总存在直线网分割 Δ，使得
$$S_D(\Delta) - s_D(\Delta) < \varepsilon \Leftrightarrow S_{\partial D}(\Delta) = S_D(\Delta) - s_D(\Delta) < \varepsilon \Leftrightarrow I_{\partial D} = 0.$$

结论 6.4 闭区间 $[a,b]$ 上的连续函数 $y = f(x)$ 的图像 K 的面积等于 0.

证 $f(x)$ 在闭区间 $[a,b]$ 上连续则一致连续，即对任给的 $\varepsilon > 0$，总存在 $\delta > 0$，对于 $[a,b]$ 的任意分点: $a < x_0 < x_1 < \cdots < x_{n-1} < x_n = b$，只要 $\max\{\Delta x_i | i = 1,2,\cdots,n\} < \delta$，就可使 $f(x)$ 在每个子区间 $[x_{i-1}, x_i]$ 上的振幅都满足: $\omega_i < \dfrac{\varepsilon}{b - a}$. 于是曲线 K 在每个子区间 $[x_{i-1}, x_i]$ 上的一段，都能用一个 Δx_i 为宽，ω_i 为高的小矩形所覆盖，且这 n 个小矩形面积的总和为
$$S_K(\Delta) = \sum_{i=1}^n \omega_i \Delta x_i < \frac{\varepsilon}{b-a} \sum_{i=1}^n \Delta x_i = \varepsilon.$$

故由结论 6.2 推知曲线 K 的面积为零.

根据结论 6.4 又可以推得下面两个结论:

结论 6.5 由参量方程 $x=\varphi(t), y=\psi(t)(\alpha \leqslant t \leqslant \beta)$ 所表示的平面光滑曲线或逐段光滑曲线,其面积一定为零.

结论 6.6 边界 ∂D 逐段光滑的有界闭区域 D 是可求面积的.

为方便起见,我们规定,下面出现的(积分)区域 D 总是可求面积的.

6.1.2 二重积分的定义

下面从两个实例出发,引入二重积分的概念.

例 6.1（曲顶柱体的体积） 设 D 为平面有界闭区域,$f(x,y)$ 为定义在 D 上的非负连续函数,称以 $f(x,y)$ 的图像为顶面,以 D 为底面的柱体为曲顶柱体,如图 6-2 所示. 我们来考查该曲顶柱体的体积 V.

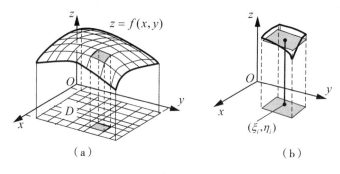

图 6-2

类似于求曲边梯形面积的方法,用光滑曲线网(或直线网)把区域 D 任意分割成 n 个小区域 $\sigma_i(i=1,2,\cdots,n)$（图 6-2(a) 是用平行于坐标轴的直线网分割),并用 Δ 来表示这样的一个分割. 相应地,曲顶柱体被分割成 n 个以 σ_i 为底的小曲顶柱体 $V_i(i=1,2,\cdots,n)$. 用 $\Delta\sigma_i$ 表示小区域 σ_i 的面积,ΔV_i 表示小曲顶柱体 V_i 的体积. 由于 $f(x,y)$ 在 D 上连续,故当每个 σ_i 的直径都很小时,$f(x,y)$ 在 σ_i 上的函数值的变化也很小,因而可以在 σ_i 上任取一点 (ξ_i,η_i),并用 $f(\xi_i,\eta_i)$ 为高,σ_i 为底的小平顶柱体的体积 $f(\xi_i,\eta_i)\Delta\sigma_i$ 作为 V_i 的体积的近似值,如图 6-2(b) 所示,即 $\Delta V_i \approx f(\xi_i,\eta_i)\Delta\sigma_i$. 于是整个曲顶柱体的体积可以近似地表示为

$$V = \sum_{i=1}^{n} \Delta V_i \approx \sum_{i=1}^{n} f(\xi_i,\eta_i)\Delta\sigma_i.$$

当 D 的分割 Δ 越来越细,即这 n 个小区域 σ_i 的最大直径 $\|\Delta\| = \max_i d(\sigma_i)$ 趋于 0 时,就有

$$V = \lim_{\|\Delta\|\to 0} \sum_{i=1}^{n} f(\xi_i,\eta_i)\Delta\sigma_i.$$

例 6.2（密度非均匀的平面薄板的质量） 设有一质量分布不均匀的物质薄板,在 Oxy 平面上占有区域 D(有界且闭),已知其面密度 $\rho(x,y)$ 为 D 上的连续函数. 现考查薄板的质量 m.

从表面上看,例 6.2 和例 6.1 中的两个问题似乎没有关系,但在本质上,它们有着重要的共性,即当 $\rho(x,y), f(x,y) = (或 \approx) k$($k$ 为常数),有 $m, V = (或 \approx) k \cdot S_D$($S_D$ 为 D 的面积). 因此可以用与例 6.1 完全相同的方法来处理例 6.2 的问题.

把区域(即薄板)D 任意分割成 n 个小区域(即小薄板)σ_i($i = 1, 2, \cdots, n$), 如图 6-3 所示, 同理, 当每个 σ_i 的直径都很小时, $\rho(x,y)$ 在 σ_i 上近似于常量, 故可在 σ_i 上任取一点 (ξ_i, η_i), 用以 $\rho(\xi_i, \eta_i)$ 作为小块薄板 σ_i 的密度, 于是小薄板 σ_i 的质量的近似值为 $\Delta m_i \approx \rho(\xi_i, \eta_i) \Delta \sigma_i$($i = 1, 2, \cdots, n$) 整块薄板的质量可以近似地表示为

$$m = \sum_{i=1}^{n} \Delta m_i \approx \sum_{i=1}^{n} \rho(\xi_i, \eta_i) \Delta \sigma_i$$

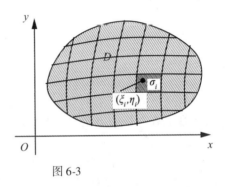

图 6-3

当分割 Δ 越来越细, 即 $\|\Delta\| \to 0$ 时, 有

$$m = \lim_{\|\Delta\| \to 0} \sum_{i=1}^{n} \rho(\xi_i, \eta_i) \Delta \sigma_i.$$

至此, 我们看到例 6.1 与例 6.2 所采用的方法和结果与定积分概念中的例子非常类似, 都是通过"分割、近似求和、取极限"的步骤, 把问题化为求一和式的极限, 不同的是这里的函数是定义在平面有界区域上的二元函数, 且 $\Delta \sigma_i$ 表示面积. 在科学技术领域中, 类似的问题也很普遍. 因此, 我们把这类新型的和式极限概括为一数学概念——二重积分.

设函数 $f(x,y)$ 在有界闭区域 D 上有定义, 用任意(逐段光滑)曲线网将 D 分成 n 个小区域 σ_i($i = 1, 2, \cdots, n$), 这些小区域构成 D 的一个分割 Δ, 用 $\Delta \sigma_i$ 表示小区域 σ_i 的面积, $d(\sigma_i)$ 为 σ_i 的直径, 称 $\|\Delta\| = \max\limits_{1 \leqslant k \leqslant n} d(\sigma_k)$ 为 Δ 的模或细度. 在每个 σ_i 上任取一点 (ξ_i, η_i), 作和式 $\sum\limits_{i=1}^{n} f(\xi_i, \eta_i) \Delta \sigma_i$. 这个和式称为函数 $f(x,y)$ 在区域 D 上属于分割 Δ 的积分和.

定义 6.2 设函数 $f(x,y)$ 在有界闭区域 D 上有定义, $J \in \mathbf{R}$ 为常数, 如果对任给的 $\varepsilon > 0$, 总存在相应的 $\delta > 0$, 使得对 D 的任意分割 $\Delta = \{\sigma_1, \sigma_2, \cdots, \sigma_n\}$, 只要 $\|\Delta\| < \delta$, 对于属于分割 Δ 的所有积分和满足

$$\left| \sum_{i=1}^{n} f(\xi_i, \eta_i) \Delta \sigma_i - J \right| < \varepsilon$$

即
$$\lim_{\|\Delta\|\to 0}\sum_{i=1}^{n}f(\xi_i,\eta_i)\Delta\sigma_i = J$$

则称函数 $f(x,y)$ 在 D 上可积,并称该极限为函数 $f(x,y)$ 在 D 上的二重积分,记为

$$\iint_D f(x,y)\mathrm{d}\sigma = \lim_{\|\Delta\|\to 0}\sum_{i=1}^{n}f(\xi_i,\eta_i)\Delta\sigma_i = J \tag{6-1}$$

并称 $f(x,y)$ 为被积函数,x,y 为积分变量,D 为积分区域,$\mathrm{d}\sigma$ 为面积元素.

常把二重积分记为 $\iint_D f(x,y)\mathrm{d}x\mathrm{d}y$,其中 $\mathrm{d}x\mathrm{d}y$ 是面积元素,其意义是,当用平行于坐标轴的直线网分割区域 D 时,其面积元素就是 $\mathrm{d}\sigma = \mathrm{d}x\mathrm{d}y$.

根据二重积分的定义知道,由例 6.1 所指的曲顶柱体的体积可以表示为 $V = \iint_D f(x,y)\mathrm{d}\sigma$,而由例 6.2 所指的平面薄板的质量为 $m = \iint_D \rho(x,y)\mathrm{d}\sigma$,这是二重积分的几何意义和物理意义.

6.1.3 可积性简述

二元函数 $f(x,y)$ 在有界闭区域 D 上的可积性与一元函数 $f(x)$ 在闭区间 $[a,b]$ 上的可积性是类似的,关于可积性定理的证明方法也是类似的. 因此,本节中,有关二元函数可积性的定理,一般不予证明.

定理 6.1 如果函数 $f(x,y)$ 在有界闭区域 D 上可积,则 $f(x,y)$ 在 D 上有界.

定理 6.1 是二元函数可积的必要条件. 为了给出二元函数可积的充分条件,需要引入上和与下和的概念. 设函数 $f(x,y)$ 在区域 D 上有界,$\Delta = \{\sigma_1,\sigma_2,\cdots,\sigma_n\}$ 为区域 D 的一个分割,令

$$M_i = \sup_{(x,y)\in\sigma_i}f(x,y), \quad m_i = \inf_{(x,y)\in\sigma_i}f(x,y), \quad i = 1,2,\cdots,n$$

和式
$$S(\Delta) = \sum_{i=1}^{n}M_i\Delta\sigma_i, \quad s(\Delta) = \sum_{i=1}^{n}m_i\Delta\sigma_i$$

分别称为函数 $f(x,y)$ 在区域 D 上关于分割 Δ 的上和与下和.

定理 6.2 函数 $f(x,y)$ 在有界闭区域 D 上可积的充要条件是

$$\lim_{\|\Delta\|\to 0}[S(\Delta) - s(\Delta)] = \lim_{\|\Delta\|\to 0}\sum_{i=1}^{n}(M_i - m_i)\Delta\sigma_i = 0 \tag{6-2}$$

推论 6.1 如果函数 $f(x,y)$ 在有界闭区域 D 上可积,则

$$\lim_{\|\Delta\|\to 0}S(\Delta) = \lim_{\|\Delta\|\to 0}s(\Delta) = \iint_D f(x,y)\mathrm{d}\sigma \tag{6-3}$$

定理 6.3 如果函数 $f(x,y)$ 在有界闭区域 D 上连续,则 $f(x,y)$ 在 D 上可积.

证 函数 $f(x,y)$ 在有界闭区域 D 上连续,则 $f(x,y)$ 在 D 上一致连续(见定理 5.6),即 $\forall \varepsilon > 0, \exists \delta > 0$,当 $P',P'' \in D$ 时,只要 $\|P' - P''\| < \delta$,就有 $|f(P') - f(P'')| < \varepsilon$. 于是,对于 D 的任意分割 $\Delta = \{\sigma_1,\sigma_2,\cdots,\sigma_n\}$,只要 $\|\Delta\| < \delta$,就有

$$0 < S(\Delta) - s(\Delta) = \sum_{i=1}^{n}(M_i - m_i)\Delta\sigma_i \leq \sum_{i=1}^{n}\varepsilon\Delta\sigma_i = \varepsilon \cdot S_D$$

其中 S_D 为有界区域 D 的面积. 因此 $\lim\limits_{\|\Delta\|\to 0}[S(\Delta) - s(\Delta)] = 0$,由定理 6.2 知 $f(x,y)$ 在 D 上可积.

定理 6.4 如果函数 $f(x,y)$ 在有界闭区域 D 上有界,$f(x,y)$ 不连续点只分布在有限条逐段光滑曲线上(或由一元连续函数所表示的曲线上),则函数 $f(x,y)$ 在 D 上可积.

6.1.4 二重积分的性质

二重积分具有与定积分类似的性质,现列举如下:

性质 6.1 如果函数 $f(x,y)$ 在区域 D 上可积,k 为常数,则 $kf(x,y)$ 在 D 上也可积,且

$$\iint\limits_{D} kf(x,y)\,\mathrm{d}\sigma = k\iint\limits_{D} f(x,y)\,\mathrm{d}\sigma \tag{6-4}$$

性质 6.2 如果函数 $f(x,y), g(x,y)$ 在 D 上都可积,则 $f(x,y) \pm g(x,y)$ 在 D 上也可积,且

$$\iint\limits_{D} [f(x,y) \pm g(x,y)]\,\mathrm{d}\sigma = \iint\limits_{D} f(x,y)\,\mathrm{d}\sigma \pm \iint\limits_{D} g(x,y)\,\mathrm{d}\sigma \tag{6-5}$$

性质 6.3 如果函数 $f(x,y)$ 在 D_1 和 D_2 上都可积,且 D_1 与 D_2 无公共内点,则 $f(x,y)$ 在 $D_1 \cup D_2$ 上也可积,且

$$\iint\limits_{D_1 \cup D_2} f(x,y)\,\mathrm{d}\sigma = \iint\limits_{D_1} f(x,y)\,\mathrm{d}\sigma + \iint\limits_{D_2} f(x,y)\,\mathrm{d}\sigma \tag{6-6}$$

性质 6.4 如果函数 $f(x,y), g(x,y)$ 在 D 上都可积,且 $f(x,y) \leq g(x,y), (x,y) \in D$,则

$$\iint\limits_{D} f(x,y)\,\mathrm{d}\sigma \leq \iint\limits_{D} g(x,y)\,\mathrm{d}\sigma \tag{6-7}$$

性质 6.5 如果函数 $f(x,y)$ 在 D 上可积,则函数 $|f(x,y)|$ 在 D 上也可积,且

$$\left|\iint\limits_{D} f(x,y)\,\mathrm{d}\sigma\right| \leq \iint\limits_{D} |f(x,y)|\,\mathrm{d}\sigma \tag{6-8}$$

性质 6.6 如果函数 $f(x,y)$ 在 D 上可积,且 $m \leq f(x,y) \leq M, (x,y) \in D$,则

$$mS_D \leq \iint\limits_{D} f(x,y)\,\mathrm{d}\sigma \leq MS_D \tag{6-9}$$

其中 S_D 是积分区域 D 的面积(下同).

性质 6.7 (中值定理) 如果函数 $f(x,y)$ 在有界闭区域 D 上连续,则存在 $(\xi,\eta) \in D$,使得

$$\iint\limits_{D} f(x,y)\,\mathrm{d}\sigma = f(\xi,\eta)S_D \tag{6-10}$$

中值定理的几何意义在于:以 D 为底,以 $z = f(x,y)(\geq 0)$ 为顶的曲顶柱体体积等于一个同底的平顶柱体的体积,这个平顶柱体的高等于函数 $f(x,y)$ 在区域 D 中某点 (ξ,η) 的函数值 $f(\xi,\eta)$.

以上各性质的证明和定积分中相应性质的证明非常类似,故略.

◎ **思考题** $\iint\limits_{D} 0\,\mathrm{d}\sigma = ?$ $\iint\limits_{D} \mathrm{d}\sigma = ?$

6.1.5 直接化二重积分为累次积分

如同定积分一样,直接按定义计算二重积分是困难的. 在这一节中,我们介绍一种通用的计算方法 —— 累次积分法. 我们先从几何意义来探讨一下二重积分的计算.

如图 6-4 所示,设曲顶柱体在 xy 平面上的投影为 x 型区域:

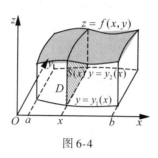

图 6-4

$$D = \{a \leq x \leq b, y_1(x) \leq y \leq y_2(x)\}$$

用垂直于 x 轴的平面切割该曲顶柱体,则所得截面为曲边梯形,故其面积为

$$S(x) = \int_{y_1(x)}^{y_2(x)} f(x,y) \,\mathrm{d}y$$

由平行截面面积求立体体积的计算公式(见第 3 章 3.7 节)可得,该曲顶柱体的体积为

$$V = \int_a^b S(x) \,\mathrm{d}x = \int_a^b \left[\int_{y_1(x)}^{y_2(x)} f(x,y) \,\mathrm{d}y \right] \mathrm{d}x$$

于是根据二重积分的几何意义知

$$\iint_D f(x,y) \,\mathrm{d}\sigma = \int_a^b \left[\int_{y_1(x)}^{y_2(x)} f(x,y) \,\mathrm{d}y \right] \mathrm{d}x.$$

即若 $f(x,y) \geq 0$,则函数 $f(x,y)$ 在 x 型区域 D 上的二重积分可以化为先对 y 后对 x 的累次积分.

今后为方便起见,我们通常将这个累次积分写成 $\int_a^b \mathrm{d}x \int_{y_1(x)}^{y_2(x)} f(x,y) \,\mathrm{d}y$,于是

$$\iint_D f(x,y) \,\mathrm{d}\sigma = \int_a^b \mathrm{d}x \int_{y_1(x)}^{y_2(x)} f(x,y) \,\mathrm{d}y \tag{6-11}$$

下面,我们从分析的角度来证明公式(6-11).

定理 6.5 如果函数 $f(x,y)$ 在区域 $D = \{a \leq x \leq b, y_1(x) \leq y \leq y_2(x)\}$ 上连续,并且 $y_1(x), y_2(x)$ 在 $[a,b]$ 上连续,则公式(6-11)成立.

证 将 $[a,b]$ 分割成若干小区间 $[x_{i-1}, x_i]$,并用 Δ_x 表示该分割,在每个小区间 $[x_{i-1}, x_i]$ 上任取一点 $\xi_i \in [x_{i-1}, x_i]$,得纵向区间 $[y_1(\xi_i), y_2(\xi_i)]$. 再将每个区间 $[y_1(\xi_i), y_2(\xi_i)]$ 各分成一组小区间 $[y_{ij-1}, y_{ij}]$,每一组的个数可以不一样,如图 6-5 所示. 小区间 $[y_{ij-1}, y_{ij}]$ 的长度记为 Δy_{ij},这样就生成了两类小矩形,第一类小矩形全含在 D 内,记为 σ_{ij}^1,第二类小矩形的每一个都不全含在 D 内,记为 σ_{ij}^2,且每一 σ_{ij}^2 与一小曲边梯形 σ_{ij}^0(见图6-4阴影部分)相交在一起(不完全重叠). 这样,全体第一类小矩形 σ_{ij}^1 和全体小曲边梯形 σ_{ij}^0 共同构成 D 的分割 Δ.

根据定积分的区间可加性以及积分中值定理(已知 $f(x,y)$ 连续),得

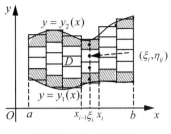

图 6-5 (x 型区域)

$$\sum_i \left(\int_{y_1(\xi_i)}^{y_2(\xi_i)} f(\xi_i, y) \, dy\right) \Delta x_i = \sum_i \left(\sum_j \int_{y_{ij-1}}^{y_{ij}} f(\xi_i, y) \, dy\right) \Delta x_i$$

$$= \sum_{i,j} f(\xi_i, \eta_{ij}) \Delta y_{ij} \Delta x_i$$

$$= \sum_{i,j} f(\xi_i, \eta_{ij}) \Delta \sigma_{ij}^1 + \sum_{i,j} f(\xi_i, \eta_{ij}) \Delta \sigma_{ij}^2$$

$$\approx \sum_{i,j} f(\xi_i, \eta_{ij}) \Delta \sigma_{ij}^1 + \sum_{i,j} f(\xi_i, \eta_{ij}) \Delta \sigma_{ij}^0$$

上面式子的最左边是一元函数 $\int_{y_1(x)}^{y_2(x)} f(x,y) \, dy$ 在区间 $[a,b]$ 上关于分割 Δ_x 的积分和,而 $\approx$ 号右边和式是二元函数 $f(x,y)$ 在 D 上关于分割 Δ 的积分和.

用 $\sum_{i,j} \Delta \sigma_{ij}^2$ 表示全体第二类小矩形 σ_{ij}^2 的面积之和;$\sum_{i,j} \Delta \sigma_{ij}^0$ 表示全体小曲边梯形 σ_{ij}^0 的面积之和. 当 $\|\Delta\| \to 0$ 时,显然有 $\sum_{i,j} \Delta \sigma_{ij}^2 \to 0$, $\sum_{i,j} \Delta \sigma_{ij}^0 \to 0$, $\|\Delta_x\| \to 0$,以及

$$\left|\sum_{i,j} f(\xi_i, \eta_{ij}) \Delta \sigma_{ij}^2\right| \leq M \sum_{i,j} \Delta \sigma_{ij}^2 \to 0, \quad \left|\sum_{i,j} f(\xi_i, \eta_{ij}) \Delta \sigma_{ij}^0\right| \leq M \sum_{i,j} \Delta \sigma_{ij}^0 \to 0$$

其中 $M = \max\{|f(x,y)| \mid (x,y) \in D\}$. 所以

$$\iint_D f(x,y) \, d\sigma = \lim_{\|\Delta\| \to 0} \left(\sum_{i,j} f(\xi_i, \eta_{ij}) \Delta \sigma_{ij}^1 + \sum_{i,j} f(\xi_i, \eta_{ij}) \Delta \sigma_{ij}^0\right)$$

$$= \lim_{\|\Delta\| \to 0} \left(\sum_{i,j} f(\xi_i, \eta_{ij}) \Delta \sigma_{ij}^1 + \sum_{i,j} f(\xi_i, \eta_{ij}) \Delta \sigma_{ij}^2\right)$$

$$= \lim_{\|\Delta_x\| \to 0} \sum_i \left(\int_{y_1(\xi_i)}^{y_2(\xi_i)} f(\xi_i, y) \, dy\right) \Delta x_i = \int_a^b \left(\int_{y_1(x)}^{y_2(x)} f(x,y) \, dy\right) dx.$$

于是定理 6.5 得证.

类似于定理 6.5,如果函数 $f(x,y)$ 在 y 型区域 $D = \{x_1(y) \leq x \leq x_2(y), c \leq y \leq d\}$ 上连续,如图 6-6 所示,并且 $x_1(y), x_2(y)$ 在 $[c,d]$ 上连续,则

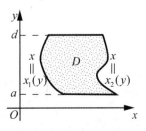

图 6-6 (y 型区域)

$$\iint_D f(x,y)\,d\sigma = \int_c^d dy \int_{x_1(y)}^{x_2(y)} f(x,y)\,dx \tag{6-12}$$

即在 y 型区域上二重积分可以化为先对 x，后对 y 的累次积分．

对于一般常见区域上的二重积分，则把积分区域分成若干块 x 型区域或 y 型区域，分别计算被积函数在这些 x 型区域或 y 型区域上的二重积分，然后把它们加起来就行了．如图 6-7 所示的区域就可以分解成三块区域，其中 D_1 和 D_2 为 y 型区域，D_3 为 x 型区域．

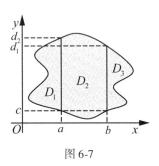

图 6-7

例 6.3 计算二重积分 $\iint\limits_D \dfrac{1}{(x+y)^2}\,d\sigma$，其中 D 为矩形区域 $[1,2]\times[2,3]$．

解 显然，积分区域 D 既是 x 型区域，又是 y 型区域．现按公式 (6-11) 计算得

$$\iint_D \frac{1}{(x+y)^2}\,d\sigma = \int_1^2 dx \int_2^3 \frac{1}{(x+y)^2}\,dy = -\int_1^2 \left(\frac{1}{x+y}\bigg|_2^3\right) dx$$

$$= \int_1^2 \left(\frac{1}{x+2} - \frac{1}{x+3}\right) dx = \ln\frac{x+2}{x+3}\bigg|_1^2 = \ln\frac{4}{5} - \ln\frac{3}{4} = \ln\frac{16}{15}.$$

例 6.4 计算二重积分 $\iint\limits_D \dfrac{x^2}{y^2}\,d\sigma$，其中 D 是由直线 $y=2$，$y=x$ 及 $xy=1$ 围成的区域．

解 积分区域如图 6-8 所示，故按公式 (6-11) 计算比较方便（按公式 (6-12) 计算则要分成两块积分）．

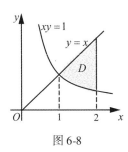

图 6-8

故

$$\iint_D \frac{x^2}{y^2}\,d\sigma = \int_1^2 dx \int_{\frac{1}{x}}^x \frac{x^2}{y^2}\,dy = \int_1^2 \left(-\frac{x^2}{y}\bigg|_{\frac{1}{x}}^x\right) dy = \frac{1}{3}\int_1^2 (x^3 - x)\,dx = \frac{9}{4}.$$

例 6.5 计算二重积分 $\iint\limits_D x^2 e^{-y^2}\,dxdy$，其中 D 是由直线 $x=0$，$y=1$ 及 $y=x$ 围成的区域．

解 此题若按公式(6-11)计算,则首先要遇到求 e^{-y^2} 的原函数,根据第 3 章的介绍知道, e^{-y^2} 的原函数求不出来.因此只能试用公式(6-12)计算.由于 D 为 y 型区域,如图6-9所示,故

$$\iint_D x^2 e^{-y^2} dxdy = \int_0^1 dy \int_0^y x^2 e^{-y^2} dx = \frac{1}{3}\int_0^1 y^3 e^{-y^2} dy = \frac{1}{6} - \frac{1}{3e}.$$

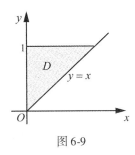

图 6-9

例 6.6 求两个底面半径相同的直交圆柱所围立体的体积 V.

解 曾经用定积分方法解过此题(见第 3 章 3.7 节例 3.57),现用重积分方法来解.

设圆柱底面半径为 a,两个圆柱方程为 $x^2 + y^2 = a^2$ 与 $x^2 + z^2 = a^2$. 根据对称性,只要求出在第一卦限部分的体积,然后乘以 8 即得所求的体积. 而第一卦限部分的立体是以 $z = \sqrt{a^2 - x^2}$ 为曲顶,以四分之一圆域 $D: 0 \leq x \leq a, 0 \leq y \leq \sqrt{a^2 - x^2}$ 为底的曲顶柱体,如图 6-10 所示,所以

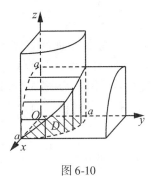

图 6-10

$$V = 8\iint_D \sqrt{a^2 - x^2} d\sigma = 8\int_0^a dx \int_0^{\sqrt{a^2-x^2}} \sqrt{a^2 - x^2} dy = 8\int_0^a (a^2 - x^2) dx = \frac{16}{3}a^3.$$

◎ **思考题** 矩形 $[a,b] \times [c,d]$ 是 x 型区域还是 y 型区域?

6.1.6 二重积分的变量变换

如同定积分的换元积分法一样,二重积分也有类似的换元法.为了把定积分的换元积分法推广到二重积分,我们先用微元法的观点来分析定积分的换元积分法在几何上的反映.

我们已经知道,当 $f(x) \geq 0$ 时,定积分 $\int_a^b f(x)\mathrm{d}x$ 表示曲边梯形 A 的面积,如图 6-11(a) 所示. 现设函数 $x = \varphi(t)$ 在区间 $[\alpha, \beta]$ 具有连续导函数,且 $\varphi'(t) \neq 0, \varphi(\alpha) = a, \varphi(\beta) = b$,那么从映射的角度来看,$x = \varphi(t)$ 将区间 $\alpha \leq t \leq \beta$ 一一映射到区间 $a \leq x \leq b$,相应地映射将曲边梯形 A 变为曲边梯形 B,如图 6-11(b) 所示. 虽然曲边梯形的高度未变,即 $f(x) = f[\varphi(t)]$,但由于其宽度一般发生伸缩变化,$\mathrm{d}x \neq \mathrm{d}t$,所以 $f(x)\mathrm{d}x \neq f[\varphi(t)]\mathrm{d}t$,因而两个曲边梯形的面积一般不相等,即

$$\int_a^b f(x)\mathrm{d}x \neq \int_\alpha^\beta f[\varphi(t)]\mathrm{d}t$$

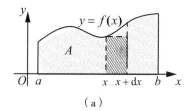
(a)

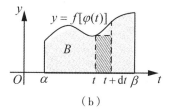
(b)

图 6-11

只有把宽度的伸缩变化考虑进去,即把 $\mathrm{d}x = \varphi'(t)\mathrm{d}t$ 考虑进去,才会有

$$\int_a^b f(x)\mathrm{d}x = \int_\alpha^\beta f[\varphi(t)]\varphi'(t)\mathrm{d}t$$

其中 $\varphi'(t)$ 正是宽度 $\mathrm{d}x$ 与 $\mathrm{d}t$ 之间的伸缩率. 这就是定积分换元积分法在几何上的反映.

类似地,当 $f(x,y) \geq 0$ 时,二重积分 $\iint_D f(x,y)\mathrm{d}\sigma$ 表示曲顶柱体 V 的体积,如图 6-12(a) 所示. 设映射 $T: x = x(u,v), y = y(u,v)$ 将 uv 平面的有界闭区域 D' 一对一地映成 xy 平面的有界闭区域 D,又函数 $x(u,v), y(u,v)$ 具有连续偏导数,并且映射 T 的雅可比行列式 $J \neq 0$,那么在该映射下,曲顶柱体 V' 变为曲顶柱体 V,如图 6-12(b) 所示,虽然柱体的高度未发生变化($f(x,y) = f[x(u,v), y(u,v)]$),但由于其横截面发生伸缩变化,$\mathrm{d}\sigma \neq \mathrm{d}\sigma'$,因而两个柱体的体积一般不相等,即

$$\iint_D f(x,y)\mathrm{d}\sigma \neq \iint_{D'} f[x(u,v), y(u,v)]\mathrm{d}\sigma'$$

因此需要考虑横截面的伸缩变化,即把 $\mathrm{d}\sigma = \mu \mathrm{d}\sigma'$ 考虑进去,才会有

$$\iint_D f(x,y)\mathrm{d}\sigma = \iint_{D'} f[x(u,v), y(u,v)] \cdot \mu \cdot \mathrm{d}\sigma'$$

这个伸缩率 μ 等于什么呢? 请看下面定理.

定理 6.6 设函数 $f(x,y)$ 在有界闭区域 D 上连续,映射 $T: x = x(u,v), y = y(u,v)$ 将 uv 平面上的由逐段光滑封闭曲线所围成的闭区域 D' 一对一地映成 xy 平面上的闭区域 D,又函数 $x(u,v), y(u,v)$ 在 D' 内皆具有一阶连续偏导数,且在 D' 内,它们的雅可比行列式 $J = \dfrac{\partial(x,y)}{\partial(u,v)} \neq 0$,那么

6.1 二重积分

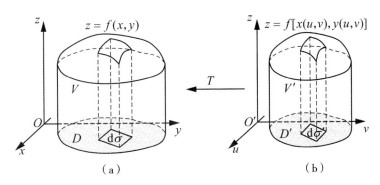

图 6-12

$$\iint\limits_{D} f(x,y)\,\mathrm{d}\sigma = \iint\limits_{D'} f[x(u,v),y(u,v)]\,|J(u,v)|\,\mathrm{d}\sigma' \tag{6-13}$$

其中 $\mathrm{d}\sigma'$ 为 D' 的面积元素.

当 $f(x,y) \equiv 1$ 时,公式(6-13)变为

$$S_D = \iint\limits_{D} \mathrm{d}\sigma = \iint\limits_{D'} |J(u,v)|\,\mathrm{d}\sigma' \tag{6-14}$$

其中 S_D 表示区域 D 的面积.

证 证明分两步进行,先推导公式(6-14),然后应用公式(6-14)证明公式(6-13).

如图 6-13 所示,用两组平行于坐标轴的直线分割平面区域 D',当分割很细密时,得到的两类小区域,一类为小矩形 $\Delta\sigma'$,其面积为 $\Delta\sigma' = \Delta u \Delta v$,另一类小区域 $\Delta\sigma'_0$ 含 D' 的边界,其面积总和 $\sum \Delta\sigma'_0 \to 0$(当分割的模 $\|\Delta\| \to 0$ 时).相应地,平面区域 D 被分割成两类小区域,一类为小矩形 $\Delta\sigma'$ 的像记为 $\Delta\sigma$,另一类小区域 $\Delta\sigma'_0$ 的像 $\Delta\sigma_0$ 含 D 的边界,同样地,其面积总和 $\sum \Delta\sigma_0 \to 0$(当 $\|\Delta\| \to 0$ 时).故区域 D 的面积 S_D 可以表示为

$$S_D = \sum \Delta\sigma + \sum \Delta\sigma_0 = \lim_{\|\Delta\| \to 0} \sum \Delta\sigma$$

这里,省略和式中项的变动下标是为了方便起见,下同.

问题的关键是,找出小矩形面积 $\Delta\sigma'$ 与其像面积 $\Delta\sigma$ 之间的精确、简洁关系式.

因 T 是一一映射,且具有连续偏导数,由微分学知,当分割很细密时,每个 $\Delta\sigma$ 近似于平行四边形(见图 6-12).为了计算其面积,先进行下面运算,即

$$\begin{aligned}
\overrightarrow{PQ} &= (x(u+\Delta u,v) - x(u,v), y(u+\Delta u,v) - y(u,v)) \\
&= (x_u(\xi_1,v), y_u(\xi_2,v))\Delta u \quad (\text{这里应用了微分中值定理}) \\
&= (x_u(u,v), y_u(u,v))\Delta u + (\alpha_1,\beta_1)\Delta u \\
\overrightarrow{PR} &= (x(u,v+\Delta v) - x(u,v), y(u,v+\Delta v) - y(u,v)), \\
&= (x_v(u,\eta_1), y_v(u,\eta_2))\Delta v \\
&= (x_v(u,v), y_v(u,v))\Delta v + (\alpha_2,\beta_2)\Delta v
\end{aligned}$$

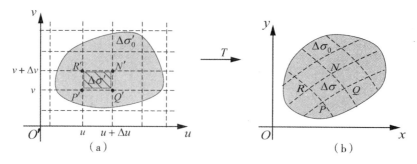

图 6-13

其中
$$\alpha_1 = x_u(\xi_1, v) - x_u(u, v), \quad \beta_1 = y_u(\xi_2, v) - y_u(u, v),$$
$$\alpha_2 = x_v(u, \eta_1) - x_v(u, v), \quad \beta_2 = y_v(u, \eta_2) - y_v(u, v).$$

由于 $x_u(u,v), y_u(u,v), x_v(u,v), y_v(u,v)$ 在 D' 上一致连续，故 $\alpha_1, \beta_1, \alpha_2, \beta_2$ 随 $\|\Delta\| \to 0$ 而一致地趋于 0，即有 $\forall \varepsilon > 0, \exists \delta > 0$，只要 $\|\Delta\| < \delta$，对一切 $(u,v) \in D$，都有
$$|\alpha_1| \leq \varepsilon, |\beta_1| \leq \varepsilon, |\alpha_2| \leq \varepsilon, |\beta_2| \leq \varepsilon.$$

再来计算面积 $\Delta \sigma$
$$\Delta \sigma = |\overrightarrow{PQ} \times \overrightarrow{PR}| = |[x_u(u,v) y_v(u,v) - x_v(u,v) y_u(u,v)] \Delta u \Delta u + \alpha \Delta u \Delta v|$$
$$= |J(u,v) \cdot \Delta \sigma' + \alpha \cdot \Delta \sigma'| = |J(u,v) + \alpha| \cdot \Delta \sigma'$$

其中 $\Delta \sigma' = \Delta u \Delta v, \alpha = x_u \cdot \beta_2 - x_v \cdot \beta_1 - y_u \cdot \alpha_2 + y_v \cdot \alpha_1 + \alpha_1 \beta_2 - \alpha_2 \beta_1$. 并且由上述结论推知 α 也随 $\|\Delta\| \to 0$ 而一致地趋于 0.

令 $\eta = |J(u,v) + \alpha| - |J(u,v)|$，则 $|\eta| \leq |\alpha|$，因而 η 随 $\|\Delta\| \to 0$ 而一致地趋于 0. 这样就有
$$\Delta \sigma = |J(u,v)| \cdot \Delta \sigma' + \eta \cdot \Delta \sigma'$$

进而有
$$S_D = \lim_{\|\Delta\| \to 0} \sum \Delta \sigma_i = \lim_{\|\Delta\| \to 0} \sum |J(u_i, v_i)| \cdot \Delta \sigma'_i + \lim_{\|\Delta\| \to 0} \sum \eta_i \cdot \Delta \sigma'_i$$

由于 η_i 随 $\|\Delta\| \to 0$ 时一致地趋于 0，即 $\forall \varepsilon > 0, \exists \delta > 0$，只要 $\|\Delta\| < \delta$，对一切 $(u,v) \in D$，就有 $|\eta_i| < \varepsilon$，从而 $\left|\sum \eta_i \Delta \sigma'_i\right| < \varepsilon \sum \Delta \sigma'_i \leq \varepsilon \cdot S_{D'}$，其中 $S_{D'}$ 表示区域 D' 的面积，因此
$$\lim_{\|\Delta\| \to 0} \sum \eta_i \Delta \sigma'_i = 0, \quad S_D = \lim_{\|\Delta\| \to 0} \sum \Delta \sigma_i = \lim_{\|\Delta\| \to 0} \sum |J(u_i, v_i)| \cdot \Delta \sigma'_i$$

于是由二重积分的定义，得 $S_D = \iint_D \mathrm{d}\sigma = \iint_{D'} |J(u,v)| \mathrm{d}\sigma'$. 这就证明了式(6-14).

最后证明公式(6-13). 用曲线网把 D' 分割成 n 个小区域 σ'_i，在映射 T 下，σ'_i 的像为小区域 σ_i，它们亦构成区域 D 的分割. 由公式(6-14)及二重积分中值定理，得
$$\Delta \sigma_i = \iint_{\sigma_i} \mathrm{d}\sigma = \iint_{\sigma'_i} |J(u,v)| \mathrm{d}\sigma' = |J(\xi'_i, \eta'_i)| \Delta \sigma'_i$$

其中 $(\xi'_i, \eta'_i) \in \sigma'_i \ (i = 1, 2, \cdots, n)$.

设 (ξ'_i, η'_i) 的像为 $(\xi_i, \eta_i) \in \sigma_i$，即 $\xi_i = x(\xi'_i, \eta'_i), \eta_i = y(\xi'_i, \eta'_i) \ (i = 1, 2, \cdots, n)$，则有

$$\sum_{i=1}^n f(\xi_i,\eta_i)\Delta\sigma_i = \sum_{i=1}^n f[x(\xi'_i,\eta'_i),y(\xi'_i,\eta'_i)]|J(\xi'_i,\eta'_i)|\Delta\sigma'_i$$

上式左边为函数 $f(x,y)$ 在 D 上的积分和,右边为函数 $f[x(u,v),y(u,v)]|J(u,v)|$ 在 D' 上的积分和. 又由函数组 $x=x(u,v),y=y(u,v)$ 及其反函数组 $u=u(x,y),v=v(x,y)$ 的一致连续性可得两区域 D 和 D' 分割的模之间存在关系 $\|\Delta\|\to 0 \Leftrightarrow \|\Delta'\|\to 0$,取极限便有

$$\begin{aligned}\iint_D f(x,y)\mathrm{d}\sigma &= \lim_{\|\Delta\|\to 0}\sum_{i=1}^n f(\xi_i,\eta_i)\Delta\sigma_i \\ &= \lim_{\|\Delta'\|\to 0}\sum_{i=1}^n f[x(\xi'_i,\eta'_i),y(\xi'_i,\eta'_i)]|J(\xi'_i,\eta'_i)|\Delta\sigma'_i \\ &= \iint_{D'} f[x(u,v),y(u,v)]|J(u,v)|\mathrm{d}\sigma'\end{aligned}$$

这就证明了公式(6-13)成立. 证毕.

应用变量变换计算二重积分时,应先选择合适的变换 $x=x(u,v),y=y(u,v)$,将计算结果代入公式(6-13)后,再把右边积分化为累次积分,要考虑 D' 是 u 型区域还是 v 型区域.

例 6.7 求 $\iint_D xy\mathrm{d}x\mathrm{d}y$,其中 D 是由曲线 $y=x,y=2x,xy=1,xy=2$ 所围成的区域.

解 区域 D 如图 6-14 所示,直接将二重积分化为累次积分计算比较麻烦,故考虑变量代换,恰好积分区域可以用集合表示 $D:1\leqslant\dfrac{y}{x}\leqslant 2,1\leqslant xy\leqslant 2$,故选择映射为

$$T:u=\frac{y}{x},v=xy \text{ 或 } T^{-1}:x=\sqrt{\frac{v}{u}},y=\sqrt{uv}$$

则 $D\to D':1\leqslant u\leqslant 2,1\leqslant v\leqslant 2.$ 由于

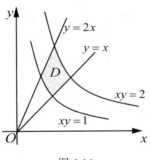

图 6-14

$$J(u,v)=\frac{\partial(x,y)}{\partial(u,v)}=\begin{vmatrix}-\dfrac{1}{2u}\sqrt{\dfrac{v}{u}} & \dfrac{1}{2}\sqrt{\dfrac{1}{uv}} \\ -\dfrac{1}{2}\sqrt{\dfrac{v}{u}} & \dfrac{1}{2}\sqrt{\dfrac{u}{v}}\end{vmatrix}=-\frac{1}{2u}$$

故得

$$\iint_D xy\mathrm{d}x\mathrm{d}y=\frac{1}{2}\iint_{D'}\sqrt{\frac{v}{u}}\cdot\sqrt{uv}\cdot\frac{1}{2u}\mathrm{d}u\mathrm{d}v$$

$$= \frac{1}{2}\iint\limits_{D'} \frac{v}{u} \mathrm{d}u\mathrm{d}v = \frac{1}{2}\int_1^2 \frac{1}{u}\mathrm{d}u \int_1^2 v\mathrm{d}v = \frac{3}{4}\ln 2.$$

◎ **思考题** 在例 6.7 中，映射 T^{-1} 将 D 区域的四条边界线（xy 平面上）分别映射成 uv 平面上的什么线？

例 6.8 求由曲线 $y = x, y = 2x, x + y = 2, xy = 2$ 所围成的区域 D 的面积.

解 如图 6-15(a) 所示，区域 D 的面积为 $S_D = \iint\limits_{D} \mathrm{d}x\mathrm{d}y$，仍考虑用变量变换化简.

这个积分区域 D 与例 6.7 中的积分区域有所不同，如果说映射 T 可以将 D 的一组对边 $y = x, y = 2x$ 映射成 uv 平面上的平行线 $u = 1$ 和 $u = 2$（只要令 $u = \frac{y}{x}$ 即可），那么该映射 T 很难将另一组对边 $x + y = 2, xy = 2$ 映射成与 $u = 1$ 垂直的平行线. 因此我们设法把 D 映射成 u 型区域.

首先令 $u = \frac{y}{x}$，将直线 $y = x, y = 2x$ 分别化为 $u = 1$ 和 $u = 2$. 再适当选取 $v = v(x, y)$，使得映射 T 将 $xy = 2, x + y = 2$ 映射成 uv 平面上曲线 $v = v_1(u)$ 和 $v = v_2(u)$，此时 $v = v(x, y)$ 有多种取法.

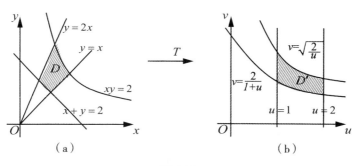

图 6-15

为简便起见，令 $v = x$，变换 $T: u = \frac{y}{x}, v = x$ 或 $T^{-1}: x = v, y = uv$ 将 $xy = 2, x + y = 2$ 分别映射成 $uv^2 = 2, v + uv = 2$，即 $v = \sqrt{\frac{2}{u}}, v = \frac{2}{1+u}$. 于是区域 D 在变换 T 下的像 D' 为 u 型区域，如图 6-15(b) 所示. 由于 $J(u, v) = \frac{\partial(x, y)}{\partial(u, v)} = \begin{vmatrix} 0 & 1 \\ v & u \end{vmatrix} = -v$，所以

$$S_D = \iint\limits_{D} \mathrm{d}x\mathrm{d}y = \iint\limits_{D'} v\mathrm{d}u\mathrm{d}v = \int_1^2 \mathrm{d}u \int_{\frac{2}{1+u}}^{\sqrt{\frac{2}{u}}} v\mathrm{d}v$$

$$= \frac{1}{2}\int_1^2 \left(\frac{2}{u} - \frac{4}{(1+u)^2}\right)\mathrm{d}u = \left(\ln u + \frac{2}{1+u}\right)\Big|_1^2 = \ln 2 - \frac{1}{3}.$$

◎ **思考题** 对于例 6.8，请同学们试一试在变换 $T: u = \frac{y}{x}, v = y$ 下，来计算该积分的值.

6.1 二重积分

在二重积分的变量变换中,最常见的变换就是极坐标变换,即

$$T:\begin{cases} x = r\cos\theta, \\ y = r\sin\theta \end{cases} (0 \leqslant r < +\infty, 0 \leqslant \theta \leqslant 2\pi)$$

这个变换(映射)的雅可比行列式为 $J = \begin{vmatrix} \cos\theta & \sin\theta \\ -r\sin\theta & r\cos\theta \end{vmatrix} = r$

根据公式(6-13),得

$$\iint_D f(x,y)\,\mathrm{d}x\mathrm{d}y = \iint_{D'} f(r\cos\theta, r\sin\theta) r\,\mathrm{d}r\mathrm{d}\theta. \tag{6-15}$$

其中区域 D' 为 $0 \leqslant r < +\infty, 0 \leqslant \theta \leqslant 2\pi$ 的子集,D 为 $-\infty \leqslant x < +\infty, -\infty \leqslant y \leqslant +\infty$ 的子集.

公式(6-15)称为二重积分的极坐标变换公式. 若区域 D' 含线段 $r=0 (0 \leqslant \theta \leqslant 2\pi)$ 的全部或其一部分, 这时极坐标变换不是一一对应的, 极坐标变换把该线段映射成 xy 平面的坐标原点,相当于把该线段上的函数值改成同一函数值,但这不会影响被积函数的可积性, 也不会改变积分的值. 因而不影响公式(6-15)成立.

计算公式(6-15)右边二重积分时,同样要考虑区域 D' 是 θ 型区域还是 r 型区域. 如图 6-16 所示的区域就是 θ 型区域,故由式(6-15)得

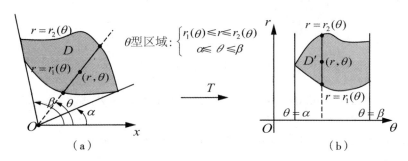

图 6-16

$$\iint_D f(x,y)\,\mathrm{d}x\mathrm{d}y = \int_\alpha^\beta \mathrm{d}\theta \int_{r_1(\theta)}^{r_2(\theta)} f(r\cos\theta, r\sin\theta) r\,\mathrm{d}r \tag{6-16}$$

对于如图 6-17 所示的 r 型区域,则有

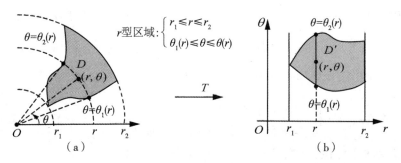

图 6-17

$$\iint_D f(x,y)\,dxdy = \int_{r_1}^{r_2} dr \int_{r_1(\theta)}^{r_2(\theta)} f(r\cos\theta, y\sin\theta) r\,d\theta \tag{6-17}$$

例 6.9 求球体 $x^2 + y^2 + z^2 \leq R^2$ 与圆柱体 $x^2 + y^2 \leq Rx$ 的交集区域（维维安尼体）的体积.

解 根据立体的对称性，只需计算它在第一卦限内的体积，如图 6-18(a) 所示，再乘以 4 即可. 该立体在第一卦限内的部分是曲顶柱体，顶面方程为 $z = \sqrt{R^2 - x^2 + y^2}$，底面为半圆盘，如图 6-18(b) 所示，积分区域是 θ 型区域：$0 \leq r \leq R\cos\theta, 0 \leq \theta \leq \dfrac{\pi}{2}$，所以所求立体的体积为

$$V = 4\iint_D \sqrt{R^2 - x^2 - y^2}\,d\sigma = 4\int_0^{\frac{\pi}{2}} d\theta \int_0^{R\cos\theta} \sqrt{R^2 - r^2}\, r\, dr = \frac{4}{3}R^3\left(\frac{\pi}{2} - \frac{2}{3}\right).$$

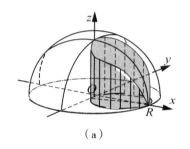
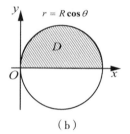

(a)   (b)

图 6-18

例 6.10 计算 $\iint_D e^{-x^2 - y^2}\,dxdy$，其中 D 为四分之一圆域：$x^2 + y^2 \leq R^2, x \geq 0, y \geq 0$.

解 在极坐标变换下，区域 D 映射成 $D': 0 \leq r \leq R, 0 \leq \theta \leq \dfrac{\pi}{2}$，所以

$$\iint_D e^{-x^2 - y^2}\,dxdy = \iint_{D'} e^{-r^2} r\,drd\theta = \int_0^{\frac{\pi}{2}} d\theta \int_0^R e^{-r^2} r\,dr = \frac{\pi}{4}(1 - e^{-R^2}).$$

习题 6.1

1. 试用直线网 $x = \dfrac{i}{n}, y = \dfrac{j}{n}(i,j = 1,2,\cdots,n-1)$ 将正方形区域 $D: 0 \leq x \leq 1, 0 \leq x \leq 1$ 分割成 n^2 个小正方形，选取这些小正方形的右顶点为其介点，作函数 xy 关于这个分割及介点的积分和，并取极限来计算二重积分 $\iint_D xy\,dxdy$ 的值.

2. 设函数 $f(x,y) = \begin{cases} 1, & x \text{ 和 } y \text{ 皆为有理数} \\ 0, & x \text{ 和 } y \text{ 至少有一个为无理数} \end{cases}$，证明函数 $f(x,y)$ 在区域 $D: 0 \leq x \leq 1, 0 \leq y \leq 1$ 不可积.

3. 设函数 $f(x,y)$ 在有界闭区域 D 上可积，证明 $f(x,y)$ 在 D 上有界.

4. 设 $f(x,y)$ 为有界闭区域 D 上非负连续函数,且 $\iint\limits_{D} f(x,y)\mathrm{d}x\mathrm{d}y = 0$,证明在 D 上,$f(x,y) \equiv 0$.

5. 计算下列二重积分:

(1) $\iint\limits_{D}(x^2 + 2y)\mathrm{d}x\mathrm{d}y$,其中 D 为矩形区域: $0 \leqslant x \leqslant 1, 0 \leqslant y \leqslant 2$;

(2) $\iint\limits_{D}\sin(x+y)\mathrm{d}x\mathrm{d}y$,其中 D 为正方形区域: $0 \leqslant x \leqslant \dfrac{\pi}{2}, 0 \leqslant x \leqslant \dfrac{\pi}{2}$;

(3) $\iint\limits_{D}x\mathrm{e}^{xy}\mathrm{d}x\mathrm{d}y$,其中 D 为正方形区域: $0 \leqslant x \leqslant 1, - \leqslant y \leqslant 0$;

(4) $\iint\limits_{D}xy\mathrm{d}x\mathrm{d}y$,其中 D 是由直线 $y=1, x=2$ 及 $y=x$ 所围成的区域;

(5) $\iint\limits_{D}xy\mathrm{d}x\mathrm{d}y$,其中 D 是由直线 $y=x-2$ 及抛物线 $y^2=x$ 所围成的区域;

(6) $\iint\limits_{D}\dfrac{\sin x}{x}\mathrm{d}x\mathrm{d}y$,其中 D 是由直线 $y=x$ 和抛物线 $y=x^2$ 所围成的区域;

(7) $\iint\limits_{D}(x^2+y^2)\mathrm{d}x\mathrm{d}y$,其中 D 是由抛物线 $y=\sqrt{x}, y=2\sqrt{x}$ 及直线 $x=1$ 所围成的区域;

(8) $\iint\limits_{D}(|x|+|y|)\mathrm{d}x\mathrm{d}y$,其中 D 为正方形区域: $|x|+|y| \leqslant 1$;

(9) $\iint\limits_{D}\dfrac{\mathrm{d}x\mathrm{d}y}{\sqrt{2a-x}}$,其中 D 是由圆 $x^2+y^2=2(x+y)-1$ 的一部分与两坐标轴所围成的角形区域;

(10) $\iint\limits_{D}[x+y]\mathrm{d}x\mathrm{d}y$,其中 D 为正方形区域: $0 \leqslant x \leqslant 2, 0 \leqslant y \leqslant 2$;其中 $[x]$ 为取整函数.

6. 在下列积分中改变累次积分的顺序:

(1) $\int_{0}^{2}\mathrm{d}x\int_{0}^{2x}f(x,y)\mathrm{d}y$; (2) $\int_{-1}^{1}\mathrm{d}x\int_{-\sqrt{1-x^2}}^{1-x^2}f(x,y)\mathrm{d}y$;

(3) $\int_{0}^{2a}\mathrm{d}x\int_{\sqrt{2ax-x^2}}^{\sqrt{2ax}}f(x,y)\mathrm{d}y (a>0)$; (4) $\int_{0}^{2\pi}\mathrm{d}x\int_{0}^{\sin x}f(x,y)\mathrm{d}y$.

7. 作适当的变量变换,计算下列二重积分:

(1) $\iint\limits_{D}\mathrm{e}^{\frac{x-y}{x+y}}\mathrm{d}x\mathrm{d}y$,其中 D 是由直线 $x+y=2$ 和两坐标轴所围成的三角形区域;

(2) $\iint\limits_{D}(x+y)\sin(x-y)\mathrm{d}x\mathrm{d}y$,其中 D 为正方形区域: $0 \leqslant x+y \leqslant \pi, 0 \leqslant x-y \leqslant \pi$;

(3) $\iint\limits_{D}\sqrt{1-\dfrac{x^2}{a^2}-\dfrac{y^2}{b^2}}\mathrm{d}x\mathrm{d}y$,其中 D 为椭圆形区域: $\dfrac{x^2}{a^2}+\dfrac{y^2}{b^2} \leqslant 1$.

8. 作极坐标变换,计算下列二重积分:

(1) $\iint\limits_{D} \sin(x^2+y^2) \mathrm{d}x\mathrm{d}y$,其中 D 为圆环形区域:$\pi^2 \leqslant x^2+y^2 \leqslant 4\pi^2$;

(2) $\iint\limits_{D} \sqrt{a^2-x^2-y^2} \mathrm{d}x\mathrm{d}y$,其中 D 为圆域:$x^2+y^2 \leqslant ax$;

(3) $\iint\limits_{D} \arctan\dfrac{y}{x} \mathrm{d}x\mathrm{d}y$,其中 D:$1 \leqslant x^2+y^2 \leqslant 4, x \geqslant 0, y \leqslant x$.

9. 利用二重积分计算下列立体的体积:
(1) 由平面 $x+y+z=1$ 与三坐标平面所围成的四面体;
(2) 由两抛物面 $z=x^2+2y^2$ 及 $z=6-2x^2-y^2$ 所围成的立体;
(3) 由抛物面 $z=x^2+y^2$ 与平面 $z=x+y$ 所围成的立体;
(4) 由锥面 $z^2=\dfrac{x^2}{4}+\dfrac{y^2}{9}$ 与抛物面 $2z=\dfrac{x^2}{4}+\dfrac{y^2}{9}$ 所围成的立体.

10. 利用二重积分计算下列平面区域的面积:
(1) 由两抛物线 $y^2=mx, y^2=nx(0<m<n)$ 与两直线 $y=ax, y=bx(0<a<b)$ 所围成的区域;
(2) 由两双曲线 $xy=a^2, xy=2a^2$ 与两直线 $y=x, y=2x$ 所围成的区域$(0<x, 0<y)$;
(3) 由双纽线 $(x^2+y^2)^2=2a^2(x^2-y^2)$ 所围成的区域介于 $x^2+y^2 \geqslant a^2$ 的部分;
(4) 由闭曲线 $\left(\dfrac{x^2}{a^2}+\dfrac{y^2}{b^2}\right)^2=x^2+y^2$ 所围成的区域.

11. 设 $f(x,y)$ 为连续函数,令 $F(u)=\iint\limits_{D}f(x,y)\mathrm{d}x\mathrm{d}y$,其中 D 为圆域 $x^2+y^2 \leqslant u^2$,试求 $F'(u)$.

12. 设 $f(x,y)$ 为连续函数,求极限 $\lim\limits_{\rho \to 0}\dfrac{1}{\pi\rho^2}\iint\limits_{D}f(x,y)\mathrm{d}x\mathrm{d}y$,其中 D 为圆域 $x^2+y^2 \leqslant \rho^2$.

13. 作适当的变量变换,证明下列等式:
(1) $\iint\limits_{D}f(x^2+y^2)\mathrm{d}x\mathrm{d}y=\pi\int_0^1 f(x)\mathrm{d}x$,其中 D 为圆域:$x^2+y^2 \leqslant 1$;
(2) $\iint\limits_{D}f(x+y)\mathrm{d}x\mathrm{d}y=\int_{-1}^1 f(x)\mathrm{d}x$,其中 D 为正方形区域:$|x|+|y| \leqslant 1$;
(3) $\iint\limits_{D}f(ax+by)\mathrm{d}x\mathrm{d}y=2\int_{-1}^1 \sqrt{1-u^2}f(\sqrt{a^2+b^2}\cdot u)\mathrm{d}u$,其中 $ab \neq 0$,D 为圆域:$x^2+y^2 \leqslant 1$.

6.2 三重积分

6.2.1 三重积分的概念

为了引入三重积分的概念,我们来讨论空间物体的质量问题.

设一质量分布不均匀的物体在空间直角坐标系中占有空间区域 V,其密度函数为 $\rho(x,y,z)$,且 $\rho(x,y,z)$ 在 V 上连续,现考查物体的质量 m.

类似于求平面薄板质量的方法,我们把区域 V(即物体)分割成 n 块小区域(小物体)$V_i(i=1,2,\cdots,n)$,在每小块 V_i 上任取一点$(\xi_i,\eta_i,z_i)\in V_i$,则有

$$m = \lim_{\|\Delta\|\to 0}\sum_{i=1}^{n}\rho(\xi_i,\eta_i,\zeta_i)\Delta V_i$$

其中 ΔV_i 为空间小区域 V_i 的体积,$\|\Delta\|$ 为所有小区域的直径的最大者.

许多物理问题,需要讨论上述这种定义在空间区域的和式极限问题. 我们称这类新型的和式极限为三重积分.

定义 6.3 设 V 为可求体积的空间有界闭区域(体积概念类似于平面有界区域的面积概念),三元函数$f(x,y,z)$ 在 V 上有界,用(光滑或逐段光滑)曲面网将 V 分成 n 块小区域 $V_i(i=1,2,\cdots,n)$,它们构成区域 V 一个分割 Δ,用 ΔV_i 表示小区域 V_i 的体积,$d(V_i)$ 为 V_i 的直径,称 $\|\Delta\| = \max\limits_{1\leq k\leq n} d(V_k)$ 为分割 Δ 的模. 在每个 V_i 上任取一点(ξ_i,η_i,ζ_i),作积分和

$$\sum_{i=1}^{n}f(\xi_i,\eta_i,\zeta_i)\Delta V_i.$$

如果存在常数 $J\in\mathbf{R}$,使得对任给 $\varepsilon>0$,总存在相应的 $\delta>0$,对区域 V 的任意分割 Δ 只要 $\|\Delta\|<\delta$,对于属于分割 Δ 的所有积分和满足

$$\left|\sum_{i=1}^{n}f(\xi_i,\eta_i,\zeta_i)\Delta V_i - J\right|<\varepsilon$$

即
$$\lim_{\|\Delta\|\to 0}\sum_{i=1}^{n}f(\xi_i,\eta_i,\zeta_i)\Delta V_i = J$$

则称函数 $f(x,y,z)$ 在 V 上可积,并称该极限为函数 $f(x,y,z)$ 在 V 上的三重积分,记为

$$\iiint\limits_{V}f(x,y,z)\mathrm{d}V = J \quad \text{或} \quad \iiint\limits_{V}f(x,y,z)\mathrm{d}x\mathrm{d}y\mathrm{d}z = J$$

并称 $f(x,y,z)$ 为被积函数,x,y,z 为积分变量,V 为积分区域,$\mathrm{d}V$ 为体积元素.

根据三重积分的定义知道,空间物体的质量等于其密度函数三重积分,即

$$m = \iiint\limits_{V}\rho(x,y,z)\mathrm{d}V$$

三重积分也有与二重积分类似的可积性条件及性质,这里不再赘述.

◎ **思考题** $\iiint\limits_{V}0\mathrm{d}V = ?$ $\iiint\limits_{V}\mathrm{d}V = ?$

6.2.2 直接化三重积分为累次积分

如同二重积分一样,计算三重积分的方法仍然是把三重积分化为累次积分.

设积分区域 V 是一柱体区域,如图 6-19 所示,其侧面是母线平行于 z 轴的柱面;其顶面和底面分别是定义在平面有界闭区域 D 上的连续函数 $z=z_1(x,y)$ 与 $z=z_2(x,y)$ $(z_1(x,y)\leq z_2(x,y))$ 的图像. 显然这个柱体区域在 xy 平面上的投影为 D,V 可以用点集

$$V = \{(x,y,z)\mid (x,y)\in D, z_1(x,y)\leq z\leq z_2(x,y)\}$$

来表示,这种区域称为 xy 型区域.

类似地定义 yz 型区域 和 zx 型区域.

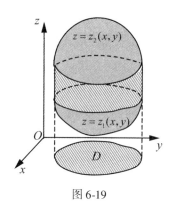

图 6-19

对于积分区域为 xy 型区域的三重积分,我们有以下计算公式.

定理 6.7 如果函数 $f(x,y,z)$ 在 xy 型区域 $V = \{(x,y,z) \mid (x,y) \in D, z_1(x,y) \leq z \leq z_2(x,y)\}$ 上连续,其中 D 为平面有界闭区域,并且 $z_1(x,y), z_2(x,y)$ 在 D 上连续,则

$$\iiint\limits_V f(x,y,z)\,\mathrm{d}V = \iint\limits_D \mathrm{d}x\mathrm{d}y \int_{z_1(x,y)}^{z_2(x,y)} f(x,y,z)\,\mathrm{d}z \tag{6-18}$$

即在 xy 型区域上三重积分可以化为先对 z,后对 x,y 的累次积分.

* **证** 将 D 分割成若干小区域 σ_i,并用 Δ_D 表示该分割,分别在每个 σ_i 上任取一点 $(\xi_i, \eta_i) \in \sigma_i$,得一竖向区间 $[z_1(\xi_i,\eta_i), z_2(\xi_i,\eta_i)]$.再将每个区间 $[z_1(\xi_i,\eta_i), z_2(\xi_i,\eta_i)]$ 各分割成一组小区间 $[z_{ij-1}, z_{ij}]$,每一组的个数可以不一样,小区间 $[z_{ij-1}, z_{ij}]$ 的长度记为 Δz_{ij}.于是,像如图 6-20 所示的那样,V 被分割成两类小柱体,第一类小柱体(记为)V_{ij}^1 全部含在 V 内,第二类小柱体(记为)V_{ij}^2 不完全含在 V 内,每一 V_{ij}^2 都与一小曲顶(或曲底)柱体(记为)V_{ij}^0 相交.全体 V_{ij}^1 和 V_{ij}^0 共同构成区域 V 的分割 Δ.

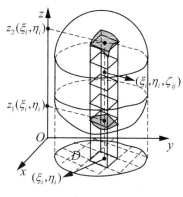

图 6-20

根据定积分的区间可加性以及定积分中值定理($f(x,y,z)$ 连续),得

$$\sum_i \left(\int_{z_1(\xi_i,\eta_i)}^{z_2(\xi_i,\eta_i)} f(\xi_i,\eta_i,z)\,\mathrm{d}z \right) \Delta\sigma_i = \sum_i \left(\sum_j \int_{z_{ij-1}}^{z_{ij}} f(\xi_i,\eta_i,z)\,\mathrm{d}z \right) \Delta\sigma_i$$

$$= \sum_{i,j} f(\xi_i,\eta_i,\zeta_{ij})\Delta z_{ij}\Delta\sigma_i = \sum_{i,j} f(\xi_i,\eta_i,\zeta_{ij})\Delta V_{ij}^1 + \sum_{i,j} f(\xi_i,\eta_i,\zeta_{ij})\Delta V_{ij}^2$$

$$\approx \sum_{i,j} f(\xi_i,\eta_i,\zeta_{ij})\Delta V_{ij}^1 + \sum_{i,j} f(\xi_i,\eta_i,\zeta_{ij})\Delta V_{ij}^0$$

上面式子的最左边是二元函数 $\int_{z_1(x,y)}^{z_2(x,y)} f(x,y,z)\,\mathrm{d}z$ 在区域 D 上关于分割 Δ_D 的积分和,而最右边和式是三元函数 $f(x,y,z)$ 在 V 上关于分割 Δ 的积分和. 显然,当 $\|\Delta\|\to 0$ 时,有

$$\|\Delta_D\|\to 0,\ \sum_{i,j}\Delta V_{ij}^2\to 0,\ \sum_{i,j}\Delta V_{ij}^0\to 0$$

从而有

$$\Big|\sum_{i,j} f(\xi_i,\eta_i,\zeta_{ij})\Delta V_{ij}^2\Big| \leqslant M\sum_{i,j}\Delta V_{ij}^2\to 0,\ \Big|\sum_{i,j} f(\xi_i,\eta_i,\zeta_{ij})\Delta V_{ij}^0\Big| \leqslant M\sum_{i,j}\Delta V_{ij}^0\to 0$$

其中 $M = \max\{|f(x,y,z)|\,|\,(x,y,z)\in V\}$. 因此

$$\iiint_V f(x,y,z)\,\mathrm{d}V = \lim_{\|\Delta\|\to 0}\Big(\sum_{i,j} f(\xi_i,\eta_i,\zeta_{ij})\Delta V_{ij}^1 + \sum_{i,j} f(\xi_i,\eta_i,\zeta_{ij})\Delta V_{ij}^0 \Big)$$

$$= \lim_{\|\Delta_D\|\to 0}\Big(\sum_{i,j} f(\xi_i,\eta_i,\zeta_{ij})\Delta V_{ij}^1 + \sum_{i,j} f(\xi_i,\eta_i,\zeta_{ij})\Delta V_{ij}^2 \Big)$$

$$= \lim_{\|\Delta_D\|\to 0} \sum_i \Big(\int_{z_1(\xi_i,\eta_i)}^{z_2(\xi_i,\eta_i)} f(\xi_i,\eta_i,z)\,\mathrm{d}z \Big)\Delta\sigma_i = \iint_D \mathrm{d}\sigma \int_{z_1(x,y)}^{z_2(x,y)} f(x,y,z)\,\mathrm{d}z$$

这就证明了公式(6-18).

同学们可以按照公式(6-18)写出 yz 型区域 或 zx 型区域上的三重积分的累次积分公式.

例 6.11 计算三重积分 $\iiint_V \dfrac{1}{x^2+y^2}\mathrm{d}V$,其中 V 为由平面 $x=1, x=2, z=0, y=x, z=y$ 所围成的空间区域.

解 积分区域 V 如图 6-21 所示,它是 xy 型区域. 其投影区域 D 为梯形区域: $1 \leqslant x \leqslant 2, 0 \leqslant y \leqslant x$,顶面和底面的方程分别为 $z=y$ 和 $z=0$. 因此

$$\iiint_V \frac{1}{x^2+y^2}\mathrm{d}V = \iint_D \mathrm{d}x\mathrm{d}y \int_0^y \frac{1}{x^2+y^2}\mathrm{d}z = \iint_D \frac{y}{x^2+y^2}\mathrm{d}x\mathrm{d}y$$

$$= \int_1^2 \mathrm{d}x \int_0^x \frac{y}{x^2+y^2}\mathrm{d}y = \frac{1}{2}\int_1^2 \ln(x^2+y^2)\big|_0^x \mathrm{d}x = \frac{1}{2}\ln 2.$$

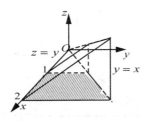

图 6-21

为方便起见,我们把定理6.7的方法称为柱体法. 为得到化三重积分为累次积分的另一方法——截面法,我们来考查 zx 型区域(也可以考查 yz 型区域)上的三重积分计算公式. 设积分区域 V 为 zx 型区域,即

$$V = \{(x,y,z) \mid (x,z) \in D_{zx}, y_1(x,z) \leq y \leq y_2(x,z)\}$$

根据公式(6-18),有

$$\iiint_V f(x,y,z)\,dV = \iint_{D_{zx}} dzdx \int_{y_1(x,z)}^{y_2(x,z)} f(x,y,z)\,dy$$

又若投影区域 D_{zx} 为 z 型区域:$h_1 \leq z \leq h_2, x_1(z) \leq x \leq x_2(z)$,那么

$$\iiint_V f(x,y,z)\,dV = \int_{h_1}^{h_2} dz \int_{x_1(z)}^{x_2(z)} dx \int_{y_1(x,z)}^{y_2(x,z)} f(x,y,z)\,dy = \int_{h_1}^{h_2} dz \iint_{D_z} f(x,y,z)\,dxdy$$

其中平面区域 $D_z: x_1(z) \leq x \leq x_2(z), y_1(x,z) \leq y \leq y_2(x,z)$ 是由垂直于 z 轴的平面与空间区域 V 交集所成的截面区域. 因此,我们可以先确定积分区域 V 的最高点 $z = h_2$ 和最低点 $z = h_1$. 再确定对于每一个固定的 $z(h_1 \leq z \leq h_2)$,V 与平面 $z = z$(常数)的截面区域 D_z,如图6-22所示,则有

$$\iiint_V f(x,y,z)\,dV = \int_{h_1}^{h_2} dz \iint_{D_z} f(x,y,z)\,dxdy. \tag{6-19}$$

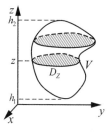

图 6-22

公式(6-19)不仅适用于截面为 x 型区域或 y 型区域,也适用于截面为一般区域. 显然,截面法比柱体法的适用范围更广.

例 6.12 试用截面法计算例 6.11 所给三重积分.

解 当 $1 \leq x \leq 2$ 时,V 的截口为三角形区域,如图6-23所示,$D_x: 0 \leq y \leq x, 0 \leq z \leq y$. 故

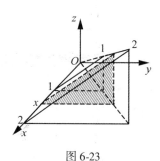

图 6-23

$$\iiint_V \frac{1}{x^2+y^2}\mathrm{d}V = \int_1^2 \mathrm{d}x \iint_{D_x} \frac{1}{x^2+y^2}\mathrm{d}y\mathrm{d}z = \int_1^2 \mathrm{d}x \int_0^x \mathrm{d}y \int_0^y \frac{1}{x^2+y^2}\mathrm{d}z = \frac{1}{2}\ln 2.$$

例6.12 若按图6-24的方式确定截面区域,则要分块处理,比较复杂,读者可以试探一下.

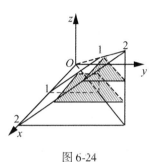

图6-24

例6.13 计算三重积分 $\iiint_V \left(\frac{x^2}{a^2} + \frac{y^2}{b^2} + \frac{z^2}{c^2}\right)\mathrm{d}V$,其中 V 为椭球体 $\frac{x^2}{a^2} + \frac{y^2}{b^2} + \frac{z^2}{c^2} \leqslant 1$.

解法1(截面法) 先计算 $\iiint_V \frac{y^2}{b^2}\mathrm{d}V$. 如图6-25所示,对于 $-b \leqslant y \leqslant b$ 中每一 y,V 的截面为椭圆,即 $D_y: \frac{x^2}{a^2} + \frac{z^2}{c^2} \leqslant 1 - \frac{y^2}{b^2}$,根据公式(6-19),有

$$\iiint_V \frac{y^2}{b^2}\mathrm{d}V = \int_{-b}^b \mathrm{d}y \iint_{D_y} \frac{y^2}{b^2}\mathrm{d}z\mathrm{d}x = \int_{-b}^b \frac{y^2}{b^2}\mathrm{d}y \iint_{D_y} \mathrm{d}z\mathrm{d}x$$

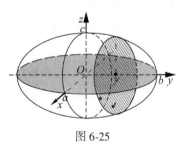

图6-25

注意到 $\iint_{D_y} \mathrm{d}z\mathrm{d}x$ 等于椭圆 D_y 的面积 $\pi ac\left(1 - \frac{y^2}{b^2}\right)$(参见第3章3.7节),因此

$$\iiint_V \frac{y^2}{b^2}\mathrm{d}V = \pi ac \int_{-b}^b \frac{y^2}{b^2}\left(1 - \frac{y^2}{b^2}\right)\mathrm{d}y = \frac{4}{15}\pi abc$$

根据积分区域及被积式各变元或字母的对称性可知

$$\iiint_V \frac{x^2}{a^2}\mathrm{d}V = \iiint_V \frac{z^2}{c^2}\mathrm{d}V = \frac{4}{15}\pi abc$$

故 原式 $= \iiint_V \frac{x^2}{a^2} dV + \iiint_V \frac{x^2}{a^2} dV + \iiint_V \frac{z^2}{c^2} dV = 3 \cdot \frac{4}{15} \pi abc = \frac{4}{5} \pi abc.$

解法 2（柱体法） 根据上面的讨论，只要计算 $\iiint_V \frac{x^2}{a^2} dV$.

如图 6-25 所示，积分区域 V 为一退化的柱体区域或 xy 型区域：

$$-c\sqrt{1-\frac{x^2}{a^2}-\frac{y^2}{b^2}} \leq z \leq c\sqrt{1-\frac{x^2}{a^2}-\frac{y^2}{b^2}}, \text{其中} \frac{x^2}{a^2}+\frac{y^2}{b^2} \leq 1$$

由公式(6-19)及对称性，有

$$\iiint_V \frac{x^2}{a^2} dV = 2\iint_D dxdy \int_0^{c\sqrt{1-\frac{x^2}{a^2}-\frac{y^2}{b^2}}} \frac{x^2}{a^2} dz, \text{其中} D \text{ 为椭圆} \frac{x^2}{a^2}+\frac{y^2}{b^2} \leq 1.$$

因此 $\iiint_V \frac{x^2}{a^2} dV = 2c\iint_D \frac{x^2}{a^2}\sqrt{1-\frac{x^2}{a^2}-\frac{y^2}{b^2}} dxdy$（应用广义极坐标变换 $\begin{cases} x = ar\cos\theta \\ y = br\sin\theta \end{cases}$）

$$= 2c\int_0^{2\pi} d\theta \int_0^1 r^2 \cos^2\theta \sqrt{1-r^2} \cdot abr dr$$

$$= 2abc \int_0^{2\pi} \cos^2\theta d\theta \int_0^1 r^3 \sqrt{1-r^2} dr = \frac{4}{15} \pi abc.$$

故 原式 $= \iiint_V \frac{x^2}{a^2} dV + \iiint_V \frac{x^2}{a^2} dV + \iiint_V \frac{z^2}{c^2} dV = 3 \cdot \frac{4}{15} \pi abc = \frac{4}{5} \pi abc.$

例 6.13 有多种解法，同学们可以尝试其他解法.

6.2.3 三重积分的变量变换

三重积分也有和二重积分类似的变量变换.

定理 6.8 设函数 $f(x,y,z)$ 在空间有界闭区域 V 上连续，映射 $T: x = x(u,v,w), y = y(u,v,w), z = z(u,v,w)$ 将 uvw 空间的有界闭区域 V' 一对一地映射成 xyz 空间中的闭区域 V. 又设 $x(u,v,w), y(u,v,w), z(u,v,w)$ 在 V' 内皆具有一阶连续偏导数，且映射的雅可比行列式 $J = \frac{\partial(x,y,z)}{\partial(u,v,w)}$ 在 V' 内不等于零，则有

$$\iiint_V f(x,y,z) dV = \iiint_{V'} f[x(u,v,w), y(u,v,w), y(u,v,w)] |J(u,v,w)| dV' \quad (6-20)$$

其中 dV' 是 V' 的体积元素.

定理 6.8 的证明与二重积分相应定理的证明类似，故略.

1. 柱坐标与柱坐标变换

柱坐标变换是三重积分中最常用的变量变换之一. 如图 6-26 所示，有序数组 (r,θ,z) 称为点 M 的柱坐标. 显然，空间点 M 的柱坐标与直角坐标存在下列对应关系

$T: x = r\cos\theta, y = r\sin\theta, z = z$，其中 $0 \leq r < +\infty, 0 \leq \theta \leq 2\pi, -\infty \leq z \leq +\infty$

除原点外，这种对应是一对一的.

从映射的观点看，T 把 $r\theta z$ 空间的点映射成 xyz 空间的点，我们称这种映射为柱坐标变

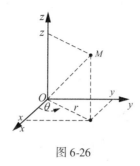

图 6-26

换. 其雅可比行列式为

$$J = \frac{\partial(x,y,z)}{\partial(r,\theta,z)} = \begin{vmatrix} \cos\theta & \sin\theta & 0 \\ -r\sin\theta & r\cos\theta & 0 \\ 0 & 0 & 1 \end{vmatrix} = r$$

由公式(6-20)得

$$\iiint_V f(x,y,z)\mathrm{d}x\mathrm{d}y\mathrm{d}z = \iiint_{V'} f(r\cos\theta, r\sin\theta, z) r\mathrm{d}r\mathrm{d}\theta\mathrm{d}z \tag{6-21}$$

公式(6-21)称为三重积分柱坐标变换公式. 和二重积分极坐标变换一样, 若有界区域 V' 含带形 $r = 0 (0 \le \theta \le 2\pi, -\infty \le z \le +\infty)$ 的一部分, 这时柱坐标变换不是一一对应的, 这种变换把该带形映射成 xyz 空间的坐标原点, 相当于把该带形上的函数值改成同一函数值, 但这不会影响三重积分的可积性, 也不会改变积分的值. 因而不影响公式(6-21)成立.

在应用柱坐标变换计算三重积分时, 一般分两步进行, 先在直角坐标系下化为累次积分, 然后应用柱坐标变换, 即:

若按柱体法(公式(6-18)), 有

$$\iiint_V f(x,y,z)\mathrm{d}V = \iint_D \mathrm{d}x\mathrm{d}y \int_{z_1(x,y)}^{z_2(x,y)} f(x,y,z)\mathrm{d}z$$

$$= \iint_{D'} r\mathrm{d}x\mathrm{d}y \int_{z_1(r\cos\theta, r\sin\theta)}^{z_2(r\cos\theta, r\sin\theta)} f(r\cos\theta, r\sin\theta, z)\mathrm{d}z \tag{6-22}$$

其中积分区域 V 是一柱体区域, 即 $V = \{(x,y,z) \mid (x,y) \in D, z_1(x,y) \le z \le z_2(x,y)\}$.

若按截面法(公式(6-19)), 则有

$$\iiint_V f(x,y,z)\mathrm{d}V = \int_{h_1}^{h_2} \mathrm{d}z \iint_{D_z} f(x,y,z)\mathrm{d}x\mathrm{d}y$$

$$= \int_{h_1}^{h_2} \mathrm{d}z \iint_{D'_z} f(r\cos\theta, r\sin\theta, z) r\mathrm{d}r\mathrm{d}\theta \tag{6-23}$$

其中 h_1, h_2 分别为积分区域 V 的最低点和最高点竖坐标, D_z 是 V 的截面区域.

可见, 三重积分的柱坐标变换实质上就是将三重积分化为累次积分之后, 在二重积分部分实施极坐标变换的结果.

例 6.14 计算 $\iiint_V (x^2 + y^2)\mathrm{d}x\mathrm{d}y\mathrm{d}z$, 其中 V 是由抛物面 $x^2 + y^2 = 2z$ 与平面 $z = 2$ 围成的区域.

解法 1（柱体法） 如图 6-27 所示，V 为一退化的柱体区域：$\frac{1}{2}(x^2+y^2) \leq z \leq 2$，$x^2+y^2 \leq 4$. 根据公式 (6-22)，有

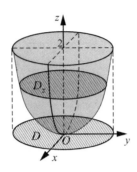

图 6-27

$$\iiint\limits_V (x^2+y^2)\,dxdydz = \iint\limits_D dxdy \int_{(x^2+y^2)/2}^{2} (x^2+y^2)\,dz$$
$$= \int_0^{2\pi} d\theta \int_0^2 r^3 \left(2 - \frac{r^2}{2}\right) dr = \pi \left(r^4 - \frac{r^6}{6}\right)\bigg|_0^2 = \frac{16}{3}\pi.$$

解法 2（截面法） 如图 6-27 所示，V 的截面为圆 $D_z: x^2+y^2 \leq 2z$，其中 $0 \leq z \leq 2$. 根据公式 (6-22)，有

$$\iiint\limits_V (x^2+y^2)\,dxdydz = \int_0^2 dz \iint\limits_{D_z} (x^2+y^2)\,dxdy$$
$$= \int_0^2 dz \int_0^{2\pi} d\theta \int_0^{\sqrt{2z}} r^3\,dr = 2\pi \int_0^2 z^2\,dz = \frac{16}{3}\pi.$$

2. 球坐标与球坐标变换

球坐标变换是三重积分的另一常用的变量变换. 如图 6-28 所示，有序数组 (r, φ, θ) 称为点 M 的球坐标. 显然，空间点 M 的球坐标与直角坐标存在下列对应关系

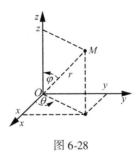

图 6-28

$$T: \begin{cases} x = r\sin\varphi\cos\theta, \\ y = r\sin\varphi\sin\theta, \\ z = r\cos\varphi \end{cases}$$

其中 $0 \leq r < +\infty, 0 \leq \varphi \leq \pi, 0 \leq \theta \leq 2\pi$. 除原点外,这种对应是一一的.

从映射的观点看,T 把 $r\varphi\theta$ 空间的点映射成 xyz 空间的点,我们称 T 为球坐标变换. 该变换的雅可比行列式为

$$J = \frac{\partial(x,y,z)}{\partial(r,\varphi,\theta)} = \begin{vmatrix} \sin\varphi\cos\theta & \sin\varphi\sin\theta & \cos\varphi \\ r\cos\varphi\cos\theta & r\cos\varphi\sin\theta & -r\sin\varphi \\ -r\sin\varphi\sin\theta & r\sin\varphi\cos\theta & 0 \end{vmatrix} = r^2\sin\varphi$$

由公式(6-21)得

$$\iiint\limits_V f(x,y,z)\mathrm{d}x\mathrm{d}y\mathrm{d}z = \iiint\limits_{V'} f(r\sin\varphi\cos\theta, r\sin\varphi\sin\theta, z\cos\varphi) r^2\sin\varphi \mathrm{d}r\mathrm{d}\varphi\mathrm{d}\theta \quad (6\text{-}24)$$

公式(6-24)称为三重积分球坐标变换公式. 和柱坐标变换一样,若有界区域 V' 含长方形 $r=0(0 \leq \varphi \leq \pi, 0 \leq \theta \leq \pi)$ 的一部分,这时球坐标变换不是一一对应的,但不影响公式(6-24)成立.

经球坐标变换后,一般还得把公式(6-24)右端的三重积分化为累次积分,方法与坐标系 $Oxyz$ 下的情形类似. 例如若 V' 为 $\varphi\theta$ 型区域:$V' = \{(r,\varphi,\theta) \mid (\varphi,\theta) \in D', r_1(\varphi,\theta) \leq z \leq r_2(\varphi,\theta)\}$ 则按公式(6-24)得

$$\iiint\limits_V f(x,y,z)\mathrm{d}x\mathrm{d}y\mathrm{d}z = \iint\limits_{D'} \mathrm{d}\varphi\mathrm{d}\theta \int_{r_1(\varphi,\theta)}^{r_2(\varphi,\theta)} f(r\sin\varphi\cos\theta, r\sin\varphi\sin\theta, z\cos\varphi) r^2\sin\varphi \mathrm{d}r \quad (6\text{-}25)$$

例 6.15 计算 $\iiint\limits_V \sqrt{x^2+y^2+z^2}\,\mathrm{d}x\mathrm{d}y\mathrm{d}z$,其中 V 为球体 $x^2+y^2+z^2 \leq 4z$ 和圆锥体 $\sqrt{x^2+y^2} \leq \sqrt{3}z$ 的交集区域,如图 6-29 所示.

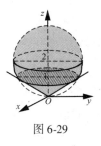

图 6-29

解 在球坐标变换下,V 变换为 $V': r^2 \leq 4r\cos\varphi, r\sin\varphi \leq \sqrt{3}r\cos\varphi$,即

$$0 \leq \varphi \leq \frac{\pi}{3}, 0 \leq \theta \leq 2\pi, 0 \leq r \leq 4\cos\varphi$$

根据公式(6-25),得

$$\iiint\limits_V \sqrt{x^2+y^2+z^2}\,\mathrm{d}x\mathrm{d}y\mathrm{d}z = \iint\limits_{D'}\mathrm{d}\varphi\mathrm{d}\theta \int_0^{4\cos\varphi} r^3\sin\varphi \mathrm{d}r$$
$$= \int_0^{2\pi}\mathrm{d}\theta \int_0^{\frac{\pi}{3}}\mathrm{d}\varphi \int_0^{4\cos\varphi} r^3\sin\varphi \mathrm{d}r = 2\pi \int_0^{\frac{\pi}{3}} 4^3\cos^4\varphi\sin\varphi \mathrm{d}\varphi = \frac{124\pi}{5}.$$

此例也可以用柱坐标变换来解:如图 6-29 所示,$0 \leq z \leq 1$ 时为锥体部分;$1 \leq z \leq 4$ 时为

球体部分. 根据公式(6-23), 得

$$\iiint_V \sqrt{x^2+y^2+z^2}\,dxdydz = \int_0^1 dz\iint_{D'_z}\sqrt{r^2+z^2}\,rdrd\theta + \int_1^4 dz\iint_{D'_z}\sqrt{r^2+z^2}\,rdrd\theta$$

$$= \int_0^1 dz\int_0^{2\pi} d\theta\int_0^{\sqrt{3}z}\sqrt{r^2+z^2}\,rdr + \int_1^3 dz\int_0^{2\pi} d\theta\int_0^{\sqrt{4z-z^2}}\sqrt{r^2+z^2}\,rdr$$

$$= \frac{14\pi}{3}\int_0^1 z^3 dz + \frac{2\pi}{3}\int_1^4 (8z^{\frac{3}{2}} - z^3)dz = \frac{7\pi}{6} + \frac{2\pi}{3}\left[\frac{16}{5}(2^5-1) - 4^3 + \frac{1}{4}\right] = \frac{124\pi}{5}.$$

可见第二种解法比较麻烦. 容易看出此例不宜用公式(6-23)来解.

例 6.16 计算 $\iiint_V (x+y+z)\,dxdydz$, 其中 V 为球体 $x^2+y^2+z^2 \leqslant 4$ 与圆锥体 $\sqrt{x^2+y^2} \leqslant z$ 的交集区域, 如图 6-30 所示.

解法 1 如图 6-30 所示, 在球坐标变换下, V 变换为 $V': r^2 \leqslant 4, r\sin\varphi \leqslant r\cos\varphi$, 即

$$0 \leqslant r \leqslant 2, \quad 0 \leqslant \varphi \leqslant \frac{\pi}{4}, \quad 0 \leqslant \theta \leqslant 2\pi.$$

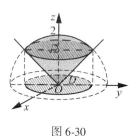

图 6-30

由奇偶性知, 原式 $= \iiint_V z\,dxdydz$. 因此根据公式(6-24), 得

$$原式 = \int_0^{2\pi} d\theta\int_0^{\frac{\pi}{4}}\sin\varphi\cos\varphi\,d\varphi\int_0^2 r^3 dr = 2\pi\cdot\frac{1}{4}\cdot 4 = 2\pi.$$

解法 2 如图 6-30 所示, V 为一退化的柱体区域:

$$\sqrt{x^2+y^2} \leqslant z \leqslant \sqrt{4-x^2-y^2}, \quad x^2+y^2 \leqslant 2.$$

根据(6-8)式, 有

$$原式 = \iiint_V z\,dxdydz = \iint_D dxdy\int_{\sqrt{x^2+y^2}}^{\sqrt{4-x^2-y^2}} z\,dz = \iint_D dxdy\int_r^{\sqrt{4-r^2}} z\,dz$$

$$= \iint_D dxdy\int_r^{\sqrt{4-r^2}} z\,dz = \int_0^{2\pi} d\theta\int_0^{\sqrt{2}} rdr\int_r^{\sqrt{4-r^2}} z\,dz = \pi\int_0^{\sqrt{2}} r(4-2r^2)dr$$

$$= \pi\left(2r^2 - \frac{1}{2}r^4\right)\Big|_0^{\sqrt{2}} = 2\pi.$$

解法 3 如图 6-30 所示, $0 \leqslant z \leqslant \sqrt{2}$ 时为锥体部分; $\sqrt{2} \leqslant z \leqslant 2$ 时为球体部分. 由公式(6-19), 得

原式 $= \iiint\limits_{V} z\mathrm{d}x\mathrm{d}y\mathrm{d}z = \int_0^{\sqrt{2}} z\mathrm{d}z \iint\limits_{D_z} \mathrm{d}x\mathrm{d}y + \int_{\sqrt{2}}^{2} z\mathrm{d}z \iint\limits_{D_z} \mathrm{d}x\mathrm{d}y$

$= \pi \int_0^{\sqrt{2}} z \cdot z^2 \mathrm{d}z + \pi \int_{\sqrt{2}}^{2} z(4 - z^2) \mathrm{d}z = \frac{\pi}{4} z^4 \Big|_0^{\sqrt{2}} + \pi \left(2z^2 - \frac{1}{4}z^4\right)\Big|_{\sqrt{2}}^{2} = 2\pi$

总之,对于三重积分,必须结合积分区域和被积函数的特点,选择合适的方法或公式,才能使计算简便.

例 6.17 试计算椭球体 $V: \frac{x^2}{a^2} + \frac{y^2}{b^2} + \frac{z^2}{c^2} \leqslant 1$ 的体积 V.

解 作广义球坐标变换

$$T: \begin{cases} x = ar\sin\varphi\cos\theta, \\ y = br\sin\varphi\sin\theta, \\ z = cr\cos\varphi, \end{cases}$$

在此变换下,区域 $V: \frac{x^2}{a^2} + \frac{y^2}{b^2} + \frac{z^2}{c^2} \leqslant 1$ 对应于 $V': 0 \leqslant r \leqslant 1, 0 \leqslant \varphi \leqslant \pi, 0 \leqslant \theta \leqslant 2\pi$.

又因为变换的雅可比行列式为 $J = abcr^2\sin\varphi$,故所求体积为

$$V = \iiint\limits_{V} \mathrm{d}x\mathrm{d}y\mathrm{d}z = abc \iiint\limits_{V'} r^2 \sin\varphi \mathrm{d}r\mathrm{d}\varphi\mathrm{d}\theta$$

$$= abc \int_0^{2\pi} \mathrm{d}\theta \int_0^{\pi} \sin\varphi \mathrm{d}\varphi \int_0^{1} r^2 \mathrm{d}r = \frac{4}{3}\pi abc.$$

习题 6.2

1. 计算下列三重积分:

(1) $\iiint\limits_{V} (xy + 3z^2) \mathrm{d}x\mathrm{d}y\mathrm{d}z$,其中 V 为长方体区域:$0 \leqslant x \leqslant 1, -1 \leqslant y \leqslant 1, -1 \leqslant z \leqslant 1$;

(2) $\iiint\limits_{V} x\mathrm{d}x\mathrm{d}y\mathrm{d}z$,其中 V 为三坐标平面与平面 $x + 2y + z = 1$ 所围成的区域;

(3) $\iiint\limits_{V} (x^2 + y^2 + z) \mathrm{d}x\mathrm{d}y\mathrm{d}z$,其中 V 为锥面 $\sqrt{x^2 + y^2} = z$ 与平面 $z = 1$ 所围成的区域;

(4) $\iiint\limits_{V} xyz\mathrm{d}x\mathrm{d}y\mathrm{d}z$,其中 V 为球体 $x^2 + y^2 + z^2 \leqslant 1$ 介于第一卦限的区域;

(5) $\iiint\limits_{V} xy^2z^3 \mathrm{d}x\mathrm{d}y\mathrm{d}z$,其中 V 为曲面 $z = xy$ 与平面 $x = 1, y = x$ 及 $z = 0$ 所围成的区域;

(6) $\iiint\limits_{V} \frac{\mathrm{d}x\mathrm{d}y\mathrm{d}z}{(1 + x + y + z)^3}$,其中 V 为三坐标平面与平面 $x + y + z = 1$ 所围成的区域.

2. 在下列积分中改变累次积分的顺序:

(1) $\int_0^1 \mathrm{d}x \int_0^{1-x} \mathrm{d}y \int_0^{x+y} f(x,y,z) \mathrm{d}z$; (2) $\int_0^1 \mathrm{d}x \int_0^1 \mathrm{d}y \int_0^{x^2+y^2} f(x,y,z) \mathrm{d}z$.

3. 作适当的变量变换,计算下列三重积分和累次积分:

(1) $\iiint_V (x^2 + y^2) dxdydz$,其中 V 为抛物面 $x^2 + y^2 = 2z$ 与平面 $z = 2$ 所围成的区域;

(2) $\iiint_V \sqrt{x^2 + y^2} dxdydz$,其中 V 为锥面 $x^2 + y^2 = z^2$ 与平面 $z = 1$ 所围成的区域;

(3) $\iiint_V \sqrt{x^2 + y^2 + z^2} dxdydz$,其中 V 为球体区域 $x^2 + y^2 + z^2 \leqslant z$;

(4) $\iiint_V (x^2 + y^2) dxdydz$,其中 V 为球体 $x^2 + y^2 + z^2 \leqslant 2az$ 与圆锥体 $x^2 + y^2 \leqslant z^2$ 的交集区域;

(5) $\iiint_V \sqrt{1 - \frac{x^2}{a^2} - \frac{y^2}{b^2} - \frac{z^2}{c^2}} dxdydz$,其中 V 为椭球区域:$\frac{x^2}{a^2} + \frac{y^2}{b^2} + \frac{z^2}{c^2} \leqslant 1$;

(6) $\int_0^1 dx \int_0^{\sqrt{1-x^2}} dy \int_{\sqrt{x^2+y^2}}^{\sqrt{2-x^2-y^2}} z^2 dz$;

(7) $\iiint_V \frac{(b-x)}{\left(\sqrt{(b-x)^2 + y^2 + z^2}\right)^3} dxdydz (b > a > 0)$,其中 V 为球体 $x^2 + y^2 + z^2 \leqslant a^2$;

(8) $\iiint_V (2x + 3y + 6z)^2 dxdydz$,其中 V 为椭球体 $4x^2 + 9y^2 + 36y^2 \leqslant 36$;

(9) $\iiint_V [5(x-y)^2 + 3az - 4a^2] dxdydz$,其中 V 为区域 $x^2 + y^2 + z^2 \leqslant 2a^2, x^2 + y^2 \leqslant az$.

4. 利用三重积分计算下列立体的体积:

(1) 由曲面 $z = x^2 + y^2, z = 2(x^2 + y^2), y = x, y = x^2$ 所围成的立体;

(2) 由曲面 $z = x + y, z = xy$ 和平面 $x + y = 1, x = 0, y = 0$ 所围成的立体;

(3) 由曲面 $z = 6 - x^2 - y^2, z = \sqrt{x^2 + y^2}$ 所围成的立体;

(4) 由曲面 $\frac{x^2}{a^2} + \frac{y^2}{b^2} + \frac{z^4}{c^4} = 1$ 所围成的立体;

(5) 由曲面 $\left(\frac{x}{a} + \frac{y}{b}\right)^2 + \frac{z^2}{c^2} = 1 (0 \leqslant x, 0 \leqslant y, 0 \leqslant z)$ 所围成的立体.

5. 证明 $1 \leqslant \iiint_V \cos(xyz) dxdydz + \iiint_V \sin(xyz) dxdydz \leqslant \sqrt{2}$,其中 $V = [0,1] \times [0,1] \times [0,1]$.

6. 证明 $\lim_{n \to \infty} \frac{1}{n^4} \iiint_{V_n} [\sqrt{x^2 + y^2 + z^2}] dxdydz = \pi$,其中 $V_n : x^2 + y^2 + z^2 \leqslant n^2$,其中 $[x]$ 为取整函数.

6.3 *n 重积分与广义重积分

6.3.1 n 重积分

定积分、二重积分和三重积分还不能完全满足理论和实际应用的需要. 下面以两个物体之间的引力问题来说明这一点.

设有两个空间物体 V_1 和 V_2, 两物体上点的坐标分别记为 (x_1, y_1, z_1) 和 (x_2, y_2, z_2); 密度记为 $\rho_1(x_1, y_1, z_1)$ 和 $\rho_2(x_2, y_2, z_2)$; 它们的质量微元分别为

$$\rho_1(x_1, y_1, z_1)dx_1dy_1dz_1 \text{ 和 } \rho_2(x_2, y_2, z_2)dx_2dy_2dz_2$$

由万有引力定律, 两微元之间引力的分量分别为

$$\frac{\rho_1 \cdot \rho_2 \cdot (x_2 - x_1)}{r^3} dx_1 dy_1 dz_1 dx_2 dy_2 dz_2,$$

$$\frac{\rho_1 \cdot \rho_2 \cdot (y_2 - y_1)}{r^3} dx_1 dy_1 dz_1 dx_2 dy_2 dz_2,$$

$$\frac{\rho_1 \cdot \rho_2 \cdot (z_2 - z_1)}{r^3} dx_1 dy_1 dz_1 dx_2 dy_2 dz_2.$$

于是两个物体 V_1 和 V_2 的引力分量分别为

$$F_x = \iiint\limits_V \iiint \frac{\rho_1(x_1, y_1, z_1) \cdot \rho_2(x_1, y_1, z_1) \cdot (x_2 - x_1)}{r^3} dx_1 dy_1 dz_1 dx_2 dy_2 dz_2$$

$$F_x = \iiint\limits_V \iiint \frac{\rho_1(x_1, y_1, z_1) \cdot \rho_2(x_1, y_1, z_1) \cdot (x_2 - x_1)}{r^3} dx_1 dy_1 dz_1 dx_2 dy_2 dz_2$$

$$F_x = \iiint\limits_V \iiint \frac{\rho_1(x_1, y_1, z_1) \cdot \rho_2(x_1, y_1, z_1) \cdot (x_2 - x_1)}{r^3} dx_1 dy_1 dz_1 dx_2 dy_2 dz_2$$

其中 $r = \sqrt{(x_2 - x_1)^2 + (y_2 - y_1)^2 + (z_2 - z_1)^2}$, $V = V_1 \times V_2$ 为六维欧式空间的六维体. 因此有必要建立三重以上的重积分——n 重积分的概念.

要建立 n 重积分的概念, 首先需要定义 n 维空间区域的体积: n 维长方体

$$[a_1, b_1] \times [a_2, b_2] \times \cdots \times [a_n, b_n]$$

的体积定义为 $V = (b_1 - a_1) \cdot (b_2 - a_2) \cdot \cdots \cdot (b_n - a_n)$. 对于 n 维空间的一般区域, 可以仿照定义平面区域面积的作法来定义其体积.

对于定义在 n 维(可求体积)有界区域 V 的函数 $f(x_1, x_2, \cdots, x_n)$, 和前述重积分类似, 经过对 V 进行"分割、求和、取极限"的步骤, 不难建立 n 重积分

$$I = \overbrace{\iint\limits_V \cdots \int}^{n} f(x_1, x_2, \cdots, x_n) dx_1 dx_2 \cdots dx_n \tag{6-26}$$

的概念. 而且只要被积函数连续, 这个积分就存在.

计算 n 重积分的一般方法仍然是将其化为累次积分.

例如当积分区域是长方体 $V = [a_1, b_1] \times [a_2, b_2] \times \cdots \times [a_n, b_n]$ 时, 则有

$$I = \int_{a_1}^{b_1} dx_1 \int_{a_2}^{b_2} dx_2 \cdots \int_{a_n}^{b_n} f(x_1, x_2, \cdots, x_n) dx_n$$

又如，当积分区域 V 由不等式组

$$a_1 \leq x_1 \leq b_1, \ a_2(x_1) \leq x_2 \leq b_2(x_1), \ a_3(x_1, x_2) \leq x_3 \leq b_3(x_1, x_2), \cdots,$$
$$a_n(x_1, x_2, \cdots, x_{n-1}) \leq x_n \leq b_n(x_1, x_2, \cdots, x_{n-1})$$

表示时，有

$$I = \int_{a_1}^{b_1} dx_1 \int_{a_2(x_1)}^{b_2(x_1)} dx_2 \cdots \int_{a_n(x_1, x_2, \cdots, x_{n-1})}^{b_n(x_1, x_2, \cdots, x_{n-1})} f(x_1, x_2, \cdots, x_n) dx_n$$

关于 n 重积分也有类似于前述重积分的变量变换公式．

设可微连续映射

$$T: \begin{cases} x_1 = x_1(u_1, u_2, \cdots, u_n) \\ x_2 = x_2(u_1, u_2, \cdots, u_n) \\ \vdots \qquad \vdots \\ x_n = x_n(u_1, u_2, \cdots, u_n) \end{cases}$$

将 n 维 $(u_1, u_2, \cdots, u_n)$ 空间区域 V' 一一映射成 n 维 $(x_1, x_2, \cdots, x_n)$ 空间区域 V，且该映射的雅可比行列式

$$J = \frac{\partial(x_1, x_2, \cdots, x_n)}{\partial(u_1, u_2, \cdots, u_n)} \neq 0$$

则有

$$\underbrace{\iint \cdots \int}_{V}^{n} f(x_1, x_2, \cdots, x_n) dx_1 dx_2 \cdots dx_n = \underbrace{\iint \cdots \int}_{V'}^{n} F(u_1, u_2, \cdots, u_n) |J| du_1 du_2 \cdots du_n$$

(6-27)

其中 $F(u_1, u_2, \cdots, u_n) = f[x_1(u_1, u_2, \cdots, u_n), x_2(u_1, u_2, \cdots, u_n), \cdots, x_n(u_1, u_2, \cdots, u_n)]$．

例 6.18 求 n 维区域 V_n：$x_1 \geq 0, x_2 \geq 0, \cdots, x_n \geq 0, x_1 + x_2 + \cdots + x_n \leq h$ 的体积．

解 n 维区域 V_n 也可以用下面不等式组表示：

V_n：$0 \leq x_1 \leq h, 0 \leq x_2 \leq h - x_1, 0 \leq x_3 \leq h - x_1 - x_2, \cdots, x_n \leq h - x_1 - x_2 - \cdots - x_{n-1}$．故所求体积为

$$V = \underbrace{\iint \cdots \int}_{V_n}^{n} dx_1 dx_2 \cdots dx_n = \int_0^h dx_1 \int_0^{h-x_1} dx_2 \int_0^{h-x_1-x_2} dx_3 \cdots \int_0^{h-x_1-x_2-\cdots-x_{n-1}} dx_n$$

$$= \frac{1}{1!} \int_0^h dx_1 \int_0^{h-x_1} dx_2 \int_0^{h-x_1-x_2} dx_3 \cdots \int_0^{h-x_1-x_2-\cdots-x_{n-2}} (h - x_1 - x_2 - \cdots - x_{n-1}) dx_{n-1}$$

$$= \frac{1}{2!} \int_0^h dx_1 \int_0^{h-x_1} dx_2 \int_0^{h-x_1-x_2} dx_3 \cdots \int_0^{h-x_1-x_2-\cdots-x_{n-3}} (h - x_1 - x_2 - \cdots - x_{n-2})^2 dx_{n-2}$$

$$= \frac{1}{3!} \int_0^h dx_1 \int_0^{h-x_1} dx_2 \int_0^{h-x_1-x_2} dx_3 \cdots \int_0^{h-x_1-x_2-\cdots-x_{n-4}} (h - x_1 - x_2 - \cdots - x_{n-3})^3 dx_{n-3}$$

$$= \cdots = \frac{1}{(n-3)!} \int_0^h dx_1 \int_0^{h-x_1} dx_2 \int_0^{h-x_1-x_2} (h - x_1 - x_2 - x_3)^{n-3} dx_3$$

$$= \frac{1}{(n-2)!} \int_0^h dx_1 \int_0^{h-x_1} (h - x_1 - x_2)^{n-2} dx_2 = \frac{1}{(n-1)!} \int_0^h (h - x_1)^{n-1} dx_1 = \frac{h^n}{n!}.$$

例 6.19 求 n 维球体 V_n: $x_1^2 + x_2^2 + \cdots + x_n^2 \leq R^2$ 的体积 V.

解 作 n 维球坐标变换:

$$\begin{cases} x_1 = r\sin\theta_{n-1}\sin\theta_{n-2}\cdots\sin\theta_2\cos\theta_1 \\ x_2 = r\sin\theta_{n-1}\sin\theta_{n-2}\cdots\sin\theta_3\cos\theta_2 \\ \vdots \qquad\qquad \vdots \\ x_{n-1} = r\sin\theta_{n-1}\cos\theta_{n-2} \\ x_n = r\cos\theta_{n-1} \end{cases}, \quad \begin{array}{l} 0 \leq r \leq R \\ 0 \leq \theta_{n-1}, \theta_{n-2}, \cdots, \theta_2 \leq \pi \\ 0 \leq \theta_1 \leq 2\pi \end{array}$$

其雅可比行列式的值为

$$J = r^{n-1}\sin^{n-2}\theta_{n-1}\sin^{n-3}\theta_{n-2}\cdots\sin^2\theta_3\sin\theta_2$$

故所求体积为

$$V = \overbrace{\iint\cdots\int}^{n}_{V_n} dx_1 dx_2 \cdots dx_n$$

$$= \int_0^R dr \int_0^\pi d\theta_{n-1} \int_0^\pi d\theta_{n-2} \cdots \int_0^\pi d\theta_2 \int_0^{2\pi} r^n \sin^{n-2}\theta_{n-1}\sin^{n-3}\theta_{n-2}\cdots\sin\theta_2 d\theta_1$$

$$= \int_0^R r^{n-1} dr \cdot \int_0^\pi \sin^{n-2}\theta_{n-1} d\theta_{n-1} \cdot \int_0^\pi \sin^{n-3}\theta_{n-2} d\theta_{n-2} \cdots \int_0^\pi \sin\theta_2 d\theta_2 \cdot \int_0^{2\pi} d\theta_1$$

$$= \int_0^R r^{n-1} dr \cdot \int_0^\pi \sin^{n-2}\theta_{n-1} d\theta_{n-1} \cdot \int_0^\pi \sin^{n-3}\theta_{n-2} d\theta_{n-2} \cdots \int_0^\pi \sin\theta_2 d\theta_2 \cdot \int_0^{2\pi} d\theta_1$$

于是由公式(参见 3.6 节例 3.52)

$$\int_0^\pi \sin^n\theta d\theta = \begin{cases} \dfrac{(2m-1)!!}{(2m)!!} \cdot \dfrac{\pi}{2}, & n = 2m \\ \dfrac{(2m)!!}{(2m+1)!!} \cdot \dfrac{\pi}{2}, & n = 2m+1 \end{cases}$$

可得

$$V = \begin{cases} \dfrac{\pi^m}{m!} \cdot R^{2m}, & n = 2m \\ \dfrac{2(2\pi)^m}{(2m+1)!!} \cdot R^{2m+1}, & n = 2m+1 \end{cases}.$$

6.3.2 广义重积分

如同一元函数积分学一样, 在实际问题中, 有时也要突破重积分概念对积分区域有界性和被积函数有界性的限制. 本节简单介绍一下广义二重积分的概念及其主要结果. 关于广义重积分详细论述请同学们参见参考文献[3]第十六章 §5.

定义 6.4 设函数 $f(x, y)$ 在无界区域 D 上有定义, 又设对于平面上任一包围原点的光滑(或逐段光滑)封闭曲线 γ, 函数 $f(x, y)$ 在交集 $D_\gamma = E_\gamma \cap D$ 上皆可积, 其中 E_γ 为 γ 所围成的有界区域. 如果当 $d = \min_{(x, y) \in \gamma} \sqrt{x^2 + y^2} \to \infty$ 时, 二重积分 $\iint_{D_\gamma} f(x, y) dxdy$ 存在与 γ 的取法无关的极限, 则称二重无穷积分 $\iint_D f(x, y) dxdy$ 收敛, 记为

$$\iint_D f(x, y)\,dxdy = \lim_{d \to 0}\iint_{D_{\gamma}} f(x, y)\,dxdy \tag{6-28}$$

如果式(6-28)右端极限不存在，则称二重无穷积分 $\iint_D f(x, y)\,dxdy$ 发散.

例 6.20 设函数 $f(x, y) = \begin{cases} \dfrac{1}{xy^2}, & |x| \geq 1 \text{ 且 } y \geq 1 \\ 0, & 0 \leq |x| < 1 \text{ 或 } 0 \leq y < 1 \end{cases}$，可知函数定义域 D 为上半平面，令 $D_1 = \{(x, y) \mid |x| \leq r, 0 \leq y \leq r\}$，$D_2 = \{(x, y) \mid -r \leq x \leq 2r, 0 \leq y \leq r\}$，则当 $r > 1$ 时

$$\iint_{D_1} f(x, y)\,dxdy = \int_1^r \frac{1}{y^2}\,dy \left(\int_{-r}^{1} \frac{1}{x}\,dx + \int_1^r \frac{1}{x}\,dx \right) = 0$$

$$\iint_{D_2} f(x, y)\,dxdy = \int_1^r \frac{1}{y^2}\,dy \left(\int_{-r}^{1} \frac{1}{x}\,dx + \int_1^{2r} \frac{1}{x}\,dx \right) = \left(1 - \frac{1}{r}\right)\ln 2$$

由于 $\lim\limits_{r \to 0}\iint_{D_1} f(x, y)\,dxdy = \lim\limits_{r \to 0} 0 = 0$，$\lim\limits_{r \to 0}\iint_{D_2} f(x, y)\,dxdy = \lim\limits_{r \to 0}\left(1 - \dfrac{1}{r}\right)\ln 2 = \ln 2$，故按定义知广义二重积分 $\iint_D f(x, y)\,dxdy$ 发散.

对于非负函数的二重无穷积分，有以下结果：

定理 6.9 设在无界区域 D 上皆有 $f(x, y) \geq 0$，$E_r = \{(x, y) \mid x^2 + y^2 \leq r^2\}$，$D_r = E_r \cap D$，则广义二重积分 $\iint_D f(x, y)\,dxdy$ 收敛的充要条件是极限 $\lim\limits_{r \to 0}\iint_{D_r} f(x, y)\,dxdy$ 存在，这时有

$$\iint_D f(x, y)\,dxdy = \lim_{r \to 0}\iint_{D_r} f(x, y)\,dxdy \tag{6-29}$$

例 6.21 计算 $\iint_D e^{-x^2 - y^2}\,dxdy$，其中 $D: x \geq 0, y \geq 0$.

解 令 $E_r = \{(x, y) \mid x^2 + y^2 \leq r^2\}$，$D_r = E_r \cap D$，已经算得 $\iint_{D_r} e^{-x^2 - y^2}\,dxdy = \dfrac{\pi}{4}(1 - e^{-r^2})$（见 6.1 节例 6.10），故由定理 6.9 得

$$\iint_D e^{-x^2 - y^2}\,dxdy = \lim_{r \to 0}\iint_{D_r} e^{-x^2 - y^2}\,dxdy = \lim_{r \to 0}\frac{\pi}{4}(1 - e^{-r^2}) = \frac{\pi}{4}.$$

利用此结果，可以计算概率积分 $\int_0^{+\infty} e^{-x^2}\,dx$. 为此设 $S_r: 0 \leq x \leq r, 0 \leq y \leq r$，则有

$$\iint_{S_r} e^{-x^2 - y^2}\,dxdy = \int_0^r e^{-x^2}\,dx \int_0^r e^{-y^2}\,dy = \left(\int_0^r e^{-x^2}\,dx\right)^2$$

由于 $D_r \subset S_r \subset D_{\sqrt{2}r}$（见图 6-31），故

$$\iint_{D_r} e^{-x^2 - y^2}\,dxdy \leq \iint_{S_r} e^{-x^2 - y^2}\,dxdy = \left(\int_0^r e^{-x^2}\,dx\right)^2 \leq \iint_{D_{\sqrt{2}r}} e^{-x^2 - y^2}\,dxdy$$

因此

$$\left(\int_0^{+\infty} e^{-x^2} dx\right)^2 = \lim_{r \to 0}\left(\int_0^r e^{-x^2} dx\right)^2 = \iint\limits_{D} e^{-x^2-y^2} dxdy = \frac{\pi}{4}, \qquad \int_0^{+\infty} e^{-x^2} dx = \frac{\sqrt{\pi}}{2}.$$

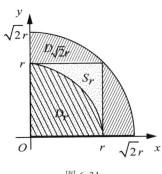

图 6-31

定理 6.10 设函数 $f(x, y)$ 在无界区域 D 内的任何具有光滑边界的有界子区域可积，若广义重积分 $\iint\limits_{D} |f(x, y)| dxdy$ 收敛，则 $\iint\limits_{D} f(x, y) dxdy$ 也收敛。其逆亦真。

定理 6.11 设函数 $f(x, y)$ 在无界区域 D 内的任何具有光滑边界的有界子区域可积，令 $r = \sqrt{x^2 + y^2}$，则有：

（1）如果存在正数 r_0 及 k，使得当 $r > r_0$ 时，$|f(x, y)| \leq \dfrac{k}{r^p}$，则当 $p > 2$ 时，$\iint\limits_{D} f(x, y) dxdy$ 收敛；

（2）如果存在正数 r_0 及 k，使得当 $r > r_0$ 时，$|f(x, y)| \leq \dfrac{k}{r^p}$，则当 $p < 2$ 时，$\iint\limits_{D} f(x, y) dxdy$ 发散。

定义 6.5 设 D 为平面上可求面积的有界区域，$P(x_0, y_0) \in D$；函数 $f(x, y)$ 在 $D - \{P\}$ 上有定义，且在 P 的任何空心邻域内无界；对于任一包含 P 的小区域（可求面积）Δ，函数皆在 $D - \Delta$ 上可积（P 称为瑕点）。如果当小区域 Δ 的直径 $d \to 0$ 时，二重积分 $\iint\limits_{D-\Delta} f(x, y) dxdy$ 存在与 Δ 的取法无关的极限，则称二重瑕积分 $\iint\limits_{D} f(x, y) dxdy$ 收敛，记为

$$\iint\limits_{D} f(x, y) dxdy = \lim_{d \to 0} \iint\limits_{D-\Delta} f(x, y) dxdy \tag{6-30}$$

如果式（6-30）右端极限不存在，则称二重瑕积分 $\iint\limits_{D} f(x, y) dxdy$ 发散。

与二重无穷积分类似，二重瑕积分也有相应的收敛性定理。

定理 6.12 如果二重瑕积分 $\iint\limits_{D} |f(x, y)| dxdy$ 收敛，则 $\iint\limits_{D} f(x, y) dxdy$ 也收敛。其逆亦真。

定理 6.13 设 D 为平面有界区域，$P(x_0, y_0) \in D$ 为函数 $f(x, y)$ 的瑕点，令
$$r = \sqrt{(x - x_0)^2 + (y - y_0)^2}$$

则有:

(1) 如果存在正数 r_0 及 k, 使得当 $r < r_0$ 时, $|f(x, y)| \leq \dfrac{k}{r^q}$, 则当 $q < 2$ 时, 瑕积分 $\iint\limits_D f(x, y) \mathrm{d}x\mathrm{d}y$ 收敛;

(2) 如果存在正数 r_0 及 k, 使得当 $r < r_0$ 时, $|f(x, y)| \geq \dfrac{k}{r^q}$, 则当 $q > 2$ 时, 瑕积分 $\iint\limits_D f(x, y) \mathrm{d}x\mathrm{d}y$ 发散.

例 6.22 讨论瑕积分 $\iint\limits_{|x|+|y| \leq 1} \dfrac{1}{|x|^p + |y|^q} \mathrm{d}x\mathrm{d}y (p > 0, q > 0)$ 的收敛性.

解 原点 $(0, 0)$ 为唯一的瑕点. 根据对称性, 只要考虑 $D: x \geq 0, y \geq 0, x + y < 1$ 内的积分.

作变量变换: $x = r^q \cos^q \theta, y = r^p \sin^p \theta$, 其雅可比行列式为

$$J = pqr^{p+q-1} \cos^{q-1}\theta \sin^{p-1}\theta,$$

于是得

$$\dfrac{1}{|x|^p + |y|^q} \mathrm{d}x\mathrm{d}y = \dfrac{pqr^{p+q-1} |\cos\theta|^{q-1} |\sin\theta|^{p-1}}{r^{pq}(|\cos\theta|^{pq} + |\sin\theta|^{pq})} \mathrm{d}r\mathrm{d}\theta$$

$$= pq \cdot \dfrac{1}{r^{pq+1-p-q}} \cdot \dfrac{|\cos\theta|^{q-1} |\sin\theta|^{p-1}}{(|\cos\theta|^{pq} + |\sin\theta|^{pq})} \mathrm{d}r\mathrm{d}\theta$$

因此 $\iint\limits_D \dfrac{1}{|x|^p + |y|^q} \mathrm{d}x\mathrm{d}y$ 和 $\iint\limits_{\substack{0 \leq \theta \leq \pi/2 \\ 0 \leq r \leq 1}} \dfrac{1}{r^{pq+1-p-q}} \cdot \dfrac{|\cos\theta|^{q-1} |\sin\theta|^{p-1}}{(|\cos\theta|^{pq} + |\sin\theta|^{pq})} \mathrm{d}r\mathrm{d}\theta$ 具有相同的收敛性.

由于定积分 $\int_0^{\pi/2} \dfrac{|\cos\theta|^{q-1} |\sin\theta|^{p-1}}{(|\cos\theta|^{pq} + |\sin\theta|^{pq})} \mathrm{d}\theta$ 存在; 而瑕积分 $\int_0^1 \dfrac{1}{r^{pq+1-p-q}} \mathrm{d}r$ 当 $pq + 1 - p - q < 1$ 即 $\dfrac{1}{p} + \dfrac{1}{q} > 1$ 时收敛, 因此瑕积分 $\iint\limits_{|x|+|y| \leq 1} \dfrac{1}{|x|^p + |y|^q} \mathrm{d}x\mathrm{d}y (p > 0, q > 0)$ 当 $\dfrac{1}{p} + \dfrac{1}{q} > 1$ 时收敛, 当 $\dfrac{1}{p} + \dfrac{1}{q} \leq 1$ 时发散.

6.4 重积分的应用

重积分除了可以用来求平面区域的面积或曲顶柱体等空间立体的体积及平面薄板或空间物体的质量外, 本节将介绍重积分在几何和物理方面的其他应用.

6.4.1 曲面的面积

设 D 为可求面积 uv 平面上的有界区域, S 是由参数方程

$$T: \begin{cases} x = x(u, v), \\ y = y(u, v), \\ z = z(u, v) \end{cases} \quad (u, v) \in D \subset \mathbf{R}^2 \tag{6-31}$$

所确定的光滑曲面. 我们来讨论曲面 S 的面积.

如图6-32所示,从映射的角度来看,曲面 S 是平面区域 D 到 $Oxyz$ 空间中映射 T 的像.

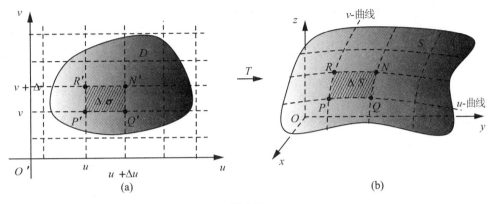

图 6-32

用两组平行于坐标轴的直线分割平面区域 D,当分割很细密时,得到的两类小区域,一类为小矩形 $\Delta\sigma$,其面积为 $\Delta\sigma = \Delta u \Delta v$,另一类小区域 $\Delta\sigma'$ 含 D 的边界,其面积总和 $\sum \Delta\sigma' \to 0$(当分割的模 $\|\Delta\| \to 0$ 时). 相应地,曲面 S 被分割成两类小曲面,一类为小矩形的像 ΔS,另一类小区域的像 $\Delta S'$ 含 S 的边界,同样地,其面积总和 $\sum \Delta S' \to 0$ ($\|\Delta\| \to 0$). 于是曲面 S 的面积可以表示为

$$S = \sum \Delta S + \sum \Delta S' = \lim_{\|\Delta\| \to 0} \sum \Delta S \text{ (这里和式中的项省略了下标,下同)}.$$

问题的关键是,要找出小矩形面积 $\Delta\sigma$ 与其像面积 ΔS 之间的精确、简洁关系式.

因 S 是光滑曲面,所以当分割很细密时,每个 ΔS 近似于平行四边形(见图6-32). 为了计算其面积,先进行下面运算:

$$\overrightarrow{PQ} = (x(u+\Delta u, v) - x(u, v), y(u+\Delta u, v) - y(u, v), z(u+\Delta u, v) - z(u, v))$$
$$= (x_u(\xi_1, v), y_u(\xi_2, v), z_u(\xi_3, v)) \Delta u \text{ (这里应用了微分中值定理)}$$
$$= (x_u(u, v), y_u(u, v), z_u(u, v)) \Delta u + (\alpha_1, \beta_1, \gamma_1) \Delta u$$
$$= \boldsymbol{r}_u \cdot \Delta u + \boldsymbol{\alpha} \cdot \Delta u$$

$$\overrightarrow{PR} = (x(u, v+\Delta v) - x(u, v), y(u, v+\Delta v) - y(u, v), z(u, v+\Delta v) - z(u, v)),$$
$$= (x_v(u, \eta_1), y_v(u, \eta_2), z_v(u, \eta_3)) \Delta v$$
$$= (x_v(u, v), y_v(u, v), z_v(u, v)) \Delta v + (\alpha_2, \beta_2, \gamma_2) \Delta v$$
$$= \boldsymbol{r}_v \cdot \Delta v + \boldsymbol{\beta} \cdot \Delta v$$

$$\overrightarrow{PQ} \times \overrightarrow{PR} = (\boldsymbol{r}_u \cdot \Delta u + \boldsymbol{\alpha} \cdot \Delta u) \times (\boldsymbol{r}_v \cdot \Delta v + \boldsymbol{\beta} \cdot \Delta v)$$
$$= \boldsymbol{r}_u \times \boldsymbol{r}_v \cdot \Delta u \Delta v + (\boldsymbol{r}_v \times \boldsymbol{\beta} + \boldsymbol{\alpha} \times \boldsymbol{r}_v + \boldsymbol{\alpha} \times \boldsymbol{\beta}) \Delta u \Delta v = \boldsymbol{r}_u \times \boldsymbol{r}_v \cdot \Delta \sigma + \boldsymbol{\varepsilon} \cdot \Delta \sigma,$$

$$\Delta S = |\overrightarrow{PQ} \times \overrightarrow{PR}| = \sqrt{(\boldsymbol{r}_u \times \boldsymbol{r}_v)^2 + 2(\boldsymbol{r}_u \times \boldsymbol{r}_v) \cdot \boldsymbol{\varepsilon} + \boldsymbol{\varepsilon}^2} \cdot \Delta \sigma$$

其中 $\boldsymbol{r}_u = (x_u(u, v), y_u(u, v), z_u(u, v))$, $\boldsymbol{r}_v = (x_v(u, v), y_v(u, v), z_v(u, v))$,

$\boldsymbol{\alpha} = (\alpha_1, \beta_1, \gamma_1) = (x_u(\xi_1, v) - x_u(u, v), y_u(\xi_2, v) - y_u(u, v), z_u(\xi_3, v) - $

$$z_u(u, v)),$$
$$\boldsymbol{\beta} = (\alpha_2, \beta_2, \gamma_2) = (x_v(u, \eta_1) - x_v(u, v), y_v(u, \eta_2) - y_v(u, v), z_v(u, \eta_3) - z_v(u, v)),$$
$$\boldsymbol{\varepsilon} = \boldsymbol{r}_v \times \boldsymbol{\beta} + \boldsymbol{\alpha} \times \boldsymbol{r}_v + \boldsymbol{\alpha} \times \boldsymbol{\beta}.$$

由 S 的光滑性知 $\boldsymbol{r}_u$ 和 $\boldsymbol{r}_v$ 的分量都在 D 一致连续,因而 $\boldsymbol{\alpha}$ 和 $\boldsymbol{\beta}$ 随 $\|\Delta\| \to 0$ 时一致地趋于 0,即有 $\forall \varepsilon > 0, \exists \delta > 0$,只要 $\|\Delta\| < \delta$,对一切 $(u, v) \in D$,都有 $|\boldsymbol{\alpha}| < \varepsilon$ 及 $|\boldsymbol{\beta}| < \varepsilon$. 进而

$$\boldsymbol{\varepsilon} = \boldsymbol{r}_v \times \boldsymbol{\beta} + \boldsymbol{\alpha} \times \boldsymbol{r}_v + \boldsymbol{\alpha} \times \boldsymbol{\beta}$$

也随 $\|\Delta\| \to 0$ 时一致地趋于 0. 记

$$\eta = \sqrt{(\boldsymbol{r}_u \times \boldsymbol{r}_v)^2 + 2(\boldsymbol{r}_u \times \boldsymbol{r}_v) \cdot \boldsymbol{\varepsilon} + \boldsymbol{\varepsilon}^2} - |\boldsymbol{r}_u \times \boldsymbol{r}_v|,$$

这里 $\boldsymbol{a}^2$ 表示数量积 $\boldsymbol{a} \cdot \boldsymbol{a}$,这时有

$$\Delta S = |\boldsymbol{r}_u \times \boldsymbol{r}_v|\Delta\sigma + \eta\Delta\sigma, \text{ 且 } |\eta| \leq \sqrt{2|\boldsymbol{r}_u \times \boldsymbol{r}_v| \cdot |\boldsymbol{\varepsilon}|} + |\boldsymbol{\varepsilon}|, \eta \text{ 也随 } \|\Delta\| \to 0 \text{ 时}$$
一致地趋于 0.
于是

$$S = \lim_{\|\Delta\| \to 0} \sum \Delta S = \lim_{\|\Delta\| \to 0} \sum |\boldsymbol{r}_u \times \boldsymbol{r}_v|\Delta\sigma + \lim_{\|\Delta\| \to 0} \sum \eta\Delta\sigma.$$

由于 η 随 $\|\Delta\| \to 0$ 时一致地趋于 0,即 $\forall \varepsilon > 0, \exists \delta > 0$,只要 $\|\Delta\| < \delta$,对一切 $(u, v) \in D$,都有 $|\eta| < \varepsilon$,从而 $\left|\sum \eta\Delta\sigma\right| < \varepsilon \sum \Delta\sigma \leq \varepsilon \cdot S_D$,其中 S_D 表示区域 D 的面积,因此

$$\lim_{\|\Delta\| \to 0} \sum \eta\Delta\sigma, \quad S = \lim_{\|\Delta\| \to 0} \sum |\boldsymbol{r}_u \times \boldsymbol{r}_v|\Delta\sigma$$

这样就得到以下定理.

定理 6.14 由参数方程(6-31)所表示的曲面的面积为

$$S = \iint_D |\boldsymbol{r}_u \times \boldsymbol{r}_v|\mathrm{d}\sigma = \iint_D |\boldsymbol{r}_u \times \boldsymbol{r}_v|\mathrm{d}u\mathrm{d}v \tag{6-32}$$

记 $E = (\boldsymbol{r}_u)^2 = x_u^2 + y_u^2 + z_u^2$, $F = \boldsymbol{r}_u \cdot \boldsymbol{r}_v = x_u x_v + y_u y_v + z_u z_v$, $G = (\boldsymbol{r}_v)^2 = x_v^2 + y_v^2 + z_v^2$. 则

$$|\boldsymbol{r}_u \times \boldsymbol{r}_v| = \sqrt{(\boldsymbol{r}_u \times \boldsymbol{r}_v)^2} = \sqrt{(\boldsymbol{r}_u)^2(\boldsymbol{r}_v)^2 - (\boldsymbol{r}_u \cdot \boldsymbol{r}_v)^2} = \sqrt{EG - F^2}$$

于是公式(6-31)又可以写成

$$S = \iint_D \sqrt{EG - F^2}\mathrm{d}\sigma = \iint_D \sqrt{EG - F^2}\mathrm{d}u\mathrm{d}v. \tag{6-33}$$

◎ **思考题** 向量 $\boldsymbol{r}_u$,$\boldsymbol{r}_v$,$\boldsymbol{r}_u \times \boldsymbol{r}_v$ 在几何上分别表示曲面 S 的什么量(参见第 5 章 5.7 节)?

由公式(6-33)容易推得以下推论.

推论 6.2 由二元函数 $z = f(x, y)$ $(x, y) \in D$ 所表示的曲面的面积为

$$S = \iint_D \sqrt{1 + f_x^2(x, y) + f_y^2(x, y)}\mathrm{d}\sigma = \iint_D \sqrt{1 + f_x^2(x, y) + f_y^2(x, y)}\mathrm{d}x\mathrm{d}y \tag{6-34}$$

其中 $f(x, y)$ 具有连续的偏导数,且 $f_x^2(x, y) + f_y^2(x, y) \neq 0$.

对于公式(6-34),由于 $\boldsymbol{r}_x = (1, 0, z_x)$,$\boldsymbol{r}_y = (0, 1, z_y)$,$\boldsymbol{n} = \boldsymbol{r}_x \times \boldsymbol{r}_y = (-z_x, -z_y,$

1)，设法向量 **n** 的方向余弦为 $\cos\alpha$，$\cos\beta$，$\cos\gamma$，易知 $\sqrt{1+z_x^2+z_y^2}=\dfrac{1}{|\cos\gamma|}$，因此公式 (6-34) 又可以写成

$$S = \iint_D \frac{1}{|\cos\gamma|} dxdy \tag{6-35}$$

公式(6-35)将在 6.9 节中用到.

例 6.23 求半球面 $z=\sqrt{R^2-x^2-y^2}$ 被圆柱体 $x^2+y^2=Rx$ 割下的部分曲面的面积（见图 6-18）.

解 由于 $\dfrac{\partial z}{\partial x}=\dfrac{-x}{\sqrt{R^2-x^2-y^2}}$，$\dfrac{\partial z}{\partial y}=\dfrac{-y}{\sqrt{R^2-x^2-y^2}}$，

$$1+\left(\frac{\partial z}{\partial x}\right)^2+\left(\frac{\partial z}{\partial y}\right)^2=1+\frac{x^2}{R^2-x^2-y^2}+\frac{y^2}{R^2-x^2-y^2}=\frac{R^2}{R^2-x^2-y^2},$$

故所求面积为 $S=\iint_D \sqrt{1+f_x^2+f_y^2}\,dxdy = \iint_D \dfrac{R}{\sqrt{R^2-x^2-y^2}}dxdy$

$$= 2R\int_0^{\pi/2} d\theta \int_0^{R\cos\theta} \frac{r}{\sqrt{R^2-r^2}}dr = 2R\int_0^{\pi/2}(R-R\sin\theta)d\theta = (\pi-2)R^2.$$

例 6.24 我们曾经用微元法导出了旋转曲面面积的计算公式（参见第 3 章 3.7 节），现在应用公式(6-33)来推导旋转曲面面积的计算公式.

如图 6-33 所示，旋转曲面 S 的参数方程为：

$$\begin{cases} x=x, \\ y=f(x)\sin\theta, \\ z=f(x)\cos\theta, \end{cases} \quad \begin{array}{l} a\leqslant x\leqslant b, \\ 0\leqslant\theta\leqslant 2\pi \end{array}$$

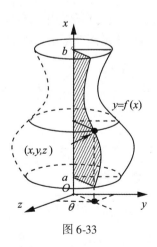

图 6-33

容易算得
$$\boldsymbol{r}_x = (1, f'(x)\sin\theta, f'(x)\cos\theta),$$
$$\boldsymbol{r}_\theta = (0, f(x)\cos\theta, -f(x)\sin\theta),$$

因此 $E=(\boldsymbol{r}_x)^2 = 1+[f'(x)]^2$，$F=\boldsymbol{r}_x\cdot\boldsymbol{r}_\theta = 0$，

$$G=(\boldsymbol{r}_\theta)^2 = [f(x)]^2,\quad \sqrt{EG-F^2}=|f(x)|\sqrt{1+[f'(x)]^2}$$

于是由公式(6-33)得
$$S = \iint_D |f(x)|\sqrt{1+[f'(x)]^2}\,dx\,d\theta$$
$$= \int_0^{2\pi} d\theta \int_a^b |f(x)|\sqrt{1+[f'(x)]^2}\,dx = 2\pi \int_a^b |f(x)|\sqrt{1+[f'(x)]^2}\,dx.$$

6.4.2 质心

由物理学知识知道,有 n 个质点的质心为
$$\boldsymbol{r}_c = \frac{\sum_{i=1}^n m_i \boldsymbol{r}_i}{\sum_{i=1}^n m_i},$$

相应的分量形式为
$$x_c = \frac{\sum_{i=1}^n m_i x_i}{\sum_{i=1}^n m_i}, \quad y_c = \frac{\sum_{i=1}^n m_i y_i}{\sum_{i=1}^n m_i}, \quad z_c = \frac{\sum_{i=1}^n m_i z_i}{\sum_{i=1}^n m_i}$$

其中 m_i,$(x_i, y_i, z_i)(i = 1, 2, \cdots, n)$ 分别为各质点的质量和坐标.

应用这一结果,并经过"分割、近似求和、取极限"步骤,不难得到空间物体质心坐标:
$$\bar{x} = \frac{\iiint_V x\rho(x,y,z)\,dV}{\iiint_V \rho(x,y,z)\,dV}, \quad \bar{y} = \frac{\iiint_V y\rho(x,y,z)\,dV}{\iiint_V \rho(x,y,z)\,dV}, \quad \bar{z} = \frac{\iiint_V y\rho(x,y,z)\,dV}{\iiint_V \rho(x,y,z)\,dV}$$

其中 V 为物体所占的空间区域,$\rho(x,y,z)$ 为物体的密度函数.

同理可以得到,密度为 $\rho(x,y)$ 的平面薄板 D 的质心坐标是
$$\bar{x} = \frac{\iint_D x\rho(x,y)\,d\sigma}{\iint_D \rho(x,y)\,d\sigma}, \quad \bar{y} = \frac{\iint_D x\rho(x,y)\,d\sigma}{\iint_D \rho(x,y)\,d\sigma}.$$

例 6.25 求密度均匀的椭球体 $\dfrac{x^2}{a^2} + \dfrac{y^2}{b^2} + \dfrac{z^2}{c^2} \leqslant 1$ 位于第一卦限的部分 V 的质心.

解 因为 $\rho(x,y,z)$ 等于常数,所以
$$\bar{x} = \iiint_V x\,dV \Big/ \iiint_D dV.$$

由 6.2 节例 6.17 知 $\iiint_D dV = \dfrac{1}{6}\pi abc$,故只要计算 $\iiint_D x\,dV$. 作广义球坐标变换
$$T: \begin{cases} x = ar\sin\varphi\cos\theta, \\ y = br\sin\varphi\sin\theta, \\ z = cr\cos\varphi \end{cases}$$

变换的雅可比行列式为 $J = abcr^2\sin\varphi$. 在此变换下,区域 V 对应于区域

$$V': \quad 0 \le r \le 1, \ 0 \le \varphi \le \pi/2, \ 0 \le \theta \le \pi/2$$

因此
$$\iiint_V x\,\mathrm{d}x\,\mathrm{d}y\,\mathrm{d}z = a^2bc \iiint_{V'} r^3 \sin^2\varphi \cos\theta \,\mathrm{d}r\,\mathrm{d}\varphi\,\mathrm{d}\theta$$
$$= a^2bc \int_0^{\pi/2} \cos\theta\,\mathrm{d}\theta \int_0^{\pi/2} \sin^2\varphi\,\mathrm{d}\varphi \int_0^1 r^3\,\mathrm{d}r = \frac{1}{16}\pi a^2 bc$$

所以
$$\bar{x} = \iiint_V x\,\mathrm{d}V \bigg/ \iiint_V \mathrm{d}V = \frac{3}{8}a. \quad \text{类似可求得} \quad \bar{y} = \frac{3}{8}b, \quad \bar{z} = \frac{3}{8}c.$$

6.4.3 转动惯量

转动惯量是刚体运动中的一个重要物理量，质点对于定轴的转动惯量定义为 $J = mr^2$，其中 m 为质点的质量，r 为质点与转轴的距离.

转动惯量具有可加性，即一质点组对于定轴的转动惯量等于各质点对该定轴的转动惯量的总和：$J = \sum_{i=1}^n m_i r_i^2$. 根据这一原理，并经过"分割、近似求和、取极限"步骤，容易推得空间物体对于 x 轴，y 轴及 z 轴的转动惯量分别为

$$J_x = \iiint_V (y^2 + z^2)\rho(x, y, z)\,\mathrm{d}V,$$
$$J_y = \iiint_V (z^2 + x^2)\rho(x, y, z)\,\mathrm{d}V,$$
$$J_z = \iiint_V (x^2 + y^2)\rho(x, y, z)\,\mathrm{d}V$$

其中 V 为物体所占的空间区域，$\rho(x, y, z)$ 为物体的密度函数.

同理可得，密度为 $\rho(x, y)$ 的平面薄板 D 对于 x 轴，y 轴的转动惯量分别为

$$J_x = \iint_D y^2 \rho(x, y)\,\mathrm{d}\sigma, \qquad J_y = \iint_D x^2 \rho(x, y)\,\mathrm{d}\sigma.$$

例 6.26 求密度均匀的圆 $x^2 + y^2 \le 2ax$ 对 z 轴的转动惯量.

解 设圆的面密度 $\rho = k$（常数），则所求转动惯量为

$$J_z = k\iint_D (x^2 + y^2)\,\mathrm{d}\sigma.$$

在极坐标变换下，$D: x^2 + y^2 \le 2ax$ 变为 $D': -\dfrac{\pi}{2} \le \theta \le \dfrac{\pi}{2}, \ 0 \le r \le 2a\cos\theta$，于是

$$J_z = k\iint_D (x^2 + y^2)\,\mathrm{d}\sigma = k\int_{-\pi/2}^{\pi/2} \mathrm{d}\theta \int_0^{2a\cos\theta} r^3\,\mathrm{d}r = k \cdot 4a^4 \int_{-\pi/2}^{\pi/2} \cos^4\theta\,\mathrm{d}\theta = \frac{3}{2}\pi a^4 k.$$

习题 6.4

1. 计算下列曲面的面积：

(1) 圆锥面 $\sqrt{x^2 + y^2} = z$ 被圆柱面 $x^2 + y^2 = x$ 割下的有界部分；

(2) 双曲抛物面 $az = xy$ 被圆柱面 $x^2 + y^2 = a^2$ 割下的有界部分；

(3) 两圆柱面 $x^2 + y^2 = a^2$ 与 $x^2 + z^2 = a^2$ 所围成的立体（见图 6-10）的表面；

(4) 球面 $x^2 + y^2 + z^2 = a^2$ 含在圆柱面 $x^2 + y^2 = ax$ 内部的那部分(见图 6-18 维维安尼面);

(5) 螺旋面 $x = u\cos v$, $y = u\sin v$, $z = v(0 \leqslant u \leqslant a, 0 \leqslant v \leqslant 2\pi)$(见图 5-21);

(6) 环面 $x = (a + r\cos\psi)\cos\varphi$, $y = (a + r\cos\psi)\sin\varphi$, $z = a\sin\psi(0 \leqslant \varphi \leqslant 2\pi, 0 \leqslant \psi \leqslant 2\pi)$(见图 3-25).

2. 求下列密度均匀平面薄板或物体的质心:

(1) 由抛物线 $ay = x^2$ 与直线 $x + y = 2a(a > 0)$ 所围成的平面薄板;

(2) 由星形线 $x^{2/3} + y^{2/3} = a^{2/3}$ 所围成的平面薄板在第一象限的部分;

(3) 椭球体 $\dfrac{x^2}{a^2} + \dfrac{y^2}{b^2} + \dfrac{z^2}{c^2} \leqslant 1$ 在第一卦限的部分.

(4) 由抛物面 $x^2 + y^2 = 2z$ 与平面 $x + y = z$ 所围成的立体.

3. 求下列密度均匀平面薄板或物体的转动惯量:

(1) 半径为 a 的均匀半圆薄板对于其直径边的转动惯量;

(2) 半径为 a 的均匀球体对于其直径的转动惯量;

(3) 球体 $x^2 + y^2 + z^2 \leqslant 2$ 含在锥面 $z = \sqrt{x^2 + y^2}$ 里面的那部分均匀物体对于 x 轴的转动惯量.

4. 求半径为 a 的均匀球体对球外一单位质点(与球心的距离为 b)的引力.

6.5 第一型曲线积分

本节和后面两节,我们将研究定义在曲线段(平面曲线或空间曲线)上有界函数的积分 —— 曲线积分. 本节讨论第一型曲线积分的概念和计算.

6.5.1 第一型曲线积分的定义

设有一条密度不均匀的物质曲线 L,其线密度 $\rho(P)$ 是定义在 L 上的连续函数,我们来讨论该物质曲线的质量的计算问题.

像前面的做法一样,我们还是通过"分割、近似求和、取极限"的方法来处理这一问题.

如图 6-34 所示,将曲线 L 分割成 n 段,其分点为

$$A = A_0, A_1, A_2, \cdots, A_{n-1}, \cdots, A_n = B$$

在每一段弧 $\overparen{A_{i-1}A_i}$ 上任取一点 P_i, $\overparen{A_{i-1}A_i}$ 之弧长为 Δs_i. 根据其密度函数的连续性可得,当 Δs_i 很小时,每一段弧 $\overparen{A_{i-1}A_i}$ 的质量近似于 $\rho(P_i)\Delta s_i$. 而整条物质曲线 L 质量有以下近似公式

$$m = \sum_{i=1}^{n} m_i \approx \sum_{i=1}^{n} \rho(P_i)\Delta s_i$$

当分割越来越细密,即 $\|\Delta\| = \max\Delta s_i \to 0$ 时,应有

$$m = \lim_{\|\Delta\| \to 0} \sum_{i=1}^{n} \rho(P_i)\Delta s_i$$

这种和式极限与定积分或重积分中所涉及的和式极限有所不同. 从和式的通项 $\rho(P_i)\Delta s_i$ 来看, 函数 $\rho(P)$ 是定义在曲线上的, 它可以是二元函数也可以是三元函数, 这一点与重积分相似, 但 Δs 却表示长度概念, 这一点又与定积分相似. 因此有必要建立这类积分的概念.

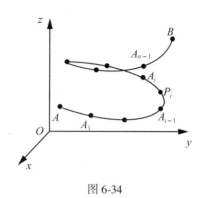

图 6-34

定义 6.6 设函数 $f(P)$ 在光滑或逐段光滑曲线段 L 上有定义, 将曲线 L 分割成 n 段, 设其分点为 $A = A_0, A_1, A_2, \cdots, A_{n-1}, \cdots, A_n = B$. 每一段 $\widehat{A_{i-1}A_i}$ 的弧长为 Δs_i, 称 $\|\Delta\| = \max\limits_{0 \leq i \leq n} \Delta s_i$ 为该分割的模. 在每一段弧 $\widehat{A_{i-1}A_i}$ 上任取一点 P_i (称为介点), 如果和式极限

$$\lim_{\|\Delta\|\to 0} \sum_{i=1}^{n} f(P_i)\Delta s_i = J$$

存在, 且 J 的值与分割及介点的取法无关, 则称此极限为 $f(P)$ 沿 L 上的第一型曲线积分, 又称为对弧长的曲线积分, 记为

$$\int_L f(P)\mathrm{d}s = \lim_{\|\Delta\|\to 0}\sum_{i=1}^{n}f(P_i)\Delta s_i \tag{6-36}$$

根据这一定义, 上面所述的物质曲线 L 的质量可以表示为

$$m = \int_L f(P)\mathrm{d}s.$$

当 L 分别为 Oxy 平面的或 $Oxyz$ 空间的光滑或逐段光滑曲线时, 通常把 $f(P)$ 在 L 上的第一型曲线积分写成以下形式

$$\int_L f(x, y)\mathrm{d}s \quad \text{或} \quad \int_L f(x, y, z)\mathrm{d}s. \tag{6-37}$$

第一型曲线积分具有一些和定积分(或重积分)类似的性质, 如线性性质、可加性、不等式性质, 等等. 同学们可以仿照定积分或重积分, 完整地写出这些性质.

第一型曲线积分的几何意义: 和定积分几何意义类似, 对于定义在 Oxy 平面的光滑曲线 L 上的非负连续函数 $f(x, y)$, 以曲线 L 为底边, 以曲线 $z = f(x, y)$, $(x, y) \in L$ 为顶边, 作母线平行于 z 轴的有界柱面, 如图 6-35 所示. 显然, 函数 $f(x, y)$ 的第一型曲线积分 $\int_L f(x, y)\mathrm{d}s$ 的值等于该有界柱面的面积.

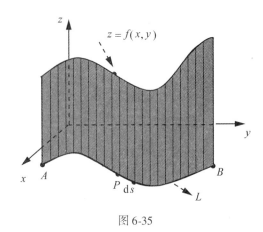

图 6-35

6.5.2 第一型曲线积分的计算

为方便起见，我们主要讨论平面曲线的情形.

定理 6.15 设曲线 $L: x = x(t), y = y(t), \alpha \leq t \leq \beta$ 为光滑曲线，$f(x, y)$ 在 L 上连续，则

$$\int_L f(x, y) \mathrm{d}s = \int_\alpha^\beta f(x(t), y(t)) \sqrt{x'^2(t) + y'^2(t)} \, \mathrm{d}t. \tag{6-38}$$

证 对于曲线 L 的任意分割 Δ，设其分点对应的参数值为 $\alpha = t_0 < t_1 < t_2 < \cdots < t_{n-1} < t_n = \beta$，介点 $P_i(\xi_i, \eta_i)$ 对应的参数值为 τ_i，即 $(\xi_i, \eta_i) = (x(\tau_i), y(\tau_i))$，$\tau_i \in [t_{i-1}, t_i]$. 为方便起见，$\Delta$ 对应于区间 $[\alpha, \beta]$ 的分割也用 Δ 来表示. 则积分和为

$$\sum_{i=1}^n f(\xi_i, \eta_i) \Delta s_i = \sum_{i=1}^n f(x(\tau_i), y(\tau_i)) \Delta s_i$$

对于每个 Δs_i，根据曲线 L 的光滑性，利用弧长公式、并应用积分中值定理，得到

$$\Delta s_i = \int_{t_{i-1}}^{t_i} \sqrt{x'^2(t) + y'^2(t)} \, \mathrm{d}t = \sqrt{x'^2(\tau_i') + y'^2(\tau_i')} \Delta t_i, \quad \tau_i' \in [t_{i-1}, t_i]$$

将 Δs_i 代入上面和式，得到

$$\sum_{i=1}^n f(\xi_i, \eta_i) \Delta s_i = \sum_{i=1}^n f(x(\tau_i), y(\tau_i)) \sqrt{x'^2(\tau_i') + y'^2(\tau_i')} \Delta t_i$$

记 $f(t) = f[x(t), y(t)]$，$g(t) = \sqrt{x'^2(t) + y'^2(t)}$，根据习题 3.5 第 3 题的结论，有

$$\lim_{\|\Delta\| \to 0} \sum_{i=1}^n f(\tau_i) g(\tau_i') \Delta t_i = \int_\alpha^\beta f(t) g(t) \, \mathrm{d}t,$$

从而有

$$\lim_{\|\Delta\| \to 0} \sum_{i=1}^n f(x(\tau_i), y(\tau_i)) \sqrt{x'^2(\tau_i') + y'^2(\tau_i')} \Delta t_i = \int_\alpha^\beta f(x(t), y(t)) \sqrt{x'^2(t) + y'^2(t)} \, \mathrm{d}t$$

即

$$\lim_{\|\Delta\| \to 0} \sum_{i=1}^n f(\xi_i, \eta_i) \Delta s_i = \int_\alpha^\beta f(x(t), y(t)) \sqrt{x'^2(t) + y'^2(t)} \, \mathrm{d}t$$

这就证明了公式 (6-38).

6.5 第一型曲线积分

推论 6.3 设 $L: y = y(x), x \in [a, b]$ 为光滑曲线，函数 $f(x, y)$ 在 L 上连续，则

$$\int_L f(x, y) ds = \int_a^b f(x, y(x)) \sqrt{1 + y'^2(x)} dx \tag{6-39}$$

例 6.27 计算 $\int_L \sqrt{y} ds$，其中 L 为抛物线的一段：$y = x^2, x \in [0, 1]$.

解 $\int_L \sqrt{y} ds = \int_0^1 x \sqrt{1 + 4x^2} dx = \frac{1}{12}(1 + 4x^2)^{3/2} \Big|_0^1 = \frac{1}{12}(5\sqrt{5} - 1)$.

例 6.28 计算 $\oint_L |xy| ds$，其中 L 为椭圆 $x^2 + \frac{y^2}{4} = 1$（L 为封闭曲线时，常使用记号 $\oint_L$）.

解 积分路线 L 的参数方程为 $x = \cos\theta, y = 2\sin\theta, 0 \le t \le 2\pi$. 由公式 (6-38) 得

$$\oint_L |xy| ds = 2\int_0^{2\pi} |\cos\theta \sin\theta| \sqrt{\sin^2\theta + 4\cos^2\theta} d\theta$$

$$= -\frac{4}{3}\int_0^{\frac{\pi}{2}} \sqrt{1 + 3\cos^2\theta} d(3\cos^2\theta) = -\frac{8}{9}(1 + 3\cos^2\theta)^{3/2} \Big|_0^{\frac{\pi}{2}} = \frac{56}{9}.$$

上述公式 (6-38) 和公式 (6-39) 是针对平面曲线积分给出的. 类似地可以得到，对于空间光滑曲线 $L: x = x(t), y = y(t), z = z(t), \alpha \le t \le \beta$，有以下计算公式

$$\int_L f(x, y, z) ds = \int_\alpha^\beta f(x(t), y(t), z(t)) \sqrt{x'^2(t) + y'^2(t) + z'^2(t)} dt \tag{6-40}$$

例 6.29 计算 $\oint_L x^2 ds$，其中 L 为圆周：$x^2 + y^2 + z^2 = a^2, x + y + z = 0$.

解 根据对称性知 $\oint_L x^2 ds = \oint_L y^2 ds = \oint_L z^2 ds$

所以

$$\oint_L x^2 ds = \frac{1}{3}\oint_L (x^2 + y^2 + z^2) ds = \frac{1}{3}\oint_L a^2 ds = \frac{2}{3}\pi a^3.$$

例 6.30 求线密度为 $\rho = 2\arctan\frac{y}{x}$ 的半圆弧 $x^2 + y^2 = a^2, y > 0$ 物质曲线，与原点处的单位质量质点之间的万有引力（设引力常数为 k）.

解 如图 6-36 所示，半圆弧上一小段弧 ds 与原点处的单位质量质点之间的引力分量分别为

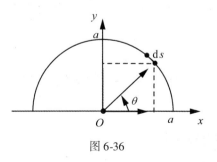

图 6-36

$$d\boldsymbol{F}_x = k\frac{\rho ds}{a^2}\cos\theta = \frac{2k}{a^2}\arctan\frac{y}{x}\cos\theta ds = \frac{2k}{a^2}\theta\cos\theta ds,$$

$$dF_y = k\frac{\rho ds}{a^2}\sin\theta = \frac{2k}{a^2}\arctan\frac{y}{x}\sin\theta ds = \frac{2k}{a^2}\theta\cos\theta ds.$$

因此，所求引力的分量为

$$F_x = \frac{2k}{a^2}\int_L \theta\cos\theta ds = \frac{2k}{a}\int_0^\pi \theta\cos\theta d\theta = \frac{2k}{a}(\theta\sin\theta + \cos\theta)\Big|_0^\pi = -\frac{4k}{a},$$

$$F_y = \frac{2k}{a^2}\int_L \theta\sin\theta ds = \frac{2k}{a}\int_0^\pi \theta\sin\theta d\theta = \frac{2k}{a}(-\theta\cos\theta + \sin\theta)\Big|_0^\pi = \frac{2\pi k}{a}$$

所求引力为 $F = \left(-\dfrac{4k}{a}, \dfrac{2\pi k}{a}\right)$.

习题 6.5

1. 计算下列第一型曲线积分：

(1) $\int_L y ds$，其中 L 为圆周 $x^2 + y^2 = 1$ 在第一象限的部分；

(2) $\int_L \sqrt{x} ds$，其中 L 为抛物线 $x = y^2$ 从原点 $O(0, 0)$ 到点 $B(1, 1)$ 的一段；

(3) $\oint_L (x + y) ds$，其中 L 为以 $A(0, 0)$，$B(1, 0)$，$C(0, 1)$ 为顶点的三角形围线；

(4) $\int_L y^2 ds$，其中 L 为旋轮线 $x = a(t - \sin t)$，$y = a(1 - \cos t)$ 的一拱；

(5) $\int_L (x^2 + y^2 + z^2) ds$，其中 L 为螺旋线 $x = \cos t$，$y = \sin t$，$z = t (0 \leq t \leq 2\pi)$；

(6) $\oint_L \dfrac{1}{x^2 + y^2 + z^2} ds$，其中 L 为圆周 $x^2 + y^2 + z^2 = a^2$，$x + y + z = 0$.

2. 计算球面三角形 $x^2 + y^2 + z^2 = a^2$，$x \geq 0$，$y \geq 0$，$z \geq 0$ 的边界曲线的质心.

3. 计算螺旋线 $x = \cos t$，$y = \sin t$，$z = \dfrac{t}{2\pi}(0 \leq t \leq 2\pi)$ 对于 z 轴的转动惯量.

4. 计算空间曲线 $x = e^{-t}\cos t$，$y = e^{-t}\sin t$，$z = e^{-t}(0 \leq t < +\infty)$ 的弧长.

5. 证明曲线积分中值公式：设 $f(x, y, z)$ 在空间光滑曲线 L：$x = x(t)$，$y = y(t)$，$z = z(t)(\alpha \leq t \leq \beta)$ 上连续，则存在 $(x_0, y_0, z_0) \in L$，使得 $\int_L f(x, y, z) ds = f(x_0, y_0, z_0) \cdot s$，其中 s 为曲线 L 的弧长.

6.6 第二型曲线积分

6.6.1 第二型曲线积分的定义

为了引入第二型曲线积分的概念，我们先来考查一个实例.

如图 6-37 所示，一质点受变力 $f(M)$ 的作用，沿曲线（平面曲线或空间曲线）$\overparen{AB}$ 从点 A 运动到点 B，求变力 $f(M)$ 所做的功.

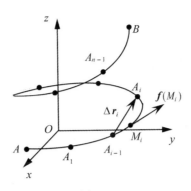

图 6-37

和上节的作法类似,将 $\widehat{AB}$ 分割成 n 段(见图 6-37),分点为
$$A = A_0, A_1, A_2, \cdots, A_{n-1}, \cdots, A_n = B$$
在每一段弧 $\widehat{A_{i-1}A_i}$ 上任取一点 M_i,$\widehat{A_{i-1}A_i}$ 的弧长为 Δs_i. 假设变力的各分量是连续函数,则当 Δs_i 很小时,变力 $f(M)$ 在每一小段弧 $\widehat{A_{i-1}A_i}$ 所做的功 ΔW_i 可以表示为
$$\Delta W_i \approx f(M_i) \cdot \Delta \boldsymbol{r}_i$$
于是,$f(M)$ 在整条曲线弧 $\widehat{AB}$ 上所做的功可以表示为
$$W = \sum_{i=1}^{n} \Delta W_i \approx \sum_{i=1}^{n} f(M_i) \cdot \Delta \boldsymbol{r}_i$$
当分割越来越细密,即 $\|\Delta\| = \max \Delta s_i \to 0$ 时,应有
$$W = \lim_{\|\Delta\| \to 0} \sum_{i=1}^{n} f(M_i) \cdot \Delta \boldsymbol{r}_i$$
这种涉及了方向或向量的和式极限正是本节要讨论的第二型曲线积分.

定义 6.7 设向量函数 $f(M)$ 在光滑或逐段光滑曲线弧 L 上有定义,将 L 分割成 n 段,设其分点为 $A = A_0, A_1, A_2, \cdots, A_{n-1}, \cdots, A_n = B$. 令 $\Delta \boldsymbol{r}_i = \overrightarrow{A_{i-1}A_i}$,每一段 $\widehat{A_{i-1}A_i}$ 的弧长为 Δs_i,分割的模为 $\|\Delta\| = \max\limits_{0 \leqslant i \leqslant n} \Delta s_i$. 在每一段弧 $\widehat{A_{i-1}A_i}$ 上任取一点 M_i(称为介点),如果和式极限
$$\lim_{\|\Delta\| \to 0} \sum_{i=1}^{n} f(M_i) \cdot \Delta \boldsymbol{r}_i = J$$
存在,且 J 的值与分割及介点的取法无关,则称此极限为 $f(M)$ 沿曲线 L 上的第二型曲线积分,记为
$$\int_L f(M) \cdot d\boldsymbol{r} = \lim_{\|\Delta\| \to 0} \sum_{i=1}^{n} f(M_i) \cdot \Delta \boldsymbol{r}_i \tag{6-41}$$
又称点 A 和点 B 分别为曲线路线的起点和终点.

根据定义,上述变力沿 $\widehat{AB}$ 所做的功为
$$W = \int_{\widehat{AB}} f(M) \cdot d\boldsymbol{r}.$$

第二型曲线积分有以下一些重要性质：

性质 6.8（线性性质） 如果 $\int_L f(M) \cdot \mathrm{d}\boldsymbol{r}$，$\int_L g(M) \cdot \mathrm{d}\boldsymbol{r}$ 皆存在，k_1，k_2 为常数，则

$$\int_L [k_1 f(M) \pm k_2 g(M)] \cdot \mathrm{d}\boldsymbol{r} = k_1 \int_L f(M) \cdot \mathrm{d}\boldsymbol{r} \pm k_2 \int_L g(M) \cdot \mathrm{d}\boldsymbol{r} \tag{6-42}$$

性质 6.9（可加性） 设曲线 L 由 L_1 和 L_2 连接而成，且 $\int_L f(M) \cdot \mathrm{d}\boldsymbol{r}$ 存在，则

$$\int_L f(M) \cdot \mathrm{d}\boldsymbol{r} = \int_{L_1} f(M) \cdot \mathrm{d}\boldsymbol{r} + \int_{L_2} f(M) \cdot \mathrm{d}\boldsymbol{r} \tag{6-43}$$

性质 6.10（有向性） 函数 $f(M)$ 沿曲线 L 从点 A 到点 B 的第二型曲线积分与函数 $f(M)$ 沿曲线 L 从点 B 到点 A 的第二型曲线积分相差一个符号，即

$$\int_{\widehat{AB}} f(M) \cdot \mathrm{d}\boldsymbol{r} = - \int_{\widehat{BA}} f(M) \cdot \mathrm{d}\boldsymbol{r} \tag{6-44}$$

这些性质不难从第二型曲线积分的定义及极限的性质推得，这里不再赘述。

6.6.2 第二型曲线积分的坐标形式

为了计算第二型曲线积分，我们需要把第二型曲线积分化为坐标形式。下面以空间情形为主来讨论。

设 L 为空间直角坐标系 $Oxyz$ 中的光滑或逐段光滑的曲线，向量函数 $f(M)$ 在曲线 L 上有定义，其坐标表示式为

$$f(x, y, z) = (P(x, y, z), Q(x, y, z), R(x, y, z))$$

其中每个分量函数皆在曲线 L 上连续或分段连续。

又设曲线 L 的分点 A_i 和介点 M_i 的坐标分别为 $A_i(x_i, y_i, z_i)$，$M_i(\xi_i, \eta_i, \zeta_i)$，则有

$$\Delta\boldsymbol{r}_i = (x_i - x_{i-1}, y_i - y_{i-1}, z_i - z_{i-1}) = (\Delta x_i, \Delta y_i, \Delta z_i)$$

其中 ξ_i 介于 x_{i-1} 与 x_i 之间，η_i，ζ_i 以此类推。

这样一来，式(6-41)右边的和式极限可以写成

$$\lim_{\|\Delta\|\to 0} \sum_{i=1}^n f(M_i) \cdot \Delta\boldsymbol{r}_i = \lim_{\|\Delta\|\to 0} \sum_{i=1}^n [P(\xi_i, \eta_i, \zeta_i)\Delta x_i + Q(\xi_i, \eta_i, \zeta_i)\Delta y_i + R(\xi_i, \eta_i, \zeta_i)\Delta z_i].$$

我们把上式右端记为 $\int_L P(x, y, z)\mathrm{d}x + Q(x, y, z)\mathrm{d}y + R(x, y, z)\mathrm{d}z$，

结合式(6-41)，得到

$$\int_L f(x, y, z) \cdot \mathrm{d}\boldsymbol{r} = \int_L P(x, y, z)\mathrm{d}x + Q(x, y, z)\mathrm{d}y + R(x, y, z)\mathrm{d}z \tag{6-45}$$

其中 $\mathrm{d}\boldsymbol{r} = (\mathrm{d}x, \mathrm{d}y, \mathrm{d}z)$，$\mathrm{d}\boldsymbol{r}$ 恰为曲线 L 的切向量（切点为 $M(x, y, z)$，参见第 5 章 5.7 节）。右端积分称为第二型曲线积分的坐标形式。故第二型曲线积分又称为对坐标的曲线积分。另外，单个积分

$$\int_L P(x, y, z)\mathrm{d}x = \lim_{\|\Delta\|\to 0} \sum_{i=1}^n P(\xi_i, \eta_i, \zeta_i)\Delta x_i \tag{6-46}$$

相当于向量函数 $f(x, y, z)$ 的另两个分量函数都为 0 的情形，因此 $\int_L P(x, y, z)\mathrm{d}x$ 也是第二型曲线积分。同理积分 $\int_L Q(x, y, z)\mathrm{d}y$ 和 $\int_L R(x, y, z)\mathrm{d}z$ 也都是第二型曲线积分。今后

为方便起见，常把式(6-45)写成简洁形式

$$\int_L P\mathrm{d}x + Q\mathrm{d}y + R\mathrm{d}z$$

当 L 为封闭曲线时，则写成

$$\oint_L P\mathrm{d}x + Q\mathrm{d}y + R\mathrm{d}z$$

对于平面情形，第二型曲线积分的坐标形式为

$$\int_L P(x,y)\mathrm{d}x + Q(x,y)\mathrm{d}y \quad \text{或} \quad \int_L P\mathrm{d}x + Q\mathrm{d}y.$$

6.6.3 第二型曲线积分的计算

通常也是把第二型曲线积分化为定积分来计算.

定理 6.16 设 $L: x = x(t), y = y(t), z = z(t), \alpha \leq t \leq \beta$ 为光滑曲线，且起点 A 和终点 B 所对应的参数值分别为 $t = \alpha$ 和 $t = \beta$，又 $P(x,y,z), Q(x,y,z), R(x,y,z)$ 皆在 L 上连续，则

$$\int_{\widehat{AB}} P(x,y,z)\mathrm{d}x + Q(x,y,z)\mathrm{d}y + R(x,y,z)\mathrm{d}z$$

$$= \int_\alpha^\beta [P(x(t), y(t), z(t))x'(t) + Q(x(t), y(t), z(t))y'(t) + R(x(t), y(t), z(t))z'(t)]\mathrm{d}t \tag{6-47}$$

注意，上式右端被积式正是将曲线 L 各分量的参数表达式直接代入左端被积式中相应变量，并应用微分运算的结果.

证 公式(6-47)可以由下面三个公式相加而成

$$\int_{\widehat{AB}} P(x,y,z)\mathrm{d}x = \int_\alpha^\beta P(x(t), y(t), z(t))x'(t)\mathrm{d}t$$

$$\int_{\widehat{AB}} Q(x,y,z)\mathrm{d}y = \int_\alpha^\beta Q(x(t), y(t), z(t))y'(t)\mathrm{d}t$$

$$\int_{\widehat{AB}} R(x,y,z)\mathrm{d}z = \int_\alpha^\beta R(x(t), y(t), z(t))z'(t)\mathrm{d}t$$

不失一般性，我们只要证明第一个公式成立即可.

对于曲线 L 的任意分割 Δ，设其分点对应的参数值为 $\alpha = t_0 < t_1 < t_2 < \cdots < t_{n-1} < t_n = \beta$，介点 $M_i(\xi_i, \eta_i, \zeta_i)$ 对应的参数值为 τ_i，即 $(\xi_i, \eta_i, \zeta_i) = (x(\tau_i), y(\tau_i), z(\tau_i))$，$\tau_i \in [t_{i-1}, t_i]$. 为方便起见，$\Delta$ 对应于区间 $[\alpha, \beta]$ 的分割也用 Δ 来表示. 则积分和为

$$\sum_{i=1}^n P(\xi_i, \eta_i, \zeta_i)\Delta x_i = \sum_{i=1}^n P(x(\tau_i), y(\tau_i), z(\tau_i))(x(t_i) - x(t_{i-1}))$$

对于每个 Δx_i，根据曲线 L 的光滑性，应用微分中值定理，得到

$$\Delta x_i = x(t_i) - x(t_{i-1}) = x'(\tau_i')\Delta t_i, \quad \tau_i' \in [t_{i-1}, t_i]$$

将 Δx_i 代入上面和式，得到

$$\sum_{i=1}^n P(\xi_i, \eta_i, \zeta_i)\Delta x_i = \sum_{i=1}^n P(x(\tau_i), y(\tau_i), z(\tau_i))x'(\tau_i')\Delta t_i$$

根据第3章习题3.5第3题的结论，有

$$\lim_{\|\Delta\|\to 0}\sum_{i=1}^{n}P(x(\tau_i),y(\tau_i),z(\tau_i))x'(\tau_i')\Delta t_i = \int_{\alpha}^{\beta}P(x(t),y(t),z(t))x'(t)dt$$

从而

$$\lim_{\|\Delta\|\to 0}\sum_{i=1}^{n}P(\xi_i,\eta_i,\zeta_i)\Delta x_i = \int_{\alpha}^{\beta}P(x(t),y(t),z(t))x'(t)dt$$

即

$$\int_{\widehat{AB}}P(x,y,z)dx = \int_{\alpha}^{\beta}P(x(t),y(t),z(t))x'(t)dt$$

于是定理得证.

由于平面曲线积分 $\int_L Pdx + Qdy$ 是空间曲线积分 $\int_L Pdx + Qdy + Rdz$ 的特殊情形,所以下面公式自然成立.

$$\int_{\widehat{AB}}P(x,y)dx + Q(x,y)dy = \int_{\alpha}^{\beta}[P(x(t),y(t))x'(t) + Q(x(t),y(t))y'(t)]dt \tag{6-48}$$

其中 $P(x,y)$,$Q(x,y)$ 为连续函数,且 $\widehat{AB}$,α,β 的意义与定理6.16类似.

例6.31 计算 $\oint_L (z-y)dx + (x-z)dy + (y-x)dz$,其中 L 为椭圆 $x^2 + y^2 = 1$,$x - y + z = 1$,从 z 轴正向看沿逆时针方向,如图6-38所示.

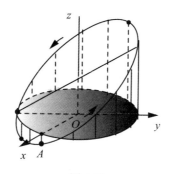

图 6-38

解 先用简洁参数方程表示积分路线. 不难得出,有向曲线 L 的参数方程为
$$x = \cos\theta, \quad y = \sin\theta, \quad z = \sin\theta - \cos\theta + 1, \quad 0 \le \theta \le 2\pi$$
当参数 θ 从 $0 \to 2\pi$ 时,动点从点 A 处沿椭圆以逆时针方向行进一圈回到 A 处. 所以

$$原式 = \int_0^{2\pi}[(-\cos\theta + 1)(-\sin\theta) + (2\cos\theta - \sin\theta - 1)\cos\theta$$
$$+ (\sin\theta - \cos\theta)(\sin\theta + \cos\theta)]d\theta = \int_0^{2\pi}(1 - \sin\theta - \cos\theta)d\theta = 2\pi.$$

例6.32 计算 $I = \int_L xydx + (y-x)dy$,其中 L 分别为图6-39中的路线:(1)线段 $\overline{OB}$;(2)抛物线弧 $\widehat{OB}$;(3)折线 OAB.

解 (1)线段的方程为 $y = x$,$0 \le x \le 1$,其 x 的值 0,1 分别对应于起点 O 及终点 B.

6.6 第二型曲线积分

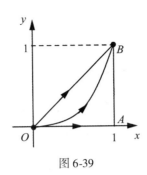

图 6-39

将 $y = x$ 代入被积式中，得
$$I = \int_0^1 x^2 \mathrm{d}x = \frac{1}{3}.$$

（2）抛物线弧 $\overparen{OB}$ 的方程为 $y = x^2$, $0 \leqslant x \leqslant 1$, 且 x 的值 0, 1 分别对应于 A 及 B. 因此
$$I = \int_0^1 [x^3 + (x^2 - x)2x] \mathrm{d}x = \int_0^1 (3x^3 - 2x^2) \mathrm{d}x = \frac{1}{12}.$$

（3）线段 $\overline{OA}$ 的方程为 $y = 0$, $x: 0 \to 1$; 线段 $\overline{AB}$ 的方程为 $x = 1$, $y: 0 \to 1$. 由可加性
$$I = \int_{\overline{OA}} xy \mathrm{d}x + (y - x) \mathrm{d}y + \int_{\overline{AB}} xy \mathrm{d}x + (y - x) \mathrm{d}y = \int_0^1 (y - 1) \mathrm{d}y = -\frac{1}{2}.$$

例 6.33 计算 $I = \int_L (x^2 + y^2) \mathrm{d}x + (x^2 - y^2) \mathrm{d}y$, 其中 L 分别为图 6-40 中的路线：（1）圆弧 $\overparen{AB}$；（2）线段 $\overline{AB}$；（3）折线 AOB.

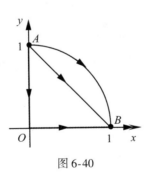

图 6-40

解 （1）圆弧的参数方程为 $x = \cos\theta$, $y = \sin\theta$, $0 \leqslant t \leqslant \frac{\pi}{2}$, 参数值 $\frac{\pi}{2}$, 0 分别对应于起点 A 及终点 B. 因此
$$I = \int_{\frac{\pi}{2}}^0 [2\cos\theta\sin\theta(-\sin\theta) + (\cos^2\theta - \sin^2\theta)\cos\theta] \mathrm{d}\theta$$

$$= \int_0^{\frac{\pi}{2}} (4\sin^2\theta\cos\theta - \cos\theta)\,d\theta = \frac{1}{3}.$$

（2）线段的方程为 $y = 1 - x$，$0 \le x \le 1$，且 x 的值 0，1 分别对应于点 A 及点 B. 因此
$$I = \int_0^1 \{2x(1-x) + [x^2 - (1-x)^2](-1)\}\,dx = \int_0^1 (1 - 2x^2)\,dx = \frac{1}{3}.$$

（3）线段 $\overline{AO}$ 的方程为 $x = 0$，$y: 1 \to 0$；线段 $\overline{OB}$ 的方程为 $y = 0$，$x: 0 \to 1$. 因此
$$I = \int_{\overline{AO}} 2xy\,dx + (x^2 - y^2)\,dy + \int_{\overline{OB}} 2xy\,dx + (x^2 - y^2)\,dy$$
$$= \int_1^0 -y^2\,dy + 0 = \frac{1}{3}.$$

细心的读者可能发现，这个例子中的曲线积分与所给的三条路线无关. 关于平面曲线积分与路线无关的问题将在下一节讨论.

例 6.34（静电场力作功） 设一静止点电荷 q 位于原点 O，另有一电量为 q_0 的点电荷在电场力的作用下，沿光滑曲线 L 从点 A 移到点 B，如图 6-41 所示. 根据库仑定律，点电荷 q_0 所受力 f 等于由静止点电荷 q 产生的电场强度 $\boldsymbol{E} = \dfrac{q}{4\pi\varepsilon} \cdot \dfrac{\boldsymbol{r}}{r^3}$（见第 5 章 5.4 节例 5.22）与 q_0 的乘积，即

$$\boldsymbol{f} = q_0 \cdot \boldsymbol{E} = \frac{q_0 q}{4\pi\varepsilon} \cdot \frac{\boldsymbol{r}}{r^3}$$

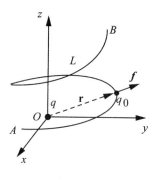

图 6-41

设曲线 L 的参数方程为
$$L: x = x(t), \quad y = y(t), \quad z = z(t), \quad \alpha \le t \le \beta$$
且 α 和 β 分别对应于起点 A 和终点 B. 根据本节开头所述，电场力所作的功为
$$W = \frac{q_0 q}{4\pi\varepsilon} \int_{\widehat{AB}} \frac{\boldsymbol{r}}{r^3} \cdot d\boldsymbol{r} = \frac{qq_0}{4\pi\varepsilon} \int_{\widehat{AB}} \frac{x\,dx + y\,dy + z\,dz}{(x^2 + y^2 + z^2)^{3/2}}$$
$$= \frac{qq_0}{8\pi\varepsilon} \int_{\widehat{AB}} \frac{d(x^2 + y^2 + z^2)}{(x^2 + y^2 + z^2)^{3/2}} = \frac{qq_0}{4\pi\varepsilon} \int_\alpha^\beta d\left(\frac{1}{\sqrt{x^2 + y^2 + z^2}}\right) = \frac{qq_0}{4\pi\varepsilon}\left[\frac{1}{r(\alpha)} - \frac{1}{r(\beta)}\right]$$

其中 $r(\alpha)$ 和 $r(\beta)$ 分别为 A 和 B 到原点 O 的距离.

例 6.34 表明，静电场力所作的功，只与电荷电量的大小及其起点、终点的位置有

关，而与路线无关. 物理学中称具有这种性质的力场为**保守力场**.

6.6.4 两类曲线积分的联系

两类曲线积分有着本质的差别，第一型曲线积分 $\int_L f(x, y) ds$ $\left(\text{或} \int_L f(x, y, z) ds\right)$ 是数量函数 f 对弧长的积分，而第二型曲线积分 $\int_L P dx + Q dy$ $\left(\text{或} \int_L P dx + Q dy + R dz\right)$ 是向量函数 f 的各分量(为数量函数)对坐标的积分之和. 前者与积分路线的方向无关，化为定积分时下限总是小于上限，而后者与积分路线的方向有关，方向相反时，积分值变号，且化为定积分时下限可以大于上限. 不过两类曲线积分有着密切的联系，在一定条件下可以相互转化. 下面以空间情形说明之.

设向量函数 $\boldsymbol{f} = (P, Q, R)$ 在有向光滑曲线 L 上连续，L 的切方向为 $d\boldsymbol{r} = (dx, dy, dz)$(切方向与曲线的方向一致)，模 $|d\boldsymbol{r}| = \sqrt{dx^2 + dy^2 + dz^2} = ds$. 则有

$$\int_L P dx + Q dy + R dz = \int_L \left(P \frac{dx}{ds} + Q \frac{dy}{ds} + R \frac{dz}{ds}\right) ds$$

由于向量 $\left(\dfrac{dx}{ds}, \dfrac{dy}{ds}, \dfrac{dz}{ds}\right) = \dfrac{d\boldsymbol{r}}{ds} = \dfrac{d\boldsymbol{r}}{|d\boldsymbol{r}|} = (\cos\alpha, \cos\beta, \cos\gamma)$ 恰为与 $d\boldsymbol{r}$ 方向相同的单位切向量，α, β, γ 为其方向角. 因此，$\int_L P dx + Q dy + R dz$ 又可以写成

$$\int_L P dx + Q dy + R dz = \int_L (P\cos\alpha + Q\cos\beta + R\cos\gamma) ds \qquad (6\text{-}49)$$

等式右端正是数量函数 $P\cos\alpha + Q\cos\beta + R\cos\gamma$ 沿 L 的第一型曲线积分.

由于平面曲线积分 $\int_L P dx + Q dy$ 是空间曲线积分 $\int_L P dx + Q dy + R dz$ 的特殊情形，所以下面公式自然成立.

$$\int_L P dx + Q dy = \int_L (P\cos\alpha + Q\cos\beta) ds = \int_L (P\cos\alpha + Q\sin\alpha) ds \qquad (6\text{-}50)$$

其中 α, β 为平面曲线 L 切向量 $d\boldsymbol{r}$ 的方向角.

习 题 6.6

1. 计算下列第二型曲线积分：

(1) $\int_L -y dx + x dy$，其中 L 为：① 抛物线 $y = 2x^2$，从 $O(0, 0)$ 到 $B(1, 2)$ 的一段；② 线段 $O \to B$；③ 折线 $O(0, 0) \to A(1, 0) \to B(1, 2)$；

(2) $\int_L (x^2 + y^2) dx + (x^2 - y^2) dy$，其中 L 为折线 $y = 1 - |1 - x|$ 从原点 $O(0, 0)$ 到点 $B(2, 0)$ 的一段；

(3) $\oint_L (x + y) dx + (x - y) dy$，其中 L 为椭圆 $\dfrac{x^2}{a^2} + \dfrac{y^2}{b^2} = 1$ 且依逆时针方向行进；

(4) $\int_L (2a - y) dx + x dy$，其中 L 为旋轮线 $x = a(t - \sin t)$，$y = a(1 - \cos t)$ 从 $x = 0$ 到

$x = 2\pi a$ 的一段；

(5) $\oint_L \dfrac{(x+y)\mathrm{d}x - (x-y)\mathrm{d}y}{x^2 + y^2}$，其中 L 为圆周 $x^2 + y^2 = a^2$ 且依逆时针方向行进；

(6) $\int_L y\mathrm{d}x + z\mathrm{d}y + x\mathrm{d}z$，其中 L 为螺旋线 $x = a\cos t$，$y = a\sin t$，$z = bt$ 从 $t = 0$ 到 $t = 2\pi$ 的一段；

(7) $\oint_L (y^2 - z^2)\mathrm{d}x + (z^2 - x^2)\mathrm{d}y + (x^2 - y^2)\mathrm{d}z$，其中 L 为球面三角形 $x^2 + y^2 + z^2 = 1$，$x \geqslant 0$，$y \geqslant 0$，$z \geqslant 0$ 的边界曲线，且依 $A(1, 0, 0) \to B(0, 1, 0) \to C(0, 0, 1) \to A(1, 0, 0)$ 的方向行进；

(8) $\oint_L y^2 \mathrm{d}x + z^2 \mathrm{d}y + x^2 \mathrm{d}z$，其中 L 为维维安尼曲线 $x^2 + y^2 + z^2 = a^2$，$x^2 + y^2 = ax(z \geqslant 0, a > 0)$，从 x 轴的正向看依逆时针方向行进.

2. 设质量为 m 的质点在重力的作用下，从点 (x_2, y_2, z_2) 移动到点 (x_1, y_1, z_1)，求重力所作的功.

3. 证明不等式 $\int_L P\mathrm{d}x + Q\mathrm{d}y \leqslant M \cdot s$，其中 L 为 Oxy 平面上具有有限弧长 s 的光滑或逐段光滑的曲线，P，Q 皆为 L 上的连续函数，$M = \max\limits_{(x, y) \in L} \sqrt{P^2 + Q^2}$.

4. 估计曲线积分 $I_r = \oint_{x^2 + y^2 = r^2} \dfrac{y\mathrm{d}x - x\mathrm{d}y}{x^2 + xy + y^2}$ 的值，并证明 $\lim\limits_{r \to 0} I_r = 0$.

5. 设 $f(u)$ 为连续函数，证明对任何光滑封闭曲线 L，有 $\oint_L f(x^2 + y^2)(x\mathrm{d}x + y\mathrm{d}y) = 0$.

6.7 格林公式

6.7.1 格林公式

平面闭曲线 L 上的第二型曲线积分与该闭曲线所围成的平面区域 D 上的二重积分之间有着密切联系，在一定条件下，二者可以相互转化，这就是格林公式.

为方便起见，我们先来规定平面闭曲线的正方向. 设有界闭区域 D 的边界 L 为光滑或逐段光滑的曲线. L 的正方向规定为：当质点沿着 L 行进时，区域 D 总是在曲线 L 的左边，如图 6-42 所示），这种有向闭曲线记为 L^+；方向相反时记为 L^-.

定理 6.17（格林（Green）公式） 设有界闭区域 D 的边界 L 为光滑或逐段光滑的曲线. 函数 $P(x, y)$，$Q(x, y)$ 在 D 上具有连续的偏导数，则有

$$\oint_{L^+} P\mathrm{d}x + Q\mathrm{d}y = \iint_D \left(\dfrac{\partial Q}{\partial x} - \dfrac{\partial P}{\partial y} \right) \mathrm{d}x\mathrm{d}y \tag{6-51}$$

证 格林公式 (6-51) 实质上可以由公式

$$\oint_{L^+} P\mathrm{d}x = -\iint_D \dfrac{\partial P}{\partial y} \mathrm{d}x\mathrm{d}y \qquad \text{和} \qquad \oint_{L^+} Q\mathrm{d}y = \iint_D \dfrac{\partial Q}{\partial x} \mathrm{d}x\mathrm{d}y$$

相加而成. 我们先来证明第一个公式，分两种情形来证：

(1) D 为 x 型区域：$a \leqslant x \leqslant b$，$y_1(x) \leqslant y \leqslant y_2(x)$，如图 6-43 所示.

6.7 格林公式

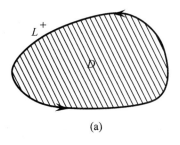
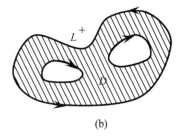

图 6-42

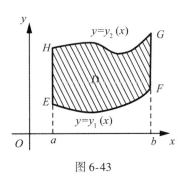

图 6-43

根据第二型曲线积分和二重积分的性质及计算公式，有

$$\oint_{L^+} P\mathrm{d}x = \int_{\widehat{EF}} P(x,y)\mathrm{d}x + \int_{\widehat{FG}} P(x,y)\mathrm{d}x + \int_{\widehat{GH}} P(x,y)\mathrm{d}x + \int_{\widehat{HE}} P(x,y)\mathrm{d}x$$

$$= \int_a^b P(x, y_1(x))\mathrm{d}x + 0 + \int_b^a P(x, y_2(x))\mathrm{d}x + 0$$

$$= -\int_a^b [P(x, y_2(x)) - P(x, y_1(x))]\mathrm{d}x$$

$$= -\int_a^b \mathrm{d}x \int_{y_1(x)}^{y_2(x)} \frac{\partial P}{\partial y}\mathrm{d}y = -\iint_D \frac{\partial P}{\partial y}\mathrm{d}x\mathrm{d}y$$

（2）区域 D 不是 x 型区域，则可以作一些辅助线，将其分为若干 x 型区域，如图 6-44 所示.

在每一个小区域 D_i 上，公式自然成立，再把它们相加，等式右边就是 $\frac{\partial P}{\partial y}$ 在整个区域 D 上的二重积分，而等式右边是沿正向边界 L^+ 与辅助线上的曲线积分之和，注意到在辅助线上的曲线积分要来回各一次，正负恰好抵消，因此公式依然成立.

用类似的方法可以证明上面第二个公式成立. 定理得证.

◎ **思考题** 如何作辅助线把图 6-44 所示的区域分成若干 y 型区域.

例 6.35 计算 $\oint_{L^+} (x-y)\mathrm{d}x + (x+y)\mathrm{d}y$，其中 L 为圆周 $(x-1)^2 + y^2 = 4$.

解 应用格林公式，得

$$\oint_{L^+} (x-y)\mathrm{d}x + (x+y)\mathrm{d}y = \iint_D 2\mathrm{d}x\mathrm{d}y = 2S_D = 2\pi \cdot 2^2 = 8\pi.$$

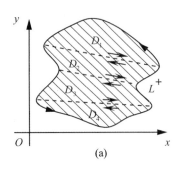
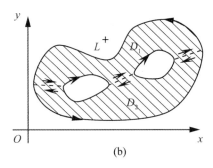

图 6-44

例 6.36 计算 $\oint_{L^+} \dfrac{-y\mathrm{d}x + x\mathrm{d}y}{x^2 + y^2}$，其中 L 为：(1) 不含原点的有界闭区域 D 的边界，逐段光滑；(2) 原点是其内点的有界闭区域 D 的边界，逐段光滑.

解 $$\frac{\partial Q}{\partial x} = \frac{\partial}{\partial x}\left(\frac{x}{x^2 + y^2}\right) = \frac{y^2 - x^2}{x^2 + y^2} = \frac{\partial}{\partial y}\left(\frac{-y}{x^2 + y^2}\right) = \frac{\partial P}{\partial y}$$

(1) 因为区域 D 不含原点，所以该曲线积分满足格林公式的条件，故有

$$\oint_{L^+} \frac{-y\mathrm{d}x + x\mathrm{d}y}{x^2 + y^2} = \iint_D \left[\frac{\partial}{\partial x}\left(\frac{x}{x^2 + y^2}\right) - \frac{\partial}{\partial y}\left(\frac{-y}{x^2 + y^2}\right)\right]\mathrm{d}x\mathrm{d}y = \iint_D 0\mathrm{d}x\mathrm{d}y = 0.$$

(2) 因为区域 D 含原点，所以该曲线积分不满足格林公式的条件. 如图 6-45 所示，取开圆盘 $x^2 + y^2 < r^2$ 的半径足够小，使整个圆盘都含在 D 内，用 D' 表示 D 与开圆盘的差集. 则在区域 D' 及其边界上，格林公式成立.

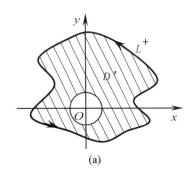
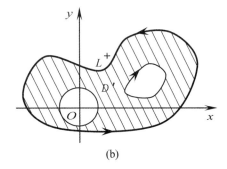

图 6-45

用 Γ 表示圆盘的边界，则有

$$\left\{\oint_{L^+} + \oint_{\Gamma^-}\right\}\left\{\frac{-y\mathrm{d}x + x\mathrm{d}y}{x^2 + y^2}\right\} = \iint_{D'} 0\mathrm{d}x\mathrm{d}y = 0$$

于是得到 $\oint_{L^+} \dfrac{-y\mathrm{d}x + x\mathrm{d}y}{x^2 + y^2} = \oint_{\Gamma^+} \dfrac{-y\mathrm{d}x + x\mathrm{d}y}{x^2 + y^2}$ (Γ: $x = r\cos\theta$, $y = r\sin\theta$, $0 \leqslant \theta \leqslant 2\pi$)

$$= \int_0^{2\pi} \frac{-r\sin\theta(-r\sin\theta) + r\cos\theta(r\cos\theta)}{r^2}\mathrm{d}\theta = \int_0^{2\pi} \mathrm{d}\theta = 2\pi.$$

借助格林公式还可以计算某些沿非封闭曲线上的曲线积分.

例 6.37 计算 $\int_{\widehat{AB}} (x-2y)dx + (2x-y)dy$，其中 $\widehat{AB}$ 为图 6-46 中的圆弧.

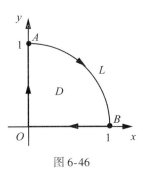

图 6-46

解 对图 6-46 中的扇形区域 D，应用格林公式得

$$\int_{L^-} (x-2y)dx + (2x-y)dy = -\iint_D 4dxdy = -\pi$$

即

$$\left\{\int_{\widehat{AB}} + \int_{\overline{BO}} + \int_{\overline{OA}}\right\} \{(x-2y)dx + (2x-y)dy\} = -\pi$$

因此 $\int_{\widehat{AB}} (x-2y)dx + (2x-y)dy$

$$= \left\{\int_{\overline{OB}} + \int_{\overline{AO}}\right\} \{(x-2y)dx + (2x-y)dy\} = \int_0^1 x dx + \int_1^0 -y dy = \frac{1}{2}$$

◎ **思考题** $\dfrac{1}{2}\oint_{L^+} -ydx + xdy = ?$，$\oint_{L^+} -ydx = ?$，$\oint_{L^+} xdy = ?$

6.7.2 平面曲线积分与路线无关的条件

在上一节中我们看到，有些第二型曲线积分，其值与积分路线的选取无关. 自然要问，在什么条件下，第二型积分曲线的值与积分路线的选取无关？因为这个问题的空间情形需要涉及曲面积分的有关知识，所以只讨论平面曲线积分的情形.

先介绍一下平面上单连通区域的概念.

如果区域 D 内的任何闭曲线所围成的区域全部含在 D 内，则称 D 区域为单连通区域，否则称 D 区域为复连通区域. 例如，在图 6-47 中，D_1、D_2、D_3 为单连通区域，而 D_4 与 D_5 为复连通区域. 单连通区域还可以是无界区域，如全平面，半平面等.

定理 6.18 设 D 为单连通区域，函数 $P(x,y)$，$Q(x,y)$ 在 D 上连续，且具有连续的偏导数，则下面四个命题互相等价.

(1) 沿 D 内的任何一条逐段光滑的封闭曲线 L，有 $\oint_L P(x,y)dx + Q(x,y)dy = 0$；

(2) 沿 D 内的任何一条逐段光滑的曲线 L，曲线积分 $\int_L P(x,y)dx + Q(x,y)dy$ 只与 L 的起点和终点位置有关，而与积分路线无关；

(3) 被积式 $P(x,y)dx + Q(x,y)dy$ 恰为某一函数 $u(x,y)$ 的全微分，即在 D 内有

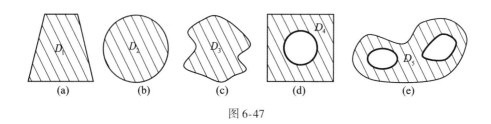

图 6-47

$$du = P(x, y)dx + Q(x, y)dy;$$

（4）等式 $\dfrac{\partial Q}{\partial x} - \dfrac{\partial P}{\partial y} = 0$ 在 D 内处处成立.

证 （1）$\Rightarrow$（2） 设 $\overparen{AEB}$ 和 $\overparen{AFB}$ 为 D 内从点 A 到点 B 的任意两条逐段光滑曲线，如图 6-48 所示，这里和下面图形不需要画出 D 的形状范围，由命题(1)推得

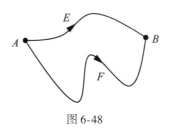

图 6-48

$$\int_{\overparen{AEB}} Pdx + Qdy - \int_{\overparen{AFB}} Pdx + Qdy = \int_{\overparen{AEB}} Pdx + Qdy + \int_{\overparen{BFA}} Pdx + Qdy$$
$$= \int_{\overparen{AEBFA}} Pdx + Qdy = 0$$

所以，
$$\int_{\overparen{AEB}} Pdx + Qdy = \int_{\overparen{AFB}} Pdx + Qdy,$$

即曲线积分与路线无关.

（2）$\Rightarrow$（3） 在 D 内取一定点 $A(x_0, y_0)$，让点 $B(x, y)$ 在 D 内变动，因曲线积分 $\int_{\overparen{AB}} Pdx + Qdy$ 与路线无关，其值在为 D 内变量 (x, y) 的函数. 令

$$u(x, y) = \int_L Pdx + Qdy = \int_{(x_0, y_0)}^{(x, y)} Pdx + Qdy.$$

为了证明 $\dfrac{\partial u}{\partial x} = P(x, y)$，取 Δx 足够小，使 $C(x + \Delta x, y) \in D$，选取如图 6-49 所示的积分路线，则有

$$\Delta_x u = u(x + \Delta x, y) - u(x, y) = \left\{ \int_{\overline{AC}} - \int_{\overline{AB}} \right\} \{Pdx + Qdy\} = \int_{\overline{BC}} Pdx + Qdy$$

由于在 $\overline{BC}$ 上，$y = $ 常数，$x: x \to x + \Delta x$，故由积分中值定理得

$$\Delta_x u = \int_x^{x+\Delta x} P(x, y)dx = P(x + \theta \Delta x, y)\Delta x, \text{ 其中 } 0 < \theta < 1$$

6.7 格林公式

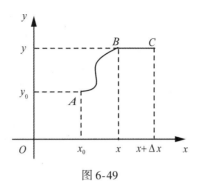

图 6-49

从而 $\dfrac{\Delta_x u}{\Delta x} = P(x + \theta \Delta x, y)$. 于是得到 (注意 $P(x, y)$ 连续)

$$\lim_{\Delta x \to 0} \dfrac{\Delta_x u}{\Delta x} = \lim_{\Delta x \to 0} P(x + \theta \Delta x, y) = P(x, y), \quad 即 \dfrac{\partial u}{\partial x} = P(x, y)$$

同理可证 $\dfrac{\partial u}{\partial y} = Q(x, y)$. 这就证明了 $\mathrm{d} u = P(x, y)\mathrm{d}x + Q(x, y)\mathrm{d}y$.

(3)⇒(4) 由于存在二元函数 $u(x, y)$, 使得 $\mathrm{d}u = P(x, y)\mathrm{d}x + Q(x, y)\mathrm{d}y$, 故有

$$\dfrac{\partial u}{\partial x} = P(x, y), \quad \dfrac{\partial u}{\partial y} = Q(x, y)$$

因为

$$\dfrac{\partial P}{\partial y} = \dfrac{\partial}{\partial y}\left(\dfrac{\partial u}{\partial x}\right) = \dfrac{\partial^2 u}{\partial x \partial y}, \quad \dfrac{\partial Q}{\partial x} = \dfrac{\partial}{\partial x}\left(\dfrac{\partial u}{\partial y}\right) = \dfrac{\partial^2 u}{\partial y \partial x}$$

皆连续, 所以

$$\dfrac{\partial P}{\partial y} = \dfrac{\partial^2 u}{\partial x \partial y} = \dfrac{\partial^2 u}{\partial y \partial x} = \dfrac{\partial Q}{\partial x}, \quad 从而 \quad \dfrac{\partial Q}{\partial x} - \dfrac{\partial P}{\partial y} = 0.$$

(4)⇒(1) 对于 D 内的任何一条逐段光滑的封闭曲线 L, 应用格林公式便得

$$\oint_{L^+} P\mathrm{d}x + Q\mathrm{d}y = \iint_D \left(\dfrac{\partial Q}{\partial x} - \dfrac{\partial P}{\partial y}\right)\mathrm{d}x\mathrm{d}y = \iint_D 0 \mathrm{d}x\mathrm{d}y = 0$$

至此, 定理得证.

当曲线积分与积分路线无关时, 我们称二元函数

$$u(x, y) = \int_{(x_0, y_0)}^{(x, y)} P\mathrm{d}x + Q\mathrm{d}y \tag{6-52}$$

为 $P\mathrm{d}x + Q\mathrm{d}y$ 的原函数. 这个原函数若按图 6-50 中的两条路线来求, 便得

$$u(x, y) = \int_{x_0}^{x} P(x, y_0)\mathrm{d}x + \int_{y_0}^{y} Q(x, y)\mathrm{d}y \tag{6-53}$$

或

$$u(x, y) = \int_{x_0}^{x} P(x, y)\mathrm{d}x + \int_{y_0}^{y} Q(x_0, y)\mathrm{d}y \tag{6-54}$$

例 6.38 计算 $\int_{\widehat{OB}} (x^2 + 2y)\mathrm{d}x + (2x - 3y^2)\mathrm{d}y$, 其中 $\widehat{OB}$ 为图 6-51 中的抛物线.

解 由于 $\dfrac{\partial Q}{\partial x} - \dfrac{\partial P}{\partial y} = 2 - 2 = 0$, 故曲线积分与路线无关. 选择图 6-51 中的折线作为新的积分路线. 则

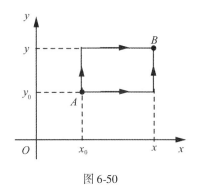
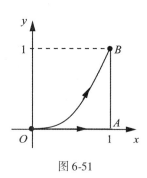

图 6-50   图 6-51

$$\int_{\overset{\frown}{OB}} (x^2 + 2y)\mathrm{d}x + (2x - 3y^2)\mathrm{d}y = \left\{\int_{\overline{OA}} + \int_{\overline{AB}}\right\}\{(x^2 + 2y)\mathrm{d}x + (2x - 3y^2)\mathrm{d}y\}$$
$$= \int_0^1 x^2 \mathrm{d}x + \int_0^1 (2 - 3y^2)\mathrm{d}y = \frac{4}{3}.$$

习题 6.7

1. 计算下列第二型曲线积分：

(1) $\oint_L (x + y)^2 \mathrm{d}x - (x^2 + y^2)\mathrm{d}y$，其中 L 为以 $A(1, 1)$，$B(3, 2)$，$C(2, 5)$ 为顶点的三角形围线，依逆时针方向行进；

(2) $\oint_L -x^2 y \mathrm{d}x + xy^2 \mathrm{d}y$，其中 L 为圆周 $x^2 + y^2 = a^2$ 且依逆时针方向行进；

(3) $\oint_L (x + y)\mathrm{d}x - (x - y)\mathrm{d}y$，其中 L 为椭圆 $\frac{x^2}{a^2} + \frac{y^2}{b^2} = 1$ 且依逆时针方向行进；

(4) $\oint_L \mathrm{e}^x [(1 - \cos y)\mathrm{d}x - (y - \sin y)\mathrm{d}y]$，其中 L 为平面区域 $0 \leqslant x \leqslant \pi$，$0 \leqslant y \leqslant \sin x$ 的边界曲线，依逆时针方向行进；

(5) $\int_L (\mathrm{e}^x \sin y - my)\mathrm{d}x + (\mathrm{e}^x \cos y - m)\mathrm{d}y$，其中 L 为半圆周 $y = \sqrt{ax - x^2}$，按 $A(a, 0) \to O(0, 0)$ 的方向行进.

2. 验证下列曲线积分与路线无关，并求其值：

(1) $\int_{(0, 1)}^{(2, 3)} (x + y)\mathrm{d}x + (x - y)\mathrm{d}y$；

(2) $\int_{(0, 0)}^{(a, b)} f(x + y)(\mathrm{d}x + \mathrm{d}y)$，其中 $f(u)$ 为连续函数；

(3) $\int_{(1, 2)}^{(2, 1)} \frac{y\mathrm{d}x - x\mathrm{d}y}{x^2}$，沿着不与 y 轴相交的路线；

(4) $\int_{(1, 0)}^{(6, 8)} \frac{x\mathrm{d}x + y\mathrm{d}y}{\sqrt{x^2 + y^2}}$，沿着不通过原点的路线；

(5) $\int_{(x_1, y_1)}^{(x_2, y_2)} \varphi(x)dx + \psi(y)dy$, 其中 φ 和 ψ 为连续函数.

3. 设 l 为固定方向, L 为平面有界区域 D 的光滑边界曲线, $\boldsymbol{n}$ 为 L 的外法向量, $<l, \boldsymbol{n}>$ 为 $\boldsymbol{n}$ 与 l 的夹角, 证明 $\oint_L \cos<l, \boldsymbol{n}>ds = 0$.

4. 设 L 为平面有界区域 D 的光滑边界曲线, $\boldsymbol{n}$ 为 L 的外法向量, 证明

$$\oint_L [x\cos(x, \boldsymbol{n}) + y\cos(y, \boldsymbol{n})]ds = 2S_D.$$

5. 设 L 为平面有界闭区域 D 的光滑边界曲线, $\boldsymbol{n}$ 为 L 的外法向量, 函数 $u(x, y)$ 在 D 上具有二阶连续偏导数, 证明:

(1) $\oint_L \dfrac{\partial u}{\partial \boldsymbol{n}}ds = \iint_D \left(\dfrac{\partial^2 u}{\partial x^2} + \dfrac{\partial^2 u}{\partial y^2}\right)dxdy$;

(2) $\oint_L u\dfrac{\partial u}{\partial \boldsymbol{n}}ds = \iint_D u\left(\dfrac{\partial^2 u}{\partial x^2} + \dfrac{\partial^2 u}{\partial y^2}\right)dxdy + \iint_D \left[\left(\dfrac{\partial u}{\partial x}\right)^2 + \left(\dfrac{\partial u}{\partial y}\right)^2\right]dxdy$.

6. 设 L 为平面有界闭区域 D 的光滑边界曲线, $\boldsymbol{n}$ 为 L 的外法向量, 函数 $u(x, y)$, $v(x, y)$, 皆在 D 上具有二阶连续偏导数, 令 $\Delta u = \dfrac{\partial^2 u}{\partial x^2} + \dfrac{\partial^2 u}{\partial y^2}$, $\Delta v = \dfrac{\partial^2 v}{\partial x^2} + \dfrac{\partial^2 v}{\partial y^2}$, 证明:

(1) $\oint_L v\dfrac{\partial u}{\partial \boldsymbol{n}}ds = \iint_D v\Delta u\,dxdy + \iint_D \left(\dfrac{\partial u}{\partial x}\dfrac{\partial v}{\partial x} + \dfrac{\partial u}{\partial y}\dfrac{\partial v}{\partial y}\right)dxdy$;

(2) $\oint_L \begin{vmatrix} \dfrac{\partial u}{\partial \boldsymbol{n}} & \dfrac{\partial v}{\partial \boldsymbol{n}} \\ u & v \end{vmatrix} ds = \iint_D \begin{vmatrix} \Delta u & \Delta v \\ u & v \end{vmatrix} dxdy$.

6.8 第一型曲面积分

本节和后面两节, 我们将研究定义在曲面块上的有界函数的积分 —— 曲面积分. 本节讨论第一型曲面积分的概念和计算.

6.8.1 第一型曲面积分的定义

第一型曲面积分具有和第一型曲线积分类似的物理背景. 设有一张密度不均匀的物质曲面 S, 其面密度 $\rho(x, y, z)$ 是定义在 S 上的连续函数, 试求该物质曲面的质量 m.

类似于第一型曲线积分的做法, 通过"分割、近似求和、取极限"的步骤, 求曲面块 S 的质量归结为求和式的极限

$$m = \lim_{\|\Delta\| \to 0} \sum_{i=1}^n \rho(\xi_i, \eta_i, \zeta_i)\Delta S_i$$

其中 $\Delta S_i (i = 1, 2, \cdots, n)$ 为曲面块 S 的分割 Δ, 如图 6-52 所示, ΔS_i 为小曲面块 S_i 的面积, $(\xi_i, \eta_i, \zeta_i) \in S_i$ 为任意介点, $\|\Delta\| = \max\limits_{1 \leqslant i \leqslant n} d(S_i)$ 为分割的模.

这种和式极限与前面各类积分所涉及的和式极限均有区别, 因此需要建立这类积分的概念.

定义 6.8 设函数 $f(x, y, z)$ 在光滑或分片光滑曲面 S (是指它的单位法向量连续,

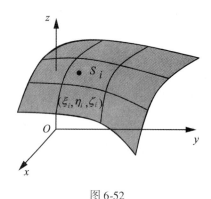

图 6-52

参见 5.7 节) 上有定义, 将 S 分割成 n 个小曲面块 $\Delta: S_1, S_2, \cdots, S_n$ (见图 6-52). 以 ΔS_i 表示为 S_i 面积, $(\xi_i, \eta_i, \zeta_i) \in S_i$ 为任意介点, $\|\Delta\| = \max\limits_{1 \leqslant i \leqslant n} d(S_i)$ 为分割的模, 如果和式极限

$$\lim_{\|\Delta\| \to 0} \sum_{i=1}^{n} f(\xi_i, \eta_i, \zeta_i) \Delta S_i = J$$

存在, 且 J 的值与分割及介点的取法无关, 则称此极限为 $f(x, y, z)$ 在 S 上的第一型曲面积分, 又称为对面积的曲面积分, 记为

$$\iint\limits_{S} f(x, y, z) \mathrm{d}S = \lim_{\|\Delta\| \to 0} \sum_{i=1}^{n} f(\xi_i, \eta_i, \zeta_i) \Delta S_i \tag{6-55}$$

根据这一定义, 上面所述的物质曲面 S 的质量可以表示为

$$m = \iint\limits_{S} f(x, y, z) \mathrm{d}S.$$

当曲面 S 是 xy 平面上的一块有界区域 D, 而被积函数为 D 上的二元函数 $f(x, y)$ 时, 由式(6-55), 有

$$\iint\limits_{S} f(x, y) \mathrm{d}S = \lim_{\|\Delta\| \to 0} \sum_{i=1}^{n} f(\xi_i, \eta_i) \Delta S_i$$

$$= \lim_{\|\Delta\| \to 0} \sum_{i=1}^{n} f(\xi_i, \eta_i) \Delta \sigma_i = \iint\limits_{D} f(x, y) \mathrm{d}x\mathrm{d}y$$

因此, 第一型曲面积分是二重积分在曲面区域上的推广.

第一型曲面积分也具有一些和重积分类似的性质, 如线性性质、可加性、不等式性质, 等等. 同学们可以仿照重积分, 完整地写出这些性质.

6.8.2 第一型曲面积分的计算

第一型曲面积分可以化为二重积分来计算.

定理 6.19 设有光滑曲面 $S: x = x(u, v), y = y(u, v), z = z(u, v) (u, v) \in D$, 其中 $D \subset \mathbf{R}^2$ 为有界闭区域, 函数 $f(x, y, z)$ 在曲面 S 上连续, 则有

$$\iint\limits_S f(x, y, z)\,\mathrm{d}S = \iint\limits_D f(x(u, v), y(u, v), z(u, v)) |\boldsymbol{r}_u \times \boldsymbol{r}_v|\,\mathrm{d}u\mathrm{d}v$$

$$= \iint\limits_D f(x(u, v), y(u, v), z(u, v))\sqrt{EG - F^2}\,\mathrm{d}u\mathrm{d}v \quad (6\text{-}56)$$

其中 $\boldsymbol{r}_u = (x_u(u, v), y_u(u, v), z_u(u, v))$，$\boldsymbol{r}_v = (x_v(u, v), y_v(u, v), z_v(u, v))$，$E = (\boldsymbol{r}_u)^2$，$F = \boldsymbol{r}_u \cdot \boldsymbol{r}_v$，$G = (\boldsymbol{r}_v)^2$（参见 5.7 节和 6.4 节）．

证 如图 6-53 所示，对于曲面 S 上的任意分割 Δ：$S_1, S_2, \cdots, S_n$，对应着 uv 平面区域 D 上的分割 Δ：$\sigma_1, \sigma_2, \cdots, \sigma_n$．设介点 $(\xi_i, \eta_i, \zeta_i) \in S_i$ 对应的参数值为 $(\mu_i, \nu_i) \in \sigma_i$，即 $(\xi_i, \eta_i, \zeta_i) = (x(\mu_i, \nu_i), y(\mu_i, \nu_i), z(\mu_i, \nu_i))$．考查积分和

$$\sum_{i=1}^n f(\xi_i, \eta_i, \zeta_i)\Delta S_i = \sum_{i=1}^n f(x(\mu_i, \nu_i), y(\mu_i, \nu_i), z(\mu_i, \nu_i))\Delta S_i$$

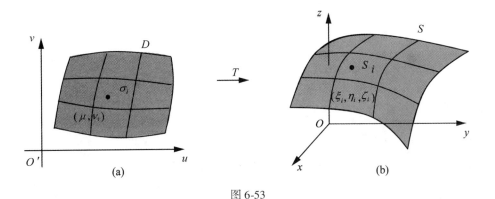

图 6-53

对于每个 ΔS_i，根据曲面面积公式（见 6.4 节）、并应用积分中值定理，得到

$$\Delta S_i = \iint\limits_{\sigma_i} \sqrt{EG - F^2}\,\mathrm{d}u\mathrm{d}v = \sqrt{EG - F^2}\,\Big|_{(\mu_i', \nu_i')} \cdot \Delta \sigma_i, \quad (\mu_i', \nu_i') \in \sigma_i$$

将其代入上面积分和的右端，得到

$$\sum_{i=1}^n f(\xi_i, \eta_i, \zeta_i)\Delta S_i = \sum_{i=1}^n f(x(\mu_i, \nu_i), y(\mu_i, \nu_i), z(\mu_i, \nu_i))\sqrt{EG - F^2}\,\Big|_{(\mu_i', \nu_i')} \cdot \Delta \sigma_i$$

和证明第一型曲线积分计算公式一样的道理，有

$$\lim_{\|\Delta\| \to 0} \sum_{i=1}^n f(x(\mu_i, \nu_i), y(\mu_i, \nu_i), z(\mu_i, \nu_i))\sqrt{EG - F^2}\,\Big|_{(\mu_i', \nu_i')} \cdot \Delta \sigma_i$$

$$= \iint\limits_D f(x(u, v), y(u, v), z(u, v))\sqrt{EG - F^2}\,\mathrm{d}u\mathrm{d}v$$

从而 $\displaystyle\lim_{\|\Delta\| \to 0} \sum_{i=1}^n f(\xi_i, \eta_i, \zeta_i)\Delta S_i = \iint\limits_D f(x(u, v), y(u, v), z(u, v))\sqrt{EG - F^2}\,\mathrm{d}u\mathrm{d}v$

这就证明了公式 (6-56)．

推论 6.4 设 S：$z = z(x, y)$ $(x, y) \in D$ 为光滑曲面，函数 $f(x, y, z)$ 在 S 上连续，则有

$$\iint\limits_S f(x, y, z)\mathrm{d}S = \iint\limits_D f(x, y, z(x, y))\sqrt{1 + z_x^2 + z_y^2}\,\mathrm{d}x\mathrm{d}y. \tag{6-57}$$

例 6.39 计算 $\iint\limits_S \dfrac{\mathrm{d}S}{z}$，其中 S 为球冠：$x^2 + y^2 + z^2 = a^2$，$z \geqslant h(0 < h < a)$，如图 6-54 所示.

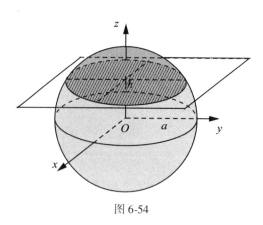

图 6-54

解 曲面的方程为
$$z = \sqrt{a^2 - x^2 - y^2}, \quad D: x^2 + y^2 \leqslant a^2 - h^2$$
容易算得 $\sqrt{1 + z_x^2 + z_y^2} = \dfrac{a}{\sqrt{a^2 - x^2 - y^2}}$，由公式(6-57) 求得
$$\iint\limits_S \frac{\mathrm{d}S}{z} = \iint\limits_D \frac{a}{a^2 - x^2 - y^2}\mathrm{d}x\mathrm{d}y = a\int_0^{2\pi}\mathrm{d}\theta\int_0^{\sqrt{a^2-h^2}}\frac{r}{a^2 - r^2}\mathrm{d}r$$
$$= -\pi a\ln(a^2 - r^2)\Big|_0^{\sqrt{a^2-h^2}} = 2\pi a\ln\frac{a}{h}.$$

例 6.40 计算 $\iint\limits_S (x + y + z)\mathrm{d}S$，其中 S 为半球面 $z = \sqrt{a^2 - x^2 - y^2}$.

解 由曲面的对称性及被积函数的奇偶性可知 $\iint\limits_S x\mathrm{d}S = \iint\limits_S y\mathrm{d}S = 0$. 因此
$$\iint\limits_S (x + y + z)\mathrm{d}S = \iint\limits_S z\mathrm{d}S$$
$$= \iint\limits_D \sqrt{a^2 - x^2 - y^2} \cdot \frac{a}{\sqrt{a^2 - x^2 - y^2}}\mathrm{d}x\mathrm{d}y = \iint\limits_D a\,\mathrm{d}x\mathrm{d}y = \pi a^3.$$

例 6.41 计算 $\oiint\limits_S (x^2 + y^2 + z^2)\mathrm{d}S$，其中 S 为球面：$x^2 + y^2 + z^2 = 2ax$.

解 先用参数方程表示球面 S：
$$x = a + a\sin\varphi\cos\theta, \quad y = a\sin\varphi\sin\theta, \quad z = a\cos\varphi\,(0 \leqslant \varphi \leqslant \pi, 0 \leqslant \theta \leqslant 2\pi),$$
所以 $\boldsymbol{r}_\varphi = a(\cos\varphi\cos\theta, \cos\varphi\sin\theta, -\sin\varphi)$，$\boldsymbol{r}_\theta = a(-\sin\varphi\sin\theta, \sin\varphi\cos\theta, 0)$，
$$E = a^2, \quad F = 0, \quad G = a^2\sin^2\varphi, \quad \sqrt{EG - F^2} = a^2|\sin\varphi|.$$

应用公式(6-56)得

$$\oiint_S (x^2+y^2+z^2)\mathrm{d}S = \oiint_S 2ax\mathrm{d}S$$
$$= 2a\iint_D (a+a\sin\varphi\cos\theta)a^2|\sin\varphi|\mathrm{d}\varphi\mathrm{d}\theta = 2a^4\iint_D|\sin\varphi|\mathrm{d}\varphi\mathrm{d}\theta$$
$$= 2a^4\int_0^{2\pi}\mathrm{d}\theta\int_0^{\pi}\sin\varphi\mathrm{d}\varphi = 8\pi a^4.$$

习题 6.8

1. 计算下列第一型曲面积分：

(1) $\iint_S xyz\mathrm{d}S$，其中 S 为平面 $x+y+z=1$ 在第一卦限的部分；

(2) $\iint_S z\mathrm{d}S$，其中 S 为抛物面 $x^2+y^2=2az$ 被圆锥面 $\sqrt{x^2+y^2}=z$ 割下的部分；

(3) $\oiint_S (x^2+y^2)\mathrm{d}S$，其中 S 为区域 $\sqrt{x^2+y^2}\le z\le 1$ 的边界；

(4) $\oiint_S \dfrac{1}{(1+x+y)^2}\mathrm{d}S$，其中 S 为四面体抛物面 $x+y+z\le 1$，$x\ge 0$，$y\ge 0$，$z\ge 0$ 的表面；

(5) $\iint_S z\mathrm{d}S$，其中 S 为螺旋面 $x=u\cos v$，$y=u\sin v$，$z=v(0\le u\le a, 0\le v\le 2\pi)$ 的一部分；

(6) $\iint_S (xy+yz+zx)\mathrm{d}S$，其中 S 为圆锥面 $\sqrt{x^2+y^2}=z$ 被圆柱面 $x^2+y^2=2ax$ 割下的部分.

2. 计算球面三角形 $x^2+y^2+z^2=a^2$，$x\ge 0$，$y\ge 0$，$z\ge 0$ 的质心.

3. 计算密度为 ρ 的均匀球面三角形 $x^2+y^2+z^2=a^2$，$x\ge 0$，$y\ge 0$，$z\ge 0$ 对于 z 轴的转动惯量.

4. 证明 $\iint_S f(ax+by+cz)\mathrm{d}S = 2\pi\int_{-1}^1 f(u\sqrt{a^2+b^2+c^2})\mathrm{d}u$，其中 S 为球面 $x^2+y^2+z^2=1$.

6.9　第二型曲面积分

6.9.1　有向曲面的概念

和第二型曲线积分一样，第二型曲面积分也与曲面的方向有关. 为此先讨论有向曲面的概念. 我们常见的曲面，一般都有正反两面，即双侧曲面. 例如，一本书的每张纸都有正反两面，篮球、排球，也有里面和外面. 然而，并非所有的曲面都可以分出两侧. 例如莫比乌斯(Möbius)带就是这类曲面的一个典型例子. 它的构造方法是：取一矩形长纸条

$ABCD$(见图 6-55(a)),将其一端扭转后与另一端粘合在一起,并使 A、C 两点重合,B、D 两点重合(见图 6-52(b)). 莫比乌斯带的一个特点是,当法向量从带上某点 M_0 出发,沿着带面连续移动一周回到 M_0,这时的法向量与原先的法向量恰好反向. 这样的曲面分不出两侧,因此称为单侧曲面. 而双侧曲面的特点恰好与单侧曲面相反,即法向量 $\boldsymbol{n}$ 从曲面上任意一点 M 出发,在曲面上任意地连续移动,最后又回到 M 时,法向量 $\boldsymbol{n}$ 的方向不变,如图 6-56 所示.

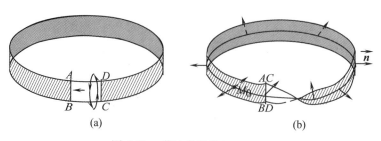

图 6-55 莫比乌斯带(Möbius)

第二型曲面积分所涉及的曲面都是双侧曲面. 由于第二型曲面积分涉及曲面的法向量,而且积分值与法向量的正反指向有关,因此在定义第二型曲面积分时,还需要规定该曲面法向量的指向 —— 即法方向,例如,对于曲面 $z = f(x, y)$,其法方向朝上还是朝下? 对于封闭曲面,其法方向是朝里还是朝外? 都是事先要规定好的. 规定了法方向的双侧曲面称为有向曲面. 如图 6-57 所示.

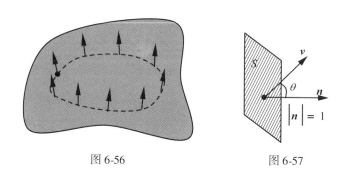

图 6-56   图 6-57

6.9.2　第二型曲面积分的定义

第二型曲面积分的一个典型物理背景是流量问题. 设某稳定流体以流速 $v = (P(x, y, z), Q(x, y, z), R(x, y, z))$ 流经光滑曲面 S,如图 6-58(a) 所示,求总流量 Φ(即在单位时间内,流体从一侧流经曲面到另一侧的体积). 其中 P, Q, R 皆为定义在 S 上的连续函数.

当 v 为常向量,且 S 为平面块(见图 6-57)时,显然有 $\Phi = |v| \cdot S \cdot \cos\theta = (v \cdot n)S$,其中 n 为单位法方向,记号 S 也表示面积.

当 v 为变量,且 S 为曲面的情形,则采用前面的"分割、近似求和、取极限"的步骤.

6.9 第二型曲面积分

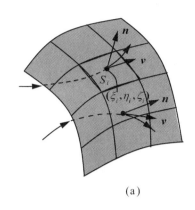
(a)

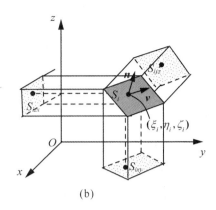
(b)

图 6-58

设 $\boldsymbol{n}$ 为有向曲面 S 的单位法方向,即 $\boldsymbol{n} = (\cos\alpha, \cos\beta, \cos\gamma)$,其方向如图 6-58(a) 所示,这里 $\cos\alpha$, $\cos\beta$, $\cos\gamma$ 及向量 $\boldsymbol{v}$ 皆应看成点 $(x, y, z) \in S$ 的函数.

对 S 的任一分割 Δ:S_1, S_2, $\cdots$, S_n,以 ΔS_i 表示每一小曲面块 S_i 的面积,$(\xi_i, \eta_i, \zeta_i) \in S_i$ 为介点,在曲面 S 为光滑的前提下,$\boldsymbol{n}$ 为 S 上连续的向量函数(参见 5.7 节),又向量函数 $\boldsymbol{v}$ 也连续,所以当曲面的分割很细密时,流经 S_i 的流量 Φ_i 近似于

$$\Phi_i \approx \boldsymbol{v}(\xi_i, \eta_i, \zeta_i) \cdot \boldsymbol{n}(\xi_i, \eta_i, \zeta_i) \cdot \Delta S_i = (P_i \cos\alpha_i + Q_i \cos\beta_i + R_i \cos\gamma_i) \Delta S_i$$

其中
$$P_i = P(\xi_i, \eta_i, \zeta_i), \quad Q_i = Q(\xi_i, \eta_i, \zeta_i), \quad R_i = R(\xi_i, \eta_i, \zeta_i)$$
$$\alpha_i = \alpha(\xi_i, \eta_i, \zeta_i), \quad \beta_i = \beta(\xi_i, \eta_i, \zeta_i), \quad \gamma_i = \gamma(\xi_i, \eta_i, \zeta_i)$$

注意到上面等式中 $\Delta S_i \cos\alpha_i$, $\Delta S_i \cos\beta_i$, $\Delta S_i \cos\gamma_i$ 实质上就是小曲面块 S_i 分别在三坐标平面上的投影区域 S_{iyz}, S_{izx}, S_{ixy} 的有向面积 ΔS_{iyz}, ΔS_{izx}, ΔS_{ixy} 的近似值(见图 6-58(b)),即

$$\Delta S_{iyz} \approx \Delta S_i \cos\alpha_i, \quad \Delta S_{izx} \approx \Delta S_i \cos\beta_i, \quad \Delta S_{ixy} \approx \Delta S_i \cos\gamma_i.$$

因此,单位时间内流经曲面的净流量为

$$\Phi = \lim_{\|\Delta\| \to 0} \sum_{i=1}^{n} \boldsymbol{v}(\xi_i, \eta_i, \zeta_i) \cdot \boldsymbol{n}(\xi_i, \eta_i, \zeta_i) \cdot \Delta S_i$$

$$= \lim_{\|\Delta\| \to 0} \sum_{i=1}^{n} (P_i \Delta S_i \cos\alpha_i + Q_i \Delta S_i \cos\beta_i + R_i \Delta S_i \cos\gamma_i)$$

$$= \lim_{\|\Delta\| \to 0} \sum_{i=1}^{n} [P(\xi_i, \eta_i, \zeta_i) \Delta S_{iyz} + Q(\xi_i, \eta_i, \zeta_i) \Delta S_{izx} + R(\xi_i, \eta_i, \zeta_i) \Delta S_{ixy}]$$

这种与有向面积有关的和式极限就是本节要讨论的第二型曲面积分.

定义 6.9 设 $P(x, y, z)$, $Q(x, y, z)$, $R(x, y, z)$ 为定义在有向曲面 S(即已选定了其法方向 $\boldsymbol{n}$)上的函数. 将 S 任意分割成 n 块小曲面 S_i,任取介点 $(\xi_i, \eta_i, \zeta_i) \in S_i$,以 ΔS_{iyz}, ΔS_{izx}, ΔS_{ixy} 分别为小曲面块 S_i 在三坐标平面上的投影区域 S_{iyz}, S_{izx}, S_{ixy} 的有向面积,其符号与有向曲面 S 的法方向 $\boldsymbol{n}$ 在介点 (ξ_i, η_i, ζ_i) 处的方向余弦 $\cos\alpha_i$, $\cos\beta_i$, $\cos\gamma_i$ 的符号一致. 如果和式极限

$$\lim_{\|\Delta\| \to 0} \sum_{i=1}^{n} [P(\xi_i, \eta_i, \zeta_i) \Delta S_{iyz} + Q(\xi_i, \eta_i, \zeta_i) \Delta S_{izx} + R(\xi_i, \eta_i, \zeta_i) \Delta S_{ixy}]$$

存在，且极限值与分割及介点的取法无关，则称此极限为函数 P，Q，R 沿有向曲面 S 上的第二型曲面积分，也称为对坐标的曲面积分，记为

$$\iint_S P(x, y, z)\mathrm{d}y\mathrm{d}z + Q(x, y, z)\mathrm{d}z\mathrm{d}x + R(x, y, z)\mathrm{d}x\mathrm{d}y \tag{6-58}$$

或简记为

$$\iint_S P\mathrm{d}y\mathrm{d}z + Q\mathrm{d}z\mathrm{d}x + R\mathrm{d}x\mathrm{d}y \tag{6-59}$$

根据这一定义，上面所述的流量可以表示为

$$\Phi = \iint_S P(x, y, z)\mathrm{d}y\mathrm{d}z + Q(x, y, z)\mathrm{d}z\mathrm{d}x + R(x, y, z)\mathrm{d}x\mathrm{d}y.$$

除了流量以外，在电场强度为 $\boldsymbol{E} = (P(x, y, z), Q(x, y, z), R(x, y, z))$ 的电场中，通过曲面 S 的电通量 Φ 也可以表示为

$$\Phi = \iint_S P\mathrm{d}y\mathrm{d}z + Q\mathrm{d}z\mathrm{d}x + R\mathrm{d}x\mathrm{d}y.$$

显然，式(6-58)可以表示为下面三个和式极限之和，

$$\iint_S P(x, y, z)\mathrm{d}y\mathrm{d}z = \lim_{\|\Delta\|\to 0}\sum_{i=1}^{n} P(\xi_i, \eta_i, \zeta_i)\Delta S_{iyz}, \tag{6-60}$$

$$\iint_S Q(x, y, z)\mathrm{d}z\mathrm{d}x = \lim_{\|\Delta\|\to 0}\sum_{i=1}^{n} Q(\xi_i, \eta_i, \zeta_i)\Delta S_{izx}, \tag{6-61}$$

$$\iint_S R(x, y, z)\mathrm{d}x\mathrm{d}y = \lim_{\|\Delta\|\to 0}\sum_{i=1}^{n} R(\xi_i, \eta_i, \zeta_i)\Delta S_{ixy}. \tag{6-62}$$

当曲面 S 是 xy 平面上的一块有界区域 D，且 $R(x, y, z) = f(x, y)$ 时，由式(6-62)，有

$$\iint_S f(x, y)\mathrm{d}x\mathrm{d}y = \lim_{\|\Delta\|\to 0}\sum_{i=1}^{n} f(\xi_i, \eta_i)\Delta S_{ixy}$$

$$= \pm \lim_{\|\Delta\|\to 0}\sum_{i=1}^{n} f(\xi_i, \eta_i)\Delta\sigma_i = \pm\iint_D f(x, y)\mathrm{d}x\mathrm{d}y.$$

因此，第二型曲面积分也是二重积分在曲面区域上的推广。

与第二型曲线积分类似，第二型曲面积分具有以下一些重要性质：

性质 6.11（线性性质） 如果 $\iint_S P\mathrm{d}y\mathrm{d}z + Q\mathrm{d}z\mathrm{d}x + R\mathrm{d}x\mathrm{d}y$，$\iint_S T\mathrm{d}y\mathrm{d}z + U\mathrm{d}z\mathrm{d}x + V\mathrm{d}x\mathrm{d}y$ 皆存在，k_1，k_2 为常数，则有

$$\iint_S (k_1 P + k_2 T)\mathrm{d}y\mathrm{d}z + (k_1 Q + k_2 U)\mathrm{d}z\mathrm{d}x + (k_1 R + k_2 V)\mathrm{d}x\mathrm{d}y$$

$$= k_1\iint_S P\mathrm{d}y\mathrm{d}z + Q\mathrm{d}z\mathrm{d}x + R\mathrm{d}x\mathrm{d}y + k_2\iint_S T\mathrm{d}y\mathrm{d}z + U\mathrm{d}z\mathrm{d}x + V\mathrm{d}x\mathrm{d}y \tag{6-63}$$

性质 6.12（可加性） 设曲面 S 由 S_1 和 S_2（无公共内点）拼接而成，且 $\iint_S P\mathrm{d}y\mathrm{d}z + Q\mathrm{d}z\mathrm{d}x + R\mathrm{d}x\mathrm{d}y$ 存在，则

$$\iint_S P\mathrm{d}y\mathrm{d}z + Q\mathrm{d}z\mathrm{d}x + R\mathrm{d}x\mathrm{d}y$$

$$= \iint\limits_{S_1} P\mathrm{d}y\mathrm{d}z + Q\mathrm{d}z\mathrm{d}x + R\mathrm{d}x\mathrm{d}y + \iint\limits_{S_2} P\mathrm{d}y\mathrm{d}z + Q\mathrm{d}z\mathrm{d}x + R\mathrm{d}x\mathrm{d}y \tag{6-64}$$

性质 6.13　（有向性）　用 S^- 表示其方向与有向曲面 S 方向相反的同一块曲面，则有

$$\iint\limits_{S^-} P\mathrm{d}y\mathrm{d}z + Q\mathrm{d}z\mathrm{d}x + R\mathrm{d}x\mathrm{d}y = - \iint\limits_{S} P\mathrm{d}y\mathrm{d}z + Q\mathrm{d}z\mathrm{d}x + R\mathrm{d}x\mathrm{d}y \tag{6-65}$$

这些性质不难从第二型曲面积分的定义及极限的性质推得，这里不再赘述．

6.9.3　两类曲面积分的联系

为了方便地解决第二型曲面积分的计算问题，我们先来考查两类曲面积分之间的联系．

在上面讨论流量问题时，我们已经得到等式

$$\Phi = \lim_{\|\Delta\| \to 0} \sum_{i=1}^{n} (P_i \cos\alpha_i + Q_i \cos\beta_i + R_i \cos\gamma_i) \Delta S_i$$

$$= \lim_{\|\Delta\| \to 0} \sum_{i=1}^{n} [P(\xi_i, \eta_i, \zeta_i) \Delta S_{iyz} + Q(\xi_i, \eta_i, \zeta_i) \Delta S_{izx} + R(\xi_i, \eta_i, \zeta_i) \Delta S_{ixy}].$$

那么，按照两类曲面积分各自的定义，就有

$$\iint\limits_{S} P\mathrm{d}y\mathrm{d}z + Q\mathrm{d}z\mathrm{d}x + R\mathrm{d}x\mathrm{d}y = \iint\limits_{S} (P\cos\alpha + Q\cos\beta + R\cos\gamma) \mathrm{d}S \tag{6-66}$$

其中 $\cos\alpha$，$\cos\beta$，$\cos\gamma$ 为有向曲面 S 的法方向的方向余弦．公式(6-66)表明了两类曲面积分的密切联系，现在来严格证明这个公式．

公式(6-66)的证明　由第二型曲面积分的定义，有

$$\iint\limits_{S} P(x,y,z)\mathrm{d}y\mathrm{d}z + Q(x,y,z)\mathrm{d}z\mathrm{d}x + R(x,y,z)\mathrm{d}x\mathrm{d}y$$

$$= \lim_{\|\Delta\| \to 0} \sum_{i=1}^{n} [P(\xi_i, \eta_i, \zeta_i) \Delta S_{iyz} + Q(\xi_i, \eta_i, \zeta_i) \Delta S_{izx} + R(\xi_i, \eta_i, \zeta_i) \Delta S_{ixy}].$$

由于光滑曲面在局部范围内，其方程总化为 $z = z(x,y)$，$x = x(y,z)$ 或 $y = y(z,x)$ 之一的形式(参见 5.7 节关于光滑曲面的定义及 5.6 节隐函数定理)．我们的思路是：将曲面 S 分块处理，使得公式(6-66)在每一块上成立．

下面分两种情形来证明.

(1) 若在某一块上，S 的方程同时可以用 $z = z(x,y)$，$x = x(y,z)$ 或 $y = y(z,x)$ 三种形式表示，根据曲面面积公式(见 6.4 节公式(6-35))，同时有

$$\Delta S_i = \iint\limits_{\Delta S_{ixy}} \frac{1}{|\cos\gamma|}\mathrm{d}x\mathrm{d}y, \quad \Delta S_i = \iint\limits_{\Delta S_{iyz}} \frac{1}{|\cos\alpha|}\mathrm{d}y\mathrm{d}z = \iint\limits_{\Delta S_{izx}} \frac{1}{|\cos\beta|}\mathrm{d}z\mathrm{d}x$$

应用积分中值定理，有

$$\Delta S_i = \iint\limits_{\Delta S_{ixy}} \frac{1}{|\cos\gamma|}\mathrm{d}x\mathrm{d}y = \frac{1}{|\cos\gamma(\xi_i', \eta_i')|}|\Delta S_{ixy}| = \frac{1}{\cos\gamma(\xi_i', \eta_i')}\Delta S_{ixy}$$

从而

$$\Delta S_{ixy} = \cos\gamma(\xi_i', \eta_i') \cdot \Delta S_i \quad (\xi_i', \eta_i') \in S_{ixy}$$

于是

$$\iint\limits_{S} R(x,y,z)\mathrm{d}x\mathrm{d}y = \lim_{\|\Delta\| \to 0} \sum_{i=1}^{n} R(\xi_i, \eta_i, \zeta_i) \Delta S_{ixy}$$

$$= \lim_{\|\Delta\|\to 0} \sum_{i=1}^{n} R(\xi_i, \eta_i, \zeta_i)\cos\gamma(\xi_i', \eta_i') \cdot \Delta S_i$$

$$= \lim_{\|\Delta\|\to 0} \sum_{i=1}^{n} R(\xi_i, \eta_i, \zeta_i)\cos\gamma(\xi_i, \eta_i) \cdot \Delta S_i = \iint_S R\cos\gamma dS$$

故在这一块上，有 $\iint_S R(x,y,z)dxdy = \iint_S R\cos\gamma dS$. 同理可得

$$\iint_S P(x,y,z)dydz = \iint_S P\cos\alpha dS, \quad \iint_S Q(x,y,z)dzdx = \iint_S Q\cos\beta dS.$$

（2）若某一块曲面 S 为母线平行坐标轴的柱面（这时 S 的方程不能同时用上述三种形式表示），其法方向的方向余弦 $\cos\alpha$，$\cos\beta$，$\cos\gamma$ 总有一个或两个恒为零.

若 $\cos\alpha = 0$，则 $\Delta S_{iyz} = 0$，这时

$$\iint_S P(x,y,z)dydz = \lim_{\|\Delta\|\to 0} \sum_{i=1}^{n} P(\xi_i, \eta_i, \zeta_i)\Delta S_{iyz} = 0 = \iint_S P\cos\alpha dS$$

若 $\cos\alpha \neq 0$，则由（1）已证结果，立刻得到 $\iint_S P(x,y,z)dydz = \iint_S P\cos\alpha dS$，对于另两个等式 $\iint_S Qdzdx = \iint_S Q\cos\beta dS$ 和 $\iint_S Rdxdy = \iint_S R\cos\gamma dS$，同理证得.

综上所述，公式（6-66）得证.

利用数量积，公式（6-48）也可以简写成

$$\iint_S Pdydz + Qdzdx + Rdxdy = \iint_S \boldsymbol{F} \cdot \boldsymbol{n} dS \tag{6-67}$$

其中 $\boldsymbol{F} = (P(x,y,z), Q(x,y,z), R(x,y,z))$，$\boldsymbol{n} = (\cos\alpha, \cos\beta, \cos\gamma)$.

例 6.42 点电荷 q 在真空中点 M 处产生的电场强度为 $E = \dfrac{q}{4\pi\varepsilon} \cdot \dfrac{\boldsymbol{r}}{r^3}$，其中 r 为点 M 的点电荷 q 的距离，即 $r = \sqrt{(x-x_0)^2 + (y-y_0)^2 + (z-z_0)^2}$，$\boldsymbol{r} = (x-x_0, y-y_0, z-z_0)$. 设 S 是以点电荷 q 为中心，以 a 为半径的球面，求通过球面 S 的电通量（即穿过球面的电力线的数量）.

解 所求电通量为

$$\Phi = \iint_S \boldsymbol{E} \cdot \boldsymbol{n} dS = \frac{q}{4\pi\varepsilon \cdot a^3} \iint_S \boldsymbol{r} \cdot \boldsymbol{n} dS$$

由于 $\boldsymbol{r}$ 的方向恰好与 $\boldsymbol{n}$ 一致，所以 $\boldsymbol{r} \cdot \boldsymbol{n} = r = a$，于是

$$\Phi = \frac{q}{4\pi\varepsilon \cdot a^3} \iint_S a dS = \frac{q}{4\pi\varepsilon \cdot a^3} \cdot a \cdot 4\pi a^2 = \frac{q}{\varepsilon}.$$

6.9.4 第二型曲面积分的计算

对于第二型曲面积分的一般计算问题，则需要将其化为二重积分解决.

定理 6.20 设有光滑曲面 $S: z = z(x,y)$ $(x,y) \in D$，其中 $D \subset \mathbf{R}^2$ 为有界闭区域. 又设函数 $P(x,y,z)$，$Q(x,y,z)$，$R(x,y,z)$ 皆在 S 上连续，则有

$$\iint_S P(x,y,z)dydz + Q(x,y,z)dzdx + R(x,y,z)dxdy$$

$$= \pm \iint\limits_{D} [P(x, y, z(x, y))(-z_x) + Q(x, y, z(x, y))(-z_x) + R(x, y, z(x, y))] \mathrm{d}x\mathrm{d}y$$
(6-68)

特别地

$$\iint\limits_{S} R\mathrm{d}x\mathrm{d}y = \pm \iint\limits_{D} R(x, y, z(x, y))\mathrm{d}x\mathrm{d}y. \tag{6-69}$$

右端积分号前面符号的确定：当有向曲面 S 的法方向与 z 轴正向成锐角时取正号；成钝角时取负号. 即当有向曲面 S 的法方向 $\boldsymbol{n}$ 与曲面的法向量$(-z_x(x, y),\ -z_y(x, y), 1)$ 相同时取正号；相反时取负号.

证 当法方向 $\boldsymbol{n}$ 与法向量$(-z_x(x, y),\ -z_y(x, y), 1)$ 一致时，$\boldsymbol{n}$ 方向余弦为

$$\cos\alpha = \frac{-z_x}{\sqrt{1 + z_x^2 + z_y^2}},\ \cos\beta = \frac{-z_y}{\sqrt{1 + z_x^2 + z_y^2}},\ \cos\gamma = \frac{1}{\sqrt{1 + z_x^2 + z_y^2}}(参见 5.7 节).$$

于是由公式(6-66)并利用第一型曲面积分计算公式，便得

$$\iint\limits_{S} P\mathrm{d}y\mathrm{d}z + Q\mathrm{d}z\mathrm{d}x + R\mathrm{d}x\mathrm{d}y = \iint\limits_{S} (P\cos\alpha + Q\cos\beta + R\cos\gamma)\mathrm{d}S$$

$$= \iint\limits_{S} [P \cdot (-z_x) + Q \cdot (-z_y) + R] \cdot \frac{1}{\sqrt{1 + z_x^2 + z_y^2}} \mathrm{d}S$$

$$= \iint\limits_{D} [P \cdot (-z_x) + Q \cdot (-z_x) + R] \mathrm{d}x\mathrm{d}y$$

定理 6.21 设有光滑曲面 S：$x = x(u, v),\ y = y(u, v),\ z = z(u, v)\ (u, v) \in D$，其中 $D \subset \mathbf{R}^2$ 为有界闭区域. 函数 $P(x, y, z),\ Q(x, y, z),\ R(x, y, z)$ 在 S 上连续，则有

$$\iint\limits_{S} P\mathrm{d}y\mathrm{d}z + Q\mathrm{d}z\mathrm{d}x + R\mathrm{d}x\mathrm{d}y = \pm \iint\limits_{D} \left[P \cdot \frac{\partial(y, z)}{\partial(u, v)} + Q \cdot \frac{\partial(z, x)}{\partial(u, v)} + R \cdot \frac{\partial(x, y)}{\partial(u, v)}\right] \mathrm{d}u\mathrm{d}v$$
(6-70)

右端积分号前面符号的确定：当有向曲面 S 的法方向 $\boldsymbol{n}$ 与曲面的法向量 $\boldsymbol{r}_u \times \boldsymbol{r}_v$ 方向相同时取正号；相反时取负号.

证 当法方向 $\boldsymbol{n}$ 与法向量 $\boldsymbol{r}_u \times \boldsymbol{r}_v$ 一致时，$\boldsymbol{n}$ 方向余弦为(参见 5.7 节)

$$\cos\alpha = \frac{\partial(y, z)}{\partial(u, v)} \cdot \frac{1}{\sqrt{EG - F^2}},$$

$$\cos\beta = \frac{\partial(z, x)}{\partial(u, v)} \cdot \frac{1}{\sqrt{EG - F^2}}$$

$$\cos\gamma = \frac{\partial(x, y)}{\partial(u, v)} \cdot \frac{1}{\sqrt{EG - F^2}}$$

根据公式(6-66)并利用第一型曲面积分计算公式，便得

$$\iint\limits_{S} P\mathrm{d}y\mathrm{d}z + Q\mathrm{d}z\mathrm{d}x + R\mathrm{d}x\mathrm{d}y = \iint\limits_{S} (P\cos\alpha + Q\cos\beta + R\cos\gamma)\mathrm{d}S$$

$$= \iint\limits_{S} \left[P \cdot \frac{\partial(y, z)}{\partial(u, v)} + Q \cdot \frac{\partial(z, x)}{\partial(u, v)} + R \cdot \frac{\partial(x, y)}{\partial(u, v)}\right] \cdot \frac{1}{\sqrt{EG - F^2}} \mathrm{d}S$$

$$= \iint\limits_{D} \left[P \cdot \frac{\partial(y, z)}{\partial(u, v)} + Q \cdot \frac{\partial(z, x)}{\partial(u, v)} + R \cdot \frac{\partial(x, y)}{\partial(u, v)}\right] \mathrm{d}u\mathrm{d}v.$$

例 6.43 计算 $\oiint\limits_{S} z^2 \mathrm{d}x\mathrm{d}y$，其中 S 为球面 $(x-1)^2 + (y-1)^2 + (z-1)^2 = 1$，取外法向，如图 6-59 所示.

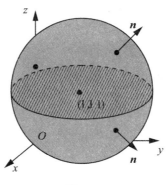

图 6-59

解 将球面分成上半球面 S_1 和下半球面 S_2 两块：

S_1：$z = 1 + \sqrt{1-(x-1)^2-(y-1)^2}$
S_2：$z = 1 - \sqrt{1-(x-1)^2-(y-1)^2}$，$(x,y) \in D$：$(x-1)^2 + (y-1)^2 \leq 1$

因为在半球面 S_1 上，外法向量与 z 轴成锐角，公式(6-68)右端积分号前取正号；而在下半球面 S_2 上，外法向量与 z 轴成钝角，公式(6-68)右端积分号前取负号. 并注意到在球面上，有 $z^2 = 2z - (x-1)^2 - (y-1)^2$，所以

$$\iint\limits_{S_1} z^2 \mathrm{d}x\mathrm{d}y = \iint\limits_{S_1} [2z - (x-1)^2 - (y-1)^2]\mathrm{d}x\mathrm{d}y$$
$$= \iint\limits_{D} [2 + 2\sqrt{1-(x-1)^2-(y-1)^2} - (x-1)^2 - (y-1)^2]\mathrm{d}x\mathrm{d}y$$

$$\iint\limits_{S_2} z^2 \mathrm{d}x\mathrm{d}y = \iint\limits_{S_2} [2z - (x-1)^2 - (y-1)^2]\mathrm{d}x\mathrm{d}y$$
$$= -\iint\limits_{D} [2 - 2\sqrt{1-(x-1)^2-(y-1)^2} - (x-1)^2 - (y-1)^2]\mathrm{d}x\mathrm{d}y$$

$$\oiint\limits_{S} z^2 \mathrm{d}x\mathrm{d}y = \iint\limits_{S_1} z^2 \mathrm{d}x\mathrm{d}y + \iint\limits_{S_2} z^2 \mathrm{d}x\mathrm{d}y = \iint\limits_{D} 4\sqrt{1-(x-1)^2-(y-1)^2}\mathrm{d}x\mathrm{d}y$$

作变量变换，$x - 1 = r\cos\theta$，$y - 1 = r\sin\theta$，则 D 变为 D'：$0 \leq \theta \leq 2\pi$，$0 \leq r \leq 1$. 故

$$\oiint\limits_{S} z^2 \mathrm{d}x\mathrm{d}y = \int_0^{2\pi} \mathrm{d}\theta \int_0^1 4\sqrt{1-r^2}\, r\mathrm{d}r = 2\pi \cdot \left[-\frac{4}{3}(1-r^2)^{\frac{3}{2}}\right]\Big|_0^1 = \frac{8\pi}{3}.$$

例 6.44 计算 $\iint\limits_{S}(x+z^2)\mathrm{d}y\mathrm{d}z - z\mathrm{d}x\mathrm{d}y$，其中 S 为抛物面 $z = \frac{1}{2}(x^2 + y^2)$ 介于平面 $z = 0$ 与 $z = 2$ 之间的部分，法方向朝下，如图 6-60 所示.

解 曲面的方程为 $z = \frac{1}{2}(x^2 + y^2)$，$x^2 + y^2 \leq 4$.

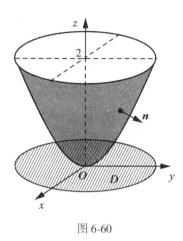

图 6-60

由于 $\dfrac{\partial z}{\partial x} = x$，且法方向与 z 轴成钝角，因此在应用公式(6-68)时，积分号前取负号.

$$\iint\limits_S (x + z^2)\mathrm{d}y\mathrm{d}z - z\mathrm{d}x\mathrm{d}y$$

$$= -\iint\limits_D \left\{\left[x + \dfrac{1}{4}(x^2+y^2)^2\right](-x) - \dfrac{1}{2}(x^2+y^2)\right\}\mathrm{d}x\mathrm{d}y(注意到对称性和奇偶性)$$

$$= \iint\limits_D \left[x^2 + \dfrac{1}{2}(x^2+y^2)\right]\mathrm{d}x\mathrm{d}y \quad \left(\iint\limits_D \dfrac{1}{4}x(x^2+y^2)^2\mathrm{d}x\mathrm{d}y = 0\right)$$

$$= \iint\limits_D \left[x^2 + \dfrac{1}{2}(x^2+y^2)\right]\mathrm{d}x\mathrm{d}y = \int_0^{2\pi}\mathrm{d}\theta\int_0^2\left(r^2\cos^2\theta + \dfrac{1}{2}r^2\right)r\mathrm{d}r$$

$$= \int_0^{2\pi}\mathrm{d}\theta\int_0^2 r^3\mathrm{d}r = 8\pi.$$

例 6.45 计算 $\oiint\limits_S x\mathrm{d}y\mathrm{d}z$，其中 S 为椭球面：$\dfrac{x^2}{a^2} + \dfrac{y^2}{b^2} + \dfrac{z^2}{c^2} = 1$，取外法方向，如图 6-61 所示.

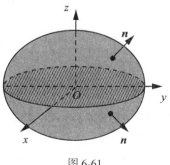

图 6-61

解 分三步来解：

(1) 用参数方程表示椭球面 S 并计算法向量 $\boldsymbol{r}_\varphi \times \boldsymbol{r}_\theta$.

椭球面 S 的参数方程为

$$x = a\sin\varphi\cos\theta, \quad y = b\sin\varphi\sin\theta, \quad z = c\cos\varphi (0 \leqslant \varphi \leqslant \pi, 0 \leqslant \theta \leqslant 2\pi).$$

由于 $\boldsymbol{r}_\varphi = (a\cos\varphi\cos\theta, b\cos\varphi\sin\theta, -c\sin\varphi)$, $\boldsymbol{r}_\theta = (-a\sin\varphi\sin\theta, b\sin\varphi\cos\theta, 0)$, 所以

$$\boldsymbol{r}_\varphi \times \boldsymbol{r}_\theta = \begin{vmatrix} \boldsymbol{i} & \boldsymbol{j} & \boldsymbol{k} \\ x_\varphi & y_\varphi & z_\varphi \\ x_\theta & y_\theta & z_\theta \end{vmatrix} = \left(\frac{\partial(y,z)}{\partial(\varphi,\theta)}, \frac{\partial(z,x)}{\partial(\varphi,\theta)}, \frac{\partial(x,y)}{\partial(\varphi,\theta)} \right)$$

$$= \begin{vmatrix} \boldsymbol{i} & \boldsymbol{j} & \boldsymbol{k} \\ a\cos\varphi\cos\theta & b\cos\varphi\sin\theta & -c\sin\varphi \\ -a\sin\varphi\sin\theta & b\sin\varphi\cos\theta & 0 \end{vmatrix}$$

$$= (bc\sin^2\varphi\cos\theta, ac\sin^2\varphi\sin\theta, ab\sin\varphi\cos\varphi).$$

(2) 验证外法向量 $\boldsymbol{n}$ 是否与法向量 $\boldsymbol{r}_\varphi \times \boldsymbol{r}_\theta$ 的方向一致.

在上半椭球面,即 $0 \leqslant \varphi \leqslant \dfrac{\pi}{2}$ 时, $\boldsymbol{r}_\varphi \times \boldsymbol{r}_\theta$ 的第三分量 $ab\sin\varphi\cos\varphi \geqslant 0$, $\boldsymbol{r}_\varphi \times \boldsymbol{r}_\theta$ 朝上, $\boldsymbol{r}_\varphi \times \boldsymbol{r}_\theta$ 与 $\boldsymbol{n}$ 一致;在下半椭球面,即 $\dfrac{\pi}{2} \leqslant \varphi \leqslant \pi$ 时,在该点处 $\boldsymbol{r}_\varphi \times \boldsymbol{r}_\theta$ 的第三分量的值 $ab\sin\varphi\cos\varphi \geqslant 0$, $\boldsymbol{r}_\varphi \times \boldsymbol{r}_\theta$ 朝下, $\boldsymbol{r}_\varphi \times \boldsymbol{r}_\theta$ 也与 $\boldsymbol{n}$ 一致. 因此应用公式(6-68)时符号取正号.

(3) 计算 $\oiint\limits_S x\mathrm{d}y\mathrm{d}z$ 的值. 由公式(6-68)得

$$\oiint\limits_S x\mathrm{d}y\mathrm{d}z = \iint\limits_D a\sin\varphi\cos\theta \cdot \frac{\partial(y,z)}{\partial(\varphi,\theta)}\mathrm{d}\varphi\mathrm{d}\theta$$

$$= \iint\limits_D a\sin\varphi\cos\theta \cdot bc\sin^2\varphi\cos\theta\mathrm{d}\varphi\mathrm{d}\theta = abc\int_0^{2\pi}\cos^2\theta\mathrm{d}\theta\int_0^\pi \sin^3\varphi\mathrm{d}\varphi$$

$$= 8abc\int_0^{\pi/2}\cos^2\theta\mathrm{d}\theta\int_0^{\pi/2}\sin^3\varphi\mathrm{d}\varphi = 8abc \cdot \frac{\pi}{4} \cdot \frac{2}{3} = \frac{4\pi}{3}abc.$$

当曲面的方程为 $S: x = x(y,z)(y,z) \in D$ 时,只要将这里的 x, y, z 分别当做公式(6-68)中的 z, x, y, 则可得到相应的公式:

$$\iint\limits_S P\mathrm{d}y\mathrm{d}z + Q\mathrm{d}z\mathrm{d}x + R\mathrm{d}x\mathrm{d}y = \iint\limits_S Q\mathrm{d}z\mathrm{d}x + R\mathrm{d}x\mathrm{d}y + P\mathrm{d}y\mathrm{d}z$$

$$= \pm\iint\limits_D [Q \cdot (-x_y) + R \cdot (-x_z) + P]\mathrm{d}y\mathrm{d}z$$

(6-71)

这时,当有向曲面 S 的法方向与 x 轴正向成锐角时取正号;成钝角时取负号. 即当有向曲面 S 的法方向 $\boldsymbol{n}$ 与曲面的法向量 $(1, -x_y(y,z), -x_z(y,z))$ 方向相同时取正号;相反时取负号. 读者可以仿照此办法写出曲面方程为 $S: x = x(y,z)(y,z) \in D$ 时的公式.

例 6.46 计算 $\iint\limits_S x^2 z\mathrm{d}y\mathrm{d}z + y^2\mathrm{d}z\mathrm{d}x + z\mathrm{d}x\mathrm{d}y$, 其中 S 为圆柱面 $x^2 + y^2 = 1$ 介于平面 $z = 0$ 与 $z = 2$ 之间且 $x \geqslant 0$ 的部分,法方向朝后,如图 6-62 所示.

解 曲面的方程为 $x = \sqrt{1-y^2}$, $D: -1 \leqslant y \leqslant 1, 0 \leqslant z \leqslant 2$.

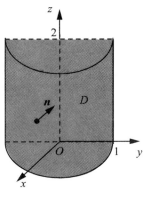

图 6-62

由于 $\dfrac{\partial x}{\partial y} = -\dfrac{y}{\sqrt{1-y^2}}$，$\dfrac{\partial x}{\partial z} = 0$，且法方向与 z 轴成钝角，因此积分号前取负号. 于是

$$\iint\limits_{S} x^2 z \mathrm{d}y\mathrm{d}z + y^2 \mathrm{d}z\mathrm{d}x + z \mathrm{d}x\mathrm{d}y = -\iint\limits_{D} [x^2 z + y^2 \cdot (-x_y) + z \cdot (-x_z)] \mathrm{d}y\mathrm{d}z$$

$$= \iint\limits_{D} \left[(1-y^2)z + y^2 \cdot \dfrac{y}{\sqrt{1-y^2}} + z \cdot 0 \right] \mathrm{d}y\mathrm{d}z = -\iint\limits_{D} (1-y^2) z \mathrm{d}y\mathrm{d}z$$

$$= -\int_{-1}^{1} (1-y^2) \mathrm{d}y \int_{0}^{2} z \mathrm{d}z = -\dfrac{8}{3}.$$

习题 6.9

1. 计算下列第二型曲面积分：

(1) $\iint\limits_{S} xyz \mathrm{d}x\mathrm{d}y$，其中 S 为球面 $x^2 + y^2 + z^2 = 1$ 在 $x \geq 0$，$y \geq 0$ 的部分，取外法向；

(2) $\iint\limits_{S} x\mathrm{d}y\mathrm{d}z + y\mathrm{d}z\mathrm{d}x + 2z\mathrm{d}x\mathrm{d}y$，其中 S 为抛物面 $x^2 + y^2 + 1 = z (z \leq 2)$，取外法向；

(3) $\iint\limits_{S} x\mathrm{d}y\mathrm{d}z + y\mathrm{d}z\mathrm{d}x + z\mathrm{d}x\mathrm{d}y$，其中 S 为上半球面 $z = \sqrt{a^2 - x^2 - y^2}$，取外法向；

(4) $\iint\limits_{S} (y-z) \mathrm{d}y\mathrm{d}z + (z-x) \mathrm{d}z\mathrm{d}x + (x-y) \mathrm{d}x\mathrm{d}y$，其中 S 为锥面 $\sqrt{x^2 + y^2} = z (z \leq h)$，取外法向；

(5) $\iint\limits_{S} x\mathrm{d}y\mathrm{d}z + y\mathrm{d}z\mathrm{d}x + z\mathrm{d}x\mathrm{d}y$，其中 S 为柱面 $x^2 + y^2 = 1 (0 \leq z \leq 3)$，取外法向；

(6) $\oiint\limits_{S} xz\mathrm{d}y\mathrm{d}z + xy\mathrm{d}z\mathrm{d}x + yz\mathrm{d}x\mathrm{d}y$，其中 S 为四面体抛物面 $x + y + z \leq 1$，$x \geq 0$，$y \geq 0$，$z \geq 0$ 的外表面；

(7) $\oiint\limits_{S} x^2 \mathrm{d}y\mathrm{d}z + y^2 \mathrm{d}z\mathrm{d}x + z^2 \mathrm{d}x\mathrm{d}y$，其中 S 为球面 $(x-a)^2 + (y-b)^2 + (z-c)^2 = R^2$，

取外法向；

(8) $\oiint\limits_{S} [f(x,y,z)+x]\mathrm{d}y\mathrm{d}z + [2f(x,y,z)+y]\mathrm{d}z\mathrm{d}x + [f(x,y,z)+z]\mathrm{d}x\mathrm{d}y$，其中 S 为平面 $x-y+z=1$ 位于第四卦限的部分，法向量向上；

(9) $\oiint\limits_{S} f(x)\mathrm{d}y\mathrm{d}z + g(y)\mathrm{d}z\mathrm{d}x + h(z)\mathrm{d}x\mathrm{d}y$，其中 S 为长方体 $0 \le x \le a$，$0 \le y \le b$，$0 \le z \le c$ 表面，取外法向.

6.10 高斯公式与斯托克斯公式

格林公式揭示了平面有界区域上的二重积分与其边界曲线上的第二型曲线积分之间的关系. 本节把这种关系作两方面推广：一是推广为高斯(Gauss)公式——揭示空间有界区域上的三重积分与其边界曲面上的第二型曲面积分之间的关系；二是推广为斯托克斯(Stokes)公式——揭示空间有界曲面上的第二型曲面积分与其边界曲线上的第二型曲线积分之间的关系.

6.10.1 高斯公式

定理 6.22(高斯公式) 设 V 为空间有界闭区域，其边界曲面 S 为分片光滑的封闭曲面. 如果函数 $P(x,y,z)$，$Q(x,y,z)$，$R(x,y,z)$ 皆在 V 上具有连续的一阶偏导数，则有

$$\oiint\limits_{S} P\mathrm{d}y\mathrm{d}z + Q\mathrm{d}z\mathrm{d}x + R\mathrm{d}x\mathrm{d}y = \iiint\limits_{V}\left(\frac{\partial P}{\partial x} + \frac{\partial Q}{\partial y} + \frac{\partial R}{\partial z}\right)\mathrm{d}x\mathrm{d}y\mathrm{d}z \tag{6-72}$$

或

$$\oiint\limits_{S}(P\cos\alpha + Q\cos\beta + R\cos\gamma)\mathrm{d}S = \iiint\limits_{V}\left(\frac{\partial P}{\partial x} + \frac{\partial Q}{\partial y} + \frac{\partial R}{\partial z}\right)\mathrm{d}x\mathrm{d}y\mathrm{d}z \tag{6-73}$$

其中曲面的法方向取外法向，其方向余弦为 $\cos\alpha$，$\cos\beta$，$\cos\gamma$.

证 公式(6-72)可以分解为下面三个式子之和：

$$\oiint\limits_{S} R\mathrm{d}x\mathrm{d}y = \iiint\limits_{V}\frac{\partial R}{\partial z}\mathrm{d}x\mathrm{d}y\mathrm{d}z,$$

$$\oiint\limits_{S} P\mathrm{d}y\mathrm{d}z = \iiint\limits_{V}\frac{\partial P}{\partial x}\mathrm{d}x\mathrm{d}y\mathrm{d}z$$

$$\oiint\limits_{S} Q\mathrm{d}z\mathrm{d}x = \iiint\limits_{V}\frac{\partial Q}{\partial y}\mathrm{d}x\mathrm{d}y\mathrm{d}z.$$

由于这三个式子的证明类似，故下面只证明第一个式子成立.

先考虑 V 是 xy 型区域，即其边界曲面 S 由曲面

$$S_1: z = z_1(x,y), \quad S_2: z = z_2(x,y), \quad (x,y) \in D, \ z_1(x,y) \le z_2(x,y)$$

以及母线平行于 z 轴的柱面所组成，如图 6-63 所示. 分别应用第二型曲面积分的计算公式和三重积分的计算公式，得

$$\oiint\limits_{S} R\mathrm{d}x\mathrm{d}y = \iint\limits_{S_1} R\mathrm{d}x\mathrm{d}y + \iint\limits_{S_2} R\mathrm{d}x\mathrm{d}y + \iint\limits_{S_3} R\mathrm{d}x\mathrm{d}y$$

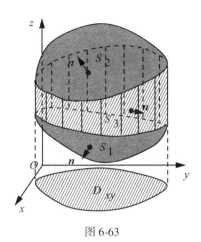

图 6-63

$$= -\iint_D R(x, y, z_1(x, y))dxdy + \iint_D R(x, y, z_1(x, y))dxdy + 0$$

$$= \iint_D [R(x, y, z_1(x, y)) - R(x, y, z_1(x, y))]dxdy$$

$$= \iint_D dxdy \int_{z_1(x,y)}^{z_2(x,y)} \frac{\partial R}{\partial z} dz = \iiint_V \frac{\partial R}{\partial z} dxdydz.$$

对于一般空间有界区域 V，则可以用一些辅助曲面把 V 分成若干块 xy 型区域 V_i，在每一块 V_i 上，上式成立，再把这些式子相加，注意到在辅助曲面上的第二型曲面积分要正反两个方向各积分一次，恰好方向抵消，因此上式依然成立．综上所述，定理得证．

例 6.47 试用高斯公式计算 $\oiint_S x dydz$，其中 S 为椭球面 $\frac{x^2}{a^2} + \frac{y^2}{b^2} + \frac{z^2}{c^2} = 1$，取外法向（见上节例 6.45）．

解 应用高斯公式得

$$\oiint_S x dydz = \iiint_V 1 \cdot dxdydz = V = \frac{4\pi}{3}abc.$$

对于某些非封闭的曲面上的第二型曲面积分，可以借助高斯公式，使得计算简便．

例 6.48 计算 $\iint_S (x + z^2)dydz - zdxdy$，其中 S 为抛物面 $z = \frac{1}{2}(x^2 + y^2)$ 介于平面 $z = 0$ 与 $z = 2$ 之间的部分，法方向朝下（上节例 6.44）．

解 作辅助曲面 S_0：$z = 2$，$x^2 + y^2 \leq 4$，法方向朝上，则 $S \cup S_0$ 为分片光滑的封闭曲面如图 6-64 所示，于是应用高斯公式得

$$(\iint_S + \iint_{S_0})\{(x + z^2)dydz - zdxdy\} = \iiint_V (1 + 0 - 1)dxdydz = 0$$

因此 $\iint_S (x + z^2)dydz - zdxdy = -\iint_{S_0} (x + z^2)dydz - zdxdy$

$$= -\iint_D [(x + z^2) \cdot 0 - 2]dxdy = 2\iint_D dxdy = 8\pi$$

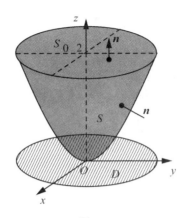

图 6-64

◎ **思考题** $\dfrac{1}{3}\oiint\limits_{S} x\mathrm{d}y\mathrm{d}z + y\mathrm{d}z\mathrm{d}x + z\mathrm{d}x\mathrm{d}y = ?$

6.10.2 斯托克斯公式

先介绍一种特殊的曲面.

定义 6.10 设曲面 S 的方程为：$x = x(u,v),\ y = y(u,v),\ z = z(u,v)(u,v) \in D$，即方程 S 是 uv 平面上有界区域 D 到 $Oxyz$ 空间中的映射的像. 如果这种映射是一一映射，又 $\bm{r}_u \times \bm{r}_v \neq 0$，且函数 $x(u,v)$，$y(u,v)$，$z(u,v)$ 在 D 上皆具有连续的二阶偏导数，则称 S 为 C^2 类曲面.

定理 6.23（斯托克斯公式） 设 S 为 C^2 类曲面，其边界 L 为逐段光滑的闭曲线. 如果函数 $P(x,y,z)$，$Q(x,y,z)$，$R(x,y,z)$ 皆在 $S \cup L$ 上具有连续的一阶偏导数，则有

$$\oint_L P\mathrm{d}x + Q\mathrm{d}y + R\mathrm{d}z = \iint_S \left(\frac{\partial R}{\partial y} - \frac{\partial Q}{\partial z}\right)\mathrm{d}y\mathrm{d}z + \left(\frac{\partial P}{\partial z} - \frac{\partial R}{\partial x}\right)\mathrm{d}z\mathrm{d}x + \left(\frac{\partial Q}{\partial x} - \frac{\partial P}{\partial y}\right)\mathrm{d}x\mathrm{d}y \quad (6\text{-}74)$$

或

$$\oint_L (P\cos\overline{\alpha} + Q\cos\overline{\beta} + R\cos\overline{\gamma})\mathrm{d}s$$

$$= \iint_S \left[\left(\frac{\partial R}{\partial y} - \frac{\partial Q}{\partial z}\right)\cos\alpha + \left(\frac{\partial P}{\partial z} - \frac{\partial R}{\partial x}\right)\cos\beta + \left(\frac{\partial Q}{\partial x} - \frac{\partial P}{\partial y}\right)\cos\gamma\right]\mathrm{d}S \quad (6\text{-}75)$$

其中曲线 L 的切向（即切方向）与曲面的 S 法向成右手螺旋法则，如图 6-65 所示，$\cos\alpha$，$\cos\beta$，$\cos\gamma$ 为 S 法方向的方向余弦；$\cos\overline{\alpha}$，$\cos\overline{\beta}$，$\cos\overline{\gamma}$ 为 L 切方向的方向余弦.

证 先来证明

$$\oint_L P\mathrm{d}x = \iint_S \frac{\partial P}{\partial z}\mathrm{d}z\mathrm{d}x - \frac{\partial P}{\partial y}\mathrm{d}x\mathrm{d}y \quad (6\text{-}76)$$

设 S 的方程为：$x = x(u,v),\ y = y(u,v),\ z = z(u,v)(u,v) \in D$，其中 $D \subset \mathbf{R}^2$ 为有界闭区域. 取 S 的法向为 $\bm{r}_u \times \bm{r}_v$ 的方向. S 的边界曲线 L 可以表示为：

$$x = x(u(t), v(t)),\quad y = y(u(t), v(t)),\quad z = z(u(t), v(t)),\ t_1 \leqslant t \leqslant t_2,$$

设曲线方向为 $t_1 \to t_2$.

从映射的角度来看，曲面 S 是平面区域 D 到 $Oxyz$ 空间中映射 T 的像，如图 6-66 所示，

6.10 高斯公式与斯托克斯公式

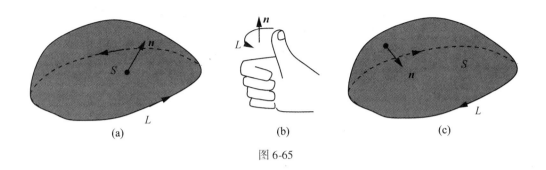

图 6-65

其边界 L 是平面区域 D 的边界 C 的像. C 的方程为 $u = u(t)$, $v = v(t)$, $t_1 \leqslant t \leqslant t_2$.

按照第二型曲线积分计算公式, 有

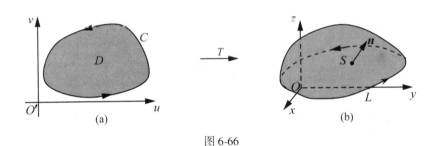

图 6-66

$$\oint_L P\mathrm{d}x = \int_{t_1}^{t_2} P[x(u(t), v(t)), y(u(t), v(t)), z(u(t), v(t))][x_u u'(t) + x_v v'(t)]\mathrm{d}t$$

$$= \oint_C P[x(u, v), y(u, v), z(u, v)][x_u \mathrm{d}u + x_v \mathrm{d}v]$$

$$= \oint_C P \cdot x_u \mathrm{d}u + P \cdot x_v \mathrm{d}v \text{ （应用格林公式）} = \iint_D \left[\frac{\partial}{\partial u}(P \cdot x_v) - \frac{\partial}{\partial v}(P \cdot x_u)\right]\mathrm{d}u\mathrm{d}v$$

$$= \iint_D \left[\frac{\partial P}{\partial u} \cdot x_v + P \cdot x_{vu} - \frac{\partial P}{\partial v} \cdot x_u - P \cdot x_{uv}\right]\mathrm{d}u\mathrm{d}v = \iint_D \left[\frac{\partial P}{\partial u} \cdot x_v - \frac{\partial P}{\partial v} \cdot x_u\right]\mathrm{d}u\mathrm{d}v$$

由于

$$\frac{\partial P}{\partial u} \cdot x_v - \frac{\partial P}{\partial v} \cdot x_u = \left(\frac{\partial P}{\partial x} \cdot x_u + \frac{\partial P}{\partial y} \cdot y_u + \frac{\partial P}{\partial z} \cdot z_u\right) \cdot x_v - \left(\frac{\partial P}{\partial x} \cdot x_v + \frac{\partial P}{\partial y} \cdot y_v + \frac{\partial P}{\partial z} \cdot z_v\right) \cdot x_u$$

$$= \frac{\partial P}{\partial y}(x_v y_u - x_u y_v) + \frac{\partial P}{\partial z}(z_u x_v - z_v x_u) = \frac{\partial P}{\partial z} \cdot \frac{\partial(z, x)}{\partial(u, v)} - \frac{\partial P}{\partial y} \cdot \frac{\partial(x, y)}{\partial(u, v)}$$

于是就有

$$\oint_L P\mathrm{d}x = \iint_D \left[\frac{\partial P}{\partial z} \cdot \frac{\partial(z, x)}{\partial(u, v)} - \frac{\partial P}{\partial y} \cdot \frac{\partial(x, y)}{\partial(u, v)}\right]\mathrm{d}u\mathrm{d}v$$

另一方面, 按照第二型曲面积分计算公式, 又有

$$\iint_S \frac{\partial P}{\partial z}\mathrm{d}z\mathrm{d}x - \frac{\partial P}{\partial y}\mathrm{d}x\mathrm{d}y = \iint_D \left[\frac{\partial P}{\partial z} \cdot \frac{\partial(z, x)}{\partial(u, v)} - \frac{\partial P}{\partial y} \cdot \frac{\partial(x, y)}{\partial(u, v)}\right]\mathrm{d}u\mathrm{d}v$$

结合上面两式便证得式(6-76). 同理可证得

$$\oint_L Q\mathrm{d}y = \iint_S -\frac{\partial Q}{\partial z}\mathrm{d}y\mathrm{d}z + \frac{\partial Q}{\partial x}\mathrm{d}x\mathrm{d}y, \quad \oint_L R\mathrm{d}z = \iint_S \frac{\partial R}{\partial y}\mathrm{d}y\mathrm{d}z - \frac{\partial R}{\partial x}\mathrm{d}z\mathrm{d}x.$$

把式(6-76)与这两个式子相加,便得到式(6-74).

显然,对于由有限多块 C^2 类曲面拼接成(不发生重叠)的双侧曲面,斯托克斯公式依然成立. 因为这时在每两块的公共边界上的曲线积分来回各一次恰好抵消.

应用斯托克斯公式时,为便于记忆,通常把它写成下面形式:

$$\oint_L P\mathrm{d}x + Q\mathrm{d}y + R\mathrm{d}z = \iint_S \begin{vmatrix} \mathrm{d}y\mathrm{d}z & \mathrm{d}z\mathrm{d}x & \mathrm{d}x\mathrm{d}y \\ \dfrac{\partial}{\partial x} & \dfrac{\partial}{\partial y} & \dfrac{\partial}{\partial z} \\ P & Q & R \end{vmatrix} \tag{6-77}$$

例 6.49 计算 $\oint_L (z-y)\mathrm{d}x + (x-z)\mathrm{d}y + (y-x)\mathrm{d}z$,其中 L 为椭圆: $x - y + z = 1$, $x^2 + y^2 = 1$,从 z 轴正向看沿逆时针方向.

解 L 为椭圆盘 $S: z = 1 - x + y,\ x^2 + y^2 \leqslant 1$ 的边界(见图 6-36).

分别应用斯托克斯公式和第二型曲面积分的计算公式,得

$$\oint_L (z-y)\mathrm{d}x + (x-z)\mathrm{d}y + (y-x)\mathrm{d}z = \iint_S \begin{vmatrix} \mathrm{d}y\mathrm{d}z & \mathrm{d}z\mathrm{d}x & \mathrm{d}x\mathrm{d}y \\ \dfrac{\partial}{\partial x} & \dfrac{\partial}{\partial y} & \dfrac{\partial}{\partial z} \\ z-y & x-z & y-x \end{vmatrix}$$

$$= 2\iint_S \mathrm{d}y\mathrm{d}z + \mathrm{d}z\mathrm{d}x + \mathrm{d}x\mathrm{d}y = 2\iint_{x^2+y^2 \leqslant 1} (-1 + 1 + 1)\mathrm{d}x\mathrm{d}y = 2\pi.$$

命题 6.1 斯托克斯公式对于 S 为按段光滑曲面(正则曲面)也是成立的:

* **证** 由于光滑曲面在局部范围内,它的方程总化为 $z = z(x, y)$, $x = x(y, z)$ 或 $y = y(z, x)$ 之一的形式(参见 5.7 节关于光滑曲面的定义及 5.6 节的隐函数定理). 证明的思路是:可用一些辅助曲线将曲面 S 分块处理,使得公式(6-74)在每一块上成立. 再把这些式子相加,注意到左边曲线积分在辅助曲线上的第二型曲线积分要正反两个方向各积分一次,恰好相互抵消,因此式(6-74)依然成立. 以下分两种情形来证.

(1) 若在某一块上,S 的方程同时可用 $z = z(x, y)$, $x = x(y, z)$ 和 $y = y(z, x)$ 三种形式表示,先证式(6-76). 因为 S 的方程可用 $z = z(x, y)$, $(x, y) \in D$ 表示,如图 6-67 所示, 所以 S 的边界曲线 L 在 xy 平面上的投影是区域 D 的边界曲线,即 $C: x = x(t)$, $y = y(t)$, $t_1 \leqslant t \leqslant t_2$, $t_1 \to t_2$. 于是 L 的方程为

$$L: x = x(t),\ y = y(t),\ z = z(x(t), y(t)),\ t_1 \leqslant t \leqslant t_2.$$

根据第二型曲线积分计算公式及格林公式,得

$$\oint_L P\mathrm{d}x = \int_{t_1}^{t_2} P[x(t), y(t), z(x(t), y(t))]x'(t)\mathrm{d}t = \oint_C P(x, y, z(x, y))\mathrm{d}x$$

$$= \iint_D -\frac{\partial}{\partial y}[P(x, y, z(x, y))]\mathrm{d}x\mathrm{d}y = -\iint_D \left[\frac{\partial P}{\partial y} + \frac{\partial P}{\partial z}\frac{\partial z}{\partial y}\right]\mathrm{d}x\mathrm{d}y$$

另一方面,按照第二型曲面积分计算公式

$$\iint_S \frac{\partial P}{\partial z}\mathrm{d}z\mathrm{d}x - \frac{\partial P}{\partial y}\mathrm{d}x\mathrm{d}y = \iint_D \left[\frac{\partial P}{\partial z}\left(-\frac{\partial z}{\partial y}\right) - \frac{\partial P}{\partial y}\right]\mathrm{d}x\mathrm{d}y = -\iint_D \left[P_y + P_z\frac{\partial z}{\partial y}\right]\mathrm{d}x\mathrm{d}y.$$

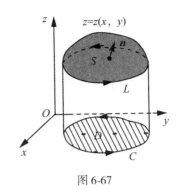

图 6-67

这就证明了式(6-76),同理可证另两个等式.因此斯托克斯公式对于这种情形是成立的.

(2) 若曲面为母线平行坐标轴的柱面上一部分(这时 S 的方程不能同时用上述三种形式表示),不妨设其母线平行于 z 轴,其方程为 $y = y(x)$ 或 $x = x(y)$,如图 6-68 所示. 现将柱面 $y = y(x)$ 或 $x = x(y)$ 作适当的旋转坐标变换,比如绕着 l 轴(虚直线)旋转一定角度,曲面 S 即变为 S',边界 L 变为 L',S' 的方程则可同时用

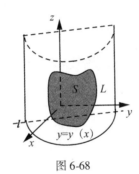

图 6-68

$$z' = z(x', y'), \quad x' = x(y', z'), \quad y' = y(x', z')$$

来表示,于是斯托克斯公式在 S' 上成立,即

$$\oint_{L'} P\mathrm{d}x' + Q\mathrm{d}y' + R\mathrm{d}z' = \iint_{S'} \begin{vmatrix} \mathrm{d}y'\mathrm{d}z' & \mathrm{d}z'\mathrm{d}x' & \mathrm{d}x'\mathrm{d}y' \\ \dfrac{\partial}{\partial x'} & \dfrac{\partial}{\partial y'} & \dfrac{\partial}{\partial z'} \\ P & Q & R \end{vmatrix}$$

由于旋转变换保持距离和面积不变,故有(参见附录 1)

$$\oint_L P\mathrm{d}x + Q\mathrm{d}y + R\mathrm{d}z = \oint_{L'} P\mathrm{d}x' + Q\mathrm{d}y' + R\mathrm{d}z'$$

$$= \iint_{S'} \begin{vmatrix} \mathrm{d}y'\mathrm{d}z' & \mathrm{d}z'\mathrm{d}x' & \mathrm{d}x'\mathrm{d}y' \\ \dfrac{\partial}{\partial x'} & \dfrac{\partial}{\partial y'} & \dfrac{\partial}{\partial z'} \\ P & Q & R \end{vmatrix} = \iint_{S} \begin{vmatrix} \mathrm{d}y\mathrm{d}z & \mathrm{d}z\mathrm{d}x & \mathrm{d}x\mathrm{d}y \\ \dfrac{\partial}{\partial x} & \dfrac{\partial}{\partial y} & \dfrac{\partial}{\partial z} \\ P & Q & R \end{vmatrix}$$

即斯托克斯公式(6-74)仍然成立.

应用斯托克斯公式,还可以导出空间曲线积分与连续无关的条件. 为此先介绍空间单连通区域的概念:空间区域 V 称为**单连通区域**,如果 V 内任一封闭曲线皆可以在 V 内连续收缩到一点. 如球体、长方体是单连通区域,而环状区域不是单连通区域.

定理 6.24 设 V 为空间单连通区域,函数 $P(x, y, z)$,$Q(x, y, z)$,$R(x, y, z)$ 皆在 V 上连续,且具有连续的偏导数,则下面四个命题互相等价.

(1) 沿 V 内的任何一条逐段光滑的封闭曲线 L,有 $\oint_L P\mathrm{d}x + Q\mathrm{d}y + R\mathrm{d}z = 0$;

(2) 沿 V 内的任何一条逐段光滑的曲线 L,曲线积分 $\int_L P\mathrm{d}x + Q\mathrm{d}y + R\mathrm{d}z$ 只与 L 的起点和终点位置有关,而与积分路线无关;

(3) 被积式 $P(x, y, z)\mathrm{d}x + Q(x, y, z)\mathrm{d}y + R(x, y, z)\mathrm{d}z$ 恰为某一函数 $u(x, y, z)$ 的全微分,即在 D 内有 $\mathrm{d}u = P(x, y, z)\mathrm{d}x + Q(x, y, z)\mathrm{d}y + R(x, y, z)\mathrm{d}z$;

(4) 等式 $\dfrac{\partial R}{\partial y} - \dfrac{\partial Q}{\partial z} = 0$,$\dfrac{\partial P}{\partial z} - \dfrac{\partial R}{\partial x} = 0$,$\dfrac{\partial Q}{\partial x} - \dfrac{\partial P}{\partial y} = 0$ 在 V 内处处成立.

这个定理的证明与 6.7 节定理 6.18 的证明类似,这里不赘述了.

习题 6.10

1. 计算下列第二型曲面积分:

(1) $\oiint_S x(y - z)\mathrm{d}y\mathrm{d}z + (x - y)\mathrm{d}x\mathrm{d}y$,其中 S 为柱体 $x^2 + y^2 \leq 1$,$0 \leq z \leq 3$ 表面,取外法向;

(2) $\oiint_S x^2\mathrm{d}y\mathrm{d}z + y^2\mathrm{d}z\mathrm{d}x + z^2\mathrm{d}x\mathrm{d}y$,其中 S 为长方体 $0 \leq x \leq a$,$0 \leq y \leq b$,$0 \leq z \leq c$ 表面,取外法向;

(3) $\oiint_S x^3\mathrm{d}y\mathrm{d}z + y^3\mathrm{d}z\mathrm{d}x + z^3\mathrm{d}x\mathrm{d}y$,其中 S 为球面 $x^2 + y^2 + z^2 = a^2$,取外法向;

(4) $\iint_S (x^2\cos\alpha + y^2\cos\beta + z^2\cos\gamma)\mathrm{d}S$,其中 S 为锥面 $\sqrt{x^2 + y^2} = z(z \leq h)$,$\cos\alpha$,$\cos\beta$,$\cos\gamma$ 为 S 的外法向量的方向余弦;

(5) $\iint_S x\mathrm{d}y\mathrm{d}z$,其中 S 为抛物面 $z = 1 - (x^2 + y^2)(z \geq 0)$,取外法向.

2. 计算下列第二型曲线积分:

(1) $\oint_L z\mathrm{d}x + x\mathrm{d}y + y\mathrm{d}z$,其中 L 为三角形 $x + y + z = 1$,$x \geq 0$,$y \geq 0$,$z \geq 0$ 的边界且按 $(1, 0, 0) \to (0, 1, 0) \to (0, 0, 1) \to (1, 0, 0)$ 的方向行进;

(2) $\oint_L y\mathrm{d}x + z\mathrm{d}y + x\mathrm{d}z$,其中 L 为圆周 $x^2 + y^2 + z^2 = a^2$,$x + y + z = 0$,从 z 轴正向看依逆时针方向行进;

(3) $\oint_L (y^2 - z^2)\mathrm{d}x + (z^2 - x^2)\mathrm{d}y + (x^2 - y^2)\mathrm{d}z$,其中 L 为正方体 $0 \leq x \leq 1$,$0 \leq y \leq$

1,$0 \leq z \leq 1$ 的表面与平面 $x + y + z = \dfrac{3}{2}$ 的交线,且按图 6-69 所示的方向行进;

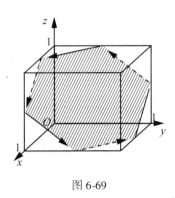

图 6-69

(4) $\oint_L (y-z)dx + (z-x)dy + (x-y)dz$,其中 L 为椭圆 $x^2 + y^2 = a^2$,$\dfrac{x}{a} + \dfrac{y}{b} = 1 (a > 0, b > 0)$,从 z 轴正向看依逆时针方向行进;

(5) $\oint_L (y^2 + z^2)dx + (z^2 + x^2)dy + (x^2 + y^2)dz$,其中 L 为上半球面 $\sqrt{2bx - x^2 - y^2} = z$ 与圆柱面 $x^2 + y^2 = 2ax (b > a > 0)$ 的交线;从 z 轴正向看依逆时针方向行进.

3. 设 S 为空间有界闭区域 V 的光滑边界,$\boldsymbol{n} = (\cos\alpha, \cos\beta, \cos\gamma)$ 为 S 的单位外法向量,$\boldsymbol{r} = (x, y, z)$ 为矢径,$r = |\boldsymbol{r}|$,证明:$\dfrac{1}{2}\oiint_S \cos<\boldsymbol{n},\boldsymbol{r}>\mathrm{d}S = \iiint_V \dfrac{\mathrm{d}x\mathrm{d}y\mathrm{d}z}{r}$.

4. 设 S 为空间有界闭区域 V 的光滑边界曲面,$\boldsymbol{n}$ 为 S 的外法向,函数 $u(x, y, z)$,$v(x, y, z)$ 皆在 V 上具有二阶连续偏导数,令 $\Delta u = \dfrac{\partial^2 u}{\partial x^2} + \dfrac{\partial^2 u}{\partial y^2} + \dfrac{\partial^2 u}{\partial z^2}$,$\Delta v = \dfrac{\partial^2 v}{\partial x^2} + \dfrac{\partial^2 v}{\partial y^2} + \dfrac{\partial^2 v}{\partial z^2}$,证明:

(1) $\oiint_S \dfrac{\partial u}{\partial \boldsymbol{n}}\mathrm{d}S = \iiint_V \Delta u \mathrm{d}x\mathrm{d}y\mathrm{d}z$;

(2) $\oiint_S u\dfrac{\partial u}{\partial \boldsymbol{n}}\mathrm{d}S = \iiint_V \Delta u \mathrm{d}x\mathrm{d}y\mathrm{d}z + \iiint_V \left[\left(\dfrac{\partial u}{\partial x}\right)^2 + \left(\dfrac{\partial u}{\partial y}\right)^2 + \left(\dfrac{\partial u}{\partial z}\right)^2\right]\mathrm{d}x\mathrm{d}y\mathrm{d}z$;

(3) $\oiint_S \begin{vmatrix} \dfrac{\partial u}{\partial \boldsymbol{n}} & \dfrac{\partial v}{\partial \boldsymbol{n}} \\ u & v \end{vmatrix} \mathrm{d}S = \iiint_V \begin{vmatrix} \Delta u & \Delta v \\ u & v \end{vmatrix} \mathrm{d}x\mathrm{d}y\mathrm{d}z$.

6.11 含参变量的积分

本节要讨论一类特殊的积分,它的被积函数除了依赖于积分变量外,还依赖于其他变量——(称为)参变量,这类积分称为含参变量的积分.

含参变量的积分其实在前面我们已经遇到过,例如在化重积分为累次积分时,就遇到过积分

$$\int_c^d f(x,y)\,\mathrm{d}y \qquad \text{与} \qquad \int_{c(x)}^{d(x)} f(x,y)\,\mathrm{d}y,$$

以及

$$\int_{z_1(x,y)}^{z_2(x,y)} f(x,y,z)\,\mathrm{d}z \qquad \text{与} \qquad \iint_{D_Z} f(x,y,z)\,\mathrm{d}x\mathrm{d}y.$$

其中前两个积分的参变量都是 x，第三个积分有两个参变量 x 和 y，最后一个积分的参变量为 z，参变量在积分过程中是保持不变的.

为方便起见，我们这里只讨论含有一个参变量和一个积分变量的含参变量积分. 如同一元函数的积分包括定积分与广义积分一样，含参变量的积分也包括含参变量的定积分和广义积分两类.

6.11.1 含参变量的定积分

本节讨论含参变量的定积分的几个基本性质及其应用.

性质 6.14(连续性)　如果函数 $f(x,y)$ 在矩形区域 $D = [a,b] \times [c,d]$ 上连续，则含参变量的积分

$$\varphi(x) = \int_c^d f(x,y)\,\mathrm{d}y$$

是 $[a,b]$ 上的连续函数.

证　设 $x_0 \in [a,b]$ 为任一点，$\forall x \in [a,b]$，有

$$\varphi(x) - \varphi(x_0) = \int_c^d [f(x,y) - f(x_0,y)]\,\mathrm{d}y.$$

$\forall \varepsilon > 0$，由 $f(x,y)$ 在 $D = [a,b] \times [c,d]$ 上连续必一致连续知，$\exists \delta > 0$，对 $\forall (x,y) \in D$ 及 $\forall (x_0,y) \in D$，只要 $|x - x_0| < \delta$，就有

$$|f(x,y) - f(x_0,y)| < \frac{\varepsilon}{d-c}$$

从而，当 $x \in [a,b]$ 且 $|x - x_0| < \delta$ 时，就有

$$|\varphi(x) - \varphi(x_0)| \leqslant \int_c^d |f(x,y) - f(x_0,y)|\,\mathrm{d}y < \int_c^d \frac{\varepsilon}{d-c}\,\mathrm{d}y = \varepsilon$$

因此 $\varphi(x)$ 在 x_0 连续，由 $x_0 \in [a,b]$ 的任意性知 $\varphi(x)$ 在 $[a,b]$ 上连续.

性质 6.15(连续性)　如果函数 $f(x,y)$ 在 x 型区域 $G: a \leqslant x \leqslant b, c(x) \leqslant y \leqslant d(x)$ 上连续，其中 $c(x)$ 和 $d(x)$ 在 $[a,b]$ 上连续，则含参变量的积分

$$\Phi(x) = \int_{c(x)}^{d(x)} f(x,y)\,\mathrm{d}y$$

是 $[a,b]$ 上的连续函数.

证　用换元积分法，令 $y = c(x) - t(d(x) - c(x))$，则当 $y: c(x) \to d(x)$ 时，$t: 0 \to 1$，且 $\mathrm{d}y = (d(x) - c(x))\mathrm{d}t$. 于是得

$$\Phi(x) = \int_{c(x)}^{d(x)} f(x,y)\,\mathrm{d}y = \int_0^1 f[x, c(x) - t(d(x) - c(x))](d(x) - c(x))\,\mathrm{d}t.$$

根据连续函数的四则运算及复合运算性质知道，等式右端被积函数

$$\bar{f}(x,t) = f[x, c(x) - t(d(x) - c(x))](d(x) - c(x))$$

在矩形区域 $[a, b] \times [0, 1]$ 上连续，因而由性质 6.14 推得 $\Phi(x)$ 在 $[a, b]$ 上连续.

性质 6.16（可微性） 如果函数 $f(x, y)$ 及其偏导数 $f_x(x, y)$ 皆在矩形区域 $D = [a, b] \times [c, d]$ 上连续，则含参变量的积分

$$\varphi(x) = \int_c^d f(x, y) \, dy$$

在 $[a, b]$ 上可微，且 $\quad \dfrac{d}{dx} \int_c^d f(x, y) \, dy = \int_c^d f_x(x, y) \, dy \quad$ (6-78)

证 设 $x \in [a, b]$ 为任一点，$\forall x + \Delta x \in [a, b]$，有

$$\frac{\varphi(x + \Delta x) - \varphi(x)}{\Delta x} = \int_c^d \frac{f(x + \Delta x, y) - f(x, y)}{\Delta x} \, dy$$

根据微分中值定理，有 $\dfrac{f(x + \Delta x, y) - f(x, y)}{\Delta x} = f_x(x + \theta \Delta x, y), \ 0 < \theta < 1.$

于是有 $\quad \lim\limits_{\Delta x \to 0} \dfrac{\varphi(x + \Delta x) - \varphi(x)}{\Delta x} = \lim\limits_{\Delta x \to 0} \int_c^d f_x(x + \theta \Delta x, y) \, dy$

由于 $f_x(x, y)$ 在 $D = [a, b] \times [c, d]$ 上连续，故由性质 6.14 知道，含参变量积分 $g(x) = \int_c^d f_x(x, y) \, dy$ 在 $[a, b]$ 上连续，因而 $\lim\limits_{\Delta x \to 0} g(x + \theta \Delta x) = g(x)$，即

$$\lim_{\Delta x \to 0} \int_c^d f_x(x + \theta \Delta x, y) \, dy = \int_c^d f_x(x, y) \, dy$$

这就证得 $\quad \lim\limits_{\Delta x \to 0} \dfrac{\varphi(x + \Delta x) - \varphi(x)}{\Delta x} = \int_c^d f_x(x, y) \, dy$，即 $\quad \dfrac{d}{dx} \int_c^d f(x, y) \, dy = \int_c^d f_x(x, y) \, dy.$

性质 6.17（可微性） 如果函数 $f(x, y)$ 及其偏导数 $f_x(x, y)$ 皆在矩形区域 $D = [a, b] \times [c, d]$ 上连续，函数 $c(x)$ 和 $d(x)$ 在 $[a, b]$ 上连续，且 $c < c(x), d(x) < d$，则含参变量的积分

$$\Phi(x) = \int_{c(x)}^{d(x)} f(x, y) \, dy$$

在 $[a, b]$ 上可微，且

$$\frac{d}{dx} \int_{c(x)}^{d(x)} f(x, y) \, dy = \int_{c(x)}^{d(x)} f_x(x, y) \, dy + f(x, d(x)) d'(x) - f(x, c(x)) c'(x) \quad (6\text{-}79)$$

证 $\Phi(x)$ 可以看成是函数 $F(x, u, v) = \int_u^v f(x, y) \, dy$ 与函数 $u = c(x), v = d(x)$ 复合而成的函数. 根据复合函数求导法则及微积分学基本定理，有 $x \in [a, b]$ 为任一点，$\forall x + \Delta x \in [a, b]$，有

$$\frac{d}{dx} \Phi(x) = \frac{\partial F}{\partial x} + \frac{\partial F}{\partial u} \frac{du}{dx} + \frac{\partial F}{\partial v} \frac{dv}{dx}$$

$$= \int_{c(x)}^{d(x)} f_x(x, y) \, dy + f(x, d(x)) d'(x) - f(x, c(x)) c'(x)$$

这就证得性质 6.17 成立.

根据化二重积分为累次积分的公式可以立刻得到下面的性质.

性质 6.18（累次积分可交换次序） 如果函数 $f(x, y)$ 在矩形区域 $D = [a, b] \times [c, d]$ 上连续，则有

$$\int_a^b dx \int_c^d f(x, y) \, dy = \int_c^d dy \int_a^b f(x, y) \, dx \quad (6\text{-}80)$$

例 6.50 应用求导与积分交换次序的方法计算积分

$$I(r) = \int_0^\pi \ln(1 + r\cos x)\,dx, \text{ 其中 } |r| \leq 1.$$

解 设 $f(x, r) = \ln(1 + r\cos x)$，显然函数 $f(x, y)$ 及其偏导数 $f_r(x, r) = \dfrac{\cos x}{1 + r\cos x}$ 皆在矩形区域 $D = [0, \pi] \times [-a, a]$ ($|a| < 1$) 上连续，因此由性质 6.16 得 $I'(r) = \int_0^\pi \dfrac{\cos x}{1 + r\cos x}\,dx.$

又由性质 6.14 知，函数 $I(r)$ 及其导数 $I'(r)$ 皆在 $[-a, a]$ ($|a| < 1$) 上连续，且 $I(0) = \int_0^\pi 0\,dx = 0.$

对于导函数 $I'(r)$，显然有 $I'(0) = \int_0^\pi \cos x\,dx = 0$；而当 $0 < |r| < 1$ 时，用变量代换 $t = \tan\dfrac{x}{2}$ 不难算出 $I'(r) = \pi\left(\dfrac{1}{r} - \dfrac{1}{r\sqrt{1 - r^2}}\right)$（注意由洛必达法则也可以算出 $\lim\limits_{r \to 0} I'(r) = 0$）. 于是应用牛顿莱布尼兹公式算得

$$I(r) = \int_0^r I'(t)\,dt + I(0) = \pi\int_0^r \left(\dfrac{1}{t} - \dfrac{1}{t\sqrt{1 - t^2}}\right)dt = \pi\ln(1 + \sqrt{1 - r^2}).$$

例 6.51 应用累次积分交换积分次序的方法计算积分 $I = \int_0^1 \dfrac{x^b - x^a}{\ln x}\,dx$ ($0 < a < b$).

解 注意到 $\dfrac{x^b - x^a}{\ln x} = \int_a^b x^y\,dy$，因此 $I = \int_0^1 dx\int_a^b x^y\,dy.$ 显然二元函数 x^y 在矩形区域 $[0, 1] \times [a, b]$ 上连续，该累次积分可交换积分次序，于是

$$I = \int_a^b dy\int_0^1 x^y\,dx = \int_a^b \dfrac{1}{1 + y}\,dy = \ln\dfrac{1 + b}{1 + a}.$$

例 6.52 利用含参变量积分计算 $I = \int_0^1 \dfrac{\ln(1 + x)}{1 + x^2}\,dx$.

解 构造一个含参变量的积分：$I(\alpha) = \int_0^1 \dfrac{\ln(1 + \alpha x)}{1 + x^2}\,dx$ ($0 \leq \alpha \leq 1$).

显然二元函数 $f(x, \alpha) = \dfrac{\ln(1 + \alpha x)}{1 + x^2}$ 及其偏导函数 $f_\alpha(x, \alpha) = \dfrac{x}{(1 + \alpha x)(1 + x^2)}$ 皆在矩形区域 $[0, 1] \times [0, 1]$ 上连续，因此有 $I'(\alpha) = \int_0^1 \dfrac{x}{(1 + \alpha x)(1 + x^2)}\,dx.$

由于 $\dfrac{x}{(1 + \alpha x)(1 + x^2)} = \dfrac{1}{1 + \alpha^2}\left(\dfrac{\alpha + x}{1 + x^2} - \dfrac{\alpha}{1 + \alpha x}\right),$ 所以

$$I'(\alpha) = \dfrac{1}{1 + \alpha^2}\left(\int_0^1 \dfrac{\alpha}{1 + x^2}\,dx + \int_0^1 \dfrac{x}{1 + x^2}\,dx - \int_0^1 \dfrac{\alpha}{1 + \alpha x}\,dx\right)$$

$$= \dfrac{1}{1 + \alpha^2}\left(\alpha\arctan x\Big|_0^1 + \dfrac{1}{2}\ln(1 + x^2)\Big|_0^1 - \ln(1 + \alpha x)\Big|_0^1\right)$$

$$= \dfrac{1}{1 + \alpha^2}\left(\dfrac{\pi\alpha}{4} + \dfrac{\ln 2}{2} - \ln(1 + \alpha)\right)$$

于是 $I = I(1) - I(0) = \int_0^1 I'(\alpha) d\alpha = \int_0^1 \frac{1}{1+\alpha^2}\left(\frac{\pi\alpha}{4} + \frac{\ln 2}{2} - \ln(1+\alpha)\right) d\alpha$

$= \frac{\pi}{4}\int_0^1 \frac{\alpha}{1+\alpha^2} d\alpha + \frac{\ln 2}{2}\int_0^1 \frac{1}{1+\alpha^2} d\alpha - \int_0^1 \frac{\ln(1+\alpha)}{1+\alpha^2} d\alpha = \frac{\pi}{4}\cdot\frac{\ln 2}{2} + \frac{\ln 2}{2}\cdot\frac{\pi}{4} - I$

由此可得 $I = \frac{\pi\ln 2}{8}.$

6.11.2 *含参变量的广义积分

含参变量的广义积分包括了含参变量的无穷积分及含参变量的瑕积分,由于瑕积分可以经过换元积分法化为无穷积分,因此这里只讨论含参变量的无穷积分,其理论也容易移植到含参变量的瑕积分中去.

1. 一致收敛性及其判别法

在实际问题中,经常出现的无穷积分是含参变量的无穷积分 $\int_c^{+\infty} f(x,y) dy$,假如这个积分对每一 $x \in [a,b]$,(这个区间也可以是一般区间 I,如无穷区间等)那么,它的值就确定了一个定义在 $[a,b]$ 上的函数

$$G(x) = \int_c^{+\infty} f(x,y) dy \tag{6-81}$$

由于这个函数可以分解为

$$G(x) = \int_c^{+\infty} f(x,y) dy = \sum_{n=0}^{\infty} \int_{c+n}^{c+n+1} f(x,y) dy = \sum_{n=0}^{\infty} u_n(x)$$

其中 $u_n(x) = \int_{c+n}^{c+n+1} f(x,y) dy$. 由此可以预知含参变量的无穷积分理论和函数项级数理论有些类似.

定义 6.11 对于含参变量的无穷积分(6-81),如果任给 $\varepsilon > 0$,总存在相应的 $M > c$,使得对一切 $A > M$ 以及一切 $x \in I$,都有

$$\left|\int_M^{+\infty} f(x,y) dy\right| < \varepsilon$$

则称含参变量的无穷积分(6-81)在 I 上一致收敛.

根据定义 6.10,容易推导出下面的柯西准则.

定理 6.25(柯西准则) 含参变量的无穷积分(6-81)在 I 上一致收敛的充要条件是:任给 $\varepsilon > 0$, $\exists M > c$,使得对一切 $x \in I$,以及一切 $A_2 > A_1 > M$,都有 $\left|\int_{A_1}^{A_2} f(x,y) dy\right| < \varepsilon$.

例 6.53 证明无穷积分 $I(x) = \int_0^{+\infty} \frac{\sin xy}{y} dy$ 在 $[a, +\infty)(a > 0)$ 上一致收敛;在 $(0, +\infty)$ 内不一致收敛.

证 先用定积分换元法将积分变形

$$\int_A^{+\infty} \frac{\sin xy}{y} dy \xrightarrow{\diamondsuit u = xy} \int_{Ax}^{+\infty} \frac{\sin u}{u} du \tag{6-82}$$

注意到 $\int_0^{+\infty} \frac{\sin u}{u} du = \int_0^1 \frac{\sin u}{u} du + \int_1^{+\infty} \frac{\sin u}{u} du$

等式右端第一个积分是只有可去间断点的定积分，第二个积分为收敛的无穷积分，因此无穷积分 $\int_0^{+\infty} \frac{\sin u}{u} du$ 是收敛的，即任给 $\varepsilon > 0$，$\exists \overline{M} > 0$，使得当 $\overline{A} > \overline{M}$ 时，恒有

$$\left| \int_{\overline{A}}^{+\infty} \frac{\sin u}{u} du \right| < \varepsilon \tag{6-83}$$

取 $M = \frac{\overline{M}}{a}$，则对一切 $A > M$ 及一切 $x \in [a, +\infty)$，恒有 $Ax > \overline{M}$，于是由(6-83)得

$$\left| \int_A^{+\infty} \frac{\sin xy}{y} dy \right| = \left| \int_{Ax}^{+\infty} \frac{\sin u}{u} dy \right| < \varepsilon$$

这就证得 $I(x) = \int_0^{+\infty} \frac{\sin xy}{y} dy$ 在 $[a, +\infty)(a > 0)$ 上一致收敛.

下面证明 $I(x) = \int_0^{+\infty} \frac{\sin xy}{y} dy$ 在 $(0, +\infty)$ 内不一致收敛. 由图 6-70 知，$I = \int_0^{+\infty} \frac{\sin u}{u} du > 0$，

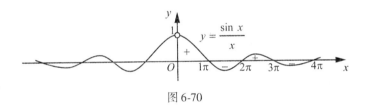

图 6-70

又由式(6-82)，有

$$\lim_{x \to 0+} \int_A^{+\infty} \frac{\sin xy}{y} dy = \lim_{x \to 0+} \int_{Ax}^{+\infty} \frac{\sin u}{u} dy = I > 0, \tag{6-84}$$

因此存在 $\varepsilon_0 = \frac{I}{2} > 0$，$\forall M > 0$，取 $A = M + 1 > M$ 及 $x \in (0, +\infty)$，使得 Ax 充分小，根据式(6-84)以及函数极限之保号性，得

$$\left| \int_A^{+\infty} \frac{\sin xy}{y} dy \right| = \left| \int_{Ax}^{+\infty} \frac{\sin u}{u} du \right| = \left| \int_y^{+\infty} \frac{\sin u}{u} du \right| > \varepsilon_0$$

这就证明了 $I(x) = \int_0^{+\infty} \frac{\sin xy}{y} dy$ 在 $(0, +\infty)$ 内不一致收敛.

对于含参变量的无穷积分，也有类似于函数项级数理论之魏尔斯特拉斯 M 判别法、狄利克雷判别法、阿贝尔判别法的定理，现列出如下：

命题 6.2（魏尔斯特拉斯 M 判别法） 设有非负函数 $g(y)$，使得

$$|f(x, y)| \leq g(y), \quad (x, y) \in I \times [c, +\infty).$$

如果 $\int_c^{+\infty} g(y) dy$ 收敛，则 $\int_c^{+\infty} f(x, y) dy$ 在 I 上一致收敛.

命题 6.3（狄利克雷判别法） 设函数 $f(x, y)$ 与 $g(x, y)$ 满足条件:

(1) 含参变量的定积分 $\int_c^A f(x, y) dy$ 对变量 $A > c$ 及变量 $x \in I$ 一致有界，即存在常数

$K > 0$，使得对一切 $A > c$ 及一切 $x \in I$，恒有 $\left|\int_c^A f(x, y) dy\right| < K$.

(2) 对每一 $x \in [a, b]$，$g(x, y)$ 作为 y 的函数在区间 $[c, +\infty)$ 上是单调函数，且 $g(x, y)$ 在 $I \times [c, +\infty)$ 上一致收敛于 0.

则含参变量的积分 $\int_c^{+\infty} f(x, y) g(x, y) dy$ 在 I 上一致收敛.

命题 6.4(阿贝尔判别法) 设函数 $f(x, y)$ 与 $g(x, y)$ 满足条件：

(1) 含参变量的积分 $\int_c^{+\infty} f(x, y) dy$ 在 I 上一致收敛.

(2) 对每一 $x \in I$，函数 $g(x, y)$ 为 y 的单调函数，且 $g(x, y)$ 在 $I \times [c, +\infty)$ 上有界.

则含参变量的积分 $\int_c^{+\infty} f(x, y) g(x, y) dy$ 在 I 上一致收敛.

由于这几个判别法的证明和函数项级数相应的判别法相似，故从略.

例 6.54 证明含参变量的无穷积分 $\int_1^{+\infty} \frac{\sin xy}{x^2 + y^2} dy$ 在区间 $(x \in)(-\infty, +\infty)$ 上一致收敛.

证 因为对一切 $(x, y) \in (-\infty, +\infty) \times [1, +\infty)$，都有 $\left|\frac{\sin xy}{x^2 + y^2}\right| \leq \frac{1}{y^2}$，且 $\int_1^{+\infty} \frac{1}{y^2} dy$ 收敛，所以由 M 判别法知，积分 $\int_1^{+\infty} \frac{\sin xy}{x^2 + y^2} dy$ 在区间 $(-\infty, +\infty)$ 上一致收敛.

例 6.55 证明含参变量的无穷积分 $\int_0^{+\infty} e^{-xy} \frac{\sin x}{x} dx$ 在区间 $[0, +\infty)$ 上一致收敛.

证 我们已经知道无穷积分 $\int_0^{+\infty} \frac{\sin x}{x} dx$ 收敛，把它作为含参变量 y 的积分时当然在区间 $[0, +\infty)$ 上一致收敛. 又函数 $g(x, y) = e^{-xy}$ 对每个固定的 $y \in [0, +\infty)$，它是 x 的单调函数，且对一切 $(x, y) \in [0, +\infty) \times [0, +\infty)$，都有 $|e^{-xy}| \leq 1$ 收敛，所以由阿贝尔判别法知，$\int_0^{+\infty} e^{-xy} \frac{\sin x}{x} dx$ 在区间 $[0, +\infty)$ 上一致收敛.

2. 一致收敛的含参变量无穷积分的性质

在一致收敛的前提下，含参变量的无穷积分也有类似于函数项级数理论之连续性、可微性以及可积性等性质.

性质 6.19(连续性) 设函数 $f(x, y)$ 在带形区域 $[a, b] \times [c, +\infty)$ 上连续，如果含参变量的无穷积分 $G(x) = \int_c^{+\infty} f(x, y) dy$ 在 $[a, b]$ 上一致收敛，则 $G(x)$ 在 $[a, b]$ 上连续.

证 设 $x_0 \in [a, b]$ 为任一点，$\forall x_0 + \Delta x \in [a, b]$，有

$$|G(x_0 + \Delta x) - G(x_0)| = \left|\int_c^{+\infty} [f(x_0 + \Delta x, y) - f(x_0, y)] dy\right|$$

$$\leq \left|\int_c^M [f(x_0 + \Delta x, y) - f(x_0, y)] dy\right| + \left|\int_M^{+\infty} [f(x_0 + \Delta x, y) - f(x_0, y)] dy\right|$$

$$\leqslant |\varphi(x_0 + \Delta x) - \varphi(x_0)| + \left|\int_M^{+\infty} f(x_0 + \Delta x, y) \mathrm{d}y\right| + \left|\int_M^{+\infty} f(x_0, y) \mathrm{d}y\right| \quad (6\text{-}85)$$

其中
$$\varphi(x) = \int_c^M f(x, y) \mathrm{d}y.$$

$\forall \varepsilon > 0$, 由 $G(x) = \int_c^{+\infty} f(x, y) \mathrm{d}y$ 在 $[a, b]$ 上的一致收敛性知, 存在 $M > c$, 使得 $\forall \overline{M} \geqslant M$ 及

$\forall x_0 + \Delta x \in [a, b]$, 恒有

$$\left|\int_{\overline{M}}^{+\infty} f(x_0 + \Delta x, y) \mathrm{d}y\right| < \frac{\varepsilon}{3} \quad (6\text{-}86)$$

特别地, 有

$$\left|\int_M^{+\infty} f(x_0 + \Delta x, y) \mathrm{d}y\right| < \frac{\varepsilon}{3} \quad \text{及} \quad \left|\int_M^{+\infty} f(x_0, y) \mathrm{d}y\right| < \frac{\varepsilon}{3} \quad (6\text{-}87)$$

取定满足式(6-87)的 $M > c$, 由于函数 $f(x, y)$ 在 $[a, b] \times [c, M]$ 上连续, 根据性质 6.14, 函数 $\varphi(x) = \int_c^M f(x, y) \mathrm{d}y$ 在区间 $[a, b]$ 上连续. 故对于上述 $\varepsilon > 0$, $\exists \delta > 0$, 只要 $|\Delta x| < \delta$ 及 $x_0 + \Delta x \in [a, b]$, 就有

$$|\varphi(x_0 + \Delta x) - \varphi(x_0)| < \frac{\varepsilon}{3} \quad (6\text{-}88)$$

结合式(6-85)、式(6-87)、式(6-88)三个式子可知, 只要 $|\Delta x| < \delta$ 及 $x_0 + \Delta x \in [a, b]$, 就有

$$|G(x_0 + \Delta x) - G(x_0)| < \frac{\varepsilon}{3} + \frac{\varepsilon}{3} + \frac{\varepsilon}{3} = \varepsilon$$

这就证得 $G(x)$ 在 $[a, b]$ 上连续.

性质 6.20(累次积分可交换次序) 设函数 $f(x, y)$ 在 $[a, b] \times [c, +\infty)$ 上连续, 如果含参变量的积分 $G(x) = \int_c^{+\infty} f(x, y) \mathrm{d}y$ 在 $[a, b]$ 上一致收敛, 则 $G(x)$ 在 $[a, b]$ 上可积, 且

$$\int_a^b \mathrm{d}x \int_c^{+\infty} f(x, y) \mathrm{d}y = \int_c^{+\infty} \mathrm{d}y \int_a^b f(x, y) \mathrm{d}x \quad (6\text{-}89)$$

证 由性质 6.19 知 $G(x)$ 在 $[a, b]$ 上连续, 故可积. 下证式(6-69), 即

$$\int_a^b \mathrm{d}x \int_c^{+\infty} f(x, y) \mathrm{d}y = \lim_{C \to +\infty} \int_c^C \mathrm{d}y \int_a^b f(x, y) \mathrm{d}x$$

成立, 即要证 $\forall \varepsilon > 0$, 总存在相应的 $M > c$, 使得当 $\overline{M} > M$ 时有

$$\left|\int_c^{\overline{M}} \mathrm{d}y \int_a^b f(x, y) \mathrm{d}x - \int_a^b \mathrm{d}x \int_c^{+\infty} f(x, y) \mathrm{d}y\right| < \varepsilon \quad (6\text{-}90)$$

根据性质 6.18, 对于矩形区域 $[a, b] \times [c, \overline{M}]$ 上的连续函数 $f(x, y)$, 其积分次序是可以交换的, 即

$$\int_c^{\overline{M}} \mathrm{d}y \int_a^b f(x, y) \mathrm{d}x = \int_a^b \mathrm{d}x \int_c^{\overline{M}} f(x, y) \mathrm{d}y$$

因此式(6-90)式可以化为

$$\left| \int_a^b dx \int_c^{\overline{M}} f(x, y) dy - \int_a^b dx \int_c^{+\infty} f(x, y) dy \right| < \varepsilon$$

即
$$\left| \int_a^b dx \int_{\overline{M}}^{+\infty} f(x, y) dy \right| < \varepsilon \tag{6-91}$$

因为 $G(x) = \int_c^{+\infty} f(x, y) dy$ 在 $[a, b]$ 上的一致收敛,故存在 $M > c$,使得当 $\overline{M} > M$ 时有

$$\left| \int_{\overline{M}}^{+\infty} f(x, y) dy \right| < \frac{\varepsilon}{b-a}$$

从而当 $\overline{M} > M$ 时 $\left| \int_a^b dx \int_{\overline{M}}^{+\infty} f(x, y) dy \right| < \left| \int_a^b \frac{\varepsilon}{b-a} dx \right| = \varepsilon$

即式(6-91)成立. 因此式(6-89)成立.

性质 6.21(可微性) 设函数 $f(x, y)$ 及其偏导数 $f_x(x, y)$ 皆在区域 $D = [a, b] \times [c, +\infty)$ 上连续,如果含参变量的积分 $G(x) = \int_c^{+\infty} f(x, y) dy$ 在 $[a, b]$ 上存在,并且 $g(x) = \int_c^{+\infty} f_x(x, y) dy$ 在 $[a, b]$ 上一致收敛,则 $G(x)$ 在 $[a, b]$ 上可微,且

$$\frac{d}{dx} \int_c^{+\infty} f(x, y) dy = \int_c^{+\infty} f_x(x, y) dy \tag{6-92}$$

证 任取一固定点 $x_0 \in I$,则对 $\forall x \in I$,根据性质 6.20,有

$$\int_{x_0}^x g(t) dt = \int_{x_0}^x dt \int_c^{+\infty} f_t(t, y) dy = \int_c^{+\infty} dy \int_{x_0}^x f_t(t, y) dt$$

$$= \int_c^{+\infty} f(t, y) \Big|_{x_0}^x dy = \int_c^{+\infty} [f(x, y) - f(x_0, y)] dy = G(x) - G(x_0)$$

由此即得 $G'(x) = g(x)$,即 $\frac{d}{dx} \int_c^{+\infty} f(x, y) dy = \int_c^{+\infty} f_x(x, y) dy$.

例 6.56 利用含参变量的积分计算狄利克雷积分 $I = \int_0^{+\infty} \frac{\sin x}{x} dx$.

解 考虑含参变量的积分 $F(y) = \int_0^{+\infty} e^{-xy} \frac{\sin x}{x} dx$,有 $F(0) = \int_0^{+\infty} \frac{\sin x}{x} dx = I$. 由例 6.55 及性质 6.19 知,函数 $F(y)$ 在区间 $[0, +\infty)$ 上连续.

由于 $\frac{\partial}{\partial y}\left(e^{-xy} \frac{\sin x}{x}\right) = -e^{-xy} \sin x$ 在区域 $D = [0, +\infty) \times [0, +\infty)$ 上连续,且当 $0 < c \leq y$ 时

$$\left| \frac{\partial}{\partial y}\left(e^{-xy} \frac{\sin x}{x}\right) \right| = |e^{-xy} \sin x| < e^{-cx}$$

又 $\int_0^{+\infty} e^{-cx} dx$ 收敛,根据魏尔斯特拉斯 M 判别法知,

$$\int_0^{+\infty} \frac{\partial}{\partial y}\left(e^{-xy} \frac{\sin x}{x}\right) dx = -\int_0^{+\infty} e^{-xy} \sin x dx$$

在区域 $D' = [0, +\infty) \times [c, +\infty)$ 上一致收敛. 因此由 $0 < c$ 的任意性及性质 6.21 知, 函数 $F(y)$ 在区间 $(0, +\infty)$ 内可微,且

$$F'(y) = \int_0^{+\infty} \frac{\partial}{\partial y}\left(e^{-xy}\frac{\sin x}{x}\right)dx = -\int_0^{+\infty} e^{-xy}\sin x dx = -\frac{1}{1+y^2}$$

故由牛顿—莱布尼兹公式得

$$F(y) = F(0) + \int_0^y -\frac{1}{1+t^2}dt = I - \arctan y$$

注意到 $|F(y)| \leq \int_0^{+\infty}\left|e^{-xy}\frac{\sin x}{x}\right|dx < \int_0^{+\infty}e^{-xy}dx = \frac{1}{y} \to 0(y \to +\infty)$,对上式取极限便得

$$I = \int_0^{+\infty}\frac{\sin x}{x}dx = \lim_{y \to +\infty}\arctan y = \frac{\pi}{2}.$$

6.11.3 * 欧拉积分

本节讨论两个重要的非初等函数——伽马(Gamma)函数(或称 Γ 函数)和贝塔(Beta)函数(或称 B 函数),它们都是通过含参变量的积分来定义的,二者在理论和实践中的地位仅次于初等函数,应用广泛.

1. Γ 函数

所谓伽马函数是由含参变量的广义积分

$$\Gamma(s) = \int_0^{+\infty}x^{s-1}e^{-x}dx, \quad s > 0 \tag{6-93}$$

定义的函数. 我们曾经讨论了这个函数的定义域是 $s > 0$(参见 3.9 节),现在我们来讨论它的一些基本性质.

(1) $\Gamma(s)$ 在定义域 $s > 0$ 内连续且存在任意阶导数

将 $\Gamma(s)$ 写成以下两个积分之和:

$$\Gamma(s) = \int_0^{+\infty}x^{s-1}e^{-x}dx = \int_0^1 x^{s-1}e^{-x}dx + \int_1^{+\infty}x^{s-1}e^{-x}dx = I_1(s) + I_2(s)$$

用魏尔斯特拉斯 M 判别法不难验证, $I_1(s) = \int_0^1 x^{s-1}e^{-x}dx$ 和 $I_2(s) = \int_1^{+\infty}x^{s-1}e^{-x}dx$ 皆在任何有限区间 $a \leq s \leq b(a > 0)$ 上一致收敛,于是 $\Gamma(s)$ 在 $s > 0$ 内连续.

用同样的方法知道 $\int_0^{+\infty}\frac{\partial}{\partial s}(x^{s-1}e^{-x})dx = \int_0^{+\infty}x^{s-1}e^{-x}\ln x dx$ 在任何有限区间 $a \leq s \leq b(a > 0)$ 上一致收敛,于是由性质 6.21 知道 $\Gamma(s)$ 在 $s > 0$ 内可导,且

$$\Gamma'(s) = \int_0^{+\infty}x^{s-1}e^{-x}\ln x dx, \quad s > 0$$

同理可知 $\Gamma(s)$ 在 $s > 0$ 内存在任意阶导数,且

$$\Gamma^{(n)}(s) = \int_0^{+\infty}x^{s-1}e^{-x}(\ln x)^n dx, \quad s > 0$$

(2) 递推公式

$$\Gamma(s+1) = s\Gamma(s) \tag{6-94}$$

应用分部积分法,有

$$\Gamma(s+1) = \int_0^{+\infty}x^s e^{-x}dx = -x^s e^{-x}\Big|_0^{+\infty} + s\int_0^{+\infty}x^{s-1}e^{-x}dx = s\Gamma(s)$$

设 $n \leq s \leq n+1$,反复应用递推公式 $\Gamma(s+1) = s\Gamma(s)$,有

$$\Gamma(s+1) = s\Gamma(s) = s(s-1)\Gamma(s-1) = \cdots = s(s-1)\cdots(s-n)\Gamma(s-n)$$

特别地，当 $s = n$（正整数）时，有

$$\Gamma(n+1) = n\Gamma(n) = n(n-1) \cdots 2 \cdot 1\Gamma(1) = n! \int_0^{+\infty} e^{-x} dx = n! \quad (6\text{-}95)$$

另外，由于概率积分可以表示为

$$\int_0^{+\infty} e^{-x^2} dx \xrightarrow{\diamondsuit\, x^2 = t} \frac{1}{2} \int_0^{+\infty} t^{-1/2} e^{-t} dt = \frac{1}{2}\Gamma\left(\frac{1}{2}\right)$$

因此，根据 6.3 节例 6.21 的结果知

$$\Gamma\left(\frac{1}{2}\right) = 2\int_0^{+\infty} e^{-x^2} dx = \sqrt{\pi} \quad (6\text{-}96)$$

2. B 函数

贝塔函数是由含两个参变量的积分

$$B(p, q) = \int_0^1 x^{p-1}(1-x)^{q-1} dx, \quad p > 0, \, q > 0 \quad (6\text{-}97)$$

定义的函数。当 $p < 1$ 时，$x = 0$ 为其瑕点；当 $q < 1$ 时，$x = 1$ 为其瑕点。应用比较判别法可得，$B(p, q)$ 的定义域是 $p > 0, q > 0$。下面讨论它的一些基本性质。

(1) $B(p, q)$ 在其定义域 $p > 0, q > 0$ 内连续。

用魏尔斯特拉斯 M 判别法不难验证，$B(p, q)$ 在任意无界区域 $p_0 \leq p, q_0 \leq q (p_0 > 0, q_0 > 0)$ 上一致收敛，由此推得 $B(p, q)$ 在其 $p > 0, q > 0$ 内连续。

(2) 对称性：$B(p, q) = B(q, p)$。

应用换元积分法，有

$$B(p, q) = \int_0^1 x^{p-1}(1-x)^{q-1} dx \xrightarrow{\diamondsuit\, x = 1-y} \int_0^1 (1-y)^{p-1} y^{q-1} dy = B(q, p)$$

(3) 递推公式

$$B(p+1, q) = \frac{p}{p+q} B(p, q), \quad B(p, q+1) = \frac{q}{p+q} B(p, q) \quad (6\text{-}98)$$

特别地，当 $p = n$（正整数）且 $q = m$（正整数）时，有

$$B(n+1, m+1) = \frac{n!\, m!}{(n+m+1)!} \quad (6\text{-}99)$$

根据对称性，我们只要推导第一个公式。将被积式变形并应用分部积分法，有

$$B(p+1, q) = \int_0^1 x^p (1-x)^{q-1} dx = \int_0^1 x^{p-1}[1-(1-x)](1-x)^{q-1} dy$$

$$= \int_0^1 x^{p-1}(1-x)^{q-1} dx - \int_0^1 x^{p-1}(1-x)^q dx$$

$$= B(p, q) - \left.\frac{x^p(1-x)^q}{p}\right|_0^1 - \frac{q}{p}\int_0^1 x^p (1-x)^{q-1} dx$$

$$= B(p, q) - \frac{q}{p} B(p+1, q)$$

由此推得式(6-98)中第一式，类似地可推出第二式。

当 $p = n$（正整数）时，反复应用递推公式，有

$$B(n+1, q) = \frac{n}{n+q} B(n, q) = \frac{n}{n+q} \cdot \frac{n-1}{n+q-1} B(n-1, q)$$

$$= \cdots = \frac{n}{n+q} \cdot \frac{n-1}{n+q-1} \cdots \frac{1}{q+1} B(1, q)$$

将 $B(1, q) = \int_0^1 (1-x)^{q-1} dx = \frac{1}{q}$ 代入上式右端，便得

$$B(n+1, q) = \frac{n}{n+q} \cdot \frac{n-1}{n+q-1} \cdots \frac{1}{q+1} \cdot \frac{1}{q}$$

特别地，当 $q = m$ 为正整数时，便得到式(6-99).

3. Γ 函数与 B 函数的关系

$$B(p, q) = \frac{\Gamma(p) \cdot \Gamma(q)}{\Gamma(p+q)} \tag{6-100}$$

证 先将 $\Gamma(p)$ 和 $B(p, q)$ 变形为

$$\Gamma(p) = \int_0^{+\infty} x^{p-1} e^{-x} dx \xrightarrow{\diamondsuit x = u^2} 2 \int_0^{+\infty} u^{2p-1} e^{-u^2} du \tag{6-101}$$

$$B(p, q) = \int_0^1 x^{p-1} (1-x)^{q-1} dx \xrightarrow{\diamondsuit x = \cos^2\theta} 2 \int_0^{\pi/2} \cos^{2p-1}\theta \sin\cos^{2q-1}\theta d\theta \tag{6-102}$$

由式(6-101)，得

$$\Gamma(p) \cdot \Gamma(q) = 4 \lim_{a \to +\infty} \int_0^a u^{2p-1} e^{-u^2} du \int_0^a v^{2q-1} e^{-v^2} dv \tag{6-103}$$

利用化二重积分为累次积分的公式，有

$$\int_0^a u^{2p-1} e^{-u^2} du \int_0^a v^{2q-1} e^{-v^2} dv = \iint_{D_a} u^{2p-1} v^{2q-1} e^{-u^2-v^2} du dv = \iint_{D_a} f(u, v) du dv \tag{6-104}$$

这里 $f(u, v) = u^{2p-1} v^{2q-1} e^{-u^2-v^2}$, $D_a = [0, a] \times [0, a]$.

记 $S_a = \{(u, v) | u^2 + v^2 \leq a, u \geq 0, v \geq 0\}$, 则有 $S_a \subset D_a \subset D_{\sqrt{2}a}$ (见图6-31), 则有

$$\iint_{S_a} f(u, v) du dv \leq \iint_{D_a} f(u, v) du dv \leq \iint_{S_{\sqrt{2}a}} f(u, v) du dv \tag{6-105}$$

应用极坐标变换，有

$$\iint_{S_a} f(u, v) du dv = \int_0^{\pi/2} d\theta \int_0^a f(r\cos\theta, r\sin\theta) r dr$$

$$= \int_0^{\pi/2} \cos^{2p-1}\theta \sin^{2q-1}\theta d\theta \cdot \int_0^a r^{2(p+q)-1} e^{-r^2} dr$$

对这个式子取极限，并结合式(6-101)和式(6-102)，便知

$$\lim_{a \to +\infty} \iint_{S_a} f(u, v) du dv = \int_0^{\pi/2} \cos^{2p-1}\theta \sin^{2q-1}\theta d\theta \cdot \lim_{a \to +\infty} \int_0^a r^{2(p+q)-1} e^{-r^2} dr$$

$$= \frac{1}{2} B(p, q) \cdot \frac{1}{2} \Gamma(p+q)$$

由此又得到 $\lim\limits_{a \to +\infty} \iint_{S_{\sqrt{2}a}} f(u, v) du dv = \frac{1}{2} B(p, q) \cdot \frac{1}{2} \Gamma(p+q)$.

再结合式(6-103)、式(6-104)和式(6-105)，便得到

$$\Gamma(p) \cdot \Gamma(q) = 4 \lim_{a \to +\infty} \iint_{D_a} f(u, v) du dv$$

$$= 4 \lim_{a \to +\infty} \iint_{S_a} f(u, v) du dv = B(p, q) \Gamma(p+q)$$

这就证得式(6-100).

设 $0 < p < 1$，根据关系式(6-100)，有

$$\Gamma(p) \cdot \Gamma(1-p) = B(p, 1-p) = \int_0^1 x^{-p}(1-x)^{p-1}dx \xrightarrow{\text{令} x=(1+y)^{-1}} \int_0^{+\infty} \frac{y^{p-1}}{1+y}dy$$

将来在复变函数论课程中，我们会容易计算出 $\int_0^{+\infty} \frac{y^{p-1}}{1+y}dy = \frac{\pi}{\sin p\pi}$，这就有了以下**余元公式**

$$\Gamma(p) \cdot \Gamma(1-p) = \frac{\pi}{\sin p\pi} \quad (0 < p < 1)$$

习 题 6.11

1. 证明含参变量积分 $f(y) = \int_0^1 \text{sgn}(x-y)dx$ 在 $(-\infty, +\infty)$ 上连续.

2. 研究函数 $F(y) = \int_0^1 \frac{yf(x)}{x^2+y^2}dx$ 的连续性，其中 $f(x)$ 为 $[0,1]$ 上的正连续函数.

3. 运算 $\lim_{y \to 0} \int_0^1 \frac{x}{y^2} e^{-\frac{x^2}{y^2}}dx = \int_0^1 \left(\lim_{y \to 0} \frac{x}{y^2} e^{-\frac{x^2}{y^2}}\right)dx = \int_0^1 0 dx = 0$ 是否成立？

4. 设 $F(y) = \int_0^1 \ln\sqrt{x^2+y^2}dx$，运算 $F'(0) = \int_0^1 \left(\frac{\partial}{\partial y}\ln\sqrt{x^2+y^2}\right)_{y=0} dx$ 是否成立？

5. 运算 $\int_0^1 dx \int_0^1 \frac{x^2-y^2}{(x^2+y^2)^2}dy = \int_0^1 dy \int_0^1 \frac{x^2-y^2}{(x^2+y^2)^2}dx$ 是否成立？

6. 求下列极限和导数：

(1) $\lim_{\alpha \to 0} \int_\alpha^{1+\alpha} \frac{dx}{1+x^2+\alpha^2}$； (2) $\lim_{\alpha \to 0} \int_{-1}^1 \sqrt{x^2+\alpha^2}dx$；

(3) 设 $f(\alpha) = \int_{\sin\alpha}^{\cos\alpha} e^{\alpha\sqrt{1-x^2}}dx$，求 $f'(\alpha)$； (4) 设 $f(\alpha) = \int_0^\alpha \frac{\ln(1+\alpha x)}{x}dx$，求 $f'(\alpha)$；

(5) 设 $F(\alpha) = \int_0^{\alpha^2} dx \int_{x-\alpha}^{x+\alpha} \sin(x^2+y^2-\alpha^2)dy$，求 $F'(\alpha)$；

(6) 设 $F(x) = \int_0^x (x+y)f(y)dy$，其中 $f(x)$ 为二次可微函数，求 $F''(x)$.

7. 计算下列含参变量的定积分：

(1) $\int_0^{\pi/2} \ln(a^2\sin^2 x + b^2\cos^2 x)dx$； (2) $\int_0^{\pi/2} \ln(1-2a\cos x + a^2)dx$；

(3) $\int_0^1 \sin\left(\ln\frac{1}{x}\right)\frac{x^b-x^a}{\ln x}dx$； (4) $\int_0^1 \cos\left(\ln\frac{1}{x}\right)\frac{x^b-x^a}{\ln x}dx$.

8. 研究下列积分在指定区间内的一致收敛性：

(1) $\int_0^{+\infty} e^{-xy}\sin x dx, \ 0 < a \le y \le +\infty$； (2) $\int_1^{+\infty} x^y e^{-x}dx, \ a \le y \le b$；

(3) $\int_{-\infty}^{+\infty} \frac{\cos xy}{1+x^2}dx, \ -\infty < y < +\infty$； (4) $\int_0^{+\infty} \frac{1}{1+(x+y)^2}dx, \ 0 \le y \le +\infty$；

(5) $\int_0^{+\infty} y e^{-xy} dx$, $0 \leq y \leq b$ 和 $0 < a \leq y \leq b$.

9. 设无穷积分 $\int_0^{+\infty} f(x) dx$ 收敛，证明：$\lim_{y \to 0^+} \int_0^{+\infty} e^{-xy} f(x) dx = \int_0^{+\infty} f(x) dx$.

10. 下列运算是否成立？为什么？

(1) $\lim_{\alpha \to 0^+} \int_0^{+\infty} \alpha e^{-\alpha x} dx = \int_0^{+\infty} \left(\lim_{\alpha \to 0^+} \alpha e^{-\alpha x} \right) dx = \int_0^{+\infty} 0 dx = 0$;

(2) $\int_0^1 dy \int_0^{+\infty} (y - xy^3) e^{-xy^2} dx = \int_0^{+\infty} dx \int_0^1 (y - xy^3) e^{-xy^2} dy$.

11. 证明：函数 $F(y) = \int_0^{+\infty} \dfrac{\cos x}{1 + (x + y)^2} dx$ 在 $y \in (-\infty, +\infty)$ 内连续且可微.

12. 计算下列含参变量的广义积分：

(1) $\int_0^{+\infty} \dfrac{e^{-\alpha x^2} - e^{-\beta x^2}}{x} dx (\alpha, \beta > 0)$;   (2) $\int_0^{+\infty} \dfrac{e^{-\alpha x} - e^{-\beta x}}{x} \sin mx \, dx (\alpha, \beta > 0)$;

(3) $\int_0^{+\infty} \dfrac{1 - \cos(\alpha x)}{x} e^{-\beta x} dx (\alpha, \beta > 0)$.

13. 利用欧拉积分计算下列积分：

(1) $\int_0^{+\infty} \dfrac{\sqrt[4]{x}}{(1 + x)^2} dx$;   (2) $\int_0^{+\infty} \dfrac{1}{1 + x^3} dx$;

(3) $\int_0^{+\infty} \dfrac{x^2}{1 + x^4} dx$;   (4) $\int_0^1 \sqrt{x - x^2} dx$;

(5) $\int_0^1 \dfrac{x^2}{\sqrt{1 - x^3}} dx$;   (6) $\int_0^{\pi/2} \sin^6 x \cos^4 x \, dx$.

6.12 *解 题 补 缀

例 6.57 设函数 $f(x, y)$ 具有连续偏导数，可微，映射 $x = x(u, v)$, $y = y(u, v)$ 将区域 D 一一地映射成 D'，其雅可比行列式不等于0，且满足 $\dfrac{\partial x}{\partial u} = \dfrac{\partial y}{\partial v}$，$\dfrac{\partial x}{\partial v} = -\dfrac{\partial y}{\partial u}$，证明：

$$\iint_D \left[\left(\dfrac{\partial f}{\partial x} \right)^2 + \left(\dfrac{\partial f}{\partial y} \right)^2 \right] dx dy = \iint_D \left[\left(\dfrac{\partial f}{\partial u} \right)^2 + \left(\dfrac{\partial f}{\partial v} \right)^2 \right] du dv.$$

证 因为 $\dfrac{\partial x}{\partial u} = \dfrac{\partial y}{\partial v}$，$\dfrac{\partial x}{\partial v} = -\dfrac{\partial y}{\partial u}$，所以映射的雅可比行列式可以化为

$$\dfrac{\partial(x, y)}{\partial(u, v)} = \dfrac{\partial x}{\partial u} \dfrac{\partial y}{\partial v} - \dfrac{\partial x}{\partial v} \dfrac{\partial y}{\partial u} = \left(\dfrac{\partial x}{\partial u} \right)^2 + \left(\dfrac{\partial x}{\partial v} \right)^2 > 0$$

由复合函数求导法则及 $\dfrac{\partial x}{\partial u} = \dfrac{\partial y}{\partial v}$，$\dfrac{\partial x}{\partial v} = -\dfrac{\partial y}{\partial u}$，并结合上式得

$$\left(\dfrac{\partial f}{\partial u} \right)^2 + \left(\dfrac{\partial f}{\partial v} \right)^2 = \left(\dfrac{\partial f}{\partial x} \dfrac{\partial x}{\partial u} + \dfrac{\partial f}{\partial y} \dfrac{\partial y}{\partial u} \right)^2 + \left(\dfrac{\partial f}{\partial x} \dfrac{\partial x}{\partial v} + \dfrac{\partial f}{\partial y} \dfrac{\partial y}{\partial v} \right)^2$$

$$= \left(\dfrac{\partial f}{\partial x} \dfrac{\partial x}{\partial u} - \dfrac{\partial f}{\partial y} \dfrac{\partial x}{\partial v} \right)^2 + \left(\dfrac{\partial f}{\partial x} \dfrac{\partial x}{\partial v} + \dfrac{\partial f}{\partial y} \dfrac{\partial x}{\partial u} \right)^2$$

$$= \left(\dfrac{\partial f}{\partial x} \right)^2 \left(\dfrac{\partial x}{\partial u} \right)^2 + \left(\dfrac{\partial f}{\partial y} \right)^2 \left(\dfrac{\partial x}{\partial v} \right)^2 + \left(\dfrac{\partial f}{\partial x} \right)^2 \left(\dfrac{\partial x}{\partial v} \right)^2 + \left(\dfrac{\partial f}{\partial y} \right)^2 \left(\dfrac{\partial x}{\partial u} \right)^2$$

$$= \left[\left(\frac{\partial f}{\partial x}\right)^2 + \left(\frac{\partial f}{\partial y}\right)^2\right]\left[\left(\frac{\partial x}{\partial u}\right)^2 + \left(\frac{\partial x}{\partial v}\right)^2\right] = \left[\left(\frac{\partial f}{\partial x}\right)^2 + \left(\frac{\partial f}{\partial y}\right)^2\right]\frac{\partial(x,y)}{\partial(u,v)}$$

于是根据二重积分变量变换公式，得

$$\iint_D \left[\left(\frac{\partial f}{\partial x}\right)^2 + \left(\frac{\partial f}{\partial y}\right)^2\right]\mathrm{d}x\mathrm{d}y = \iint_{D'} \left[\left(\frac{\partial f}{\partial x}\right)^2 + \left(\frac{\partial f}{\partial y}\right)^2\right]\left|\frac{\partial(x,y)}{\partial(u,v)}\right|\mathrm{d}u\mathrm{d}v$$

$$= \iint_{D'} \left[\left(\frac{\partial f}{\partial x}\right)^2 + \left(\frac{\partial f}{\partial y}\right)^2\right]\frac{\partial(x,y)}{\partial(u,v)}\mathrm{d}u\mathrm{d}v$$

$$= \iint_{D'} \left[\left(\frac{\partial f}{\partial u}\right)^2 + \left(\frac{\partial f}{\partial v}\right)^2\right]\mathrm{d}u\mathrm{d}v.$$

例 6.58 设函数 $f(x)$ 具有连续的导函数，$\lim\limits_{x\to+\infty}f'(x) = A > 0$，$D = \{(x,y) | x^2 + y^2 \leq a^2\}$. 试解答：(1) 证明 $\lim\limits_{x\to+\infty}f(x) = +\infty$；(2) 求 $I_a = \iint_D f'(x^2 + y^2)\mathrm{d}x\mathrm{d}y$；(3) 求 $\lim\limits_{a\to+\infty}\frac{I_a}{a^2}$.

解 (1) 因为 $\lim\limits_{x\to+\infty}f'(x) = A > 0$，所以由局部保号性知，$\exists M > 0$，使得当 $x \geq M$ 时有

$$f'(x) > \frac{A}{2}$$

令 $x > M$，应用微分中值定理，得

$$f(x) = f(M) + f'(\xi)(x - M) > f(M) + \frac{A}{2}(x - M) = \frac{A}{2} \cdot x + \left[f(M) - \frac{A}{2} \cdot M\right]$$

由此即知 $\lim\limits_{x\to+\infty}f(x) = +\infty.$

(2) $I_a = \iint_D f'(x^2 + y^2)\mathrm{d}x\mathrm{d}y = \int_0^{2\pi}\mathrm{d}\theta\int_0^a f'(r^2)r\mathrm{d}r = \pi[f(a^2) - f(0)].$

(3) 根据上面的结果及洛必达法则

$$\lim_{a\to+\infty}\frac{I_a}{a^2} = \frac{\pi[f(a^2) - f(0)]}{a^2} = \lim_{x\to+\infty}\frac{\pi[f(x) - f(0)]}{x} = \pi\lim_{x\to+\infty}f'(x) = \pi A.$$

例 6.59 求极限 $\lim\limits_{a\to 0^+}\frac{1}{a^4}\iiint\limits_{x^2+y^2+z^2\leq a^2} f\sqrt{x^2+y^2+z^2}\mathrm{d}x\mathrm{d}y\mathrm{d}z$，其中函数 $f(x)$ 在 $[0,1]$ 上可导，且 $f(0) = 0$.

解 应用球坐标变换，得

$$\iiint\limits_{x^2+y^2+z^2\leq a^2} f(\sqrt{x^2+y^2+z^2})\mathrm{d}x\mathrm{d}y\mathrm{d}z = \int_0^{2\pi}\mathrm{d}\theta\int_0^\pi \sin\varphi\mathrm{d}\varphi\int_0^a f(r)r^2\mathrm{d}r = 4\pi\int_0^a f(r)r^2\mathrm{d}r$$

再由洛必达法则，得

$$\text{原式} = 4\pi\lim_{a\to 0^+}\frac{1}{a^4}\int_0^a f(r)r^2\mathrm{d}r = 4\pi\lim_{a\to 0^+}\frac{f(a)a^2}{4a^3} = \lim_{a\to 0^+}\frac{f(a) - f(0)}{a} = f'_+(0).$$

例 6.60 设函数 $f(x)$ 连续，且 $\sqrt{a^2 + b^2 + c^2} \neq 0$，证明

$$\iiint\limits_{x^2+y^2+z^2\leq 1} f(ax + by + cz)\mathrm{d}x\mathrm{d}y\mathrm{d}z = \pi\int_{-1}^1 (1 - u^2)f(\sqrt{a^2+b^2+c^2}\,u)\mathrm{d}u.$$

证 作坐标旋转变换，$u = \dfrac{ax + by + cz}{\sqrt{a^2 + b^2 + c^2}}$, $v = a_1x + b_1y + c_1z$, $w = a_2x + b_2y + c_2z$

在此变换下，球体 $x^2 + y^2 + z^2 \leq 1$ 变为球体 $u^2 + v^2 + w^2 \leq 1$，且 $\dfrac{\partial(x, y, z)}{\partial(u, v, w)} = 1$，因此

$$\iiint_{x^2+y^2+z^2\leq 1} f(ax + by + cz)\mathrm{d}x\mathrm{d}y\mathrm{d}z = \iiint_{u^2+v^2+w^2\leq 1} f(\sqrt{a^2 + b^2 + c^2}\,u)\mathrm{d}u\mathrm{d}v\mathrm{d}w$$

$$= \int_{-1}^{1} f(\sqrt{a^2 + b^2 + c^2}\,u)\mathrm{d}u \iint_{v^2+w^2\leq 1-u^2} \mathrm{d}v\mathrm{d}w$$

$$= \int_{-1}^{1} f(\sqrt{a^2 + b^2 + c^2}\,u)\mathrm{d}u \int_{0}^{2\pi}\mathrm{d}\theta \int_{0}^{\sqrt{1-u^2}} r\mathrm{d}r$$

$$= \pi \int_{-1}^{1} (1 - u^2) f(\sqrt{a^2 + b^2 + c^2}\,u)\mathrm{d}u.$$

例 6.61 求由封闭曲面 $\left(\dfrac{x^2}{a^2} + \dfrac{y^2}{b^2} + \dfrac{z^2}{c^2}\right)^2 = \dfrac{x^2}{a^2} + \dfrac{y^2}{b^2}$ 所围成的立体体积.

解 作广义球坐标变换：$x = ar\sin\varphi\cos\theta$，$y = br\sin\varphi\sin\theta$，$w = cr\cos\varphi$，在此变换下，空间区域 V：$\left(\dfrac{x^2}{a^2} + \dfrac{y^2}{b^2} + \dfrac{z^2}{c^2}\right)^2 \leq \dfrac{x^2}{a^2} + \dfrac{y^2}{b^2}$ 变为空间 V'：$r^2 \leq \sin^2\varphi$，$0 \leq \varphi \leq \pi$，$0 \leq \theta \leq 2\pi$，由于球坐标变换的雅可比行列式 $\left|\dfrac{\partial(x, y, z)}{\partial(u, v, w)}\right| = abcr^2\sin\varphi$，故所求体积为

$$V = \iiint_V \mathrm{d}x\mathrm{d}y\mathrm{d}z = abc\iiint_{V'} r^2\sin\varphi\,\mathrm{d}r\mathrm{d}\varphi\mathrm{d}\theta = abc\int_0^{2\pi}\mathrm{d}\theta\int_0^{\pi}\sin\varphi\,\mathrm{d}\varphi\int_0^{\sin\varphi} r^2\mathrm{d}r$$

$$= \dfrac{abc}{3}\int_0^{2\pi}\mathrm{d}\theta\int_0^{\pi}\sin^4\varphi\,\mathrm{d}\varphi = \dfrac{abc}{3} \cdot 2\pi \cdot 2 \cdot \dfrac{3 \times 1}{4 \times 2} \cdot \dfrac{\pi}{2} = \dfrac{\pi^2}{4}abc$$

例 6.62 设 C 为平面有界闭区域 D 的光滑边界曲线，向量 $\boldsymbol{r} = (x - a, y - b)$ 的模为 r，$\boldsymbol{n}$ 为 C 的单位外法向，$<\boldsymbol{n}, \boldsymbol{r}>$ 为 $\boldsymbol{r}$ 与 $\boldsymbol{n}$ 的夹角，试计算高斯积分 $u(a, b) = \oint_C \dfrac{\cos<\boldsymbol{n}, \boldsymbol{r}>}{r}\mathrm{d}s$.

解 设 C 的单位切向量为 $\boldsymbol{t} = (\cos\alpha, \cos\beta)$，由图 6-71 知

$$\boldsymbol{n} = (\cos\alpha', \cos\beta') = \left(\cos\left(\alpha - \dfrac{\pi}{2}\right), \cos\left(\dfrac{\pi}{2} - \beta\right)\right)$$

$$= (\sin\alpha, \sin\beta) = (\cos\beta, -\cos\alpha),$$

于是 $u(a, b) = \oint_C \dfrac{\cos<\boldsymbol{n}, \boldsymbol{r}>}{r}\mathrm{d}s = \oint_C \dfrac{\boldsymbol{n} \cdot \boldsymbol{r}}{r^2}\mathrm{d}s = \oint_C \dfrac{(x - a)\cos\beta - (y - b)\cos\alpha}{r^2}\mathrm{d}s$

$$= \oint_C \dfrac{(x - a)\mathrm{d}y - (y - b)\mathrm{d}x}{r^2}（\text{参见 6.6 节式}(6-50)）$$

当 $(x, y) \neq (a, b)$ 时，有

$$\dfrac{\partial Q}{\partial x} = \dfrac{\partial}{\partial x}\left(\dfrac{x - a}{r^2}\right) = \dfrac{\partial}{\partial x}\left(\dfrac{x - a}{(x - a)^2 + (y - b)^2}\right) = \dfrac{(y - b)^2 - (x - a)^2}{[(x - a)^2 + (y - b)^2]^2}$$

$$= -\dfrac{(x - a)^2 - (y - b)^2}{[(x - a)^2 + (y - b)^2]^2} = -\dfrac{\partial}{\partial y}\left(\dfrac{y - b}{(x - a)^2 + (y - b)^2}\right) = -\dfrac{\partial}{\partial y}\left(\dfrac{y - b}{r^2}\right) = \dfrac{\partial P}{\partial y}$$

因此，如果 (a, b) 是 D 的外点，由格林公式得

$$u(a, b) = \oint_C \dfrac{(x - a)\mathrm{d}y - (y - b)\mathrm{d}x}{r^2} = \iint_D 0\mathrm{d}x\mathrm{d}y = 0$$

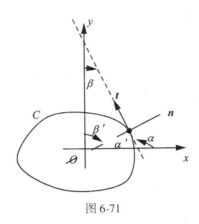

图 6-71

如果 (a, b) 是 D 的内点，取以 (a, b) 为圆心，半径足够小的圆 δ，使 C' 上的点全部是 D 的内点，由格林公式可得

$$u(a, b) = \oint_{C'} \frac{\cos \langle \boldsymbol{n}, \boldsymbol{r} \rangle}{r} \mathrm{d}s = \oint_{C'} \frac{1}{r} \mathrm{d}s = \frac{1}{\delta} \oint_{C'} \mathrm{d}s = \frac{1}{\delta} \cdot 2\pi\delta = 2\pi$$

如果 (a, b) 是边界 C 上的点，同样取以 (a, b) 为圆心，半径足够小的圆（见图 6-72）

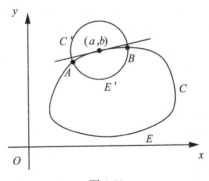

图 6-72

$$C': x = a + \delta\cos\theta, \ y = b + \delta\sin\theta$$

由格林公式可得

$$\oint_{\widehat{AEB}} \frac{(x-a)\mathrm{d}y - (y-b)\mathrm{d}x}{r^2} = \oint_{\widehat{AE'B}} \frac{(x-a)\mathrm{d}y - (y-b)\mathrm{d}x}{r^2}$$
$$= \int_{\pi+\theta_1}^{2\pi+\theta_2} \frac{\delta^2\cos^2\theta - (-\delta^2\sin^2\theta)}{\delta^2}\mathrm{d}\theta$$
$$= \pi + (\theta_2 - \theta_1)$$

可知 $\theta_1 \to 0, \theta_2 \to 0 (\delta \to 0^+)$，从而

$$u(a, b) = \lim_{\delta \to 0^+} \oint_{\widehat{AEB}} \frac{(x-a)\mathrm{d}y - (y-b)\mathrm{d}x}{r^2} = \lim_{\delta \to 0^+}(\theta_2 - \theta_1) = 0.$$

例 6.63 设函数 $f(x)$ 在 $[-1, 1]$ 上连续，可微，$f(-1) = f(1) = 0$，$M = $

$\max\limits_{-1 \leq x \leq 1} f'(x)$, $a^2 + b^2 + c^2 = 1$, 证明 $\left| \oiint\limits_{S} f(ax + by + cz) \mathrm{d}S \right| \leq 4\pi M$, 其中 S 为单位球面: $x^2 + y^2 + z^2 = 1$.

证 作坐标旋转变换 $u = ax + by + cz$, $v = a_1 x + b_1 y + c_1 z$, $w = a_2 x + b_2 y + c_2 z$, 在此变换下，球面 S: $x^2 + y^2 + z^2 = 1$ 变为球面 S': $u^2 + v^2 + w^2 = 1$, 且 $\mathrm{d}S = \mathrm{d}S'$ (参见附录1), 于是

$$\oiint\limits_{S} f(ax + by + cz) \mathrm{d}S = \oiint\limits_{S'} f(u) \mathrm{d}S' = 2 \iint\limits_{u^2 + v^2 \leq 1} f(u) \sqrt{\frac{1}{1 - u^2 - v^2}} \mathrm{d}u \mathrm{d}v$$

$$= 4 \int_{-1}^{1} f(u) \mathrm{d}u \int_{0}^{\sqrt{1-u^2}} \frac{1}{\sqrt{1 - u^2 - v^2}} \mathrm{d}v$$

$$= 4 \int_{-1}^{1} f(u) \arcsin \frac{v}{\sqrt{1 - u^2}} \Big|_{0}^{\sqrt{1-u^2}} \mathrm{d}u$$

$$= 2\pi \int_{-1}^{1} f(u) \mathrm{d}u = 2\pi u f(u) \Big|_{-1}^{1} - 2\pi \int_{-1}^{1} f'(u) \mathrm{d}u$$

$$= -2\pi \int_{-1}^{1} f'(u) \mathrm{d}u$$

因此 $\left| \oiint\limits_{S} f(ax + by + cz) \mathrm{d}S \right| = 2\pi \left| \int_{-1}^{1} f'(u) \mathrm{d}u \right| \leq 2\pi \int_{-1}^{1} M \mathrm{d}u = 4\pi M$.

例 6.64 设 S 为空间有界闭区域 V 的光滑边界曲面，向量 $\boldsymbol{r} = (x - a, y - b, z - c)$ 的模为 r, $\boldsymbol{n}$ 为 S 的单位外法向，$<\boldsymbol{n}, \boldsymbol{r}>$ 为 $\boldsymbol{r}$ 与 $\boldsymbol{n}$ 的夹角，如果 $(a, b, c) \notin S$, 试计算高斯积分

$$u(a, b, c) = \oiint\limits_{S} \frac{\cos <\boldsymbol{n}, \boldsymbol{r}>}{r} \mathrm{d}S.$$

解 设 $\boldsymbol{n} = (\cos\alpha, \cos\beta, \cos\gamma)$, 则有

$$u(a, b, c) = \oiint\limits_{S} \frac{\cos <\boldsymbol{n}, \boldsymbol{r}>}{r^2} \mathrm{d}S = \oiint\limits_{S} \frac{\boldsymbol{n} \cdot \boldsymbol{r}}{r^3} \mathrm{d}S$$

$$= \oiint\limits_{S} \frac{(x-a)\cos\alpha + (y-b)\cos\beta + (z-c)\cos\gamma}{r^3} \mathrm{d}S$$

$$= \oiint\limits_{S} \frac{(x-a)\mathrm{d}y\mathrm{d}z + (y-b)\mathrm{d}z\mathrm{d}x + (z-c)\mathrm{d}x\mathrm{d}y}{r^3}$$

当 $(x, y, z) \neq (a, b, c)$ 时，有

$$\frac{\partial P}{\partial x} = \frac{\partial}{\partial x}\left(\frac{x-a}{r^3}\right) = \frac{r^3 - 3r^2(x-a) \cdot (x-a)}{r^6} = \frac{r^3 - 3r^2(x-a)^2}{r^6},$$

同理 $\dfrac{\partial Q}{\partial y} = \dfrac{\partial}{\partial y}\left(\dfrac{y-a}{r^3}\right) = \dfrac{r^3 - 3r^2(y-b)^2}{r^6}$, $\dfrac{\partial R}{\partial z} = \dfrac{\partial}{\partial z}\left(\dfrac{z-c}{r^2}\right) = \dfrac{r^3 - 3r^2(z-c)^2}{r^6}$.

上面三个式子相加，得 $\dfrac{\partial P}{\partial x} + \dfrac{\partial Q}{\partial y} + \dfrac{\partial R}{\partial z} = 0$

如果 (a, b, c) 是 V 的外点，则由高斯公式得

$$u(a, b, c) = \oiint\limits_{S} \frac{(x-a)\mathrm{d}y\mathrm{d}z + (y-b)\mathrm{d}z\mathrm{d}x + (z-c)\mathrm{d}x\mathrm{d}y}{r^2} = \iiint\limits_{V} 0 \mathrm{d}x\mathrm{d}y\mathrm{d}z = 0$$

如果 (a, b, c) 是 V 的内点，取以 (a, b, c) 为圆心，半径足够小的球面 S'：$x = a + \delta\sin\varphi\cos\theta$，$y = b + \delta\sin\varphi\sin\theta$，$z = c + \delta\cos\varphi$，使 S' 上的点全部是 V 的内点，由高斯公式可得

$$u(a, b, c) = \oiint_{S'} \frac{\cos \langle \boldsymbol{n}, \boldsymbol{r}\rangle}{r^2} \mathrm{d}S = \oiint_{S'} \frac{1}{r^2} \mathrm{d}S$$

$$= \frac{1}{\delta^2} \oiint_{S'} \mathrm{d}S = \frac{1}{\delta^2} \cdot 4\pi\delta^2 = 4\pi$$

例 6.65 设无穷积分 $\int_0^{+\infty} |f(x)|\mathrm{d}x$ 收敛，证明函数 $g(y) = \int_0^{+\infty} f(x)\cos(xy)\mathrm{d}x$ 在 $(-\infty, +\infty)$ 一致连续.

证 由于无穷积分 $\int_0^{+\infty} |f(x)|\mathrm{d}x$ 收敛，故 $\forall \varepsilon > 0$，$\exists M > 0$，当 $x \geqslant M$ 时有

$$\int_A^{+\infty} |f(x)|\mathrm{d}x < \frac{\varepsilon}{4}, \quad 特别地, \quad \int_M^{+\infty} |f(x)|\mathrm{d}x < \frac{\varepsilon}{4}$$

记 $c = M\int_0^M |f(x)|\mathrm{d}x$，并取 $\delta = \dfrac{\varepsilon}{2(c+1)}$，则 $\forall y_1, y_2 \in (-\infty, +\infty)$，只要 $|y_1 - y_2| < \delta$，就有

$$|g(y_1) - g(y_2)| = \left|\int_0^{+\infty} f(x)[\cos(xy_1) - \cos(xy_2)]\mathrm{d}x\right|$$

$$\leqslant \int_0^{+\infty} |f(x)||\cos(xy_1) - \cos(xy_2)|\mathrm{d}x$$

$$= \int_0^M |f(x)||\cos(xy_1) - \cos(xy_2)|\mathrm{d}x +$$

$$\int_M^{+\infty} |f(x)||\cos(xy_1) - \cos(xy_2)|\mathrm{d}x$$

$$\leqslant \int_0^M |f(x)||xy_1 - xy_2|\mathrm{d}x + 2\int_M^{+\infty} |f(x)|\mathrm{d}x$$

$$\leqslant |y_1 - y_2|M\int_0^M |f(x)|\mathrm{d}x + 2\int_M^{+\infty} |f(x)|\mathrm{d}x$$

$$\leqslant \frac{\varepsilon}{2(c+1)} \cdot c + 2 \cdot \frac{\varepsilon}{4} < \varepsilon.$$

故题意得证.

附录1 正交变换在曲线积分、曲面积分计算中的应用

(本文选自《数学通报》1996.12 期同名论文. 作者：林元重)

对于三维空间的曲线积分与曲面积分，如果知道其积分曲线或积分曲面的参数形式，一般可以按数学分析教材所介绍的公式计算. 但是，对于某些曲线积分、曲面积分，要把积分曲线或积分曲面用适当的参数形式表示出来比较困难，且不易计算. 本文介绍用正交变换，将积分曲线是平面曲线、且不易用参数表示的积分化为二维空间的曲线积分. 该方法对曲面积分也有成效.

1 正交变换下的曲线积分、曲面积分公式

设 C 和 S 分别三维欧氏空间内的光滑曲线和曲面；$P(x, y, z)$，$Q(x, y, z)$，$R(x, y, z)$ 均为 C 和 S 上的连续函数；而

$$\begin{pmatrix} x \\ y \\ z \end{pmatrix} = \begin{pmatrix} a_{11} & a_{12} & a_{13} \\ a_{21} & a_{22} & a_{23} \\ a_{31} & a_{32} & a_{33} \end{pmatrix} \begin{pmatrix} u \\ v \\ w \end{pmatrix} \qquad (\mathrm{I})$$

为欧氏空间中的正交变换；C' 与 S' 分别为 C 和 S 在上述变换 (I) 下的像，$\overline{P}(u, v, w)$，$\overline{Q}(u, v, w)$，$\overline{R}(u, v, w)$ 分别为 P，Q，R 与变换 (I) 的复合函数，则以下四个公式成立.

(1) $\int_C P(x, y, z) \mathrm{d}s = \int_{C'} \overline{P}(u, v, w) \mathrm{d}s'$

(2) $\int_C P\mathrm{d}x + Q\mathrm{d}y + R\mathrm{d}z = \int_{C'} [(a_{11}\overline{P} + a_{21}\overline{Q} + a_{31}\overline{R})\mathrm{d}u + (a_{12}\overline{P} + a_{22}\overline{Q} + a_{32}\overline{R})\mathrm{d}v + (a_{13}\overline{P} + a_{23}\overline{Q} + a_{33}\overline{R})\mathrm{d}w]$

或

$$\int_C (P \quad Q \quad R) \begin{pmatrix} \mathrm{d}x \\ \mathrm{d}y \\ \mathrm{d}z \end{pmatrix} = \int_{C'} (\overline{P} \quad \overline{Q} \quad \overline{R}) \begin{pmatrix} a_{11} & a_{12} & a_{13} \\ a_{21} & a_{22} & a_{23} \\ a_{31} & a_{32} & a_{33} \end{pmatrix} \begin{pmatrix} \mathrm{d}u \\ \mathrm{d}v \\ \mathrm{d}w \end{pmatrix}$$

(3) $\iint_S P(x, y, z) \mathrm{d}S = \iint_{S'} \overline{P}(u, v, w) \mathrm{d}S'$

$$(4) \iint_S P\mathrm{d}y\mathrm{d}z + Q\mathrm{d}z\mathrm{d}x + R\mathrm{d}x\mathrm{d}y = |A| \iint_{S'} [(a_{11}\overline{P} + a_{21}\overline{Q} + a_{31}\overline{R})\mathrm{d}v\mathrm{d}w + (a_{12}\overline{P} + a_{22}\overline{Q} + a_{32}\overline{R})\mathrm{d}w\mathrm{d}u + (a_{13}\overline{P} + a_{23}\overline{Q} + a_{33}\overline{R})\mathrm{d}u\mathrm{d}v$$

或

$$\iint_S (P\ Q\ R)\begin{pmatrix}\cos\alpha\\ \cos\beta\\ \cos\gamma\end{pmatrix}\mathrm{d}S = |A| \iint_{S'} (\overline{P}\ \overline{Q}\ \overline{R})\begin{pmatrix}a_{11} & a_{12} & a_{13}\\ a_{21} & a_{22} & a_{23}\\ a_{31} & a_{32} & a_{33}\end{pmatrix}\begin{pmatrix}\cos\alpha'\\ \cos\beta'\\ \cos\gamma'\end{pmatrix}\mathrm{d}S'$$

其中 $|A| = \pm 1$ 是正交变换（Ⅰ）的行列式，$(\cos\alpha, \cos\beta, \cos\gamma)$ 和 $(\cos\alpha', \cos\beta', \cos\gamma')$ 分别为 S 和 S' 的单位法向量.

下面我们对公式(3)，式(4)进行推导，至于式(1)与式(2)就不难而得了.

(3)式推导：设 S 的参数方程为 $x = x(r, \theta), y = y(r, \theta), z = z(r, \theta), (r, \theta) \in D$，则 S' 的参数方程 $u = u(r, \theta), v = v(r, \theta), w = w(r, \theta)$ 由 $\begin{pmatrix}u(r, \theta)\\ v(r, \theta)\\ w(r, \theta)\end{pmatrix} = A^{-1}\begin{pmatrix}x(r, \theta)\\ y(r, \theta)\\ z(r, \theta)\end{pmatrix}$ 给出. 其中 A 为变换(A)的矩阵，A^{-1} 为 A 的逆.

因为 A 是正交矩阵，所以

$$E = x_r^2 + y_r^2 + z_r^2 = u_r^2 + v_r^2 + w_r^2 = E'$$
$$G = x_\theta^2 + y_\theta^2 + z_\theta^2 = u_\theta^2 + v_\theta^2 + w_\theta^2 = G'$$
$$F = x_r x_\theta + y_r y_\theta + z_r z_\theta = u_r u_\theta + v_r v_\theta + w_r w_\theta = F'$$

因此
$$\iint_S P(x, y, z)\mathrm{d}S = \iint_D P[x(r, \theta), y(r, \theta), z(r, \theta)]\sqrt{E \cdot G - F^2}\mathrm{d}r\mathrm{d}\theta$$
$$= \iint_D \overline{P}[u(r, \theta), v(r, \theta), w(r, \theta)]\sqrt{E' \cdot G' - F'^2}\mathrm{d}r\mathrm{d}\theta$$

(4)式推导：设 S 和 S' 的参数方程同上. 记 $F_i = a_{1i}P + a_{2i}Q + a_{3i}R (i = 1, 2, 3)$ 则

$$\begin{vmatrix}P & Q & R\\ x_r & y_r & z_r\\ x_\theta & y_\theta & z_\theta\end{vmatrix} = \begin{vmatrix}F_1 & F_2 & F_3\\ u_r & v_r & w_r\\ u_\theta & v_\theta & w_\theta\end{vmatrix} \cdot \begin{vmatrix}a_{11} & a_{21} & a_{31}\\ a_{12} & a_{22} & a_{32}\\ a_{13} & a_{23} & a_{33}\end{vmatrix} = |A| \cdot \begin{vmatrix}F_1 & F_2 & F_3\\ u_r & v_r & w_r\\ u_\theta & v_\theta & w_\theta\end{vmatrix}$$

于是
$$\iint_S (P\ Q\ R)\begin{pmatrix}\cos\alpha\\ \cos\beta\\ \cos\gamma\end{pmatrix}\mathrm{d}S = \pm\iint_D \begin{vmatrix}P & Q & R\\ x_r & y_r & z_r\\ x_\theta & y_\theta & z_\theta\end{vmatrix}\mathrm{d}r\mathrm{d}\theta = \pm |A| \iint_D \begin{vmatrix}F_1 & F_2 & F_3\\ u_r & v_r & w_r\\ u_\theta & v_\theta & w_\theta\end{vmatrix}\mathrm{d}r\mathrm{d}\theta$$

$$= |A| \iint_{S'} (F_1\ F_2\ F_3)\begin{pmatrix}\cos\alpha'\\ \cos\beta'\\ \cos\gamma'\end{pmatrix}\mathrm{d}S'$$

$$= |A| \iint_{S'} (\overline{P}\ \overline{Q}\ \overline{R})\begin{pmatrix}a_{11} & a_{12} & a_{13}\\ a_{21} & a_{22} & a_{23}\\ a_{31} & a_{32} & a_{33}\end{pmatrix}\begin{pmatrix}\cos\alpha'\\ \cos\beta'\\ \cos\gamma'\end{pmatrix}\mathrm{d}S'$$

2 应用举例

下面通过一些例子说明上述公式的应用.

例1 计算第一型曲线积分：$\int_C (x-y)\mathrm{d}s$，其中 C 为曲线 $x^2 + y^2 + 3z^2 + 2(xy + yz + zx) = \sqrt{2}(x-y)^3$，$x + y + 2z = 0$ 上从点 $(0, 0, 0)$ 到点 $\left(\dfrac{1}{\sqrt{2}} + \dfrac{2}{\sqrt{3}}, -\dfrac{1}{\sqrt{2}} + \dfrac{1}{\sqrt{3}}, -\dfrac{2}{\sqrt{3}}\right)$ 的一段弧.

解 C 是一条平面曲线，但不易写出其参数方程. 为此，作以下正交变换 $u = \dfrac{1}{\sqrt{2}}(x-y)$，$v = \dfrac{1}{\sqrt{3}}(x+y-z)$，$w = \dfrac{1}{\sqrt{6}}(x+y+2z)$ 此变换将平面 $x + y + 2z = 0$ 变成坐标面 $w = 0$. 由于

$$x^2 + y^2 + 3z^2 + 2(xy + yz + zx)$$
$$= \frac{1}{3}(x^2 + y^2 + z^2 + 2xy - 2yz - 2zx) + \frac{2}{3}(x^2 + y^2 + 4z^2 + 2xy + 4yz + 4zx)$$
$$= \frac{1}{3}(x+y-z)^2 + \frac{2}{3}(x+y+2z)^2 = v^2 + 4w^2$$

$$\sqrt{2}(x-y)^3 = 4u^3$$

且当 $(x, y, z) = (0, 0, 0)$ 时，$(u, v, w) = (0, 0, 0)$；当 $(x, y, z) = \left(\dfrac{1}{\sqrt{2}} + \dfrac{2}{\sqrt{3}}, -\dfrac{1}{\sqrt{2}} + \dfrac{1}{\sqrt{3}}, -\dfrac{2}{\sqrt{3}}\right)$ 时，$(u, v, w) = (1, 2, 0)$，故变换将曲线 C 变为 C'：$v^2 = 4u^3$，$w = 0$ 从 $(0, 0, 0)$ 到 $(1, 2, 0)$ 的弧，于是由(1)式得

$$\int_C (x-y)\mathrm{d}s = \int_{C'} \sqrt{2}\, u\, \mathrm{d}s' = \sqrt{2}\int_0^1 u\sqrt{1 + \left(\frac{\mathrm{d}v}{\mathrm{d}u}\right)^2}\,\mathrm{d}u$$
$$= \sqrt{2}\int_0^1 u\sqrt{1 + 9u}\,\mathrm{d}u = \frac{4\sqrt{2}}{81}\left(\frac{25\sqrt{10}}{3} + \frac{1}{15}\right)$$

例2 计算第二型曲线积分 $\int_C x\mathrm{d}y$，其中 C 为圆周 $x^2 + y^2 + z^2 + 4(xy + yz - zx) = 3$，$x - y + z = 3$，从 x 轴正向看去，圆周是沿逆时针方向进行的.

解 作正交变换 $u = \dfrac{1}{\sqrt{2}}(x-z)$，$v = \dfrac{1}{\sqrt{6}}(x+2y+z)$，$w = \dfrac{1}{\sqrt{3}}(x-y+z)$，则

$$x = \frac{1}{\sqrt{2}}u + \frac{1}{\sqrt{6}}v + \frac{1}{\sqrt{3}}w, \qquad y = \frac{2}{\sqrt{6}}v - \frac{1}{\sqrt{3}}w$$

且

$$x^2 + y^2 + z^2 + 4(xy + yz - zx) = 3(x^2 + y^2 + z^2) - 2(x^2 + y^2 + z^2 - 2xy - 2yz - 2zx)$$
$$= 3(x^2 + y^2 + z^2) - 2(x-y+z)^2$$
$$= 3(u^2 + v^2 + w^2) - 6w^2 = 3(u^2 + v^2 - w^2)$$

这样，原积分可以写成 $\int_{C'} \left(\frac{1}{\sqrt{2}} u + \frac{1}{\sqrt{6}} v + \frac{1}{\sqrt{3}} w \right) d\left(\frac{2}{\sqrt{6}} v - \frac{1}{\sqrt{3}} w \right)$ 其中 C' 为圆周 $u^2 + v^2 = 4$，$w = \sqrt{3}$，从 w 轴正向看，圆周是沿时钟方向进行的. 因此

$$\int_C x \, dy = \int_{C'} \left(\frac{1}{\sqrt{2}} u + \frac{1}{\sqrt{6}} v + 1 \right) \frac{2}{\sqrt{6}} dv$$

$$= \int_0^{2\pi} \left(\frac{1}{\sqrt{2}} \cdot 2\cos\theta + \frac{1}{\sqrt{6}} \cdot 2\sin\theta + 1 \right) \frac{2}{\sqrt{6}} \cdot 2\cos\theta \, d\theta$$

$$= \frac{4}{\sqrt{3}} \int_0^{2\pi} \cos^2\theta \, d\theta = \frac{4}{\sqrt{3}} \pi.$$

例 3 求第一型曲面积分 $\iint_S (x + 2y + z)^2 dS$，其中 S 为介于平面 $x + 2y + z = 0$ 与平面 $x + 2y + z = 2$ 之间的曲面 $2x^2 - y^2 + 2x^2 - 4xy - 4yz - 2zx = 0$.

解 作正交变换 $u = \frac{1}{\sqrt{3}}(x - y + z)$，$v = \frac{1}{\sqrt{2}}(x - z)$，$w = \frac{1}{\sqrt{6}}(x + 2y + z)$，则

$$2x^2 - y^2 + 2x^2 - 4xy - 4yz - 2zx = 3(x^2 + y^2 + z^2) - (x^2 + 4y^2 + z^2 + 4xy + 4yz + 2zx)$$
$$= 3(x^2 + y^2 + z^2) - (x + 2y + z)^2$$
$$= 3(u^2 + v^2 + w^2) - 6w^2 = 3(u^2 + v^2 - w^2)$$

所以，变换将曲面 S 变为曲面 S'，它是介于平面 $w = 0$ 与平面 $w = 2$ 之间的圆锥面 $u^2 + v^2 - w^2 = 0$. 于是，由 (3) 式得

$$\iint_S (x + 2y + z)^2 dS = 6 \iint_{S'} w^2 dS' = 6 \iint_{u^2 + v^2 \leq 4} (u^2 + v^2) \sqrt{1 + \left(\frac{\partial w}{\partial u}\right)^2 + \left(\frac{\partial w}{\partial v}\right)^2} \, du \, dv$$

$$= 6\sqrt{2} \iint_{u^2 + v^2 \leq 4} (u^2 + v^2) \, du \, dv = 48\sqrt{2} \pi.$$

例 4 计算第二型曲面积分 $\iint_S (x\cos\alpha + y\cos\beta + z\cos\gamma) dS$，其中 S 为球面 $x^2 + y^2 + z^2 = 4$ 介于 $ax + by + cz \geq 1$ 的外表面.

解 作正交变换 $\begin{pmatrix} u \\ v \\ w \end{pmatrix} = \begin{pmatrix} a_{11} & a_{21} & a_{31} \\ a_{12} & a_{22} & a_{32} \\ a_{13} & a_{23} & a_{33} \end{pmatrix} \begin{pmatrix} x \\ y \\ z \end{pmatrix}$，其中 $w = \frac{1}{\sqrt{a^2 + b^2 + c^2}} (ax + by + cz)$.

变换将 S 变为 S'，它为球面 $u^2 + v^2 + w^2 = 4$ 介于 $w \geq \frac{1}{\sqrt{a^2 + b^2 + c^2}}$ 的外表面. 由于正交变换保持向量的数量积不变，故 $x\cos\alpha + y\cos\beta + z\cos\gamma = u\cos\alpha' + v\cos\beta' + w\cos\gamma'$.

记 $R^2 = 4 - \frac{1}{a^2 + b^2 + c^2}$，由 (4) 式得

$$\iint\limits_{S}(x\cos\alpha + y\cos\beta + z\cos\gamma)\,\mathrm{d}S = \iint\limits_{S'}(u\cos\alpha' + v\cos\beta' + w\cos\gamma')\,\mathrm{d}S'$$

$$= \iint\limits_{u^2+v^2\leq R^2}\left(-u\frac{\partial w}{\partial u} - v\frac{\partial w}{\partial v} + \sqrt{4-u^2-v^2}\right)\mathrm{d}u\mathrm{d}v$$

$$= \iint\limits_{u^2+v^2\leq R^2}\left(\frac{u^2+v^2}{\sqrt{4-u^2-v^2}} + \sqrt{4-u^2-v^2}\right)\mathrm{d}u\mathrm{d}v$$

$$= 4\iint\limits_{u^2+v^2\leq R^2}\frac{\mathrm{d}u\mathrm{d}v}{\sqrt{4-u^2-v^2}} = 8\pi\left(2 - \frac{1}{\sqrt{a^2+b^2+c^2}}\right).$$

附录2　习题答案

第4章　级　数　论

4.1　数项级数的基本概念及性质

1. (1) $\dfrac{1}{3}$；　(2) $\dfrac{3}{2}$；　(3) 3；　(4) $1-\sqrt{2}$；　(5) 发散；　(6) 发散．

2. 可能收敛也可能发散．

6. (1) 收敛；　(2) 收敛；　(3) 发散；　(4) 发散．

4.2　正项级数

1. (1) 收敛；　(2) 发散；　(3) 收敛；　(4) 收敛；　(5) 发散；
　(6) 收敛；　(7) 收敛；　(8) 发散；　(9) 收敛；　(10) 收敛．

2. (1) 收敛；　(2) 收敛；　(3) 收敛；　(4) 收敛；　(5) 收敛；
　(6) 收敛；　(7) 发散；　(8) 收敛．

3. (1) 当 $p>1$ 时收敛，当 $p\leqslant 1$ 时发散；(2) 当 $p>1$ 时收敛，当 $p<1$ 时发散；当 $p=1$，且 $q>1$ 时收敛，当 $q\leqslant 1$ 时发散．

4. (1) 当 $\alpha>0$ 时收敛，当 $\alpha\leqslant 0$ 时发散；(2) 当 $\alpha>2$ 时收敛，当 $p\leqslant 2$ 时发散；
　(3) 发散；　(4) 发散；　(5) 发散；　(6) 发散；　(7) 收敛；
　(8) 收敛．

4.3　变号级数

1. (1) 条件收敛；　(2) 条件收敛；　(3) 条件收敛；　(4) 条件收敛；
　(5) 发散；　(6) 条件收敛；
　(7) 当 $p>1$ 时绝对收敛，当 $0<p\leqslant 1$ 时条件收敛，当 $p\leqslant 0$ 时发散；
　(8) 收敛；　(9) 收敛；
　(10) 当 $p>1$ 时条件收敛，当 $\dfrac{1}{2}<p\leqslant 1$ 时条件收敛．

2. (1) 条件收敛；(2) 条件收敛；
　(3) 当 $p>1$ 时绝对收敛，当 $0<p\leqslant 1$ 时条件收敛；
　(4) 当 $p>1$ 时绝对收敛，当 $0<p\leqslant 1$ 时条件收敛．

4.4　函数项级数及其一致收敛性

1. (1) 一致收敛；　　(2) 不一致收敛；　　(3) 一致收敛；　　(4) 一致收敛；
　(5) 一致收敛；　　(6) 一致收敛；　　(7) 不一致收敛，一致收敛．

6. (1) 一致收敛；　　(2) 一致收敛；　　(3) 不一致收敛；　　(4) 不一致收敛；
　(5) 一致收敛；　　(6) 一致收敛；　　(7) 不一致收敛，　　(8) 一致收敛．

4.6　幂级数及其性质

1. (1) $R = 1$，$[-1, 1)$；　　(2) $R = 1$，$(-1, 1)$；　　(3) $R = 4$，$(-4, 4)$；
(4) $R = +\infty$，$(-\infty, +\infty)$；　(5) $R = \dfrac{1}{e}$，$\left(-\dfrac{1}{e}, \dfrac{1}{e}\right)$；　(6) $R = +\infty$，$(-\infty, +\infty)$；
(7) $R = \max\{a, b\}$，$(-R, R)$；　　(8) $R = \min\left\{\dfrac{1}{a}, \dfrac{1}{b}\right\}$，$(-R, R)$；
(9) $R = \dfrac{1}{3}$，$\left(-\dfrac{4}{3}, -\dfrac{2}{3}\right)$；　(10) $R = \sqrt{2}$，$(-\sqrt{2}, \sqrt{2})$；　(11) $R = 1$，$[-1, 1]$；
(12) $R = 1$，$[-1, 1)$；　　(13) $R = 1$，$(-1, 1)$；　　(14) $R = 1$，$(-1, 1)$．

2. (1) $\ln\dfrac{1}{1-x}$，$-1 \leqslant x < 1$；　(2) $2x\arctan x - \ln(1+x^2)$，$-1 < x < 1$；
(3) $\dfrac{1}{2}\arctan x + \dfrac{1}{4}\ln\dfrac{1+x}{1-x}$，$-1 < x < 1$；　(4) $\dfrac{1+x}{(1-x)^3}$，$-1 < x < 1$；
(5) $\dfrac{x(3-x)}{(1-x)^3}$，$-1 < x < 1$；　(6) $(1+2x^2)e^{x^2}$，$(-\infty, +\infty)$．

3. (1) $2\ln 2 - 1$；　　(2) $2 - 2\ln 2$；　　(3) $2e$；　　(4) $3e^2$．

4.7　函数的幂级数展开

1. (1) $\sum\limits_{n=0}^{\infty} \dfrac{(-1)^n}{n!}x^{2n}$，$-\infty < x < +\infty$；

(2) $1 + \sum\limits_{n=1}^{\infty} \dfrac{(-1)^n 2^{2n-1}}{(2n)!}x^{2n}$，$-\infty < x < +\infty$；

(3) $\sum\limits_{n=0}^{\infty}(n+1)x^n$，$-1 < x < 1$；

(4) $x + \sum\limits_{n=1}^{\infty} \dfrac{(2n-1)!!}{n!}x^{n+1}$，$-\dfrac{1}{2} \leqslant x < \dfrac{1}{2}$；

(5) $\dfrac{1}{3}x + \sum\limits_{n=1}^{\infty}[1 + (-2)^{n-1}]x^n$，$-\dfrac{1}{2} < x < \dfrac{1}{2}$；

(6) $1 - x + \sum\limits_{n=1}^{\infty}(-1)^n(x^{3n} - x^{3n+1})$，$-1 < x < 1$；

(7) $\sum\limits_{n=0}^{\infty}\dfrac{x^{2n+1}}{2n+1}$，$-1 < x < 1$；

(8) $x + \sum\limits_{n=1}^{\infty}(-1)^n \dfrac{(2n-1)!!}{(2n)!!(2n+1)}x^{2n+1}$，$1 \leqslant x \leqslant 1$；

(9) $2\operatorname{sgn}x\left[x + \sum_{n=1}^{\infty} \frac{(2n-1)!!}{(2n)!!(2n+1)}x^{2n+1}\right]$, $-1 \leqslant x \leqslant 1$;

(10) $\sum_{n=1}^{\infty}(-1)^{n-1}\left(1 + \frac{1}{2} + \frac{1}{3} + \cdots + \frac{1}{n}\right)x^n$, $-1 < x < 1$;

(11) $\sum_{n=0}^{\infty} \frac{(-1)^n}{n!(2n+1)}x^{2n+1}$, $-\infty < x < +\infty$;

(12) $\sum_{n=0}^{\infty} \frac{(-1)^n}{(2n+1)^2}x^{2n+1}$, $-1 \leqslant x \leqslant 1$.

2. (1) $1 - \sum_{n=1}^{\infty} \frac{(2n-1)!!}{(2n)!!(2n-1)}(x-2)^{2n}$, $1 \leqslant x \leqslant 3$;

(2) $\sum_{n=0}^{\infty}\left(\frac{1}{2 \cdot 2^n} - \frac{1}{3 \cdot 3^n}\right)(x+4)^n$, $-6 < x < -2$;

(3) $\sum_{n=1}^{\infty} \frac{(-1)^{n-1}}{n}(x+1)^{2n}$, $-2 \leqslant x \leqslant 0$.

4.8 傅里叶级数

1. (1) $2\sum_{n=1}^{\infty}(-1)^{n-1}\frac{\sin nx}{n}$;   (2) $\sum_{n=1}^{\infty}\frac{\sin nx}{n}$;

(3) $\frac{\pi}{2} - \frac{4}{\pi}\sum_{n=0}^{\infty}(-1)^{n-1}\frac{\cos(2n+1)x}{(2n+1)^2}$;   (4) $1 - \frac{1}{2}\cos x - 2\sum_{n=2}^{\infty}\frac{(-1)^n}{n^2-1}\cos nx$;

(5) $\frac{16}{\pi}\sum_{n=2}^{\infty}\frac{(-1)^{n-1}n}{(4n^2-1)^2}\sin 2nx$;   (6) $\frac{A}{2} + \frac{2A}{\pi}\sum_{n=0}^{\infty}\frac{1}{2n+1}\sin(2n+1)\frac{\pi x}{l}$.

2. (1) $\frac{3}{8} - \frac{1}{2}\cos 2x + \frac{1}{8}\cos 4x$;   (2) $\frac{2}{\pi} - \frac{4}{\pi}\sum_{n=1}^{\infty}\frac{\cos 2nx}{4n^2-1}$;

(3) $\frac{1}{2} - \frac{1}{\pi}\sum_{n=1}^{\infty}\frac{\sin 2\pi nx}{n}$, $x \neq$ 整数;   (4) $\frac{4}{\pi}\sum_{n=0}^{\infty}(-1)^n\frac{\cos(2n+1)x}{2n+1}$.

3. $\sum_{n=1}^{\infty}\frac{\sin(2n-1)x}{2n-1}$.

4. $\frac{\pi^2}{6} - \sum_{n=1}^{\infty}\frac{\cos 2nx}{n^2}$, $\frac{8}{\pi}\sum_{n=1}^{\infty}\frac{\sin(2n-1)x}{(2n-1)^3}$;

5. $x^2 = \frac{\pi^2}{3} + 4\sum_{n=1}^{\infty}(-1)^n\frac{\cos nx}{n^2}$, $x^3 = 2\pi^2\sum_{n=1}^{\infty}(-1)^{n-1}\frac{\sin nx}{n} + 12\sum_{n=1}^{\infty}(-1)^n\frac{\sin nx}{n^3}$.

第 5 章   多元函数微分学

5.1 多元函数与极限

1. (1) 0;   (2) ln2;   (3) a;   (4) 0;   (5) e^2;   (6) 0;
(7) 0;   (8) e;   (9) ∞.

2. (1) $\lim\limits_{y\to 0}\lim\limits_{x\to 0}f(x, y) = -1$, $\lim\limits_{x\to 0}\lim\limits_{y\to 0}f(x, y) = 1$, $\lim\limits_{\substack{x\to 0\\y\to 0}}f(x, y)$ 不存在;

(2) $\lim\limits_{y\to 0}\lim\limits_{x\to 0}f(x, y) = 0$, $\lim\limits_{x\to 0}\lim\limits_{y\to 0}f(x, y) = 0$, $\lim\limits_{\substack{x\to 0\\y\to 0}}f(x, y)$ 不存在;

(3) $\lim\limits_{y\to 0}\lim\limits_{x\to 0}f(x, y)$ 和 $\lim\limits_{x\to 0}\lim\limits_{y\to 0}f(x, y)$ 都不存在, $\lim\limits_{\substack{x\to 0\\y\to 0}}f(x, y) = 0$;

(4) $\lim\limits_{y\to 0}\lim\limits_{x\to 0}f(x, y) = 0$, $\lim\limits_{x\to 0}\lim\limits_{y\to 0}f(x, y) = 0$, $\lim\limits_{\substack{x\to 0\\y\to 0}}f(x, y) = 0$.

6. (1) $(0, 1)$; (2) $(0, 1)$, $\left(\dfrac{1}{n}, 1\right)$, $\left(0, \dfrac{n+1}{n}\right)$ $(n = 1, 2, \cdots)$.

5.2 多元连续函数

1. (1) 在定义域内连续; (2) 在 $\mathbf{R}^2$ 上连续; (3) 在 $\mathbf{R}^2$ 上连续; (4) 在 $\mathbf{R}^2$ 上连续;

(5) 当 $p < \dfrac{1}{2}$ 时在 $\mathbf{R}^2$ 上连续, 当 $p \geqslant \dfrac{1}{2}$ 时仅在原点 $(0, 0)$ 不连续.

5.3 偏导数与全微分

1. (1) $\dfrac{\partial z}{\partial x} = 4x^3 - 8xy^2$, $\dfrac{\partial z}{\partial y} = 4y^3 - 8x^2y$, $\dfrac{\partial^2 z}{\partial x^2} = 12x^2 - 8y^2$, $\dfrac{\partial^2 z}{\partial y^2} = 12y^2 - 8x^2$, $\dfrac{\partial^2 z}{\partial x \partial y} = -16xy$;

(2) $\dfrac{\partial z}{\partial x} = y + \dfrac{1}{y}$, $\dfrac{\partial z}{\partial y} = x - \dfrac{x}{y^2}$, $\dfrac{\partial^2 z}{\partial x^2} = 0$, $\dfrac{\partial^2 z}{\partial y^2} = \dfrac{2x}{y^3}$, $\dfrac{\partial^2 z}{\partial x \partial y} = 1 - \dfrac{1}{y^2}$;

(3) $\dfrac{\partial z}{\partial x} = \dfrac{y^2}{(x^2+y^2)^{3/2}}$, $\dfrac{\partial z}{\partial y} = -\dfrac{xy}{(x^2+y^2)^{3/2}}$, $\dfrac{\partial^2 z}{\partial x^2} = -\dfrac{3xy^2}{(x^2+y^2)^{5/2}}$, $\dfrac{\partial^2 z}{\partial y^2} = \dfrac{-x^3+2xy^2}{(x^2+y^2)^{5/2}}$, $\dfrac{\partial^2 z}{\partial x \partial y} = \dfrac{2x^2y-y^3}{(x^2+y^2)^{5/2}}$;

(4) $\dfrac{\partial z}{\partial x} = \sin(x+y) + x\cos(x+y)$, $\dfrac{\partial z}{\partial y} = x\cos(x+y)$, $\dfrac{\partial^2 z}{\partial x^2} = 2\cos(x+y) - x\sin(x+y)$, $\dfrac{\partial^2 z}{\partial y^2} = -x\sin(x+y)$, $\dfrac{\partial^2 z}{\partial x \partial y} = \cos(x+y) - x\sin(x+y)$;

(5) $\dfrac{\partial z}{\partial x} = \dfrac{1}{x+y^2}$, $\dfrac{\partial z}{\partial y} = \dfrac{2y}{x+y^2}$, $\dfrac{\partial^2 z}{\partial x^2} = -\dfrac{1}{(x+y^2)^2}$, $\dfrac{\partial^2 z}{\partial y^2} = \dfrac{2(x-y^2)}{(x+y^2)^2}$, $\dfrac{\partial^2 z}{\partial x \partial y} = -\dfrac{2y}{(x+y^2)^2}$;

(6) $\dfrac{\partial z}{\partial x} = -\dfrac{y}{x^2+y^2}$, $\dfrac{\partial z}{\partial y} = \dfrac{x}{x^2+y^2}$, $\dfrac{\partial^2 z}{\partial x^2} = \dfrac{2xy}{(x^2+y^2)^2}$, $\dfrac{\partial^2 z}{\partial y^2} = -\dfrac{2xy}{(x^2+y^2)^2}$, $\dfrac{\partial^2 z}{\partial x \partial y} = \dfrac{2(x^2-y^2)}{(x^2+y^2)^2}$;

(7) $\dfrac{\partial z}{\partial x} = \dfrac{|y|}{x^2+y^2}$, $\dfrac{\partial z}{\partial y} = -\dfrac{x\,\mathrm{sgn}\,y}{x^2+y^2}$, $\dfrac{\partial^2 z}{\partial x^2} = -\dfrac{2x|y|}{(x^2+y^2)^2}$, $\dfrac{\partial^2 z}{\partial y^2} = \dfrac{2x|y|}{(x^2+y^2)^2}$, $\dfrac{\partial^2 z}{\partial x \partial y} = \dfrac{(x^2-y^2)\,\mathrm{sgn}\,y}{(x^2+y^2)^2}$;

(8) $\frac{\partial u}{\partial x} = \frac{z}{x}\left(\frac{x}{y}\right)^z$, $\frac{\partial u}{\partial y} = -\frac{z}{y}\left(\frac{x}{y}\right)^z$, $\frac{\partial u}{\partial z} = \left(\frac{x}{y}\right)^z \ln\frac{x}{y}$, $\frac{\partial^2 u}{\partial x^2} = \frac{z(z-1)}{x^2}\left(\frac{x}{y}\right)^z$, $\frac{\partial^2 u}{\partial y^2} = \frac{z(z+1)}{y^2}\left(\frac{x}{y}\right)^z$, $\frac{\partial^2 u}{\partial z^2} = \left(\frac{x}{y}\right)^z \ln^2\frac{x}{y}$, $\frac{\partial^2 u}{\partial x \partial y} = -\frac{z^2}{xy}\left(\frac{x}{y}\right)^z$, $\frac{\partial^2 u}{\partial x \partial z} = \frac{1}{x}\left(\frac{x}{y}\right)^z\left(1 + z\ln\frac{x}{y}\right)$, $\frac{\partial^2 u}{\partial y \partial z} = -\frac{1}{y}\left(\frac{x}{y}\right)^z\left(1 + z\ln\frac{x}{y}\right)$;

(9) $\frac{\partial u}{\partial x} = \frac{y}{xz} \cdot x^{\frac{y}{z}}$, $\frac{\partial u}{\partial y} = \frac{\ln x}{z} \cdot x^{\frac{y}{z}}$, $\frac{\partial u}{\partial z} = -\frac{y\ln x}{z^2} \cdot x^{\frac{y}{z}}$, $\frac{\partial^2 u}{\partial x^2} = \frac{y(y-z)}{x^2 z^2} \cdot x^{\frac{y}{z}}$, $\frac{\partial^2 u}{\partial y^2} = \frac{\ln^2 x}{z^2} \cdot x^{\frac{y}{z}}$, $\frac{\partial^2 u}{\partial z^2} = \frac{2yz\ln x + y^2\ln^2 x}{z^4} \cdot x^{\frac{y}{z}}$, $\frac{\partial^2 u}{\partial x \partial y} = \frac{(z + y\ln x)}{xz^2} \cdot x^{\frac{y}{z}}$, $\frac{\partial^2 u}{\partial x \partial z} = -\frac{yz + y^2\ln x}{xz^3} \cdot x^{\frac{y}{z}}$, $\frac{\partial^2 u}{\partial y \partial z} = -\frac{y\ln^2 x + z\ln x}{z^3} \cdot x^{\frac{y}{z}}$;

(10) $\frac{\partial u}{\partial x} = \frac{y^z}{x} \cdot x^{y^z}$, $\frac{\partial u}{\partial y} = zy^{z-1}x^{y^z}\ln x$, $\frac{\partial u}{\partial z} = y^z x^{y^z}\ln x \cdot \ln y$, $\frac{\partial^2 u}{\partial x^2} = \frac{y^{2z} - y^z}{x^2} \cdot x^{y^z}$, $\frac{\partial^2 u}{\partial y^2} = zy^{z-2}x^{y^z}(z - 1 + y^z z\ln x)\ln x$, $\frac{\partial^2 u}{\partial z^2} = y^z x^{y^z}(1 + y^z \ln x)\ln x \cdot \ln^2 y$, $\frac{\partial^2 u}{\partial x \partial y} = \frac{zy^{z-1}}{x} \cdot x^{y^z}(1 + y^z \ln x)$, $\frac{\partial^2 u}{\partial x \partial z} = \frac{y^z \ln y}{x} \cdot x^{y^z}(1 + y^z \ln x)$, $\frac{\partial^2 u}{\partial y \partial z} = y^{z-1}x^{y^z}\ln x \cdot [1 + z\ln y(1 + y^z \ln x)]$.

2. (1) $dz = x^{m-1}y^{n-1}(mydx + nxdy)$, $d^2z = x^{m-2}y^{n-2}[m(m-1)y^2 dx^2 + 2mnxy dxdy + n(n-1)x^2 dy^2]$;

(2) $dz = \frac{ydx - xdy}{y^2}$, $d^2z = -\frac{2}{y^3}(ydxdy - xdy^2)$;

(3) $dz = \frac{xdx + ydy}{\sqrt{x^2 + y^2}}$, $d^2z = \frac{y^2 dx^2 - 2xy dxdy + x^2 dy^2}{(x^2 + y^2)^{3/2}}$;

(4) $dz = e^{xy}(ydx + xdy)$, $d^2z = e^{xy}[y^2 dx^2 + 2(1 + xy)dxdy + x^2 dy^2]$;

(5) $du = (y + z)dx + (z + x)dy + (x + y)dz$, $d^2u = 2(dxdy + dydz + dzdx)$;

(6) $du_{(1,1,1)} = dx - dy$, $d^2u_{(1,1,1)} = 2(-dxdy - dxdz + dy^2 + dydz)$.

3. (1) 0; (2) $-(\cos x + \cos y)$;

(3) $-\frac{6}{r^4} + \frac{48(x-\xi)^2(y-\eta)^2}{r^8}$, 其中 $r = \sqrt{(x-\xi)^2 + (y-\eta)^2}$;

(4) $\frac{2(-1)^m(m+n-1)!(nx+my)}{(x-y)^{m+n+1}}$; (5) $6(dx^3 - 3dx^2 dy + 3dxdy^2 + dy^3)$;

(6) $6dxdydz$; (7) $-\frac{9!(dx+dy)^{10}}{(x+y)^{10}}$.

11. (1) 108.972; (2) 2.95.

5.4 复合函数的微分法与方向导数

1. (1) $\frac{\partial z}{\partial x} = f'_1\left(x, \frac{x}{y}\right) + \frac{1}{y}f'_2\left(x, \frac{x}{y}\right)$, $\frac{\partial z}{\partial y} = -\frac{x}{y^2}f'_2\left(x, \frac{x}{y}\right)$,

$\dfrac{\partial^2 z}{\partial x^2} = f''_{11}\left(x, \dfrac{x}{y}\right) + \dfrac{2}{y}f''_{12}\left(x, \dfrac{x}{y}\right) + \dfrac{1}{y^2}f''_{22}\left(x, \dfrac{x}{y}\right)$, $\dfrac{\partial^2 z}{\partial y^2} = \dfrac{x^2}{y^4}f''_{22}\left(x, \dfrac{x}{y}\right) + \dfrac{2x}{y^3}f'_2\left(x, \dfrac{x}{y}\right)$,

$\dfrac{\partial^2 z}{\partial x \partial y} = -\dfrac{x}{y^2}f''_{12}\left(x, \dfrac{x}{y}\right) - \dfrac{x}{y^3}f''_{22}\left(x, \dfrac{x}{y}\right) - \dfrac{1}{y^2}f'_2\left(x, \dfrac{x}{y}\right)$;

(2) $\dfrac{\partial^2 z}{\partial x \partial y} = f''_{11} + (x+y)f''_{12} + xyf''_{22} + f'_2$;

(3) $\dfrac{\partial u}{\partial x} = 2xf'$, $\dfrac{\partial^2 u}{\partial x^2} = 2f' + 4x^2 f''$, $\dfrac{\partial^2 u}{\partial x \partial y} = 4xyf''$;

(4) $\Delta u = 3f''_{11} + 4(x+y+z)f''_{12} + 4(x^2+y^2+z^2)f''_{22} + 6f'_2$.

2. (1) $\mathrm{d}z = f' \cdot \dfrac{x\mathrm{d}x + y\mathrm{d}y}{\sqrt{x^2+y^2}}$, $\mathrm{d}^2 z = f'' \cdot \dfrac{(x\mathrm{d}x + y\mathrm{d}y)^2}{x^2+y^2} + f' \cdot \dfrac{(y\mathrm{d}x - x\mathrm{d}y)^2}{(x^2+y^2)^{3/2}}$;

(2) $\mathrm{d}z = f'_1 \cdot (\mathrm{d}x + \mathrm{d}y) + f'_2 \cdot (\mathrm{d}x - \mathrm{d}y)$,

$\mathrm{d}^2 z = f''_{11} \cdot (\mathrm{d}x + \mathrm{d}y)^2 + 2f''_{12} \cdot (\mathrm{d}x^2 - \mathrm{d}y^2) + f''_{22} \cdot (\mathrm{d}x - \mathrm{d}y)^2$;

(3) $\mathrm{d}u = (f'_1 + 2tf'_2 + 3t^2 f'_3)\mathrm{d}t$,

$\mathrm{d}^2 u = (f''_{11} + 4tf''_{12} + 4t^2 f''_{22} + 6t^2 f''_{13} + 12t^3 f''_{23} + 9t^4 f''_{33} + 2f'_2 + 6tf'_3)\mathrm{d}t^2$;

(4) $\mathrm{d}u = f'_1 \cdot \dfrac{y\mathrm{d}x - x\mathrm{d}y}{y^2} + f'_2 \cdot \dfrac{z\mathrm{d}y - y\mathrm{d}z}{z^2}$,

$\mathrm{d}^2 u = f''_{11} \cdot \dfrac{(y\mathrm{d}x - x\mathrm{d}y)^2}{y^4} + 2f''_{12} \cdot \dfrac{(y\mathrm{d}x - x\mathrm{d}y)(z\mathrm{d}y - y\mathrm{d}z)}{y^2 z^2} + f''_{22} \cdot \dfrac{(z\mathrm{d}y - y\mathrm{d}z)^2}{z^4} - 2f'_1 \cdot \dfrac{(y\mathrm{d}x - x\mathrm{d}y)\mathrm{d}y}{y^3} - 2f'_2 \cdot \dfrac{(z\mathrm{d}y - y\mathrm{d}z)\mathrm{d}z}{z^3}$.

5.5 多元函数的泰勒公式

1. (1) $1 - \dfrac{1}{2}(x^2 - y^2) + o(\rho^2)$;

(2) $\dfrac{\pi}{4} + x - xy + o(\rho^2)$;

(3) $1 - \dfrac{1}{2}(x^2 + y^2) - \dfrac{1}{8}(x^2 + y^2)^2 + o(\rho^4)$;

(4) $1 + \dfrac{1}{1!}(x+y) + \dfrac{1}{2!}(x+y)^2 + \cdots + \dfrac{1}{n!}(x+y)^n + o(\rho^n)$.

2. (1) $1 - \dfrac{1}{8}\pi^2 (x-1)^2 - \dfrac{1}{2}\pi(x-1)\left(y - \dfrac{\pi}{2}\right) - \dfrac{1}{2}\left(y - \dfrac{\pi}{2}\right)^2 + o(\rho^2)$;

(2) $1 - 3(x-1) - 2(y+1) + 6(x-1)^2 + 6(x-1)(y+1) + (y+1)^2 + o(\rho^2)$;

(3) $1 + (x-1) + (x-1)(y-1) + o(\rho^2)$; (4) $5 + 2(x-1)^2 - (x-1)(y+2) - (y+2)^2$.

5.6 隐函数定理及其微分法

3. (1) $\dfrac{\mathrm{d}y}{\mathrm{d}x} = -\dfrac{x+y}{x-y}$, $\dfrac{\mathrm{d}^2 y}{\mathrm{d}x^2} = \dfrac{2a^2}{(x-y)^3}$;

(2) $\dfrac{dy}{dx} = \dfrac{x+y}{x-y}$, $\dfrac{d^2y}{dx^2} = \dfrac{2(x^2+y^2)}{(x-y)^3}$;

(3) $\dfrac{dy}{dx} = \dfrac{y^2(1-\ln x)}{x^2(1-\ln y)}$,

$\dfrac{d^2y}{dx^2} = \dfrac{y^2[y(1-\ln x)^2 - 2(x-y)(1-\ln x)(1-\ln y) - x(1-\ln y)^2]}{x^4(1-\ln y)^3}$;

(4) $\dfrac{\partial z}{\partial x} = -1$, $\dfrac{\partial^2 z}{\partial x^2} = 0$, $\dfrac{\partial^2 z}{\partial x \partial y} = 0$;

(5) $\dfrac{\partial z}{\partial y} = -\dfrac{yz}{x^2-y^2}$, $\dfrac{\partial^2 z}{\partial y^2} = -\dfrac{x^2 z}{(x^2-y^2)^2}$, $\dfrac{\partial^2 z}{\partial x \partial y} = \dfrac{xyz}{(x^2-y^2)^2}$;

(6) $\dfrac{\partial z}{\partial x} = \dfrac{f'_1 + yzf'_2}{1 - f'_1 - xyf'_2}$, $\dfrac{\partial x}{\partial y} = \dfrac{f'_1 + xzf'_2}{f'_1 + yzf'_2}$, $\dfrac{\partial y}{\partial z} = \dfrac{1 - f'_1 - xyf'_2}{f'_1 + xzf'_2}$;

(7) $\dfrac{\partial z}{\partial x} = -\left(1 + \dfrac{F'_1 + F'_2}{F'_3}\right)$, $\dfrac{\partial z}{\partial x} = -\left(1 + \dfrac{F'_2}{F'_3}\right)$,

$\dfrac{\partial^2 z}{\partial x^2} = \dfrac{(F'_3)^2(F''_{11} + 2F''_{12} + F''_{22}) - 2F'_3(F'_1 + F'_2)(F''_{13} + F''_{23}) + (F'_1 + F'_2)^2 F''_{33}}{(F'_3)^3}$.

4. (1) $\dfrac{\partial u}{\partial x}\bigg|_{(1,1)} = -2$;   (2) $\dfrac{\partial u}{\partial x}\bigg|_{(1,1)} = -1$.

5. 除原点 $O(0, 0)$ 和点 $A(\sqrt[3]{4}a, \sqrt[3]{2}a)$ 外, 方程在其他各点的邻域内皆存在隐函数 $y = y(x)$, 隐函数 $y = y(x)$ 在点 $B(\sqrt[3]{2}a, \sqrt[3]{4}a)$ 取得极大值 $\sqrt[3]{4}a$.

8. (1) $\dfrac{dy}{dx} = -\dfrac{2x-a}{2y}$, $\dfrac{dz}{dx} = -\dfrac{a}{2z}$;

(2) $\dfrac{\partial u}{\partial x} = \dfrac{2v + yu}{4uv - xy}$, $\dfrac{\partial u}{\partial y} = -\dfrac{y + 2v^2}{4uv - xy}$, $\dfrac{\partial v}{\partial x} = -\dfrac{x + 2u^2}{4uv - xy}$, $\dfrac{\partial v}{\partial y} = \dfrac{2u + xv}{4uv - xy}$;

(3) $\dfrac{\partial u}{\partial x} = \cos\dfrac{v}{u}$, $\dfrac{\partial u}{\partial y} = \sin\dfrac{v}{u}$, $\dfrac{\partial v}{\partial x} = \dfrac{v}{u}\cos\dfrac{v}{u} - \sin\dfrac{v}{u}$, $\dfrac{\partial v}{\partial y} = \dfrac{v}{u}\sin\dfrac{v}{u} + \cos\dfrac{v}{u}$.

9. (1) $\dfrac{\partial z}{\partial v} = 0$;   (2) $u\dfrac{\partial z}{\partial u} = z$;   (3) $\dfrac{\partial^2 u}{\partial \xi \partial \eta} = 0$.

5.7 多元函数偏导数的几何应用

1. (1) $\begin{cases} \left(\dfrac{x}{a}\right) + \left(\dfrac{z}{c}\right) = 1 \\ y - \left(\dfrac{b}{2}\right) = 0 \end{cases}$, $ax - cz = \dfrac{1}{2}(a^2 - c^2)$;

(2) $\dfrac{x-1}{1} = \dfrac{y-1}{1} = \dfrac{z-1}{2}$, $x + y + 2z = 4$;

(3) $\begin{cases} x + z = 2 \\ y + 2 = 0 \end{cases}$, $x - z = 0$; (4) $P_1(-1, 1, -1)$, $P_2\left(\dfrac{-1}{3}, \dfrac{1}{9}, \dfrac{-1}{27}\right)$.

4. (1) $2x + 4 - z = 5$, $\dfrac{x-1}{2} = \dfrac{y-2}{4} = \dfrac{z-5}{-1}$;

(2) $ax_0 x + by_0 y + cz_0 z = 1$, $\dfrac{x - x_0}{ax_0} = \dfrac{y - y_0}{by_0} = \dfrac{z - z_0}{cz_0}$;

(3) $x + y - 2z = 0$, $\dfrac{x-1}{1} = \dfrac{y-1}{1} = \dfrac{z-1}{-2}$;

(4) $\sin v_0 \cdot x - \cos v_0 \cdot y + u_0 z = u_0 v_0$, $\dfrac{x - u_0 \cos v_0}{\sin v_0} = \dfrac{y - u_0 \sin v_0}{-\cos v_0} = \dfrac{z - v_0}{u_0}$.

5. $x + 4y + 6z = \pm 21$.

5.8 多元函数的极值与条件极值

1. (1) 无极值； (2) $z_{极小}(1, 0) = -1$； (3) $z_{极小}(1, 1) = -1$；

(4) $z_{极小}(1, 1) = z_{极小}(1, 1) = -2$； (5) $z_{极小}(5, 2) = 30$；

(6) 当 $\dfrac{x}{a} = \dfrac{y}{b} = \pm \dfrac{1}{\sqrt{3}}$ 时 $z_{极大} = \dfrac{ab}{3\sqrt{3}}$，当 $\dfrac{x}{a} = -\dfrac{y}{b} = \pm \dfrac{1}{\sqrt{3}}$ 时 $z_{极小} = -\dfrac{ab}{3\sqrt{3}}$。

2. 除原点 $O(0, 0)$ 和点 $A(\sqrt[3]{4}a, \sqrt[3]{2}a)$ 外，方程在其他各点的邻域内皆存在隐函数 $y = y(x)$，隐函数 $y = y(x)$ 在点 $B(\sqrt[3]{2}a, \sqrt[3]{4}a)$ 取得极大值 $\sqrt[3]{4}a$.

3. (1) $z_{极大}\left(\dfrac{1}{2}, \dfrac{1}{2}\right) = \dfrac{1}{4}$；

(2) 当 $x = \dfrac{ab^2}{a^2 + b^2}$, $y = \dfrac{a^2 b}{a^2 + b^2}$ 时取 $z_{极大} = \dfrac{a^2 b^2}{a^2 + b^2}$；

(3) $u_{极小}\left(-\dfrac{1}{3}, \dfrac{2}{3}, -\dfrac{2}{3}\right) = -3$； $u_{极大}\left(\dfrac{1}{3}, -\dfrac{2}{3}, \dfrac{2}{3}\right) = 3$

(4) 当 $x = y = \dfrac{1}{\sqrt{6}}$ 及 $z = -\dfrac{2}{\sqrt{6}}$，或 $x = z = \dfrac{1}{\sqrt{6}}$ 及 $y = -\dfrac{2}{\sqrt{6}}$，

或 $y = z = \dfrac{1}{\sqrt{6}}$ 及 $x = -\dfrac{2}{\sqrt{6}}$ 时，$u_{极小} = -\dfrac{1}{3\sqrt{6}}$； 当 $x = y = -\dfrac{1}{\sqrt{6}}$ 及 $z = \dfrac{2}{\sqrt{6}}$，或

$x = z = -\dfrac{1}{\sqrt{6}}$ 及 $y = \dfrac{2}{\sqrt{6}}$，或 $y = z = -\dfrac{1}{\sqrt{6}}$ 及 $x = \dfrac{2}{\sqrt{6}}$ 时. $z_{极大} = \dfrac{1}{3\sqrt{6}}$.

4. $\sqrt{9 + 5\sqrt{3}}$, $\sqrt{9 + 5\sqrt{3}}$.

第 6 章 多元函数积分学

6.1 二重积分

1. $1/4$.

5. (1) $\dfrac{14}{3}$； (2) 2； (3) e^{-1}； (4) $\dfrac{9}{8}$； (5) $\dfrac{45}{8}$； (6) $1 - \sin 1$；

(7) $\dfrac{128}{105}$； (8) $\dfrac{4}{3}$； (9) $2\sqrt{2} - \dfrac{8}{3}$； (10) 6.

6. (1) $\int_0^2 dy \int_{\frac{y}{2}}^{y} f(x, y) dx + \int_2^4 dy \int_{\frac{y}{2}}^{2} f(x, y) dx$；

(2) $\int_{-1}^{0} dy \int_{-\sqrt{1-y^2}}^{\sqrt{1-y^2}} f(x, y) dx + \int_0^1 dy \int_{-\sqrt{1-y}}^{\sqrt{1-y}} f(x, y) dx$；

(3) $\int_0^a dy \int_{\frac{y^2}{2a}}^{a-\sqrt{a^2-y^2}} f(x, y) dx + \int_0^a dy \int_{a+\sqrt{a^2-y^2}}^{2a} f(x, y) dx + \int_0^{2a} dy \int_{\frac{y^2}{2a}}^{2a} f(x, y) dx;$

(4) $\int_0^1 dy \int_{\arcsin y}^{\pi - \arcsin y} f(x, y) dx - \int_{-1}^0 dy \int_{\pi - \arcsin y}^{2\pi + \arcsin y} f(x, y) dx.$

7. (1) $\dfrac{e - e^{-1}}{4}$; (2) $\dfrac{1}{2}\pi^2$; (3) $\dfrac{2}{3}\pi ab.$

8. (1) $-6\pi^2$; (2) $\dfrac{2}{3}a^3\left(\dfrac{\pi}{2} - \dfrac{2}{3}\right)$; (3) $\dfrac{3}{64}\pi^2.$

9. (1) $\dfrac{1}{6}$; (2) 6π; (3) $\dfrac{1}{8}\pi$; (4) $8\pi.$

10. (1) $\dfrac{1}{6}(n^2 - m^2)\left(\dfrac{1}{a^3} - \dfrac{1}{b^3}\right)$; (2) $\dfrac{1}{2}a^2\ln 2$;

(3) $\left(\sqrt{3} - \dfrac{\pi}{3}\right)a^2$; (4) $\dfrac{1}{2}\pi ab(a^2 + b^2).$

11. $F'(u) = u\int_0^{2\pi} f(u\cos\theta, u\sin\theta) d\theta.$

12. $f(0, 0).$

6.2 三重积分

1. (1) 4; (2) $\dfrac{1}{48}$; (3) $\dfrac{7\pi}{20}$; (4) $\dfrac{1}{48}$; (5) $\dfrac{1}{364}$; (6) $\dfrac{1}{2}\ln 2 - \dfrac{5}{16}.$

3. (1) $\dfrac{16\pi}{3}$; (2) $\dfrac{\pi}{6}$; (3) $\dfrac{\pi}{10}$; (4) $\dfrac{11\pi}{30} \cdot a^5$; (5) $\dfrac{abc}{4} \cdot \pi^2$;

(6) $\dfrac{\pi}{15}(2\sqrt{2} - 1)$; (7) $\dfrac{4\pi a^3}{3b^2}$; (8) $\dfrac{864}{5}\pi$; (9) $\dfrac{\pi}{12}a^5.$

4. (1) $\dfrac{3}{35}$; (2) $\dfrac{7}{24}$; (3) $\dfrac{32}{3}\pi$; (4) $\dfrac{8\pi}{5}abc$; (5) $\dfrac{1}{3}abc.$

6.4 重积分的应用

1. (1) $\dfrac{\sqrt{2}}{4}\pi$; (2) $\dfrac{2}{3}(2\sqrt{2} - 1)\pi a^2$; (3) $16a^2$; (4) $2\pi a^2 - 4a^2$;

(5) $\pi[a\sqrt{a^2+1} + \ln(a + \sqrt{a^2+1})]$; (6) $4\pi^2 ab.$

2. (1) $\left(-\dfrac{1}{2}a, \dfrac{8}{5}a\right)$; (2) $\left(\dfrac{256}{315\pi}, \dfrac{256}{315\pi}\right)$; (3) $\left(\dfrac{3}{8}a, \dfrac{3}{8}b, \dfrac{3}{8}c\right)$; (4) $\left(1, 1, \dfrac{5}{3}\right).$

3. (1) $\dfrac{\pi}{8}\rho a^4$; (2) $\dfrac{8\pi}{15}\rho a^5$; (3) $\dfrac{4\pi}{15}(4\sqrt{2} - 5).$

4. $\dfrac{4\pi}{3} \cdot \rho k \cdot \dfrac{a^3}{b^2}.$

6.5 第一型曲线积分

1. (1) 1; (2) $\dfrac{1}{12}(5\sqrt{5} - 1)$; (3) $\sqrt{2} + 1$; (4) $\dfrac{256}{15}a^3$; (5) $\dfrac{2\sqrt{2}}{3}\pi(3 + 4\pi^2)$; (6) $\dfrac{2\pi}{a}.$

2. $\left(\dfrac{4a}{3\pi}, \dfrac{4a}{3\pi}, \dfrac{4a}{3\pi}\right)$. 　3. $\sqrt{4\pi^2+1}$. 　4. $\sqrt{3}$.

6.6　第二型曲线积分

1. (1) $\dfrac{2}{3}$, 0, 2; 　(2) $\dfrac{4}{3}$; 　(3) 0; 　(4) $-2\pi a^2$; 　(5) -2π; 　(6) $-\pi a^2$;

　　(7) -4; 　(8) $-\dfrac{\pi}{4}a^3$.

2. $mg(z_2 - z_1)$.

6.7　格林公式

1. (1) $-46\dfrac{2}{3}$; 　(2) πa^4; 　(3) $-2\pi ab$; 　(4) $-\dfrac{1}{5}(\mathrm{e}^\pi - 1)$; 　(5) $\dfrac{\pi}{8}ma^2$.

2. (1) 4; 　(2) $\displaystyle\int_0^{a+b} f(u)\,\mathrm{d}u$; 　(3) $-\dfrac{3}{2}$; 　(4) 9; 　(5) $\displaystyle\int_{x_1}^{x_2}\varphi(x)\,\mathrm{d}x + \int_{y_1}^{y_2}\psi(y)\,\mathrm{d}y$.

6.8　第一型曲面积分

1. (1) $\dfrac{\sqrt{3}}{120}$; 　(2) $\dfrac{7\sqrt{2}}{2}\pi a^3$; 　(3) $\dfrac{\pi}{2}(1+\sqrt{2})$; 　(4) $\dfrac{3-\sqrt{3}}{2} + (\sqrt{3}-1)\ln 2$;

　　(5) $\pi^2\left[a\sqrt{1+a^2} + \ln(a + \sqrt{1+a^2})\right]$; 　(6) $\dfrac{64}{15}\sqrt{2}\,a^4$.

2. $\left(\dfrac{a}{2}, \dfrac{a}{2}, \dfrac{a}{2}\right)$. 　3. $\dfrac{\pi}{3}\rho a^4$.

6.9　第二型曲面积分

1. (1) $\dfrac{2}{15}$; 　(2) 2π; 　(3) $2\pi a^3$; 　(4) 0; 　(5) 6π; 　(6) $\dfrac{1}{4}$; 　(7) $\dfrac{8\pi}{3}(a+b+c)R^3$;

　　(8) $\dfrac{1}{2}$; 　(9) $[f(a)-f(0)]bc + [g(b)-g(0)]ac + [h(c)-h(0)]ab$.

6.10　高斯公式与斯托克斯公式

1. (1) $-\dfrac{9}{2}\pi$; 　(2) $abc(a+b+c)$; 　(3) $\dfrac{12}{5}\pi a^5$; 　(4) $-\dfrac{1}{2}\pi h^4$; 　(5) $\dfrac{\pi}{2}$.

2. (1) $\dfrac{3}{2}$; 　(2) $-\sqrt{3}\pi a^2$; 　(3) $-\dfrac{9}{2}$; 　(4) $-2\pi a(a+b)$;

　　(5) $2\pi a^2 b$.

6.11　含参变量的积分

6. (1) $\dfrac{\pi}{2}$; 　(2) 1; 　(3) $-(\mathrm{e}^{\alpha|\sin\alpha|}\sin\alpha + \mathrm{e}^{\alpha|\cos\alpha|}\cos\alpha) + \displaystyle\int_{\sin\alpha}^{\cos\alpha}\sqrt{1-x^2}\,\mathrm{e}^{\alpha\sqrt{1-x^2}}\,\mathrm{d}x$;

　　(4) $\dfrac{2\ln(1+\alpha^2)}{\alpha}$; 　(5) $3f(x) + 2xf'(x)$.

7. (1) $\pi\ln\dfrac{|a|+|b|}{2}$; (2) 当$|a|\leq 1$时等于0，当$|a|>1$时等于$2\pi\ln|a|$;

   (3) $\arctan(1+b)-\arctan(1+a)$; (4) $\dfrac{1}{2}\ln\dfrac{b^2+2b+2}{a^2+2a+2}$.

12. (1) $\dfrac{\pi}{2}\ln\dfrac{\beta}{\alpha}$; (2) $\arctan\dfrac{\beta}{m}-\arctan\dfrac{\alpha}{m}$; (3) $\dfrac{1}{2}\ln(\alpha^2+\beta^2)$.

13. (1) $\dfrac{\pi}{2\sqrt{2}}$; (2) $\dfrac{2\pi}{3\sqrt{3}}$; (3) $\dfrac{\pi}{2\sqrt{2}}$; (4) $\dfrac{\pi}{8}$; (5) $\dfrac{2}{3}$; (6) $\dfrac{3\pi}{512}$.

参 考 文 献

[1] Г. М. 菲赫金哥尔茨. 微积分学教程(第一卷). 杨弢亮等译. 北京：高等教育出版社，2006.

[2] Г. М. 菲赫金哥尔茨. 微积分学教程(第二卷). 徐献瑜等译. 北京：高等教育出版社，2006.

[3] Г. М. 菲赫金哥尔茨. 微积分学教程(第三卷). 路可见等译. 北京：高等教育出版社，2006.

[4] 华东师范大学数学系. 数学分析. 北京：高等教育出版社，2012.

[5] 江泽坚，吴智泉，数学分析. 北京：人民教育出版社，1978.

[6] Б. П. 吉米多维奇. 数学分析习题集. 李荣涷，李植译. 北京：高等教育出版社，2011.

[7] 上海师范大学，中山大学，上海师院. 高等数学(化、生、地). 北京：高等教育出版社，1978.

[8] 钱吉林等. 数学分析解题精粹. 武汉：崇文书局，2009.